普通高等教育"十一五"国家级规划教材配套参考书

电工学
（第七版）（上 册）
学习辅导与习题解答

Diangongxue (Di7ban)(Shangce) Xuexi Fudao yu Xiti Jieda

姜三勇　主编

秦曾煌　主审

高等教育出版社·北京

内容提要

本书是普通高等教育"十一五"国家级规划教材《电工学》(第七版)(上册)(秦曾煌主编,姜三勇副主编)的配套辅导书,主要包括内容要点与阅读指导、基本要求、重点与难点、知识关联图、【练习与思考】题解和【习题】题解六个部分。本书的内容体系、章节顺序、练习与思考题和习题编号、练习与思考题和习题中的电路图编号均与主教材保持一致。

全书编写条理清晰,注意启发逻辑思维,便于阅读和自学,有助于学生分析能力和解题能力的提高,能显著提高学习效果和学习成绩,对总结和复习具有一定的参考和指导作用。

本书可供本科非电类专业学生和广大自学者学习参考,也可作为电工学教师的教学参考书。

图书在版编目(CIP)数据

电工学(第7版)(上册)学习辅导与习题解答/姜三勇主编.
—北京:高等教育出版社,2011.1(2021.12 重印)
ISBN 978 – 7 – 04 – 031190 – 7

Ⅰ.①电… Ⅱ.①姜… Ⅲ.①电工学–高等学校–教学参考资料
Ⅳ.①TM1

中国版本图书馆 CIP 数据核字(2010)第 234479 号

| 策划编辑 | 金春英 | 责任编辑 | 唐笑慧 | 封面设计 | 于文燕 | 责任绘图 | 尹 莉 |
| 版式设计 | 王艳红 | 责任校对 | 刘 莉 | 责任印制 | 朱 琦 |

出版发行	高等教育出版社	咨询电话	400 – 810 – 0598
社　　址	北京市西城区 德外大街4号	网　　址	http://www.hep.edu.cn
邮政编码	100120		http://www.hep.com.cn
印　　刷	涿州市京南印刷厂	网上订购	http://www.landraco.com
开　　本	787×1092 1/16		http://www.landraco.com.cn
印　　张	21.25	版　　次	2011年1月第1版
字　　数	520 000	印　　次	2021年12月第18次印刷
购书热线	010 – 58581118	定　　价	34.00元

本书如有缺页、倒页、脱页等质量问题,请到所购图书销售部门联系调换。
版权所有 侵权必究
物 料 号 31190 – 00

前　言

　　电工学课程是高等学校工科非电类专业的一门技术基础课程。目前,电工和电子技术的应用极为广泛,发展非常迅速,并且日益渗透到其他学科领域以促进其发展,在我国当前经济建设中占有重要的地位。本课程的作用与任务是:使学生通过本课程的学习,获得电工和电子技术必要的基本理论、基本知识和基本技能,了解电工和电子技术的应用和我国电工和电子技术发展的概况,为学习后续课程以及从事有关的工程技术工作和科学研究工作打下一定的基础。为了适应科学技术的发展水平和非电类专业的用电需要,本课程在内容安排上,着重在电路与电子技术两部分。对于电机部分的内容则作了较大精简,补充了新兴的可编程控制器、可编程逻辑器件等内容。

　　本书是高等学校电工学课程的辅导教材,它与秦曾煌主编、姜三勇副主编的《电工学》(第七版)(上册)相配套,可供本科非电类专业学生和广大自学者学习参考,也可作为电工学教师的教学参考书。

　　为了阅读方便,本书的内容体系、章节顺序、练习与思考题和习题编号、练习与思考题和习题中的电路图编号均与主教材保持一致。在解题过程中新增加的电路图编号一律称为"题解图××.××",新增加列表编号一律称为"题解表××.××"。

　　本书各章均按**内容要点与学习指导**、**基本要求**、**重点与难点**、**知识关联图**、**【练习与思考】题解**和**【习题】题解**六个部分编写。

　　内容要点与阅读指导　　回顾各章所讲的主要内容和知识要点,并进行归纳、总结和辅导。

　　基本要求　　对学习各章主要内容时所提出的要求:哪些要求理解或掌握,哪些需要能分析计算,哪些要求会正确应用,哪些只需要一般了解。

　　重点与难点　　指出各章内容中哪些是重点内容,哪些是难点内容。

　　知识关联图　　将各章的知识结构和要点以图形的方式加以展示,便于清晰地了解各部分内容的来龙去脉和内在联系。

　　【练习与思考】题解　　对主教材中的所有练习与思考题进行的分析解答。

　　【习题】题解　　对主教材中的所有习题进行的分析解答。

　　现代高等教育注重培养创新型人才。因此在能力培养的同时,必须注意创新意识的锻炼。为此编者特别建议读者在使用本书时,应力争独立分析、独立思考,对书中给出的习题解答可以作为借鉴和参考,不要使自己的思路受此局限,提倡用多种思路和多种方法解决问题,将借鉴与创新及应用结合起来。

　　本书第1、2、5、10、11章由姜三勇编写,第3、4章及附录由于志编写,第6、7、8、9、12、13章由丁继盛编写。全书由姜三勇主编。

本书承《电工学》(第七版)主编、哈尔滨工业大学秦曾煌教授关心指导和亲自审阅,对秦教授提出的宝贵意见和修改建议,编者在此表示深深的感谢!

由于编者学识和经验有限,书中难免存在不足、疏漏甚至错误之处,恳请读者不吝批评指正,以便不断修改并加以完善。电子邮箱:jsy_hit@126.com。

编 者
2010 年 8 月

目 录

第1章 电路的基本概念与基本定律 ... 1
- 1.1 内容要点与阅读指导 ... 1
- 1.2 基本要求 ... 3
- 1.3 重点与难点 ... 3
- 1.4 知识关联图 ... 4
- 1.5 【练习与思考】题解 ... 4
- 1.6 【习题】题解 ... 14

第2章 电路的分析方法 ... 28
- 2.1 内容要点与阅读指导 ... 28
- 2.2 基本要求 ... 29
- 2.3 重点与难点 ... 29
- 2.4 知识关联图 ... 30
- 2.5 【练习与思考】题解 ... 31
- 2.6 【习题】题解 ... 42

第3章 电路的暂态分析 ... 76
- 3.1 内容要点与阅读指导 ... 76
- 3.2 基本要求 ... 76
- 3.3 重点与难点 ... 77
- 3.4 知识关联图 ... 78
- 3.5 【练习与思考】题解 ... 78
- 3.6 【习题】题解 ... 86

第4章 正弦交流电路 ... 103
- 4.1 内容要点与阅读指导 ... 103
- 4.2 基本要求 ... 104
- 4.3 重点与难点 ... 104
- 4.4 知识关联图 ... 105
- 4.5 【练习与思考】题解 ... 106
- 4.6 【习题】题解 ... 122

第5章 三相电路 ... 158
- 5.1 内容要点与阅读指导 ... 158
- 5.2 基本要求 ... 160
- 5.3 重点与难点 ... 160
- 5.4 知识关联图 ... 161
- 5.5 【练习与思考】题解 ... 161
- 5.6 【习题】题解 ... 164

第6章 磁路与铁心线圈电路 ... 178
- 6.1 内容要点与阅读指导 ... 178
- 6.2 基本要求 ... 184
- 6.3 重点与难点 ... 184
- 6.4 知识关联图 ... 185
- 6.5 【练习与思考】题解 ... 186
- 6.6 【习题】题解 ... 190

第7章 交流电动机 ... 205
- 7.1 内容要点与阅读指导 ... 205
- 7.2 基本要求 ... 211
- 7.3 重点与难点 ... 211
- 7.4 知识关联图 ... 211
- 7.5 【练习与思考】题解 ... 212
- 7.6 【习题】题解 ... 219

第8章 直流电动机 ... 235
- 8.1 内容要点与阅读指导 ... 235
- 8.2 基本要求 ... 237
- 8.3 重点与难点 ... 237
- 8.4 知识关联图 ... 237
- 8.5 【练习与思考】题解 ... 238
- 8.6 【习题】题解 ... 240

第9章 控制电机 ... 250
- 9.1 内容要点与阅读指导 ... 250
- 9.2 基本要求 ... 251
- 9.3 重点与难点 ... 251

9.4　知识关联图 …………… 252
　9.5　【习题】题解 …………… 252

第10章　继电接触器控制系统 …………… 256
　10.1　内容要点与阅读指导 …… 256
　10.2　基本要求 ………………… 259
　10.3　重点与难点 ……………… 260
　10.4　知识关联图 ……………… 260
　10.5　【练习与思考】题解 …… 261
　10.6　【习题】题解 …………… 262

第11章　可编程控制器及其应用 …………… 279
　11.1　内容要点与阅读指导 …… 279
　11.2　基本要求 ………………… 279
　11.3　重点与难点 ……………… 280
　11.4　知识关联图 ……………… 280
　11.5　【练习与思考】题解 …… 281
　11.6　【习题】题解 …………… 285

第12章　工业企业供电与安全用电 …………… 310
　12.1　内容要点与阅读指导 …… 310
　12.2　基本要求 ………………… 311
　12.3　重点与难点 ……………… 311
　12.4　知识关联图 ……………… 311
　12.5　【习题】题解 …………… 312

第13章　电工测量 …………… 315
　13.1　内容要点与阅读指导 …… 315
　13.2　基本要求 ………………… 315
　13.3　重点与难点 ……………… 316
　13.4　知识关联图 ……………… 316
　13.5　【习题】题解 …………… 317

附录1　电工技术综合模拟试卷（少学时） …………… 325

附录2　电工技术综合模拟试卷（少学时）参考答案 …… 328

第1章 电路的基本概念与基本定律

本章是电工技术和电子技术的基础,主要介绍电路的基本概念,电路的基本物理量及电流、电压的参考方向,电路元件与电路模型,电路的基本定律,电路的基本工作状态等内容,为进一步分析和计算电路打基础。

1.1 内容要点与阅读指导

1. 电路的基本概念

(1) 电路:由电工设备或元件按一定方式组合起来的电流的通路。
(2) 电路的组成:电源、中间环节、负载。
(3) 电路的作用:① 电能的传输与转换;② 信号的传递与处理。
(4) 电路的几个名词:支路、回路、结点。

2. 电路元件与电路模型

(1) 电路元件:分为无源元件和有源元件。
① 无源元件:电阻、电感、电容元件。
② 有源元件:分为独立电源和受控电源两类。
(a) 独立电源:电源参数不受支配,是独立的,分为理想电压源和理想电流源。其参数值恒定,方向恒定。
(b) 受控电源:电源参数受电路中某一电量(U 或 I)的支配和控制,其大小和方向与该电量(U 或 I)的大小和方向有关,不是独立的。分为四种:VCVS、CCVS、VCCS 和 CCCS(将在第 2 章中介绍)。

(2) 电路模型:由理想电路元件及其组合构成的反映实际电路主要特性的电路。
实际电路的模型化是工程上常用的方法,它是对实际电路的逼真和模拟。

3. 电路的基本物理量和电流、电压的参考方向以及参考电位

(1) 电路的基本物理量包括:电流、电压、电动势、电位以及电功率等。
(2) 电流、电压的参考方向:人为任意规定或假定的电流、电压的正方向。引入参考方向后,电流、电压即成为代数量,根据电路结构和电路定律计算出来的结果为正时表明其参考方向与实际方向相同,为负时,则相反。电压与电流参考方向取为相同时称为关联参考方向。

（3）电路的参考电位：人为规定的电路中的零电位点。参考电位确定后，电路中各点电位有确定的值。参考电位改变，各点电位值变化，但任意两点间的电位差不变。即电位是相对的，电压是绝对的。

4. 电路的基本定律

电路的基本定律包括欧姆定律和基尔霍夫定律，是各种电路分析方法的基础。

（1）欧姆定律：表明电阻元件上电压与电流的关系。

U、I 为关联参考方向时：$U = IR$

U、I 为非关联参考方向时：$U = -IR$

（2）基尔霍夫定律：包括电流定律（KCL）和电压定律（KVL）。

① 基尔霍夫电流定律：流入任一结点（或任一闭合面）的电流的代数和为零，即 $\sum I = 0$（若流入为正，则流出为负）。

KCL 反映了电路中任一点电荷的连续性。

② 基尔霍夫电压定律：沿回路任一循行方向各段电压的代数和为零，即 $\sum U = 0$（若电压与循行方向相同取正，相反则取负）。

KVL 反映了电路中任一点电位的单值性。

③ KCL 和 KVL 可用于任意时刻、任意性质的元件、任意变化的电流和电压，两定律只与电路结构有关。

5. 电功率及元件性质的判断

（1）电功率：为元件两端电压与电流的乘积。

U、I 为关联参考方向时：$P = UI$

U、I 为非关联参考方向时：$P = -UI$

（2）元件性质判断

$P > 0$ 时，U、I 实际方向相同，电流流过元件时电位降低，正电荷失去能量，元件为负载性质。

$P < 0$ 时，U、I 实际方向相反，电流流过元件时电位升高，正电荷获得能量，元件为电源性质。

6. 电源的三种工作状态

（1）有载：电源接有负载的工作状态。此时电源输出功率，同时内阻也消耗功率。分为满载（额定负载）、轻载（不足额定负载）、过载（超过额定负载）。

（2）空载：电源未接负载，输出端开路的状态。此时电源的输出电压称为空载电压，大小等于电源的电动势；内阻无功率损耗。

（3）短路：电源输出端未接负载而直接连通的状态。此时电源的输出电流将很大，称为短路电流，大小为电动势与内阻之比，内阻消耗电源的全部输出功率。这是一种故障状态，将损坏电源。

（4）额定值：电源接额定负载时，输出电压、电流、功率的值。处于额定值之下工作，电气设备将有最好的经济性、可靠性、安全性和较长的使用寿命。

1.2 基本要求

1. 了解电路的组成与作用。
2. 理解电路模型的概念以及理想电路元件(电阻、电感、电容、电压源、电流源)的电压电流关系。
3. 理解电压与电流参考方向的意义,能对元件的电源或负载性质进行判断。
4. 理解电路基本定律(基尔霍夫电流定律、基尔霍夫电压定律)并能正确应用。
5. 了解电源的有载工作、开路与断路状态,理解电功率和额定值的概念及意义。
6. 掌握分析与计算简单直流电路和电路中各点电位的方法。

1.3 重点与难点

1. 重点

(1) 电路模型的概念,理想元件的电压电流关系。
(2) 电压、电流的参考方向及电位参考点的概念。
(3) 基尔霍夫电流定律(KCL)与电压定律(KVL)及其适应性。
(4) 功率吸收与发出及元件电源与负载性质的判断。
(5) 电位的计算。

2. 难点

(1) 基尔霍夫电流定律(KCL)和电压定律(KVL)的广义应用。
(2) 功率吸收与发出及元件电源与负载性质的判断。

1.4 知识关联图

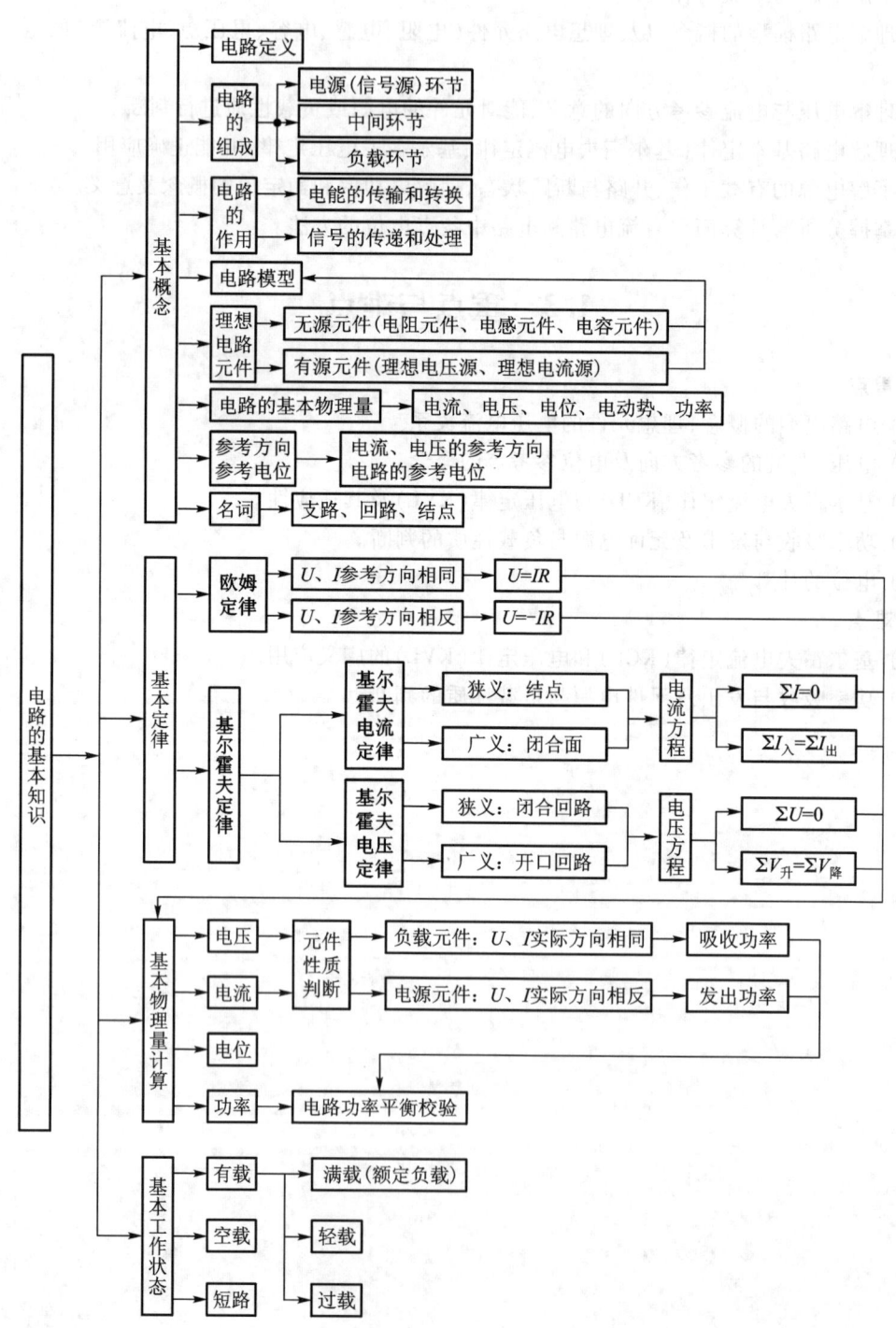

1.5 【练习与思考】题解

1.3.1 在图 1.3.3(a)中，$U_{ab} = -5$ V，试问 a，b 两点哪点电位高？

解：由双下标来表示电压的参考方向时，U_{ab} 表示 a、b 两点之间电压的参考方向为由 a 指向 b，即 a 点的参考极性为"+"，b 点的参考极性为"-"。如果 $U_{ab} > 0$，则意味着由 a 指向 b 的实际电压方向与参考电压方向相同，a 点实际电位高于 b 点；如果 $U_{ab} < 0$，则意味着由 a 指向 b 的实际电压方向与参考方向相反，a 点实际电位低于 b 点。

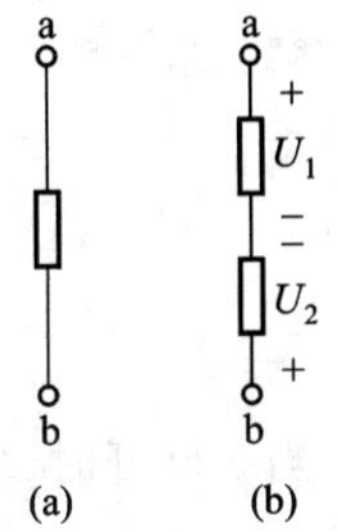

因此，若 $U_{ab} = -5$ V，则说明 b 点电位比 a 点高 5 V。

1.3.2 在图 1.3.3(b)中，$U_1 = -6$ V，$U_2 = 4$ V，试问 U_{ab} 等于多少伏？

解：按图中的参考方向可知
$$U_{ab} = U_1 + (-U_2) = U_1 - U_2 = (-6-4) \text{ V} = -10 \text{ V}$$

图 1.3.3 练习与思考 1.3.1 和 1.3.2 的图

1.3.3 U_{ab} 是否表示 a 端的电位高于 b 端的电位？

解：不一定。请参考 1.3.1 解答。

1.4.1 2 kΩ 的电阻中通过 2 mA 的电流，试问电阻两端的电压是多少？

解：由欧姆定律可知，电阻两端的电压为
$$U = IR = (2 \times 10^{-3} \times 2 \times 10^3) \text{ V} = 4 \text{ V}$$

计算时注意电压、电流、电阻要使用国际单位：V(伏[特])、A(安[培])、Ω(欧[姆])。

1.4.2 计算图 1.4.4 中的两题。

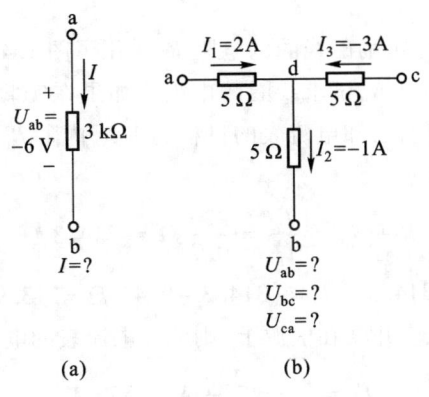

图 1.4.4 练习与思考 1.4.2 的图

解：(a) 因为 U_{ab} 与 I 的参考方向相同，故由欧姆定律可得
$$U_{ab} = IR$$

即
$$I = \frac{U_{ab}}{R} = \frac{-6}{3 \times 10^3} \text{ A} = -2 \text{ mA}$$

$I = -2$ mA < 0 意味着电流 I 的实际方向与参考方向相反。

(b) 设三个电阻的交汇点为 d，由题设各电压、电流的参考方向，根据欧姆定律和基尔霍夫

电压定律可得

$$U_{ab} = U_{ad} + U_{db} = 5I_1 + 5I_2 = [5 \times 2 + 5 \times (-1)] \text{ V} = 5 \text{ V}$$

$$U_{bc} = U_{bd} + U_{dc} = -5I_2 - 5I_3 = [-5 \times (-1) - 5 \times (-3)] \text{ V} = 20 \text{ V}$$

$$U_{ca} = U_{cd} + U_{da} = 5I_3 - 5I_1 = [5 \times (-3) - 5 \times 2] \text{ V} = -25 \text{ V}$$

1.4.3 试计算图 1.4.5 所示电路在开关 S 闭合与断开两种情况下的电压 U_{ab} 和 U_{cd}。

解：当 S 闭合时，$U_{ab} = 0$。设此时闭合回路中的电流 I 参考方向为顺时针方向，则由欧姆定律可得

$$I = \frac{6}{0.5 + 5.5} \text{ A} = 1 \text{ A}$$

$$U_{cd} = 5.5I = 5.5 \times 1 \text{ V} = 5.5 \text{ V}$$

当 S 断开时，$I = 0$，故

$$U_{ab} = 6 - (0.5 + 5.5)I = 6 \text{ V}$$

$$U_{cd} = 5.5I = 5.5 \times 0 \text{ V} = 0 \text{ V}$$

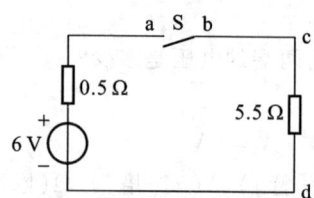
图 1.4.5 练习与思考 1.4.3 的图

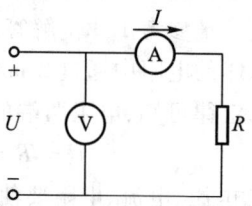
图 1.4.6 练习与思考 1.4.4 的图

1.4.4 为了测量某直流电机励磁线圈的电阻 R，采用了图 1.4.6 所示的"伏安法"。电压表读数为 220 V，电流表读数为 0.7 A，试求线圈的电阻。如果在实验时有人误将电流表当作电压表，并联在电源上，其后果如何？已知电流表的量程为 1 A，内阻 R_0 为 0.4 Ω。

解：由测量结果可得

$$R + R_0 = \frac{U}{I_A} = \frac{220}{0.7} \text{ Ω} \approx 314.3 \text{ Ω}$$

则电机励磁线圈电阻　　　$R = 314.3 - R_0 = (314.3 - 0.4) \text{ Ω} = 313.9 \text{ Ω}$

如果误将电流表当作电压表并联在电源上，则流过电流表的电流为

$$I'_A = \frac{U}{R_0} = \frac{220}{0.4} \text{ A} = 550 \text{ A}$$

大大超过其 1 A 的量程，电流表将被立即烧毁。

1.5.1 在图 1.5.6 所示的电路中，(1) 试求开关 S 闭合前后电路中的电流 I_1, I_2, I 及电源的端电压 U；当 S 闭合时，I_1 是否被分去一些？(2) 如果电源的内阻 R_0 不能忽略不计，则闭合 S 时，60 W 白炽灯中的电流是否有所变动？(3) 计算 60 W 和 100 W 白炽灯在 220 V 电压下工作时的电阻，哪个的电阻大？(4) 100 W 的白炽灯每秒钟消耗多少电能？(5) 设电源的额定功率为 125 kW，端电压为 220 V，当只接上一个 220 V 60 W 的白炽灯时，白炽灯会不会被烧毁？(6) 电流流过白炽灯后，会不会减少一点？(7) 如果由于接线不慎，100 W 白炽灯的两线碰触（短路），

当闭合 S 时,后果如何？100 W 白炽灯的灯丝是否被烧断？

解：(1) 开关 S 闭合前：因 $R_0 \approx 0$,故电源电压 $U \approx E = 220$ V。并联在电源两端的白炽灯获得 220 V 的额定电压。

$$I = I_1 = \frac{P_1}{U} = \frac{60}{220} \text{ A} \approx 0.273 \text{ A}$$

S 闭合时,因 60 W 白炽灯所获得的电压与 S 闭合前相同,仍为 220 V,故电流 I_1 未变,即 I_1 未被分流。

(2) 如果电源内阻 R_0 不能忽略不计,由 $U = E - IR_0$ 可知,带负载后电源端电压 U 低于电动势 E,且随电路总负载电流 I 的增大而下降。当 S 闭合时,60 W 与 100 W 两灯并联,总的负载电阻减小,电路总的负载电流 I 增大(比 S 未闭合时),电源端电压 U 降低(比 S 未闭合时),60 W 白炽灯中的电流 I_1 将减小(比 S 未闭合时)。

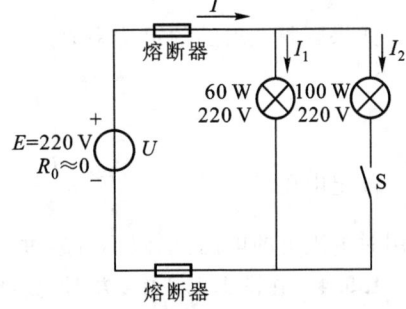

图 1.5.6　练习与思考 1.5.1 的图

(3) 在 220 V 额定电压下,两灯消耗的功率分别为额定功率 60 W 和 100 W,故两灯的电阻 R_{60} 和 R_{100} 分别为

$$R_{60} = \frac{U_N^2}{P_{N60}} = \frac{220^2}{60} \text{ Ω} = 806.7 \text{ Ω}$$

$$R_{100} = \frac{U_N^2}{P_{N100}} = \frac{220^2}{100} \text{ Ω} = 484 \text{ Ω}$$

从中可以看出,额定电压相同的白炽灯,功率小的其电阻大。

(4) 100 W 白炽灯每秒消耗的电能为

$$W = P_{N100} \cdot t = (100 \times 1) \text{ J} = 100 \text{ J}$$

(5) 电源额定功率 125 kW 表明该电源具有输出 125 kW 功率的能力,但它实际所输出的功率的多少取决于其实际所带负载的大小。白炽灯实际所获得的功率取决于加于其上的电压和灯本身的电阻值,只要不超过额定功率就不会被烧毁。当 60 W/220 V 的白炽灯接于额定电压 220 V 的电源上时,所获得的功率即为 60 W。如果 125 kW/220 V 的电源仅接有一个 60 W/220 V 的白炽灯,则该电源也仅输出 60 W 的功率,不会将白炽灯烧毁。

(6) 根据电荷守恒定律,电流是连续的,即电流通过白炽灯后电荷数量并不会减少,只是电荷的能量失去了一部分(将从电源所获得的电能传递给白炽灯),使白炽灯发光、发热。因此,电流流过白炽灯后,不会有任何减少。

(7) 如果 100 W 白炽灯的两线碰触(短路),当 S 闭合时将造成电源短路,$I_2 \to \infty$,熔断器将由于电流过大而熔断。100 W 白炽灯的灯丝中无电流流过,不会被烧断。

1.5.2　额定电流为 100 A 的发电机,只接了 60 A 的照明负载,还有电流 40 A 流到哪里去了？

解：额定电流 100 A 的发电机,是指发电机在额定功率、额定电压一定时,具有输出 100 A 电流的能力,其实际输出了多少电流与所带负载大小有关。题中只接了 60 A 的照明负载,因此发电机只输出 60 A 电流,"另外"40 A 电流并未输出。

1.5.3　额定值为 1 W/100 Ω 的碳膜电阻,在使用时电流和电压不得超过多大数值？

解：电阻中功率、电压、电流之间的关系为

$$P = UI = I^2R = \frac{U^2}{R}$$

如果碳膜电阻的额定功率 $P_N = 1$ W，额定阻值 $R_N = 100$ Ω，则其额定电流

$$I_N = \sqrt{\frac{P_N}{R_N}} = \sqrt{\frac{1}{100}}\ A = 0.1\ A$$

额定电压 $\qquad U_N = \dfrac{P_N}{I_N} = \sqrt{P_N \cdot R_N} = \sqrt{1 \times 100}\ V = 10\ V$

使用时电阻上的电压、电流不得超过额定值 U_N、I_N。

1.5.4 在图 1.5.7 中，方框代表电源或负载。已知 $U = 220$ V，$I = -1$ A，试问哪些方框是电源，哪些是负载？

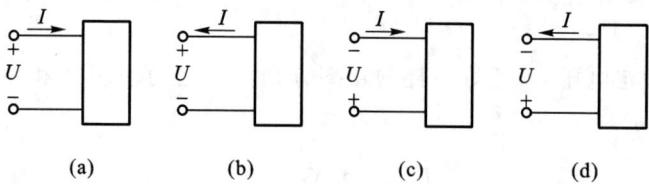

(a)　　　　(b)　　　　(c)　　　　(d)

图 1.5.7　练习与思考 1.5.4 的图

解：进行电源或负载的判断可采用两种方法。

方法一：利用电压、电流的实际方向来判断。如果两者相同，意味着电流由高电位流向低电位，电荷经过该部分电路（或元件）后能量降低，说明该部分电路（或元件）吸收（消耗）了能量，因此为负载；反之，若两者相反，意味着电流由低电位流向高电位，电荷经过该部分电路（或元件）后能量增高，说明该部分电路（或元件）发出（释放）了能量，具有电动势性质，因此为电源。

图 1.5.7(a)、(d) 中 U、I 的实际方向相反，因此方框中具有电源性质；图 1.5.7(b)、(c) 中 U、I 的实际方向相同，因此方框中具有负载性质。

方法二：利用参考方向来判断。U、I 参考方向相同：$P = UI$，$P > 0$ 时（表明 U、I 实际方向相同），为负载；$P < 0$ 时（表明 U、I 实际方向相反），为电源。U、I 参考方向相反：$P = UI$，$P > 0$ 时（表明 U、I 实际方向相反），为电源；$P < 0$ 时（表明 U、I 实际方向相同），为负载。

注意：上面式中 U、I 为参考电压和参考电流，因此它们的值可能有正有负。

因图 1.5.7(a)、(d) 中 U、I 参考方向相同，且 $P = UI = 220 \times (-1) < 0$，故为电源；图 1.5.7(b)、(c) 中 U、I 参考方向相反，且 $P = UI = 220 \times (-1) < 0$，故为负载。

实际上方法一、方法二的判断方法，其本质是相同的，判断结果是一致的。

1.5.5 图 1.5.8 所示是一电池电路，当 $U = 3$ V，$E = 5$ V 时，该电池作电源（供电）还是作负载（充电）用？图 1.5.9 所示也是一电池电路，当 $U = 5$ V，$E = 3$ V 时，则又如何？两图中，电流 I 是正值还是负值？

解：根据图 1.5.8 所示电路，可列电压方程

$$U = E + IR$$

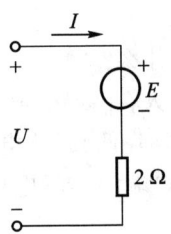
图1.5.8 练习与思考1.5.5的图

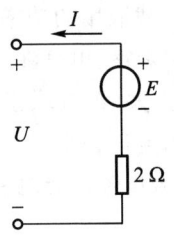
图1.5.9 练习与思考1.5.5的图

因此
$$I = \frac{U - E}{R} = \frac{3 - 5}{2} \text{ A} = -1 \text{ A}$$

电流 I 的实际方向是从电池 E 的正极流出,即 E 向外输出功率,因此它实际起到电源的作用(供电)。

对于图1.5.9所示电路,有
$$U = E - IR$$

因此
$$I = \frac{E - U}{R} = \frac{3 - 5}{2} \text{ A} = -1 \text{ A}$$

电流 I 的实际方向是从电池 E 的正极流入,即 E 向外吸收功率,因此它实际起到负载的作用(充电)。

1.5.6 有一台直流发电机,其铭牌上标有 40 kW/230 V/174 A。试问什么是发电机的空载运行、轻载运行、满载运行和过载运行?负载的大小,一般指什么而言?

解: 铭牌所标的数值为该发电机的额定值,即 $P_N = 40$ kW,$U_N = 230$ V,$I_N = 174$ A。

当发电机输出端未接有任何负载,输出电流 $I = 0$,即输出功率 $P = 0$ 的运行状态称为空载运行。由于发电机一般均有一定的内阻 R_0。因此空载时的端电压(等于其电动势 E)将高于额定端电压 U_N。

当发电机接有负载,但负载电流 $I < I_N$,输出功率 $P < P_N$ 时,称为轻载运行。此时的端电压会略高于 U_N。

当发电机的负载电流、输出电压、输出功率均等于发电机额定值 I_N、U_N 和 P_N 时,称为满载运行。

当发电机的负载电流 $I > I_N$ 时,输出功率 $P > P_N$,称为过载运行。发电机在一定范围内允许短时过载,但长期过载将影响发电机的使用寿命。

1.5.7 一个电热器从 220 V 的电源取用的功率为 1 000 W,如将它接到 110 V 的电源上,则取用的功率为多少?

解: 此电热器的额定电阻 R_N 可通过其额定功率 P_N 和额定电压 U_N 求得
$$R_N = \frac{U_N^2}{P_N} = \frac{220^2}{1\ 000} \ \Omega = 48.4 \ \Omega$$

当接到 110 V 电源上时,电热器取得的功率为
$$P = \frac{U^2}{R_N} = \frac{110^2}{48.4} \text{ W} = 250 \text{ W}$$

只有额定值的四分之一。

由此可见，电阻负载取用的功率与所加电压的平方成正比。

1.5.8 根据日常观察，电灯在深夜要比黄昏时亮一些，为什么？

解：黄昏时用电量大（即并联于电源的负载多），负载电流大，在线路等效电阻上产生的损耗压降就大，发电机输出电压一定时，用户端实际获得的电压就要降低，因此电灯要暗一些。而深夜时，用电量小，即负载电流小，线路上的损耗压降低，因此用户端的实际电压比黄昏时要高，电灯相对就要亮一些。

1.5.9 电路如图 1.5.10 所示，设电压表的内阻为无穷大，电流表的内阻为零。当开关 S 处于位置 1 时，电压表的读数为 10 V；当 S 处于位置 2 时，电流表的读数为 5 mA。试问当 S 处于位置 3 时，电压表和电流表的读数各为多少？

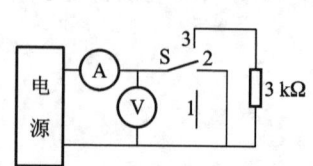

图 1.5.10　练习与思考 1.5.9 的图

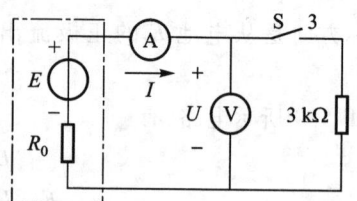

题解图 1.01　练习与思考 1.5.9 的解

解：当开关 S 处于位置 1 时，电压表读数为 10 V，可知该电源开路电压 $U_0 = 10$ V，即该电源电动势 $E = 10$ V。

当开关 S 处于位置 2 时，电流表读数为 5 mA，可知该电源的短路电流 $I_S = 5$ mA，则该电源内阻 $R_0 = \dfrac{E}{I_S} = \dfrac{U_0}{I_S} = \dfrac{10 \text{ V}}{5 \text{ mA}} = 2 \text{ k}\Omega$。

当开关 S 处于位置 3 时，如题解图 1.01 所示。电源输出电压 U、输出电流 I 分别为

$$I = \frac{E}{R_0 + 3} = \frac{10 \text{ V}}{(2+3) \text{ k}\Omega} = 2 \text{ mA}$$

$$U = E - IR_0 = (10 - 4) \text{V} = 6 \text{ V}$$

即电压表、电流表读数分别为 6 V 和 2 mA。

1.5.10 在图 1.5.11 中，将开关 S 断开和闭合两种情况下，试问电流 I_1、I_2、I_3 各为多少？图中，$E = 12$ V，$R = 3$ Ω。

设 S 两端自上而下的电压为 U。

解：(1) 当开关 S 断开时，则对于三个支路可列出

$$U = E - I_1 R$$
$$U = E + I_2 R$$
$$U = E - I_3 R$$

由三个等式可看出　　$I_1 = I_2 = I_3 = 0$

(2) 当开关闭合时，则 $U = 0$。

$$I_1 = \frac{E}{R} = \frac{12}{3} \text{ A} = 4 \text{ A}$$

$$I_2 = -\frac{E}{R} = \frac{12}{3} \text{ A} = -4 \text{ A}$$

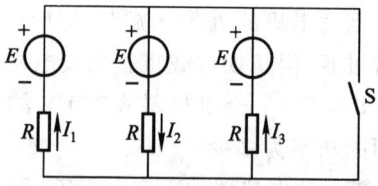

图 1.5.11　练习与思考 1.5.10 的图

$$I_3 = \frac{E}{R} = \frac{12}{3} \text{ A} = 4 \text{ A}$$

1.6.1 在图 1.6.3 所示电路中,如 I_A, I_B, I_C 的参考方向如图中所设,这三个电流有没有可能都是正值?

解: 图 1.6.3 中的虚线圆圈可看作是一个广义的结点,由基尔霍夫电流定律知
$$I_A + I_B + I_C = 0$$
由此式可以看出这三个电流不可能全都是正值。图中的电流方向仅为参考方向。

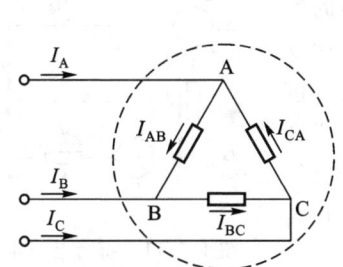
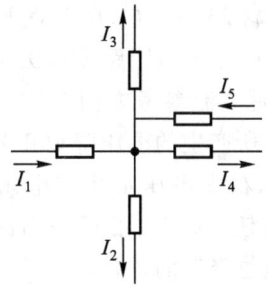

图 1.6.3 基尔霍夫电流定律的推广应用　　　　图 1.6.8 练习与思考 1.6.2 的图

1.6.2 求图 1.6.8 所示电路中电流 I_5 的数值,已知 $I_1 = 4$ A, $I_2 = -2$ A, $I_3 = 1$ A, $I_4 = -3$ A。

解: 由基尔霍夫电流定律可得
$$I_1 + I_5 = I_2 + I_3 + I_4$$
故
$$I_5 = I_2 + I_3 + I_4 - I_1$$
$$= (-2 + 1 - 3 - 4) \text{ A} = -8 \text{ A}$$

I_5 实际方向与参考方向相反。

1.6.3 在图 1.6.9 所示电路中,已知 $I_a = 1$ mA, $I_b = 10$ mA, $I_c = 2$ mA,求电流 I_d。

解: 图 1.6.9 所示电路中的 4 个电阻构成的闭合回路可看作一个广义结点,因此根据基尔霍夫电流定律,有
$$I_a + I_b + I_c + I_d = 0$$
故
$$I_d = -(I_a + I_b + I_c) = -(1 + 10 + 2) \text{ mA} = -13 \text{ mA}$$

1.6.4 在图 1.6.10 所示的两个电路中,各有多少支路和结点? U_{ab} 和 I 是否等于零? 如将图 1.6.10(a)中右下臂的 6 Ω 改为 3 Ω,则又如何?

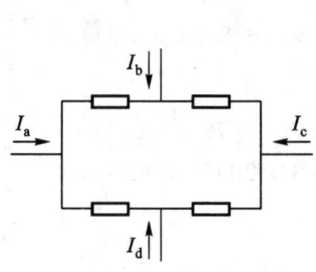
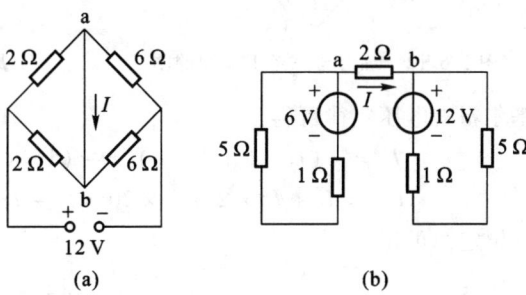

图 1.6.9 练习与思考 1.6.3 的图　　　　图 1.6.10 练习与思考 1.6.4 的图

解：图1.6.10(a)中有6条支路4个结点，由于a、b之间短路，故$U_{ab}=0$，a和b为等电位点，从这个角度也可以看作只有3个结点。由于该电桥电路4个桥臂是平衡的，所以$I=0$。如将图1.6.10(a)右下臂的6Ω改为3Ω，该电桥不再平衡，因而$I\neq 0$。

图1.6.10(b)中无支路也无结点，仅有两个相互独立的单回路。因电流I无闭合回路，故$I=0$，$U_{ab}=2I=0$ V，即a与b为等电位。

1.6.5 按照式(1.6.4) $\sum E=\sum(RI)$ 和图1.6.11所示回路的循行方向，写出基尔霍夫电压定律的表达式。

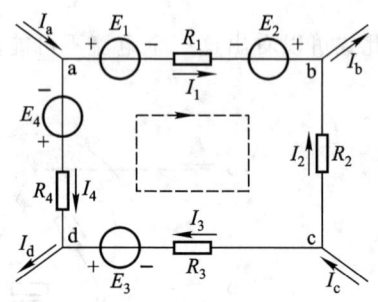

解：主教材23页式(1.6.4) $\sum E=\sum(RI)$ 所表达的即为"凡是电动势方向与回路循行方向一致者取正号，相反者取负号；凡是电流参考方向与回路循行方向一致者，该电流在电阻上所产生的电压降取正号，相反者取负号。"这种描述是基尔霍夫电压定律在电阻电路中的具体体现。实质上就是在任一瞬时，沿任一回路循行方向，电位升高的总和等于电位降低的总和。

图1.6.11 练习与思考1.6.5的图

由图1.6.11可列出该回路的基尔霍夫电压定律表达式
$$-E_1+E_2+E_3-E_4=I_1R_1-I_2R_2+I_3R_3-I_4R_4$$

1.6.6 电路如图1.6.12所示，计算电流I、电压U和电阻R。

解：设图1.6.12中2Ω、4Ω、R三个电阻的电流和电压分别为I_2、I_4、I_R、U_R，如题解图1.02所示。由基尔霍夫电流定律可得

$$I_2=(5+10)A=15\text{ A}$$
$$I_4=I_2-3=(15-3)A=12\text{ A}$$
$$I_R=I_4-10=(12-10)A=2\text{ A}$$
$$I=I_R+3=(2+3)A=5\text{ A}$$

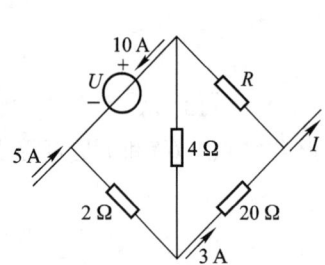

图1.6.12 练习与思考1.6.6的图

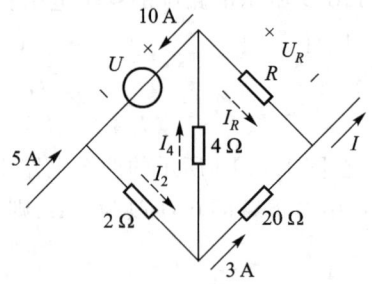

题解图1.02 练习与思考1.6.6的解

由基尔霍夫电压定律可得
$$U=-(I_2\cdot 2+I_4\cdot 4)=-(15\times 2+12\times 4)\text{V}=-78\text{ V}$$
$$U_R=U+I_2\times 2+3\times 20=(-78+15\times 2+3\times 20)\text{V}=12\text{ V}$$

由欧姆定律可得
$$R=\frac{U_R}{I_R}=\frac{12}{2}\Omega=6\text{ }\Omega$$

1.7.1 计算图1.7.6所示两电路中A，B，C各点的电位。

解: 图 1.7.6(a) 中电流

$$I = \frac{6}{4+2} \text{ mA} = 1 \text{ mA}$$

故 $V_A = 6$ V
$V_B = V_A - 1 \times 4 = (6-4)$ V $= 2$ V
$V_C = 0$

图 1.7.6(b) 中电流仍为 1 mA, 故
$V_A = (1 \times 4)$ V $= 4$ V
$V_B = 0$
$V_C = (-1 \times 2)$ V $= -2$ V

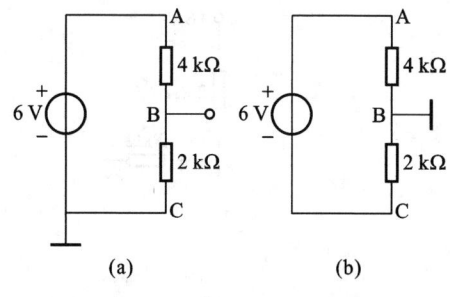

图 1.7.6 练习与思考 1.7.1 的图

1.7.2 有一电路如图 1.7.7 所示,(1) 零电位参考点在哪里?画电路图表示出来。(2) 当将电位器 R_P 的滑动触点向下滑动时, A、B 两点的电位增高了还是降低了?

解: (1) 零电位参考点在正电源的负极与负电源的正极相连的那一点 C 上, 如题解图 1.03 所示。

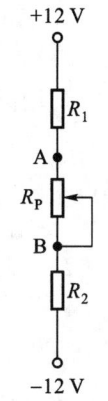

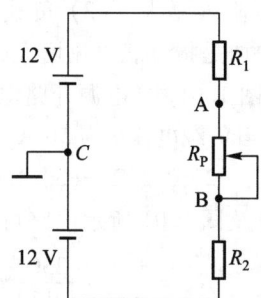

图 1.7.7 练习与思考 1.7.2 的图   题解图 1.03 练习与思考 1.7.2 的解

(2) 设题解图 1.03 中的电流为 I, 则 A、B 两点的电位

$$V_A = 12 - IR_1$$
$$V_B = IR_2 - 12$$

当 R_P 滑动触点向下滑动时, 电路的总电阻增大, 电流将减小, 因而 A 点电位 V_A 将升高; B 点电位 V_B 将下降。

1.7.3 计算图 1.7.8 所示电路在开关 S 断开和闭合时 A 点的电位 V_A。

解: 当 S 断开时, 电路中没有回路, 2 个 2 kΩ 电阻中电流皆为零, 因此 $V_A = +6$ V。
当 S 闭合时, 横向的 2 kΩ 电阻中无电流流过, 故 $V_A = 0$ V。

1.7.4 计算图 1.7.9 中 A 点的电位 V_A。

解: 设由 A 点经由 36 Ω 电阻流向 -24 V 的电流为 I, 则

$$I = \frac{0 - (-24)}{12 + 36} \text{ A} = 0.5 \text{ A}$$

故 $V_A = 0 - 12I = -12 \times 0.5$ V $= -6$ V

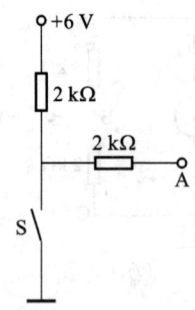
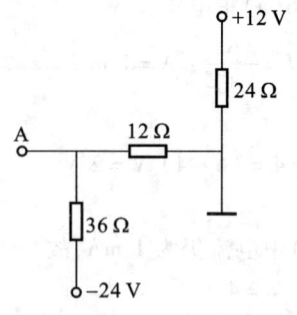

图 1.7.8　练习与思考 1.7.3 的图　　　图 1.7.9　练习与思考 1.7.4 的图

1.6 【习题】题解

A　选　择　题

1.5.1　在图 1.01 中，负载增加是指（　　）。

(1) 负载电阻 R 增大　(2) 负载电流 I 增大　(3) 电源端电压 U 增高

解：负载增加是指负载电流增大，故选择(2)。

1.5.2　在图 1.01 中，电源开路电压 U_0 为 230 V，电源短路电流 I_S 为 1 150 A。当负载电流 I 为 50 A 时，负载电阻 R 为（　　）。

(1) 4.6 Ω　(2) 0.2 Ω　(3) 4.4 Ω

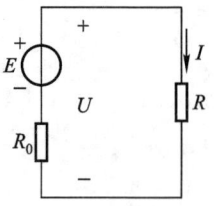

图 1.01　习题 1.5.1 和
习题 1.5.2 的图

解：由题设及图 1.01 所示电路可知电源内阻 R_0 为

$$R_0 = \frac{U_0}{I_S} = \frac{230}{1\ 150}\ \Omega = 0.2\ \Omega$$

负载电阻 R 中的电流　$I = \dfrac{U_0}{R_0 + R}$

则

$$R = \frac{U_0}{I} - R_0 = \left(\frac{230}{50} - 0.2\right)\ \Omega = 4.4\ \Omega$$

故选择(3)。

1.5.3　如将两只额定值为 220 V/100 W 的白炽灯串联接在 220 V 的电源上，每只灯消耗的功率为（　　）。设灯电阻未变。

(1) 100 W　(2) 50 W　(3) 25 W

解：每只灯的电阻　　　$R = \dfrac{U^2}{P} = \dfrac{220^2}{100} = 484\ \Omega$

串联后每只灯的工作电压为 110 V，此时所消耗的功率

$$P' = \frac{U'^2}{R} = \frac{110^2}{484}\ \text{W} = 25\ \text{W}$$

故应选择(3)。

1.5.4　用一只额定值为 110 V/100 W 的白炽灯和一只额定值为 110 V/40 W 的白炽灯串联

后接到 220 V 的电源上,当将开关闭合时,(　　)。

(1) 能正常工作　(2) 100 W 的灯丝烧毁　(3) 40 W 的灯丝烧毁

解:相同额定电压、不同额定功率的白炽灯,其电阻是不同的,额定功率大的电阻小,额定功率小的电阻大。因此题中的两只白炽灯串联后每只分得的电压并非 220 V 的一半 110 V,而是一只低于 110 V,另一只高于 110 V,都不在额定工作状态下。低于 110 V 的一只将达不到应有的亮度,高于 110 V 的一只使用寿命将会大大降低。具体计算如下:

设 100 W 和 40 W 白炽灯电阻分别为 R_{100} 和 R_{40},根据电阻上功率计算公式 $P=\dfrac{U^2}{R}$ 得两个电阻分别为

$$R_{100}=\frac{U_{110}^2}{P_{N100}}=\frac{110^2}{100}\ \Omega=121\ \Omega$$

$$R_{40}=\frac{U_{110}^2}{P_{N40}}=\frac{110^2}{40}\ \Omega=302.5\ \Omega$$

两白炽灯串联后接在 220 V 电源上时

100 W 的一只实际获得电压

$$U'_{100}=\frac{R_{100}}{R_{100}+R_{40}}\times 220=\left(\frac{121}{121+302.5}\times 220\right)\ \text{V}=62.8\ \text{V}$$

实际获得功率

$$P'_{100}=\frac{U'^2_{100}}{R_{100}}=\frac{62.8^2}{121}\ \text{W}=32.6\ \text{W}$$

40 W 的一只实际获得电压

$$U'_{40}=\frac{R_{40}}{R_{100}+R_{40}}\times 220=\left(\frac{302.5}{121+302.5}\times 220\right)\ \text{V}=157.1\ \text{V}$$

实际获得功率

$$P'_{40}=\frac{U'^2_{40}}{R_{40}}=\frac{157.1^2}{302.5}\ \text{W}=81.6\ \text{W}$$

由此可见 100 W 的将低于额定功率,40 W 的将远高于额定功率,灯丝将很快会被烧毁。故应选择(3)。

1.5.5　在图 1.02 中,电阻 R 为(　　)。

(1) 0 Ω　(2) 5 Ω　(3) −5 Ω

解:由图 1.02 可知,电阻 R 上的电压为 20 V,故其电阻应为 5 Ω,选择(2)。

1.5.6　在图 1.03 中,电压电流的关系式为(　　)。

(1) $U=E-RI$　(2) $U=E+RI$　(3) $U=-E+RI$

解:由基尔霍夫电压定律可列出图 1.03 的电压方程 $U=E+IR$,故选择(2)。

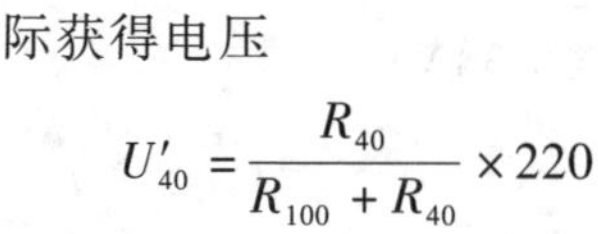

图 1.02　习题 1.5.5 的图

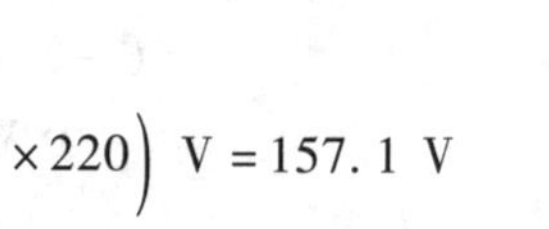

图 1.03　习题 1.5.6 的图

1.5.7 在图 1.04 中,三个电阻共消耗的功率为(　　)。
(1) 15 W　(2) 9 W　(3) 无法计算

解:由图 1.04 可知,2 A 电流由 6 V 电压源负极流入,正极流出,该电压源发出功率 $P_{6发}$ = 6×2 W = 12 W;1 A 电流由 3 V 电压源正极流入,负极流出,该电压源吸收功率 $P_{3吸}$ = 3×1 W = 3 W。则三个电阻共消耗的功率 $\sum P_R = P_{6发} - P_{3吸} = (12-3)$ W = 9 W。故应选择(2)。

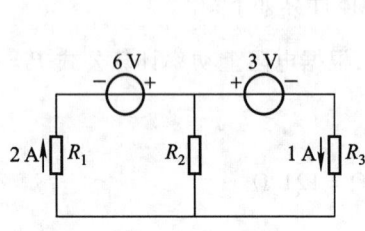

图 1.04　习题 1.5.7 的图

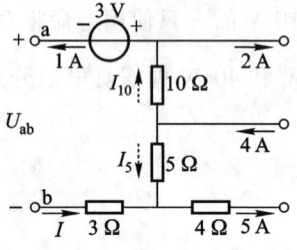

图 1.05　习题 1.6.1 的图

1.6.1 在图 1.05 所示的部分电路中,a,b 两端的电压 U_{ab} 为(　　)。
(1) 40 V　(2) -40 V　(3) -25 V

解:由图 1.05 根据基尔霍夫电流定律可得

$$I_{10} = (1+2) \text{A} = 3 \text{A}$$
$$I_5 = 4 - I_{10} = (4-3) \text{A} = 1 \text{A}$$
$$I = 5 - I_5 = (5-1) \text{A} = 4 \text{A}$$

则 a、b 两端电压 U_{ab} 由基尔霍夫电压定律可得

$$U_{ab} = -3 - I_{10} \times 10 + I_5 \times 5 - I \times 3$$
$$= (-3 - 3 \times 10 + 1 \times 5 - 4 \times 3) \text{V}$$
$$= -40 \text{V}$$

故应选择(2)。

1.6.2 图 1.06 所示电路中的电压 U_{ab} 为(　　)。
(1) 0 V　(2) 2 V　(3) -2 V

解:由基尔霍夫电压定律可得

$$12 = 5 + (-U_{ab}) + 5$$

即
$$U_{ab} = -2 \text{V}$$

故应选择(3)。

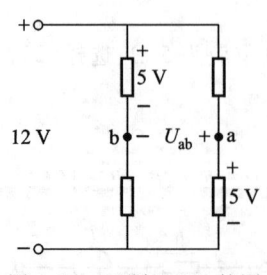

图 1.06　习题 1.6.2 的图

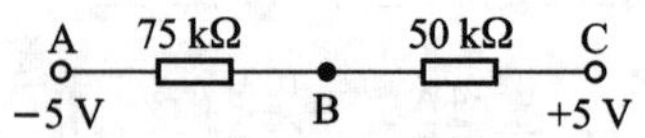

图 1.07　习题 1.7.1 的图

1.7.1 在图 1.07 中,B 点的电位 V_B 为(　　)。
(1) -1 V　(2) 1 V　(3) 4 V

解：由图 1.07 知 $I_{CA} = \dfrac{5-(-5)}{75+50}$ A = 0.08 A

则 $\qquad V_B = V_C - I_{CA} \times 50 = (5 - 0.08 \times 50)$ V = 1 V

故应选择(2)。

1.7.2 图 1.08 所示电路中 A 点的电位 V_A 为( )。

(1) 2 V   (2) 4 V   (3) −2 V

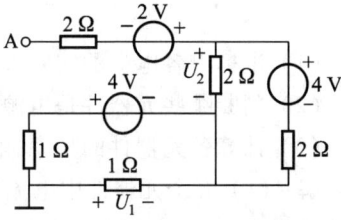

图 1.08 习题 1.7.2 的图

解：由图 1.08 可知，与 2 V 电压源串联的 2 Ω 电阻中的电流为 0，根据基尔霍夫电压定律可得

$$V_A = -2 + U_2 - U_1 = \left(-2 + \dfrac{4}{2+2} \times 2 - \dfrac{4}{1+1} \times 1\right) \text{ V}$$
$$= (-2 + 2 - 2) \text{ V} = -2 \text{ V}$$

故应选择(3)。

B 基 本 题

1.5.8 在图 1.09 所示的各段电路中，已知 $U_{ab} = 10$ V，$E = 5$ V，$R = 5$ Ω，试求 I 的表达式及其数值。

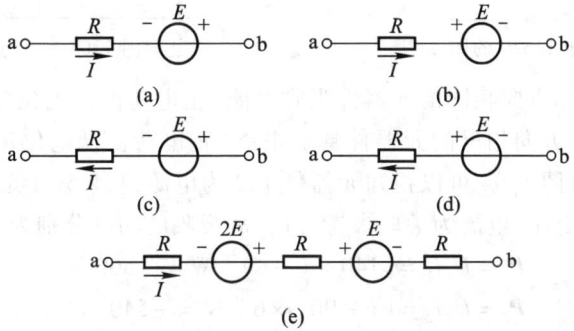

图 1.09 习题 1.5.8 的图

解：根据基尔霍夫电压定律可列出图 1.09(a)～(e)电路的电压平衡方程，由此求出相应的电流 I。

(a) $U_{ab} = IR + (-E)$, $\qquad I = \dfrac{U_{ab} + E}{R} = \dfrac{10 + 5}{5}$ A = 3 A

(b) $U_{ab} = IR + E$, $\qquad I = \dfrac{U_{ab} - E}{R} = \dfrac{10 - 5}{5}$ A = 1 A

(c) $U_{ab} = -IR + (-E)$, $\qquad I = \dfrac{-U_{ab} - E}{R} = \dfrac{-10 - 5}{5}$ A = −3 A

(d) $U_{ab} = -IR + E$, $\qquad I = \dfrac{-U_{ab} + E}{R} = \dfrac{-10 + 5}{5}$ A = −1 A

(e) $U_{ab} = IR + (-2E) + IR + E + IR = 3IR - E$, $\qquad I = \dfrac{U_{ab} + E}{3R} = \dfrac{10 + 5}{3 \times 5}$ A = 1 A

1.5.9 在图 1.10 中,五个元器件代表电源或负载。电流和电压的参考方向如图中所示,今通过实验测量得知

$$I_1 = -4 \text{ A} \quad I_2 = 6 \text{ A} \quad I_3 = 10 \text{ A}$$
$$U_1 = 140 \text{ V} \quad U_2 = -90 \text{ V} \quad U_3 = 60 \text{ V}$$
$$U_4 = -80 \text{ V} \quad U_5 = 30 \text{ V}$$

(1) 试标出各电流的实际方向和各电压的实际极性(可另画一图);
(2) 判断哪些元器件是电源,哪些是负载;
(3) 计算各元器件的功率,电源发出的功率和负载取用的功率是否平衡?

解:(1) 五个元器件中电流和电压的实际方向可根据参考方向和实验测量结果确定:实验测量结果为正值,说明实际方向与参考方向相同;实验测量结果为负值,说明实际方向与参考方向相反。题解图 1.04 标出了各电流的实际方向和各电压的实际极性。

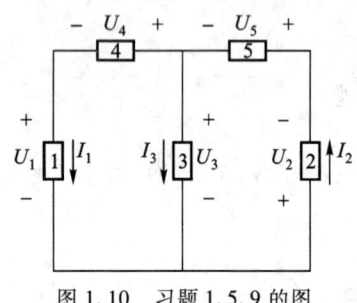

图 1.10 习题 1.5.9 的图

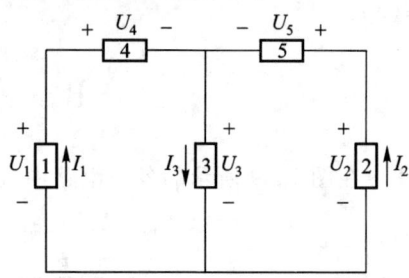

题解图 1.04 习题 1.5.9 的解

(2) 电压与电流实际方向相同的元器件吸收电能(正电荷由高电位流向低电位失去能量),为负载;电压与电流实际方向相反的元器件释放电能(正电荷由低电位流向高电位获得能量),为电源。因此,根据题解图 1.04 可以得知元器件 1、2 为电源,3、4、5 为负载。

(3) 因为各元器件电压、电流为关联参考方向,故吸收的功率分别为

$$P_1 = U_1 I_1 = [140 \times (-4)] \text{ W} = -560 \text{ W}$$
$$P_2 = U_2 I_2 = [(-90) \times 6] \text{ W} = -540 \text{ W}$$
$$P_3 = U_3 I_3 = 60 \times 10 \text{ W} = 600 \text{ W}$$
$$P_4 = U_4 I_1 = [(-80) \times (-4)] \text{ W} = 320 \text{ W}$$
$$P_5 = U_5 I_2 = 30 \times 6 \text{ W} = 180 \text{ W}$$

电源发出的功率 $\sum P_{发} = P_1 + P_2 = (560 + 540) \text{ W} = 1\,100 \text{ W}$

负载吸收的功率 $\sum P_{吸} = P_3 + P_4 + P_5 = (600 + 320 + 180) \text{ W} = 1\,100 \text{ W}$

$$\sum P_{发} = \sum P_{吸}$$

二者相等,整个电路的功率平衡。

1.5.10 在图 1.11 中,已知 $I_1 = 3$ mA, $I_2 = 1$ mA。试确定电路元器件 3 中的电流 I_3 和其两端电压 U_3,并说明它是电源还是负载。校验整个电路的功率是否平衡。

解: 由基尔霍夫电流定律可列电流方程

$$I_2 = I_1 + I_3$$

则 $I_3 = I_2 - I_1 = (1 - 3) \text{ mA} = -2 \text{ mA}$

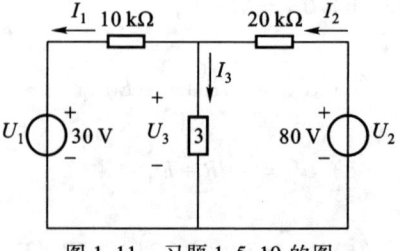

图 1.11 习题 1.5.10 的图

由基尔霍夫电压定律可列右侧回路的电压方程
$$-U_2 + 20I_2 + U_3 = 0$$
则 $U_3 = U_2 - 20I_2 = (80 - 20 \times 1) \text{ V} = 60 \text{ V}$

元器件 3 中电压、电流的实际方向相反,释放电能,因此是电源。
电路中各元器件吸收的功率
$$P_1 = U_1 I_1 = (30 \times 3) \text{ mW} = 90 \text{ mW},为负载$$
$$P_2 = -U_2 I_2 = (-80 \times 1) \text{ mW} = -80 \text{ mW},为电源$$
$$P_3 = U_3 I_3 = [60 \times (-2)] \text{ mW} = -120 \text{ mW},为电源$$
$$P_{R1} = I_1^2 R_1 = (3^2 \times 10) \text{ mW} = 90 \text{ mW},为负载$$
$$P_{R2} = I_2^2 R_2 = (1^2 \times 20) \text{ mW} = 20 \text{ mW},为负载$$

各电源发出的功率 $\sum P_{发} = P_2 + P_3 = (80 + 120) \text{ mW} = 200 \text{ mW}$

各负载吸收的功率 $\sum P_{吸} = P_1 + P_{R1} + P_{R2} = (90 + 90 + 20) \text{ mW} = 200 \text{ mW}$

$$\sum P_{发} = \sum P_{吸}$$

整个电路的功率是平衡的。

1.5.11 有一直流电源,其额定功率 $P_N = 200 \text{ W}$,额定电压 $U_N = 50 \text{ V}$,内阻 $R_0 = 0.5 \text{ Ω}$,负载电阻 R 可以调节,其电路如图 1.5.1 所示。试求:(1)额定工作状态下的电流及负载电阻;(2)开路状态下的电源端电压;(3)电源短路状态下的电流。

解:电源输出的额定功率 P_N、额定电压 U_N 和额定电流 I_N 之间的关系为

$$P_N = U_N \cdot I_N$$

(1) 额定电流 $I_N = \dfrac{P_N}{U_N} = \dfrac{200}{50} \text{ A} = 4 \text{ A}$

额定工作状态下的负载电阻 $R = \dfrac{U_N}{I_N} = \dfrac{50}{4} \text{ Ω} = 12.5 \text{ Ω}$

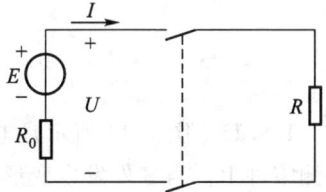

图 1.5.1 习题 1.5.11 的图

(2) 开路状态下的电源端电压 U_0 等于电源电动势 E,即
$$U_0 = E = U_N + I_N \cdot R_0 = (50 + 4 \times 0.5) \text{ V} = 52 \text{ V}$$

(3) 短路状态下的电流 $I_S = \dfrac{E}{R_0} = \dfrac{52}{0.5} \text{ A} = 104 \text{ A}$

1.5.12 有一台直流稳压电源,其额定输出电压为 30 V,额定输出电流为 2 A,从空载到额定负载,其输出电压的变化率为千分之一(即 $\Delta U = \dfrac{U_0 - U_N}{U_N} = 0.1\%$),试求该电源的内阻。

解:电源从空载到额定负载,其输出电压的变化值 ΔU 实际上就是在电源内阻 R_0 上产生的电压降,依题意
$$\Delta U = 0.1\% U_N = I_N \cdot R_0$$

故 $R_0 = \dfrac{\Delta U}{I_N} = \dfrac{0.1\% U_N}{I_N} = \dfrac{0.001 \times 30}{2} \text{ Ω} = 0.015 \text{ Ω}$

1.5.13 在图 1.12 所示的两个电路中,要在 12 V 的直流电源上使 6 V/50 mA 的电珠正常发光,应该采用哪一个连接电路?

解：6 V/50 mA 电珠的电阻

$$R = \frac{6}{50 \times 10^{-3}} \Omega = 120 \ \Omega$$

要使它能正常发光，其工作电压应达到 6 V 或者工作电流应达到 50 mA，因此应采用图 1.12(a) 所示的电路。

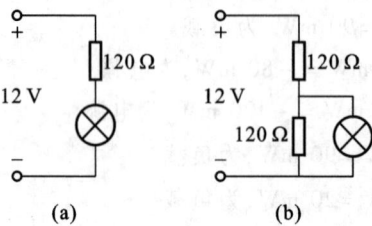

图 1.12 习题 1.5.13 的图

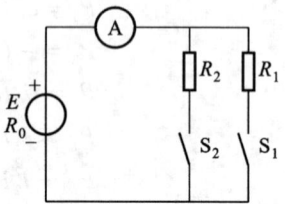

图 1.13 习题 1.5.14 的图

1.5.14 图 1.13 所示的电路可用来测量电源的电动势 E 和内阻 R_0。图中，$R_1 = 2.6 \ \Omega$，$R_2 = 5.5 \ \Omega$。当将开关 S_1 闭合时，电流表读数为 2 A；断开 S_1，闭合 S_2 后，读数为 1 A。试求 E 和 R_0。

解：由图 1.13 所示电路及题中所给条件有如下关系（I_1、I_2 为 R_1、R_2 中电流）

S_1 闭合时 $\qquad\qquad\qquad E = I_1(R_0 + R_1)$

S_2 闭合时 $\qquad\qquad\qquad E = I_2(R_0 + R_2)$

即 $\qquad\qquad\qquad\qquad \begin{cases} E = 2(R_0 + 2.6) \\ E = R_0 + 5.5 \end{cases}$

联立解得 $\qquad\qquad\qquad E = 5.8 \ \text{V}, \quad R_0 = 0.3 \ \Omega$

1.5.15 图 1.14 所示是电阻应变仪中的测量电桥的原理电路。R_x 是电阻应变片，粘附在被测零件上。当零件发生变形（伸长或缩短）时，R_x 的阻值随之改变，这反映在输出信号 U_0 上。在测量前如果把各个电阻调节到 $R_x = 100 \ \Omega$，$R_1 = R_2 = 200 \ \Omega$，$R_3 = 100 \ \Omega$，这时满足 $\frac{R_x}{R_3} = \frac{R_1}{R_2}$ 的电桥平衡条件，$U_0 = 0$。在进行测量时，如果测出（1）$U_0 = +1$ mV，（2）$U_0 = -1$ mV，试计算两种情况下的 ΔR_x。U_0 极性的改变反映了什么？设电源电压 U 是直流 3 V。

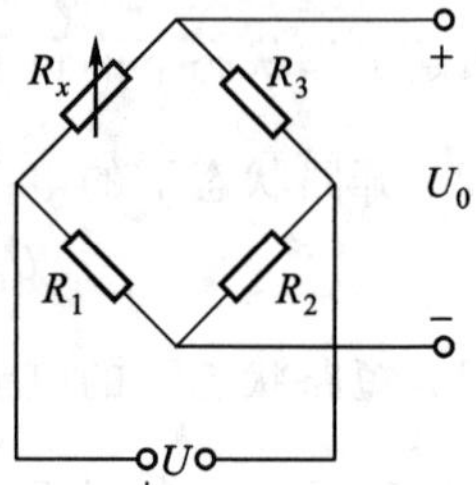

图 1.14 习题 1.5.15 的图

解：当 $\frac{R_x}{R_3} = \frac{R_1}{R_2}$ 时，电桥平衡，$U_0 = 0$

当 $\frac{R_x + \Delta R_x}{R_3} \neq \frac{R_1}{R_2}$ 时，电桥不再平衡，$U_0 \neq 0$

由图 1.14 可得

$$\begin{aligned} U_0 &= R_3 \cdot \frac{U}{R_x + \Delta R_x + R_3} - R_2 \cdot \frac{U}{R_1 + R_2} \\ &= 100 \times \frac{3}{100 + \Delta R_x + 100} - 200 \times \frac{3}{200 + 200} \\ &= \frac{300}{\Delta R_x + 200} - \frac{3}{2} \end{aligned}$$

整理可得
$$\Delta R_x = \frac{300}{1.5+U_0} - 200$$

(1) 若 $U_0 = +1\ \text{mV}$,则代入可得
$$\Delta R_x = \left(\frac{300}{1.5+0.001} - 200\right)\Omega \approx -0.133\ \Omega,R_x\ \text{减小}。$$

(2) 若 $U_0 = -1\ \text{mV}$,则代入可得
$$\Delta R_x = \left[\frac{300}{1.5+(-0.001)} - 200\right]\Omega \approx +0.133\ \Omega,R_x\ \text{增大}。$$

由 $R = \rho\dfrac{l}{A}$ 知,l 伸长或缩短时,R 将增大或减小。因此当 U_0 极性变正时($U_0>0$),电阻应变片阻值 R_x 减小(即 $\Delta R_x<0$),说明被测零件的变形为缩短;当 U_0 极性变负时($U_0<0$),电阻应变片阻值 R_x 增大(即 $\Delta R_x>0$),说明被测零件的变形为伸长。U_0 极性的改变情况反映了零件的形变情况。

1.5.16 电路如图 1.15 所示。当开关 S 断开时,电压表读数为 18 V;当开关 S 闭合时,电流表读数为 1.8 A。试求电源的电动势 E 和内阻 R_0,并求 S 闭合时电压表的读数。

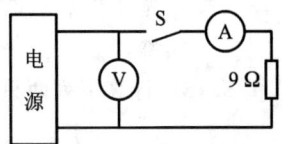

图 1.15 习题 1.5.16 的图

解: 当开关 S 断开时,电压表读数 18 V 即为该电源开路电压 U_0,则电源电动势 $E = U_0 = 18\ \text{V}$。

当开关 S 闭合时,电流表读数 1.8 A 即为 9 Ω 电阻中电流 I,则电压表读数应为 $1.8\times9\ \text{V} = 16.2\ \text{V}$,且 $\dfrac{E}{R_0+9} = I = 1.8\ \text{A}$,故 $R_0 = \dfrac{E}{I} - 9 = \left(\dfrac{18}{1.8}-9\right)\Omega = 1\ \Omega$

1.5.17 图 1.16 是电源有载工作的电路。电源的电动势 $E = 220\ \text{V}$,内阻 $R_0 = 0.2\ \Omega$;负载电阻 $R_1 = 10\ \Omega$,$R_2 = 6.67\ \Omega$;线路电阻 $R_l = 0.1\ \Omega$。试求负载电阻 R_2 并联前后:(1) 电路中电流 I;(2) 电源端电压 U_1 和负载端电压 U_2;(3) 负载功率 P。当负载增大时,总的负载电阻、线路中电流、负载功率、电源端和负载端的电压是如何变化的?

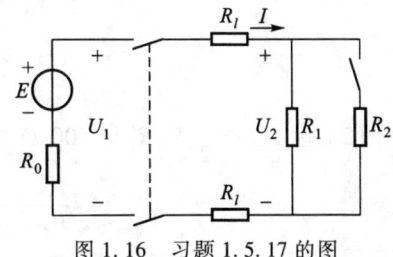

图 1.16 习题 1.5.17 的图

解: 并联 R_2 前:

电路总负载电阻
$$R_\Sigma = R_0 + 2R_l + R_1 = 10.4\ \Omega$$

(1) 电路中电流
$$I = \frac{E}{R_0+2R_l+R_1} = \frac{220}{0.2+2\times0.1+10}\ \text{A} \approx 21.2\ \text{A}$$

(2) 电源端电压
$$U_1 = E - IR_0 = (220 - 21.2\times0.2)\ \text{V} \approx 216\ \text{V}$$

负载端电压
$$U_2 = IR_1 = 21.2\times10\ \text{V} = 212\ \text{V}$$

(3) 负载功率
$$P = U_2 I = 212\times21.2\ \text{W} \approx 4.49\ \text{kW}$$

并联 R_2 后:

电路总负载电阻
$$R_\Sigma = R_0 + 2R_l + (R_1 // R_2) \approx 4.4 \ \Omega$$

（1）电路中电流
$$I = \frac{E}{R_0 + 2R_l + (R_1 // R_2)} = \frac{220}{0.2 + 2 \times 0.1 + \frac{10 \times 6.67}{10 + 6.67}} \text{A} \approx 50 \text{ A}$$

（2）电源端电压
$$U_1 = E - IR_0 = (220 - 50 \times 0.2) \text{ V} = 210 \text{ V}$$
负载端电压
$$U_2 = I(R_1 // R_2) = \left(50 \times \frac{10 \times 6.67}{10 + 6.67}\right) \text{ V} \approx 200 \text{ V}$$

（3）负载功率
$$P = U_2 I = (200 \times 50) \text{ W} = 10 \text{ kW}$$

负载增大时,电路总电阻减小,线路中电流增大,负载功率增大,电源端电压及负载端电压均下降。

1.5.18 计算下列两只电阻元件的最大容许电压和最大容许电流:(1) 1 W/1 kΩ;(2) $\frac{1}{2}$ W/500 Ω。能否将两只 $\frac{1}{2}$ W/500 Ω 的电阻元件串联起来代替一只 1 W/1 kΩ 的电阻?

解:（1）因 $P_{1N} = 1 \text{ W}, R_{1N} = 1 \text{ k}\Omega$,故由 $P_{1N} = \frac{U_{1N}^2}{R_{1N}}$ 得
$$U_{1N} = \sqrt{P_{1N} R_{1N}} = \sqrt{1 \times 10^3} \text{ V} = 10\sqrt{10} \text{ V} \approx 31.62 \text{ V}$$
$$I_{1N} = \frac{P_{1N}}{U_{1N}} = \frac{1}{10\sqrt{10}} \text{ A} \approx 0.0316 \text{ A}$$

（2）因 $P_{2N} = \frac{1}{2} \text{W}, R_{2N} = 500 \ \Omega$,故由 $P_{2N} = \frac{U_{2N}^2}{R_{2N}}$ 得
$$U_{2N} = \sqrt{P_{2N} R_{2N}} = \sqrt{\frac{1}{2} \times 500} \text{ V} = 5\sqrt{10} \text{ V} \approx 15.81 \text{ V}$$
$$I_{2N} = \frac{P_{2N}}{U_{2N}} = \frac{1/2}{15.81} \text{A} \approx 0.0316 \text{ A}$$

因 1 W/1 kΩ 电阻与 $\frac{1}{2}$ W/500 Ω 电阻允许流过的额定电流皆为 0.0316 A,在额定电压之内可以将两只 $\frac{1}{2}$ W/500 Ω 电阻元件串联起来代替一只 1 W/1 kΩ 电阻。

1.5.19 有一电源设备,额定输出功率 $P_N = 400 \text{ W}$,额定电压 $U_N = 110 \text{ V}$,电源内阻 $R_0 = 1.38 \ \Omega$。(1)当负载电阻 R_L 分别为 50 Ω 和 10 Ω 时,试求电源输出功率 P,是否过载?(2)当发生电源短路时,试求短路电流 I_S,它是额定电流的多少倍?

解:（1）该电源设备的额定电流 $I_N = \frac{P_N}{U_N} = \frac{400}{110} \text{ A} \approx 3.64 \text{ A}$

电源电动势 $E = U_N + I_N R_0 = (110 + 3.64 \times 1.38) \text{ V} \approx 115 \text{ V}$

在不同负载下的输出功率

$$P_L = \left(\frac{E}{R_0 + R_L}\right)^2 \cdot R_L$$

当 $R_{L1} = 50\ \Omega$ 时,$P_{L1} = \left(\dfrac{115}{1.38 + 50}\right)^2 \times 50\ \text{W} = 250.5\ \text{W} < P_N$,未过载

当 $R_{L2} = 10\ \Omega$ 时,$P_{L2} = \left(\dfrac{115}{1.38 + 10}\right)^2 \times 10\ \text{W} = 1\ 021.2\ \text{W} > P_N$,过载

(2) 发生电源短路时,$I_S = \dfrac{E}{R_0} = \dfrac{115}{1.38} = 83.33\ \text{A} = 22.9 I_N \gg I_N$ 会造成电源设备损坏,应采取保护措施加以避免。

1.6.3 在图 1.17 中,已知 $I_1 = 0.01\ \mu\text{A}$,$I_2 = 0.3\ \mu\text{A}$,$I_5 = 9.61\ \mu\text{A}$,试求电流 I_3、I_4 和 I_6。

解:根据基尔霍夫电流定律

$$I_3 = I_1 + I_2 = (0.01 + 0.3)\ \mu\text{A} = 0.31\ \mu\text{A}$$

$$I_4 = I_5 - I_3 = (9.61 - 0.31)\ \mu\text{A} = 9.3\ \mu\text{A}$$

$$I_6 = I_2 + I_4 = (0.3 + 9.3)\ \mu\text{A} = 9.6\ \mu\text{A}$$

或由 $I_1 + I_6 = I_5$(将 I_2、I_3、I_4 三条支路构成的电路看作是一个广义结点),得

$$I_6 = I_5 - I_1 = (9.61 - 0.01)\ \mu\text{A} = 9.6\ \mu\text{A}$$

结果是一致的。

此题说明要充分注意电路结构和已知条件,灵活运用基尔霍夫电流定律。

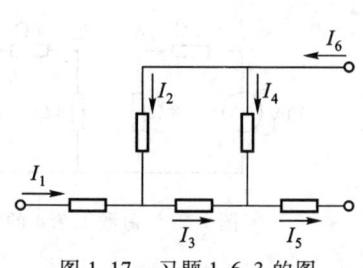

图 1.17 习题 1.6.3 的图

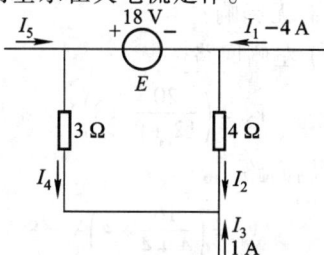

图 1.18 习题 1.6.4 的图

1.6.4 在图 1.18 所示的部分电路中,计算电流 I_2、I_4 和 I_5。

解:将 I_1、I_3、I_5 三条支路构成的电路看作是一个广义结点,由基尔霍夫电流定律可得

$$I_1 + I_3 + I_5 = 0$$

故

$$I_5 = -(I_1 + I_3) = -(-4 + 1)\ \text{A} = 3\ \text{A}$$

1.6.5 计算图 1.19 所示电路中的电流 I_1、I_2、I_3、I_4 和电压 U。

解:设电流 I_1、I_2、I_3、I_4 流过的电阻上的电压分别为 U_1、U_2、U_3、U_4,方向与该电流方向相同。

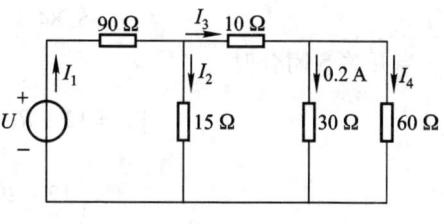

由图 1.19 可知 $U_4 = 0.2 \times 30\ \text{V} = 6\ \text{V}$

则 $I_4 = \dfrac{U_4}{60} = \dfrac{6}{60}\ \text{A} = 0.1\ \text{A}$

$I_3 = I_4 + 0.2 = (0.1 + 0.2)\ \text{A} = 0.3\ \text{A}$

$U_3 = 10 I_3 = 0.3 \times 10\ \text{V} = 3\ \text{V}$

图 1.19 习题 1.6.5 的图

$$U_2 = U_3 + U_4 = (3+6)\text{ V} = 9\text{ V}$$

$$I_2 = \frac{U_2}{15} = \frac{9}{15}\text{ A} = 0.6\text{ A}$$

$$I_1 = I_2 + I_3 = (0.6 + 0.3)\text{ A} = 0.9\text{ A}$$

$$U_1 = 90I_1 = 0.9 \times 90\text{ V} = 81\text{ V}$$

$$U = U_1 + U_2 = (81 + 9)\text{ V} = 90\text{ V}$$

1.7.3 试求图 1.20 所示电路中 A,B,C,D 各点电位。

解：设 3 V、6 V 和 12 V 电压源支路的电流分别为 I_3、I_6 和 I_{12}，由广义基尔霍夫电流定律可得

$$I_3 + I_{12} = 1$$

因 D 开路, $I_3 = 0$, 故 $I_{12} = 1$ A。

对于 B 点，可列 KCL 方程 $I_6 + 1 = I_3 + 3$，故 $I_6 = I_3 + 3 - 1 = 2$ A

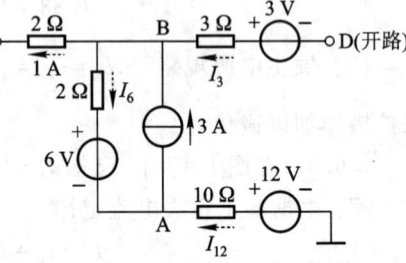

图 1.20 习题 1.7.3 的图

$$V_A = 12 - I_{12} \times 10 = (12 - 1 \times 10)\text{ V} = 2\text{ V}$$

$$V_B = V_A + 6 + I_6 \times 2 = (2 + 6 + 2 \times 2)\text{ V} = 12\text{ V}$$

$$V_C = V_B - 1 \times 2 = (12 - 1 \times 2)\text{ V} = 10\text{ V}$$

$$V_D = V_B + I_3 \times 3 - 3 = V_B - 3 = (12 - 3)\text{ V} = 9\text{ V}$$

1.7.4 试求图 1.21 所示电路中 A 点和 B 点的电位。如将 A,B 两点直接连接或接一电阻，对电路工作有无影响？

解：对于左侧回路

$$V_A = \left(\frac{20}{12+8} \times 8\right)\text{ V} = 8\text{ V}$$

对于右侧回路

$$V_B = \left(\frac{16}{4+4} \times 4\right)\text{ V} = 8\text{ V}$$

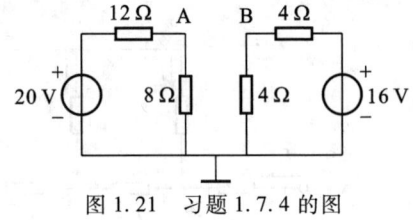

图 1.21 习题 1.7.4 的图

A、B 两点电位相等，故两点直接相连或接一电阻对电路工作没有影响。

1.7.5 在图 1.22 中，在开关 S 断开和闭合的两种情况下试求 A 点的电位。

解：当开关 S 断开时，

$$V_A = 12 - R_3 \times \frac{12 - (-12)}{R_1 + R_2 + R_3}$$

$$= \left(12 - 20 \times \frac{24}{3 + 3.9 + 20}\right)\text{ V}$$

$$= 5.84\text{ V}$$

当开关 S 闭合时

$$V_A = 12 - R_3 \cdot \frac{12}{R_2 + R_3}$$

$$= \left(12 - 20 \times \frac{12}{3.9 + 20}\right)\text{ V}$$

$$= 1.96\text{ V}$$

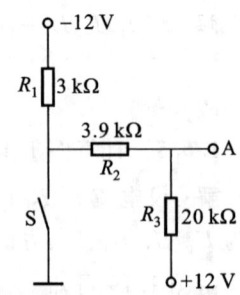

图 1.22 习题 1.7.5 的图

1.7.6 在图 1.23 中,求 A 点电位 V_A。

解:方法一: 列结点 A 的基尔霍夫电流方程

$$\frac{50-V_A}{R_1}+\frac{(-50)-V_A}{R_2}+\frac{0-V_A}{R_3}=0$$

解得 $V_A = -14.3$ V

方法二: 图 1.23 可看成是三个有源支路的并联,所以可直接利用求多个有源支路并联的结点电压公式

$$V_A=\frac{\dfrac{50}{R_1}+\dfrac{(-50)}{R_2}}{\dfrac{1}{R_1}+\dfrac{1}{R_2}+\dfrac{1}{R_3}}=\frac{\dfrac{50}{10}-\dfrac{50}{5}}{\dfrac{1}{10}+\dfrac{1}{5}+\dfrac{1}{20}}\text{ V}=-14.3\text{ V}$$

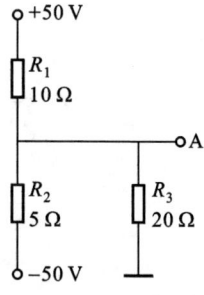

图 1.23 习题 1.7.6 的图

C 拓 宽 题

1.6.6 在图 1.24 所示的电路中,欲使指示灯上的电压 U_3 和电流 I_3 分别为 12 V 和 0.3 A,试求电源电压 U 应为多少?

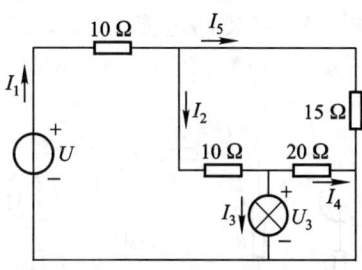

图 1.24 习题 1.6.6 的图

解: 设 I_1、I_2、I_4、I_5 电流流过的电阻上的电压降分别为 U_1、U_2、U_4、U_5,方向与电流的方向相同。由题设并根据基尔霍夫电压定律、电流定律及欧姆定律可得

$$U_4 = U_3 = 12 \text{ V} \qquad I_4 = \frac{U_4}{20} = 0.6 \text{ A}$$

$$I_2 = I_3 + I_4 = (0.3+0.6) \text{ A} = 0.9 \text{ A} \qquad U_2 = 10 I_2 = 9 \text{ V}$$

$$U_5 = U_2 + U_4 = (9+12) \text{ V} = 21 \text{ V} \qquad I_5 = \frac{U_5}{15} = 1.4 \text{ A}$$

$$I_1 = I_2 + I_5 = (0.9+1.4) \text{ A} = 2.3 \text{ A} \qquad U_1 = 10 I_1 = 23 \text{ V}$$

$$U = U_1 + U_5 = (23+21) \text{ V} = 44 \text{ V}$$

欲使指示灯上的电压 U_3 和电流 I_3 分别为 12 V 和 0.3 A,电源电压应为 44 V。

1.7.7 图 1.25 所示是某晶体管静态(直流)工作时的等效电路,图中 $I_C = 1.5$ mA,$I_B = 0.04$ mA。试求 CB 间和 BE 间的等效电阻 R_{CB} 和 R_{BE},并计算 C 点和 B 点的电位 V_C 和 V_B[①]。

---

① C——集电极,B——基极,E——发射极。

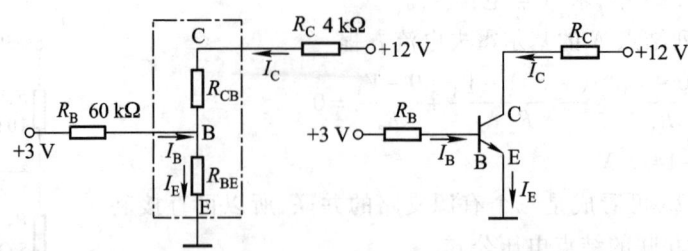

图 1.25 习题 1.7.7 的图

解：由基尔霍夫电流定律 $I_E = I_B + I_C = (0.04 + 1.5)\ \text{mA} = 1.54\ \text{mA}$

B 点电位 $V_B = 3 - I_B \cdot R_B = (3 - 0.04 \times 10^{-3} \times 60 \times 10^3)\ \text{V} = 0.6\ \text{V}$

C 点电位 $V_C = 12 - I_C \cdot R_C = (12 - 1.5 \times 10^{-3} \times 4 \times 10^3)\ \text{V} = 6\ \text{V}$

BE 间等效电阻 $R_{BE} = \dfrac{V_B}{I_E} = \dfrac{0.6}{1.54 \times 10^{-3}}\ \Omega = 389.6\ \Omega \approx 390\ \Omega$

CB 间等效电阻 $R_{CB} = \dfrac{V_C - V_B}{I_C} = \dfrac{6 - 0.6}{1.5 \times 10^{-3}}\ \Omega = 3.6\ \text{k}\Omega$

1.7.8 在图 1.26 所示电路中，已知 $U_1 = 12\ \text{V}$，$U_2 = -12\ \text{V}$，$R_1 = 2\ \text{k}\Omega$，$R_2 = 4\ \text{k}\Omega$，$R_3 = 1\ \text{k}\Omega$，$R_4 = 4\ \text{k}\Omega$，$R_5 = 2\ \text{k}\Omega$。试求：(1) 各支路电流 I_1, I_2, I_3, I_4, I_5；(2) A 点和 B 点的电位 V_A 和 V_B。

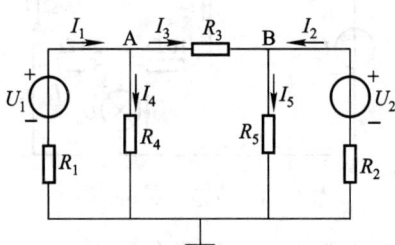

图 1.26 习题 1.7.8 的图

解：先列 A、B 两点的基尔霍夫电流方程

结点 A： $I_1 - I_3 - I_4 = 0$

结点 B： $I_2 + I_3 - I_5 = 0$

其中 $I_1 = -\dfrac{V_A - U_1}{R_1}$ $I_2 = -\dfrac{V_B - U_2}{R_2}$ $I_3 = \dfrac{V_A - V_B}{R_3}$

$I_4 = \dfrac{V_A}{R_4}$ $I_5 = \dfrac{V_B}{R_5}$

代入上述电流方程得

结点 A： $-\dfrac{V_A - U_1}{R_1} - \dfrac{V_A - V_B}{R_3} - \dfrac{V_A}{R_4} = 0$

结点 B： $-\dfrac{V_B - U_2}{R_2} + \dfrac{V_A - V_B}{R_3} - \dfrac{V_B}{R_5} = 0$

整理得
$$\left(\frac{1}{R_1}+\frac{1}{R_3}+\frac{1}{R_4}\right)V_A - \frac{1}{R_3}V_B = \frac{U_1}{R_1}$$

$$-\frac{1}{R_3}V_A + \left(\frac{1}{R_2}+\frac{1}{R_3}+\frac{1}{R_5}\right)V_B = \frac{U_2}{R_2}$$

代入已知数据联立求解得　　$V_A = 3.64 \text{ V}$　　$V_B = 0.364 \text{ V}$

故

$$I_1 = -\frac{3.64-12}{2\times 10^3}\text{ A} = 4.18 \text{ mA}$$

$$I_2 = -\frac{0.364+12}{4\times 10^3}\text{ A} = -3.09 \text{ mA}$$

$$I_3 = \frac{3.64-0.364}{1\times 10^3}\text{ A} = 3.276 \text{ mA}$$

$$I_4 = \frac{3.64}{4\times 10^3}\text{ A} = 0.91 \text{ mA}$$

$$I_5 = \frac{0.364}{2\times 10^3}\text{ A} = 0.182 \text{ mA}$$

此题分析求解过程实质上就是以结点电压为变量、以基尔霍夫电流定律为基础的多结点的结点电压分析法。

第 2 章 电路的分析方法

本章以欧姆定律和基尔霍夫定律(KCL 和 KVL)为基础,介绍常用的电路分析方法和电路基本定理,对分析和计算复杂电路具有重要意义,这些分析方法和定理的应用贯穿于电工技术和电子技术内容之中。

2.1 内容要点与阅读指导

1. 线性电路的基本分析方法

基本分析方法:包括等效变换法、支路电流法、回路电流法和结点电压法等。

(1) 等效变换法:是化简电路和分析电路的有效途径。

① 等效的概念:对应端子之间的伏安特性完全相同的两个电路互为等效电路。等效是针对外电路而言的,内部电路一般不等效。

② 无源电阻网络等效变换:通过电阻串、并联或 Y-△ 变换使复杂电路化为简单电路。

③ 含源电路等效变换:电压源与电阻串联的电路在一定条件下可以转化为电流源与电阻并联的电路。

等效变换条件: $E = I_S R$ 或 $I_S = \dfrac{E}{R}$

④ 等效变换后的电路对电路其余部分电压、电流分配没有影响。

(2) 支路电流法:以支路电流为变量列基尔霍夫电流方程和电压方程联立求解。适用于支路较少的电路计算。

(3) 回路电流法:以回路电流为变量列独立回路的基尔霍夫电压方程求解。适用于支路较多而回路较少的电路计算。各支路电流由基尔霍夫电流定律获得。

(4) 结点电压法:以结点电位为变量(先选择参考电位),列独立结点的基尔霍夫电流方程求解。适用于支路多、回路多,而结点少的电路计算。各支路电流由欧姆定律获得。

2. 线性电路的基本定理

包括叠加定理和等效电源定理,是分析各种线性电路的重要定理,也适用于交流电路。

(1) 叠加定理:多个电源共同作用于线性电路中某一支路产生的电压或电流,等于各个电源分别单独作用时产生的电压或电流分量的代数和。

注意:

① "除源"方法。

(a) 电压源不作用:电压源的电压取零值,即该电压源位置以短路取代。

(b) 电流源不作用:电流源的电流取零值,即该电流源位置以断路取代。

② 各电压、电流分量叠加时要注意参考方向,与总量参考方向一致的分量取正,反之取负。

③ 叠加定理只能适用于电压、电流叠加,对功率不满足。

(2) 等效电源定理:包括戴维宁定理和诺顿定理。它们将一个复杂的线性有源二端网络等效为一个电压源形式或电流源形式的简单电路。

① 戴维宁定理:任意线性有源二端网络对外电路可用一个电动势 E 与一个电阻 R_0 串联的电路来等效。E 为该有源二端网络的端口开路电压,R_0 为该有源二端网络内部"除源"后的等效电阻。

② 诺顿定理:任意线性有源二端网络对外电路可用一个电流源 I_S 与一个电阻 R_0 并联的电路来等效。I_S 为该有源二端网络的端口短路电流,R_0 为该有源二端网络内部"除源"后的等效电阻。

③ 戴维宁定理和诺顿定理多用于只需求解复杂电路中某一支路的电压或电流的情况。此时可将该支路提出,将电路其余部分视为一个线性有源二端网络。求开路电压方便时用戴维宁定理,求短路电流方便时用诺顿定理。

3. 含有受控源电路的分析

(1) 含有受控源电路进行等效变换时,上述变换条件依然可用,但在变换过程中要注意保留控制量。

(2) 用叠加定理时,在各分量电路中的受控源为相应分量控制的受控源,保留在电路中。

4. 非线性电阻电路分析

非线性电阻电路一般采用图解法。先把非线性电阻抽出,将电路其余部分用等效电源定理化简,再列非线性电阻的电路方程,最后将此方程画于非线性电阻的伏安特性曲线中,交点即为此非线性电阻的工作电流和工作电压。

2.2 基 本 要 求

1. 掌握支路电流法、结点电压法、叠加定理、等效电源定理(戴维宁定理、诺顿定理)分析电路的方法。

2. 理解实际电源的两种电路模型及其等效变换。

3. 了解受控源的概念及含受控源电路的分析方法。

4. 了解非线性电阻元件的伏安特性及其静态电阻与动态电阻的概念,了解简单非线性电阻电路的图解分析法。

2.3 重点与难点

1. 重点

(1) 电路分析常用的分析方法——支路电流法、结点电压法、等效变换法。

(2) 线性电路的基本定理——叠加定理、等效电源定理(戴维宁定理、诺顿定理)。

(3) 实际电源两种电路模型间的等效变换。

(4)受控源的概念。

2. 难点

(1)电阻电路 Y-Δ 变换关系的灵活运用。

(2)含受控源电路的分析。

(3)含非线性电阻电路的分析。

2.4 知识关联图

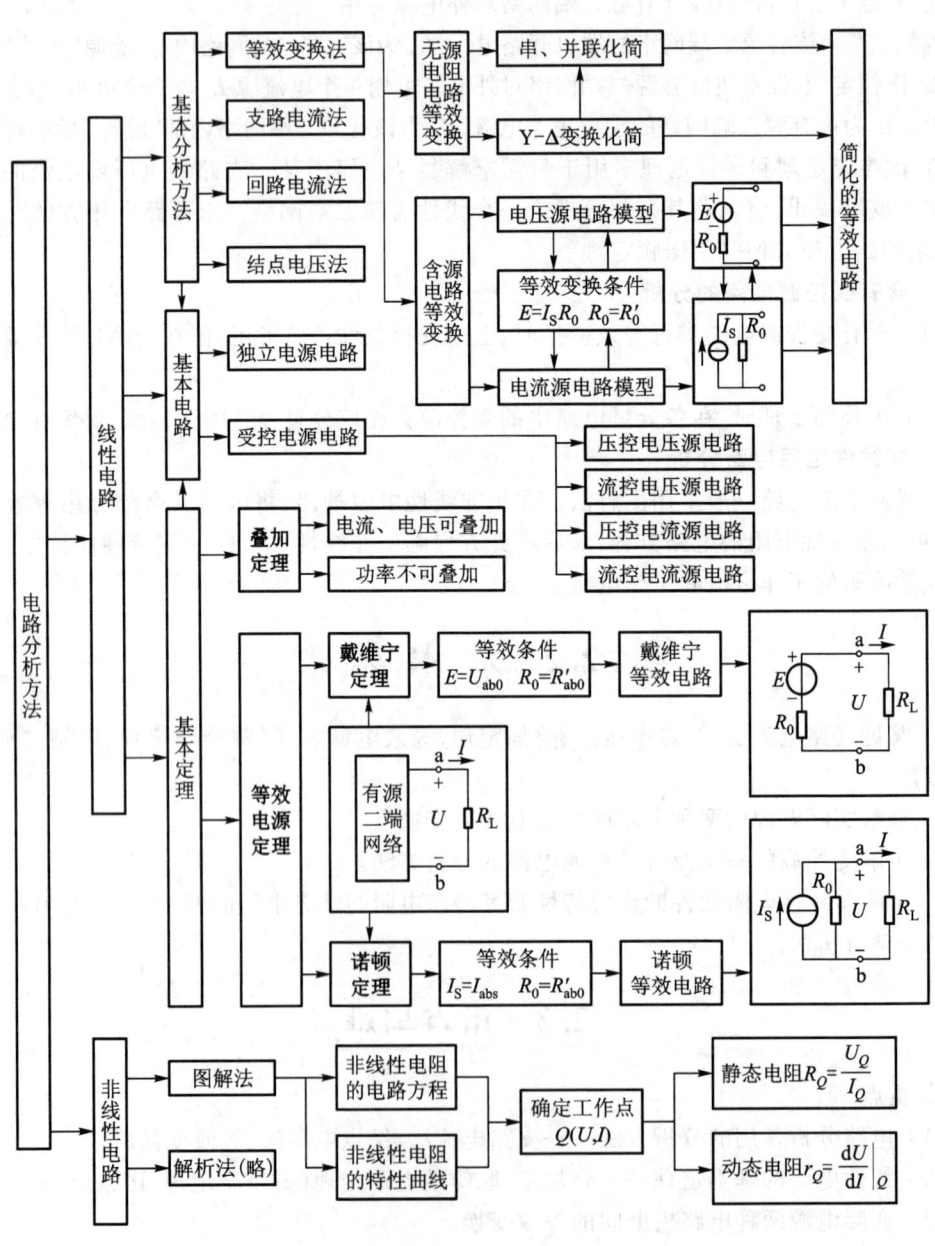

2.5 【练习与思考】题解

2.1.1 试估算图 2.1.5 所示两个电路中的电流 I。

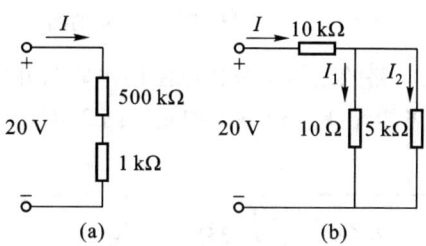

图 2.1.5 练习与思考 2.1.1 的图

解：对图 2.1.5(a)所示电路，两个阻值相差甚大的电阻串联时，小电阻可忽略不计，故

$$I = \frac{20}{500\,000 + 1\,000}\text{ A} \approx \frac{20}{500\,000}\text{ A} = 0.04\text{ mA}$$

对图 2.1.5(b)所示电路，两个阻值相差甚大的电阻并联时，大电阻可忽略不计，故

$$I = \frac{20}{10\,000 + \dfrac{10 \times 5\,000}{10 + 5\,000}}\text{ A} \approx \frac{20}{10\,000 + 10}\text{ A} \approx \frac{20}{10\,000}\text{ A} = 2\text{ mA}$$

2.1.2 通常电灯开得愈多，总负载电阻愈大还是愈小？

解：由于电源电压通常基本不变，而电灯都是并联在电源上的，灯开得愈多则相当于并联电阻愈多，总负载电阻就越小。

2.1.3 计算图 2.1.6 所示两电路中 a,b 间的等效电阻 R_{ab}。

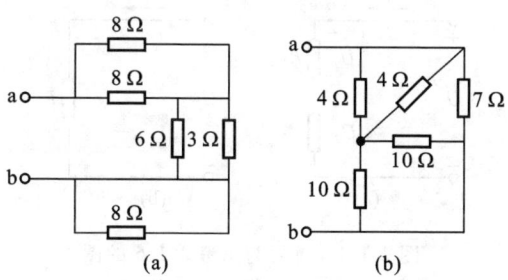

图 2.1.6 练习与思考 2.1.3 的图

解：对于图 2.1.6(a)所示电路

$$R_{ab} = [(R_{8\Omega} /\!/ R_{8\Omega}) + (R_{6\Omega} /\!/ R_{3\Omega}) + 0]\,\Omega$$
$$= (4 + 2 + 0)\,\Omega = 6\,\Omega$$

对于图 2.1.6(b)所示电路

$$R_{ab} = [(R_{4\Omega} /\!/ R_{4\Omega}) + (R_{10\Omega} /\!/ R_{10\Omega})] /\!/ R_{7\Omega}\,\Omega = 3.5\,\Omega$$

2.1.4 在图 2.1.7 所示电路中，试标出各个电阻上的电流数值和方向。

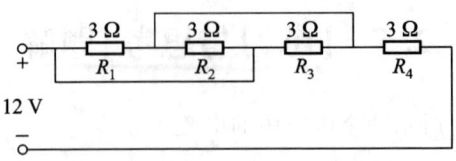

图 2.1.7 练习与思考 2.1.4 的图

通过上两题试总结如何从电路的结构来分析电阻的串联与并联。

解：图 2.1.7 所示电路中各电阻上电流方向如题解图 2.01(a) 所示。

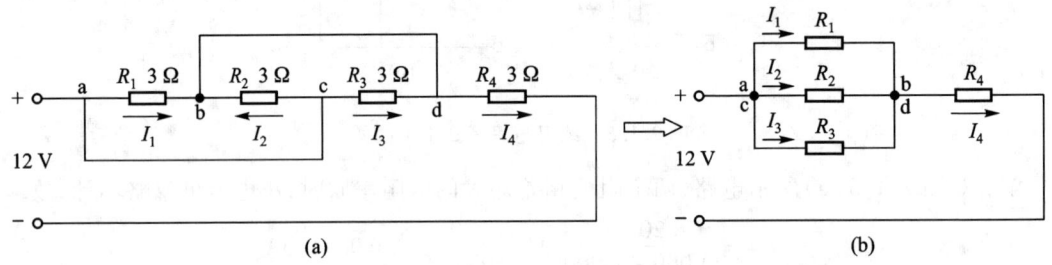

题解图 2.01 练习与思考 2.1.7 的解

由题解图 2.01(b) 可知, $I_4 = 3$ A, $I_1 = I_2 = I_3 = 1$ A。

2.1.5 在图 2.1.1 所示的电阻 R_1 和 R_2 的串联电路中, $U = 20$ V, $R_1 = 10$ kΩ。试分别求 (1) $R_2 = 30$ kΩ, (2) $R_2 = \infty$, (3) $R_2 = 0$ 三种情况下的电流 I、电压 U_1 和 U_2。

通过本题可知，对电阻 R_2 来说有三种情况：(1) 有电压有电流；(2) 有电压无电流；(3) 无电压有电流。此外，在电路通电时还可得出又一种情况，即电阻 R_2 上无电压无电流，请画出电路。

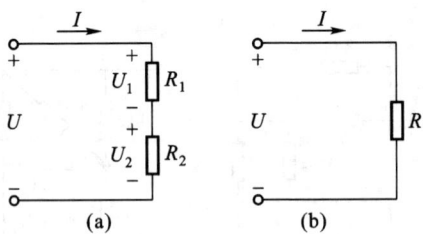

图 2.1.1 练习与思考 2.1.5 的图
(a) 电阻的串联；(b) 等效电阻

解：
$$I = \frac{U}{R_1 + R_2}$$

$$U_1 = \frac{R_1}{R_1 + R_2} U = IR_1$$

$$U_2 = \frac{R_2}{R_1 + R_2} U = IR_2$$

(1) $R_2 = 30$ kΩ 时, $I = \dfrac{20}{10 + 30}$ mA $= 0.5$ mA

$$U_1 = 0.5 \times 10^{-3} \times 10 \times 10^3 \text{ V} = 5 \text{ V}$$
$$U_2 = 0.5 \times 10^{-3} \times 30 \times 10^3 \text{ V} = 15 \text{ V}$$

（2）$R_2 = \infty$ 时，$I = 0, U_1 = 0, U_2 = 0$

（3）$R_2 = 0$ 时，$I = \dfrac{20}{10} \text{ mA} = 2 \text{ mA}$

$$U_1 = 2 \times 10^{-3} \times 10 \times 10^3 \text{ V} = 20 \text{ V}$$
$$U_2 = 0$$

在电路通电时，电阻 R_2 上无电压无电流的情况是 R_2 被短接，如题解图 2.02 所示。

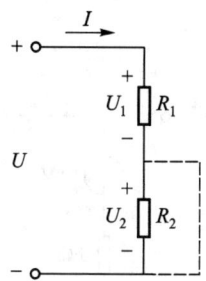
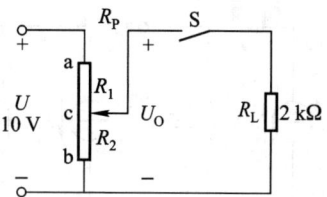

题解图 2.02　练习与思考 2.1.5 的解　　　图 2.1.8　练习与思考 2.1.6 和 2.1.7 的图

2.1.6 图 2.1.8 所示是一调节电位器电阻 R_P 的分压电路，$R_P = 1 \text{ kΩ}$。在开关 S 断开和闭合两种情况时，试分别求电位器的滑动触点在 a，b 和中点 c 三个位置时的输出电压 U_O。

解：（1）开关 S 断开时：

滑动触点在 a 点，$U_O = 10 \text{ V}$

滑动触点在 b 点，$U_O = 0 \text{ V}$

滑动触点在 c 点，$U_O = \dfrac{R_2}{R_1 + R_2} \cdot U = \dfrac{0.5}{1} \times 10 \text{ V} = 5 \text{ V}$

（2）开关 S 闭合时：

滑动触点在 a 点，$U_O = 10 \text{ V}$

滑动触点在 b 点，$U_O = 0 \text{ V}$

滑动触点在 c 点，$U_O = \dfrac{R_2 /\!/ R_L}{R_1 + R_2 /\!/ R_L} \cdot U = \dfrac{\dfrac{0.5 \times 2}{0.5 + 2}}{0.5 + \dfrac{0.5 \times 2}{0.5 + 2}} \times 10 \text{ V} = 4.44 \text{ V}$

2.1.7 在练习与思考 2.1.6 中，开关 S 闭合后调节电位器使 $U_O = 2 \text{ V}$，这时电位器上下两段电阻 R_1 和 R_2 各为多少？

解：　开关 S 闭合后，$U_O = \dfrac{R_2 /\!/ R_L}{R_1 + (R_2 /\!/ R_L)} U = \dfrac{R_2 /\!/ R_L}{(R_P - R_2) + (R_2 /\!/ R_L)} \cdot U$

因 $R_P = 1 \text{ kΩ}, R_L = 2 \text{ kΩ}, U_O = 2 \text{ V}$，代入解得 $R_2 = 0.217 \text{ kΩ}, R_1 = 0.783 \text{ kΩ}$。

2.3.1 把图 2.3.13 中的电压源模型变换为电流源模型，电流源模型变换为电压源模型。

解：根据电压源与电流源等效变换关系 $E = I_S R_0$ 或 $I_S = \dfrac{E}{R_0}$，可将图 2.3.13 中（a）、（b）、（c）、 (d)各图变换为题解图 2.03 中对应的(a)、(b)、(c)、(d)各图。注意变换前后电动势 E 和 I_S 的方向应保持一致,内阻 R_0 不变。

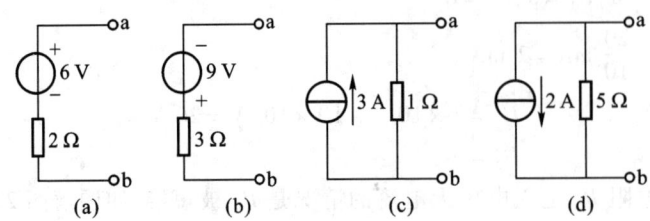

图 2.3.13　练习与思考 2.3.1 的图

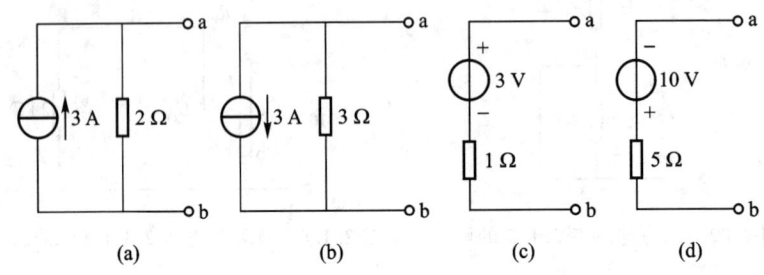

题解图 2.03　练习与思考 2.3.1 的解

2.3.2　在图 2.3.14 所示的两个电路中,(1) R_1 是不是电源的内阻?(2) R_2 中的电流 I_2 及其两端的电压 U_2 各等于多少?(3) 改变 R_1 的阻值,对 I_2 和 U_2 有无影响?(4) 理想电压源中的电流 I 和理想电流源两端的电压 U 各等于多少?(5) 改变 R_1 的阻值,对(4)中的 I 和 U 有无影响?

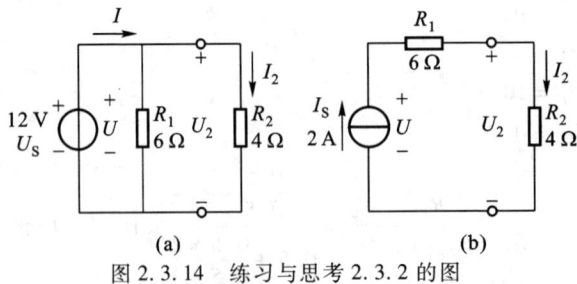

图 2.3.14　练习与思考 2.3.2 的图

解:(1) 与理想电压源并联的电阻和与理想电流源串联的电阻都不影响该理想电源的外特性,因此图 2.3.14(a)、(b)中的 R_1 均不是电源内阻。

(2) 对图 2.3.14(a)

$$U_2 = U_S = 12 \text{ V}, \quad I_2 = \frac{U_2}{R_2} = \frac{12}{4} \text{ A} = 3 \text{ A}$$

对图 2.3.14(b)

$$I_2 = I_S = 2 \text{ A}, \quad U_2 = I_2 R_2 = (2 \times 4) \text{ V} = 8 \text{ V}$$

(3) 由(1)、(2)分析和计算结果可知,I_2、U_2 与 R_1 无关,因此改变 R_1 对 I_2、U_2 没有影响。

(4) 对图 2.3.14(a),理想电压源中的电流

$$I = \frac{U_S}{R_1 // R_2} = \frac{12}{\frac{6 \times 4}{6+4}} \text{ A} = 5 \text{ A}$$

对图 2.3.14(b),理想电流源两端的电压

$$U = I_S(R_1 + R_2) = 2 \times (6+4) \text{ V} = 20 \text{ V}$$

(5) 由(4)可知,改变 R_1 时对 I、U 有影响,R_1 增大(减小)时,I 减小(增大),U 增大(减小)。

总结:与理想电压源并联的电阻和与理想电流源串联的电阻对负载工作无影响,但对理想电压源中的电流和理想电流源两端的电压有影响。

2.3.3 在图 2.3.15 所示的两个电路中,(1) 负载电阻 R_L 中的电流 I 及其两端的电压 U 各为多少?如果在图(a)中除去(断开)与理想电压源并联的理想电流源,在图(b)中除去(短接)与理想电流源串联的理想电压源,对计算结果有无影响?(2) 理想电压源和理想电流源,何者为电源,何者为负载?(3) 试分析功率平衡关系。

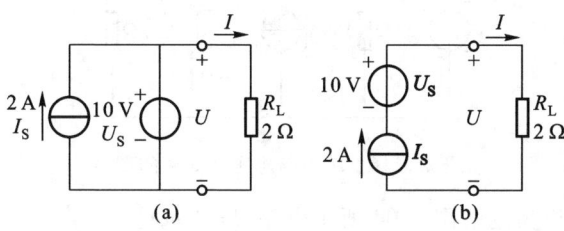

图 2.3.15 练习与思考 2.3.3 的图

解:(1) 对图 2.3.15(a)所示电路

$$I = \frac{U_S}{R_L} = \frac{10}{2} \text{ A} = 5 \text{ A}, \quad U = 10 \text{ V}$$

对图 2.3.15(b)所示电路

$$I = I_S = 2 \text{ A}, \quad U = IR_L = 2 \times 2 \text{ V} = 4 \text{ V}$$

如果在图 2.3.15(a)中除去(断开)与理想电压源并联的理想电流源,在图 2.3.15(b)中除去(短接)与理想电流源串联的理想电压源,对计算结果没有任何影响。

(2) 图 2.3.15(a)中理想电压源中的电流 $I_{U_S} = 3$ A,实际方向从下向上,与电压方向相反;理想电流源的电流与其两端电压也相反,电流都由低电位流向高电位,正电荷获得能量,因此两者皆为电源。

图 2.3.15(b)中理想电流源中两端的电压 $U_{I_S} = 6$ V,实际方向从下向上,与电流方向相同,电流由高电位流向低电位,正电荷失去能量,因此该电流源为负载;电流由理想电压源低电位流向高电位获得能量,因此该电压源为电源。

(3) 对图 2.3.15(a)所示电路

$$P_{I_S} = -U_S I_S = (-2 \times 10) \text{ W} = -20 \text{ W}(\text{发出})$$

$$P_{U_S} = -U_S I_{U_S} = (-3 \times 10) \text{ W} = -30 \text{ W}(\text{发出})$$

$$P_L = I^2 R_L = (5^2 \times 2)\ \text{W} = 50\ \text{W}(吸收)$$
$$P_{I_S} + P_{U_S} + P_L = 0$$

即 $\sum P_发 = \sum P_吸$，功率平衡。

对图 2.3.15(b)所示电路
$$P_{U_S} = -U_S I_S = (-2 \times 10)\ \text{W} = -20\ \text{W}(发出)$$
$$P_{I_S} = U_{I_S} I_S = (2 \times 6)\ \text{W} = 12\ \text{W}(吸收)$$
$$P_L = I^2 R_L = (2^2 \times 2)\ \text{W} = 8\ \text{W}(吸收)$$
$$P_{U_S} + P_{I_S} + P_L = 0$$

即 $\sum P_发 = \sum P_吸$，功率平衡。

2.3.4 试用电压源和电流源等效变换的方法计算图 2.3.16 中的电流 I。

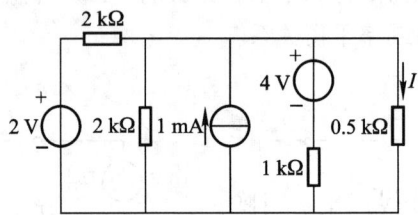

图 2.3.16 练习与思考 2.3.4 的图

解：图 2.3.16 可变换为题解图 2.04 所示电路，$I = 3$ mA。

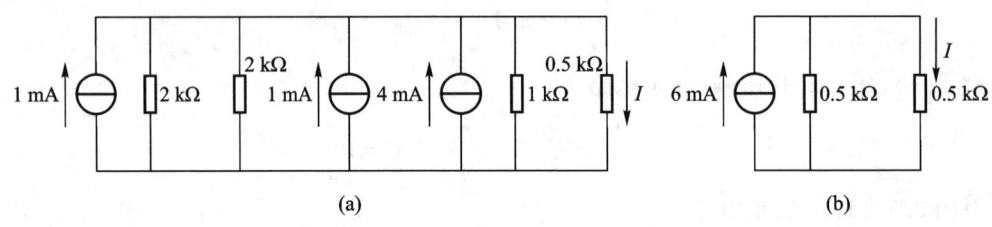

题解图 2.04 练习与思考 2.3.4 的解

2.4.1 图 2.4.1 所示的电路共有三个回路，是否也可应用基尔霍夫电压定律列出三个方程，求解三个支路电流？

解：图 2.4.1 共有左、右、外三个回路，可根据基尔霍夫电压定律列出三个回路电压方程，即

左回路：$\quad\quad\quad\quad E_1 = I_1 R_1 + I_3 R_3$
右回路：$\quad\quad\quad\quad E_2 = I_2 R_2 + I_3 R_3$
外回路：$\quad\quad\quad\quad I_1 R_1 + E_2 = I_2 R_2 + E_1$

三个回路电压方程之中任意一个方程可由另外两个方程得到，即只有两个方程独立，因此由这三个方程是无法求解三个支路电流的。

2.4.2 对图 2.4.1 所示电路，下列各式是否正确？

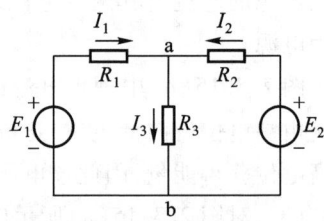

图 2.4.1 练习与思考 2.4.1 和 2.4.2 的图

$$I_1 = \frac{E_1 - E_2}{R_1 + R_2} \qquad I_1 = \frac{E_1 - U_{ab}}{R_1 + R_3}$$

$$I_2 = \frac{E_2}{R_2} \qquad I_2 = \frac{E_2 - U_{ab}}{R_2}$$

解：题中四个式子中只有式 $I_2 = \dfrac{E_2 - U_{ab}}{R_2}$ 是正确的，其余都是错误的。

2.4.3 试总结用支路电流法求解复杂电路的步骤。

解：用支路电流法求解复杂电路就是首先以各支路电流为未知量并标出参考方向，然后根据基尔霍夫电流定律和电压定律分别列出独立的结点电流方程和回路电压方程，进而求解方程组得到各支路电流，最后确定各元件的电压和功率。

一般地，有 n 个结点、b 条支路的电路，应用基尔霍夫电流定律可列出 $(n-1)$ 个独立的结点电流方程，应用基尔霍夫电压定律可列出另外 $b-(n-1)$ 个独立的回路电压方程，即共列出 $(n-1) + [b-(n-1)] = b$ 个独立方程，从而解出 b 个支路电流。

2.5.1 试列出图 2.5.3 所示电路结点电压 U_{ab} 的方程式。

解：根据基尔霍夫电流定律，由图 2.5.3 得

$$I_1 + I_2 + I_3 - I_4 - I_5 = 0$$

其中 $\quad I_1 = -\dfrac{U_{ab} - U_1}{R_1}, \quad I_2 = -\dfrac{U_{ab} - (-U_2)}{R_2}, \quad I_5 = \dfrac{U_{ab}}{R_5}$

代入上式整理得

$$U_{ab} = \frac{\dfrac{U_1}{R_1} - \dfrac{U_2}{R_2} + I_3 - I_4}{\dfrac{1}{R_1} + \dfrac{1}{R_2} + \dfrac{1}{R_5}}$$

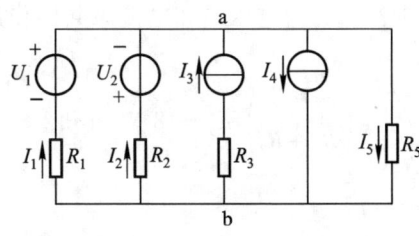

图 2.5.3 练习与思考 2.5.1 的图

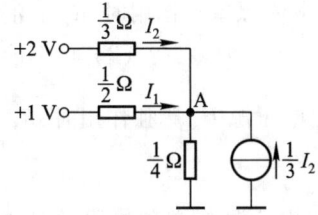

图 2.5.4 练习与思考 2.5.2 的图

2.5.2 电路如图 2.5.4 所示，试求结点电压 U_{A0} 和电流 I_1 与 I_2。

解：结点电压 U_{A0} 可参考上题表达式列出

$$U_{A0} = \frac{\dfrac{2}{\dfrac{1}{3}} + \dfrac{1}{\dfrac{1}{2}} + \dfrac{1}{3}I_2}{\dfrac{1}{\dfrac{1}{3}} + \dfrac{1}{\dfrac{1}{2}} + \dfrac{1}{\dfrac{1}{4}}}$$

另外
$$I_2 = \frac{2 - U_{A0}}{\frac{1}{3}}, \quad I_1 = \frac{1 - U_{A0}}{\frac{1}{2}}$$

联立三式解得 $U_{A0} = 1$ V，$I_2 = 3$ A，$I_1 = 0$

2.6.1 用叠加定理计算图 2.6.4 所示电路中的电流 I，并求电流源两端电压 U。

解：当 6 A 电流源 I_S 单独作用时（$U_S = 0$）

$$I' = -\frac{R_2}{R + R_2}I_S = -\frac{2}{1+2} \times 6 \text{ A} = -4 \text{ A}$$

当 6 V 电压源 U_S 单独作用时（$I_S = 0$）

$$I'' = \frac{U_S}{R + R_2} = \frac{6}{1+2} \text{ A} = 2 \text{ A}$$

由叠加定理可知两电源 U_S、I_S 共同作用时

$$I = I' + I'' = (-4 + 2) \text{ A} = -2 \text{ A}$$

由基尔霍夫电压定律可知电流源两端电压

$$U = -I_S R_1 + IR = [-6 \times 2 + (-2) \times 1] \text{ V} = -14 \text{ V}$$

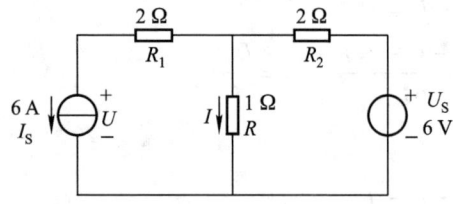

图 2.6.4 练习与思考 2.6.1 的图

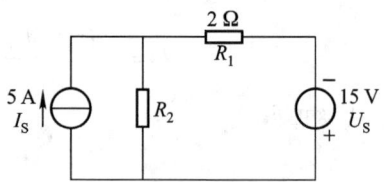

图 2.6.5 练习与思考 2.6.2 的图

2.6.2 在图 2.6.5 所示电路中，当电压源单独作用时，电阻 R_1 上消耗的功率为 18 W。试问：(1) 当电流源单独作用时，R_1 上消耗的功率为多少？(2) 当电压源和电流源共同作用时，则 R_1 上消耗的功率为多少？(3) 功率能否叠加？

解：由电压源 U_S 单独作用时，R_1 上消耗的功率 $P'_{R_1} = \left(\dfrac{U_S}{R_1 + R_2}\right)^2 R_1 = 18$ W 可知

$$R_2 = 3 \text{ Ω}$$

(1) 当电流源 I_2 单独作用时，R_1 上消耗的功率

$$P''_{R_1} = \left(\frac{R_2}{R_1 + R_2}I_S\right)^2 R_1 = \left(\frac{3}{2+3} \times 5\right)^2 \times 2 \text{ W} = 18 \text{ W}$$

(2) 当电压源 U_S 与电流源 I_S 共同作用时，电阻 R_1 上消耗的功率

$$P = \left(\frac{U_S}{R_1 + R_2} + \frac{R_2}{R_1 + R_2}I_S\right)^2 R_1 = \left(\frac{15}{2+3} + \frac{3}{2+3} \times 5\right)^2 \times 2 \text{ W} = 72 \text{ W}$$

(3) 显然 U_S、I_S 共同作用时，R_1 上消耗的功率不等于 U_S 与 I_S 分别单独作用时在 R_1 上消耗功率之和。功率不能进行叠加。

2.7.1 分别应用戴维宁定理和诺顿定理将图 2.7.11 所示各电路化为等效电压源和等效电流源。

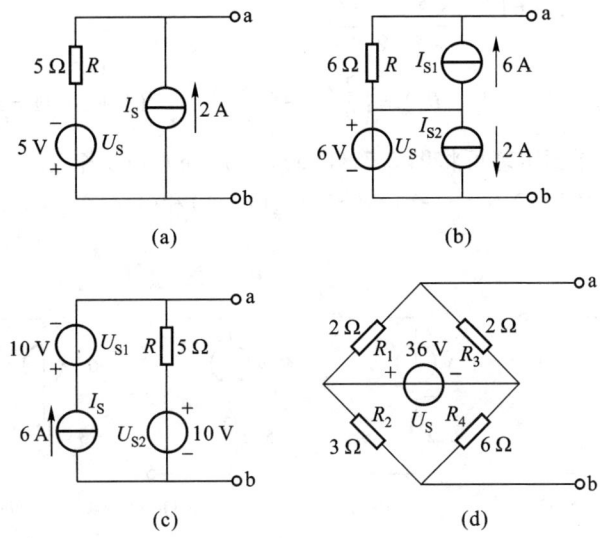

图 2.7.11 练习与思考 2.7.1 的图

解： 对图 2.7.11(a)可求得

开路电压 $\qquad U_{ab0} = I_S R - U_S = (2 \times 5 - 5)\ \text{V} = 5\ \text{V}$

短路电流 $\qquad I_{abS} = I_S - \dfrac{U_S}{R} = (2 - 1)\ \text{A} = 1\ \text{A}$

等效电阻 $\qquad R_{ab0} = R = 5\ \Omega$

对图 2.7.11(b)可求得

开路电压 $\quad U_{ab0} = U_S + I_{S1} \cdot R = (6 + 6 \times 6)\ \text{V} = 42\ \text{V}$ ⎫

短路电流 $\quad I_{abS} = \dfrac{U_S}{R} + I_{S1} = \left(\dfrac{6}{6} + 6\right)\ \text{A} = 7\ \text{A}$ ⎬ 与 U_S 并联的电流源对外电路不起作用

等效电阻 $\qquad R_{ab0} = R = 6\ \Omega$ ⎭

对图 2.7.11(c)可求得

开路电压 $\quad U_{ab0} = U_{S2} + I_S \cdot R = (10 + 6 \times 5)\ \text{V} = 40\ \text{V}$ ⎫

短路电流 $\quad I_{abS} = I_S + \dfrac{U_{S2}}{R} = \left(6 + \dfrac{10}{5}\right)\ \text{A} = 8\ \text{A}$ ⎬ 与 I_S 串联的电压源对外电路不起作用

等效电阻 $\qquad R_{ab0} = R = 5\ \Omega$ ⎭

对图 2.7.11(d)可求得

开路电压 $\quad U_{ab0} = \dfrac{R_3}{R_1 + R_3} \cdot U_S - \dfrac{R_4}{R_2 + R_4} \cdot U_S = \left(\dfrac{2}{2+2} \times 36 - \dfrac{6}{3+6} \times 36\right)\ \text{V} = -6\ \text{V}$

短路电流 $\quad I_{abS} = \dfrac{R_2}{R_1 + R_2} \cdot \dfrac{U_S}{(R_1 /\!/ R_2) + (R_3 /\!/ R_4)} - \dfrac{R_4}{R_3 + R_4} \cdot \dfrac{U_S}{(R_1 /\!/ R_2) + (R_3 /\!/ R_4)}$

$\qquad = \left(\dfrac{R_2}{R_1 + R_2} - \dfrac{R_4}{R_3 + R_4}\right) \cdot \dfrac{U_S}{(R_1 /\!/ R_2) + (R_3 /\!/ R_4)}$

$$= \left(\frac{3}{2+3} - \frac{6}{2+6}\right) \times \frac{36}{\frac{2 \times 3}{2+3} + \frac{2 \times 6}{2+6}} \text{ A} = -2 \text{ A}$$

等效电阻 $R_{ab0} = (R_1 /\!/ R_3) + (R_2 /\!/ R_4) = \left(\frac{2 \times 2}{2+2} + \frac{3 \times 6}{3+6}\right) \Omega = (1+2) \Omega = 3 \Omega$

故由戴维宁定理和诺顿定理可将图 2.7.11(a)、(b)、(c)、(d) 各电路化为相应的等效电压源和等效电流源电路,如题解图 2.05(a-1)和(a-2)、(b-1)和(b-2)、(c-1)和(c-2)、(d-1)和(d-2)所示。

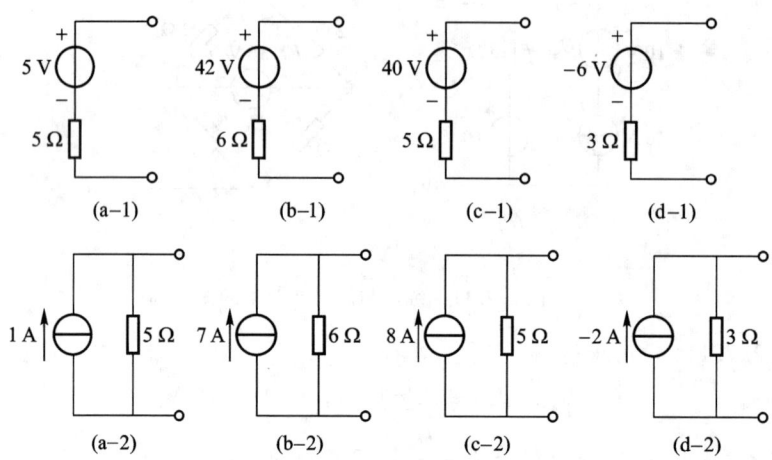

题解图 2.05 练习与思考 2.7.1 的解

2.7.2 分别应用戴维宁定理和诺顿定理计算图 2.7.12 所示电路中流过 8 kΩ 电阻的电流。

解:(1) 应用戴维宁定理

将 8 kΩ 电阻 R_3 与电路断开后求电路其余部分构成的有源二端网络的戴维宁等效电路如题解图 2.06(a)所示,其中

$$E = \frac{R_2}{R_1 + R_2} \cdot 36 = \frac{6}{12+6} \times 36 \text{ V} = 12 \text{ V}$$

$$R_0 = R_1 /\!/ R_2 = \frac{12 \times 6}{12+6} \text{ k}\Omega = 4 \text{ k}\Omega$$

则 8 kΩ 电阻 R_3 中的电流 $I = \dfrac{E}{R_0 + R_3} = \dfrac{12}{4+8} \text{ A} = 1 \text{ A}$

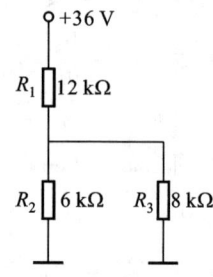

图 2.7.12 练习与思考 2.7.2 的图

(2) 应用诺顿定理

将 8 kΩ 电阻 R_3 与电路断开后求电路其余部分构成的有源二端网络的诺顿等效电路如题解图 2.06(b)所示,其中

$$I_S = \frac{36}{R_1} = \frac{36}{12} \text{ mA} = 3 \text{ mA}$$

$$R_0 = R_1 /\!/ R_2 = \left(\frac{12 \times 6}{12+6}\right) \text{ k}\Omega = 4 \text{ k}\Omega$$

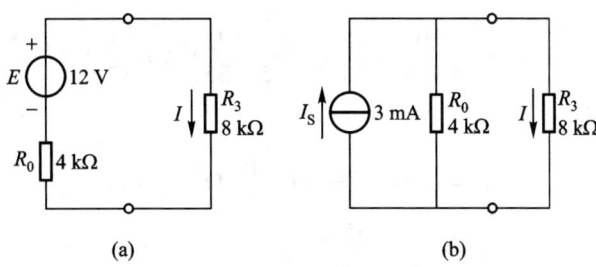

题解图 2.06　练习与思考 2.7.2 的解

则 8 kΩ 电阻 R_3 中的电流　　$I = \dfrac{R_0}{R_0 + R_3} \cdot I_S = \dfrac{4}{4+8} \times 3 \text{ A} = 1 \text{ A}$

2.7.3　在例 2.7.1 和例 2.7.2 中，将 ab 支路短路求其短路电流 I_S。在两例中，该支路的开路电压 U_0 已求出。再用下式

$$R_0 = \dfrac{U_0}{I_S}$$

求等效电源的内阻，其结果是否与上述两例题中一致？

解：将例 2.7.1 和例 2.7.2 的电路图分别重画于题解图 2.07 和题解图 2.08 中。

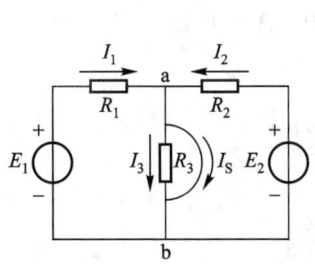

题解图 2.07　练习与思考 2.7.3 的解 1

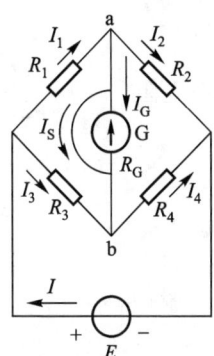

题解图 2.08　练习与思考 2.7.3 的解 2

在题解图 2.07 中，ab 间的短路电流

$$I_S = \dfrac{E_1}{R_1} + \dfrac{E_2}{R_2} = \left(\dfrac{140}{20} + \dfrac{90}{5}\right) \text{ A} = 25 \text{ A}$$

因 $U_0 = 100$ V（已求出），则

$$R_0 = \dfrac{U_0}{I_S} = \dfrac{100}{25} \text{ Ω} = 4 \text{ Ω}$$

结果与例 2.7.1 中一致。

在题解图 2.08 中，ab 间的短路电流

$$I_S = I_1 - I_2 = \dfrac{R_3}{R_1 + R_3} I - \dfrac{R_4}{R_2 + R_4} I$$

而

$$I = \dfrac{E}{(R_1 /\!/ R_3) + (R_2 /\!/ R_4)} = \dfrac{12}{\dfrac{5 \times 10}{5+10} + \dfrac{5 \times 5}{5+5}} \text{ A} = \dfrac{72}{35} \text{ A}$$

代入式 I_s 中可得

$$I_s = \left(\frac{10}{5+10} \times \frac{72}{35} - \frac{5}{5+5} \times \frac{72}{35}\right) \text{A} = \frac{12}{35} \text{A}$$

因 $U_0 = 2$ V(已求出),则

$$R_0 = \frac{U_0}{I_s} = \frac{2}{\frac{12}{35}} \Omega = \frac{70}{12} \Omega = 5.8 \Omega$$

结果与例 2.7.2 中一致。

2.9.1 有一非线性电阻,当工作点电压 U 为 6 V 时,电流 I 为 3 mA。若电压增量 ΔU 为 0.1 V 时,电流增量 ΔI 为 0.01 mA。试求其静态电阻和动态电阻。

解:非线性电阻的静态电阻 R 为工作点 Q 处的电压 U 与电流 I 之比,即 $R = \dfrac{U}{I}$。

本题的静态电阻

$$R = \frac{U}{I} = \frac{6}{3 \times 10^{-3}} \Omega = 2 \times 10^3 \Omega = 2 \text{ k}\Omega$$

非线性电阻的动态电阻 r 为工作点 Q 附近的电压微变量 ΔU 与电流微变量 ΔI 之比的极限,即 $r = \lim\limits_{\Delta I \to 0} \dfrac{\Delta U}{\Delta I} = \dfrac{\mathrm{d}U}{\mathrm{d}I}$。

本题的动态电阻

$$r = \frac{\Delta U}{\Delta I} = \frac{0.1}{0.01 \times 10^{-3}} \Omega = 10 \times 10^3 \Omega = 10 \text{ k}\Omega$$

2.6 【习题】题解

A 选 择 题

2.1.1 在图 2.01 所示电路中,当电阻 R_2 增大时,则电流 I_1(   )。
(1)增大   (2)减小   (3)不变

解: $I_1 = \dfrac{R_2}{R_1 + R_2} \cdot \dfrac{U}{R + \dfrac{R_1 R_2}{R_1 + R_2}} = \dfrac{U}{R\left(1 + \dfrac{R_1}{R_2}\right) + R_1}$

当 $R_2 \uparrow$ 时,因 U、R、R_1 一定,则 $I_1 \uparrow$。故应选择(1)。

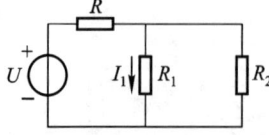
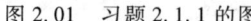
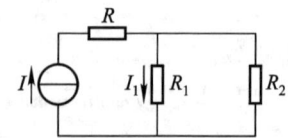

图 2.01 习题 2.1.1 的图   图 2.02 习题 2.1.2 的图

2.1.2 在图 2.02 所示电路中,当电阻 R_2 增大时,则电流 I_1(   )。
(1)增大   (2)减小   (3)不变

解：$I_1 = \dfrac{R_2}{R_1+R_2}I = \dfrac{I}{1+\dfrac{R_1}{R_2}}$

当 $R_2\uparrow$ 时,因 I、R_1 一定,则 $I_1\uparrow$。故应选择(1)。

2.1.3 在图 2.03 所示电路中,滑动触点处于 R_P 的中点 C,则输出电压 U_O (   )。

(1) = 6 V   (2) > 6 V   (3) < 6 V

解：当滑动触点处于 R_P 的中点 C 时

$R_{AC} = \dfrac{1}{2}R_P$

$R_{CB} = \left(\dfrac{1}{2}R_P\right)//R_L < \dfrac{1}{2}R_P$

故 $U_O = U_{CB} < \dfrac{1}{2}U_{AB}$ 应选择(3)。

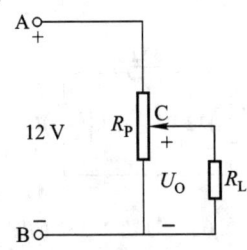
图 2.03 习题 2.1.3 的图

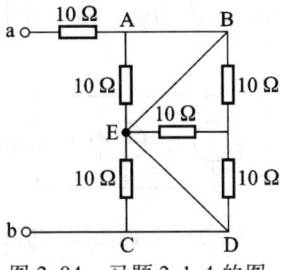
图 2.04 习题 2.1.4 的图

2.1.4 在图 2.04 所示电路中,电路两端的等效电阻 R_{ab} 为(   )。

(1) 30 Ω   (2) 10 Ω   (3) 20 Ω

解：由图 2.04 可以看出 A、B、C、D、E 五点电位相等,实质为同一点,即 A、C 间相当于短接,$R_{ab} = 10$ Ω。故应选择(2)。

2.1.5 在图 2.05 所示的电阻 R_1 和 R_2 并联的电路中,支路电流 I_2 等于(   )。

(1) $\dfrac{R_2}{R_1+R_2}I$ (2) $\dfrac{R_1}{R_1+R_2}I$ (3) $\dfrac{R_1+R_2}{R_1}I$

解：由分流公式 $I_2 = \dfrac{R_1}{R_1+R_2}I$,故应选择(2)。

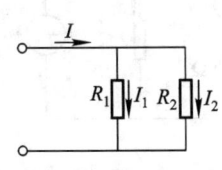
图 2.05 习题 2.1.5 的图

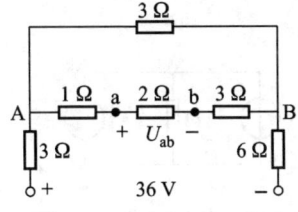
图 2.06 习题 2.1.6 的图

2.1.6 在图 2.06 所示电路中,当 ab 间因故障断开时,用电压表测得 U_{ab} 为(   )。

(1) 0 V   (2) 9 V   (3) 36 V

解：当 ab 间因故障断开时

$$U_{ab} = U_{AB} = \dfrac{3}{3+3+6} \times 36 \text{ V} = 9 \text{ V}$$

故应选择(2)。

2.1.7 有一 220 V/1 000 W 的电炉,今欲接在 380 V 的电源上使用,可串联的变阻器是( )。
(1) 100 Ω/3 A   (2) 50 Ω/5 A   (3) 30 Ω/10 A

解:串联的变阻器应分压 $U' = (380 - 220)$ V $= 160$ V,而其中电流应为电炉的额定电流 $I' = \dfrac{1\,000\text{ W}}{220\text{ V}} = 4.545$ A,则串联的变阻器的阻值

$$R' = \dfrac{U'}{I'} = \dfrac{160}{4.545}\ \Omega = 35.2\ \Omega$$

故应选择(2),其电阻 50 Ω 和额定电流 5 A 皆满足需要。

2.3.1 在图 2.07 中,发出功率的电源是( )。
(1) 电压源   (2) 电流源   (3) 电压源和电流源

解:图 2.07 中电压源两端电压与其中流过的电流方向相反,吸收功率;电流源的电流与其两端电压方向相同,发出功率。故应选择(2)。

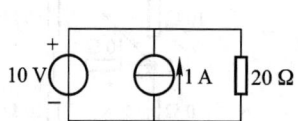
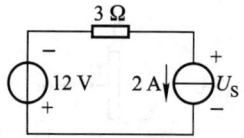

图 2.07 习题 2.3.1 的图　　　　图 2.08 习题 2.3.2 的图

2.3.2 在图 2.08 中,理想电流源两端电压 U_S 为( )。
(1) 0 V   (2) −18 V   (3) −6 V

解:$U_S = (-12 - 2 \times 3)$ V $= -18$ V
故应选择(2)。

2.3.3 在图 2.09 中,电压源发出的功率为( )。
(1) 30 W   (2) 6 W   (3) 12 W

解:电压源中流过的电流为 $\left(\dfrac{6}{2} + 2\right)$ A $= 5$ A,其实际方向与电压源电压实际方向相反,发出的功率为 6×5 W $= 30$ W。故应选择(1)。

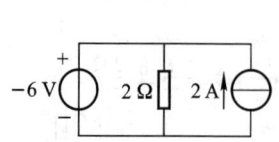
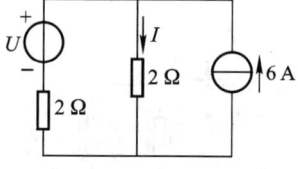

图 2.09 习题 2.3.3 的图　　　　图 2.10 习题 2.3.4 的图

2.3.4 在图 2.10 所示电路中,$I = 2$ A,若将电流源断开,则电流 I 为( )。
(1) 1 A   (2) 3 A   (3) −1 A

解:图 2.10 中 $I = 2$ A 为电压源与电流源共同作用的结果,即

$$I = \dfrac{U}{2+2} + \dfrac{2}{2+2} \times 6 = 2\text{ A}$$

则 $U = -4$ V

若电流源断开,则电流 $I = -1$ A。故应选择(3)。

2.5.1 用结点电压法计算图 2.11 中的结点电压 U_{A0} 为( )。

(1) 2 V　(2) 1 V　(3) 4 V

解：由结点电压法

$$U_{A0} = \frac{\frac{6}{2} + \frac{(-2)}{2}}{\frac{1}{2} + \frac{1}{2} + \frac{1}{1}} \text{ V} = 1 \text{ V}$$

故应选择(2)。

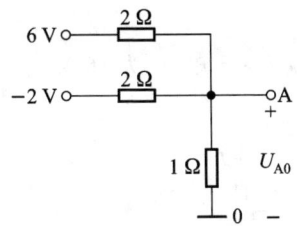

图 2.11　习题 2.5.1 的图

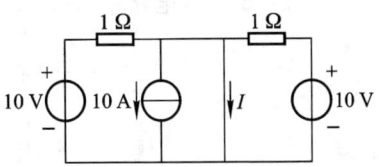

图 2.12　习题 2.6.1 的图

2.6.1 用叠加定理计算图 2.12 中的电流 I 为( )。

(1) 20 A　(2) -10 A　(3) 10 A

解：$I = \left(\dfrac{10}{1} + \dfrac{10}{1} - 10\right) \text{ A} = 10 \text{ A}$

故应选择(3)。

2.6.2 叠加定理用于计算( )。

(1) 线性电路中的电压、电流和功率

(2) 线性电路中的电压和电流

(3) 非线性电路中的电压和电流

解：叠加定理不适用于计算线性电路中的功率和非线性电路中的电压和电流,只能用于计算线性电路中的电压和电流。故应选择(2)。

2.7.1 将图 2.13 所示电路化为电流源模型,其电流 I_S 和电阻 R 为( )。

(1) 1 A,2 Ω　(2) 1 A,1 Ω　(3) 2 A,1 Ω

解：任何与理想电压源并联的电路对外电路都不起作用,图 2.13 中 2 Ω 电阻可除去,化为电流源模型时 $I_S = \dfrac{2}{1}$ A $= 2$ A,$R = 1$ Ω,故应选择(3)。

2.7.2 将图 2.14 所示电路化为电压源模型,其电压 U 和电阻 R 为( )。

(1) 2 V,1 Ω　(2) 1 V,2 Ω　(3) 2 V,2 Ω

解：任何与理想电流源串联的电路对外电路都不起作用,图 2.14 中 2 Ω 电阻可除去,化为电压源模型时 $U = 2 \times 1$ V $= 2$ V,$R = 1$ Ω,故应选择(1)。

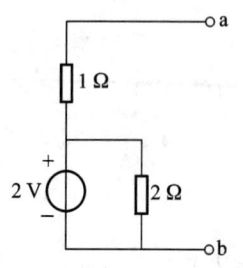
图2.13 习题2.7.1的图

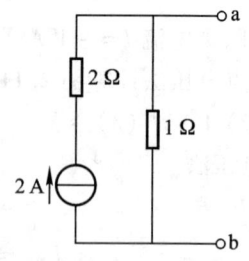
图2.14 习题2.7.2的图

B 基 本 题

2.1.8 在图2.15所示电路中,试求等效电阻R_{ab}和电流I。已知U_{ab}为16 V。

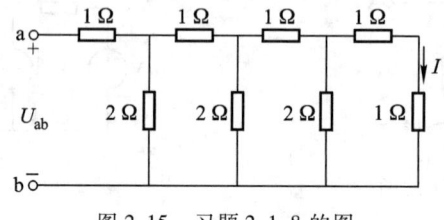

图2.15 习题2.1.8的图

解:图2.15是一个由串联臂和并联臂交替组成的梯形电阻网络。重画图2.15为题解图2.09,其中R_1与R_2串联再与R_3并联后得1 Ω,再继续上述过程,直至最后得到$R_{ab}=2$ Ω,$I_8=8$ A。

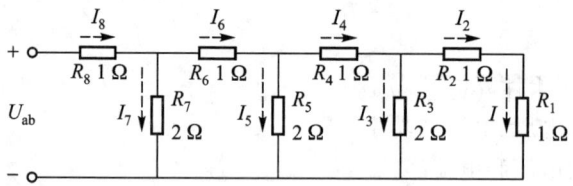

题解图2.09 习题2.1.8的解

由分流公式,由左侧向右进入任一结点的电流一分为二,即

$$I_6 = I_7 = \frac{1}{2}I_8 = 4 \text{ A}$$

$$I_4 = I_5 = \frac{1}{2}I_6 = 2 \text{ A}$$

$$I = I_2 = I_3 = \frac{1}{2}I_4 = 1 \text{ A}$$

2.1.9 图2.16所示是一衰减电路,共有四挡。当输入电压$U_1=16$ V时,试计算各挡输出电压U_2。

解:设拨动开关至a、b、c、d各点时的输出电压U_2分别为U_{2a}、U_{2b}、U_{2c}、U_{2d},则由图2.16可知

$$U_{2d} = \frac{5}{45+5} \cdot U_{2c} = \frac{1}{10}U_{2c}$$

$$U_{2c} = \frac{R_{5.5\,\Omega} \,/\!/\, (R_{45\,\Omega} + R_{5\,\Omega})}{R_{45\,\Omega} + [R_{5.5\,\Omega} \,/\!/\, (R_{45\,\Omega} + R_{5\,\Omega})]} \cdot U_{2b}$$

$$\approx \frac{5}{45+5} \cdot U_{2b} = \frac{1}{10} U_{2b}$$

$$U_{2b} = \frac{R_{5.5\,\Omega} \,/\!/\, \{R_{45\,\Omega} + [R_{5.5\,\Omega} \,/\!/\, (R_{45\,\Omega} + R_{5\,\Omega})]\}}{R_{45\,\Omega} + R_{5.5\,\Omega} \,/\!/\, \{R_{45\,\Omega} + [R_{5.5\,\Omega} \,/\!/\, (R_{45\,\Omega} + R_{5\,\Omega})]\}} \cdot U_{2a}$$

$$\approx \frac{5}{45+5} U_{2a} = \frac{1}{10} U_{2a}$$

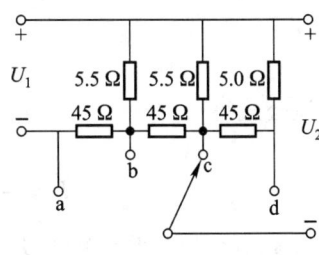

图 2.16 习题 2.1.9 的图

故开关打在 a 点时

$$U_2 = U_{2a} = U_1 = 16 \text{ V}$$

开关打在 b 点时

$$U_2 = U_{2b} = \frac{1}{10} U_{2a} = \frac{1}{10} U_1 = 1.6 \text{ V}$$

开关打在 c 点时

$$U_2 = U_{2c} = \frac{1}{10} U_{2b} = \frac{1.6}{10} \text{ V} = 0.16 \text{ V}$$

开关打在 d 点时

$$U_2 = U_{2d} = \frac{1}{10} U_{2c} = \frac{0.16}{10} \text{ V} = 0.016 \text{ V}$$

即随着开关由 a 向 d 依次拨动,输出电压依次衰减 10 倍。

2.1.10 在图 2.17 的电路中,$E = 6$ V,$R_1 = 6\,\Omega$,$R_2 = 3\,\Omega$,$R_3 = 4\,\Omega$,$R_4 = 3\,\Omega$,$R_5 = 1\,\Omega$。试求 I_3 和 I_4。

解:如图 2.17 所示,电阻 R_1 与 R_4 并联与 R_3 串联,得到的等效电阻 $R_{1,3,4}$ 与 R_2 并联,进一步得到的等效电阻 $R_{134,2}$ 再与 E、R_5 组成单回路电路,从而得出电压源 E 中的电流 I,最后利用分流公式求出 I_3 和 I_4。

重画电路如题解图 2.10 所示。

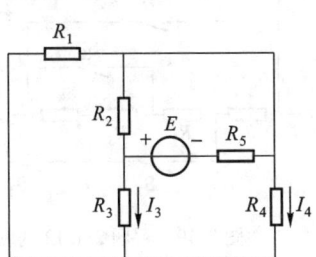

图 2.17 习题 2.1.10 的图

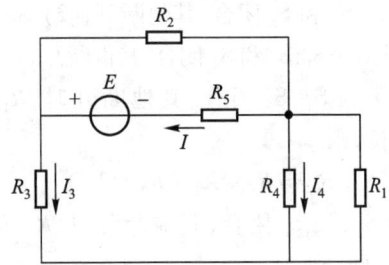

题解图 2.10 习题 2.1.10 的解

$$R_{1,3,4} = (R_1 \,/\!/\, R_4) + R_3 = \frac{R_1 R_4}{R_1 + R_4} + R_3$$

$$= \left(\frac{6 \times 3}{6 + 3} + 4\right) \Omega = (2 + 4)\,\Omega = 6\,\Omega$$

$$R_{134,2} = R_{1,3,4} \,/\!/\, R_2 = \frac{R_{1,3,4} R_2}{R_{1,3,4} + R_2} = \frac{6 \times 3}{6 + 3}\,\Omega = 2\,\Omega$$

故
$$I = \frac{E}{R_{134,2} + R_5} = \frac{6}{2+1} \text{ A} = 2 \text{ A}$$

由分流公式得
$$I_3 = \frac{R_2}{R_{1,3,4} + R_2} \cdot I = \frac{3}{6+3} \times 2 \text{ A} = \frac{2}{3} \text{ A}$$

$$I_4 = -\frac{R_1}{R_1 + R_4} \cdot I_3 = -\frac{6}{6+3} \times \frac{2}{3} \text{ A} = -\frac{4}{9} \text{ A}$$

即 I_4 实际方向与参考方向相反。

2.1.11 有一无源二端电阻网络（图 2.18），通过实验测得：当 $U = 10$ V 时，$I = 2$ A；并已知该电阻网络由四个 3 Ω 的电阻构成，试问这四个电阻是如何连接的？

解：由题意可知这四个 3 Ω 电阻构成的电阻网络总电阻
$$R = \frac{U}{I} = \frac{10}{2} \text{ Ω} = 5 \text{ Ω}$$

四个 3 Ω 电阻两个先串联得 6 Ω，然后与一个 3 Ω 并联得 2 Ω，再与另一个 3 Ω 串联得 5 Ω，如题解图 2.11 所示。

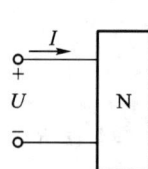

图 2.18　习题 2.1.11 的图

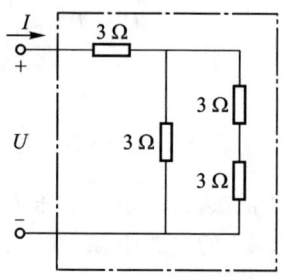

题解图 2.11　习题 2.1.11 的解

2.1.12 图 2.19 所示的是直流电动机的一种调速电阻，它由四个固定电阻串联而成。利用几个开关的闭合或断开，可以得到多种电阻值。设四个电阻都是 1 Ω，试求在下列三种情况下 a,b 两点间的电阻值：(1) S_1 和 S_5 闭合，其他断开；(2) S_2、S_3 和 S_5 闭合，其他断开；(3) S_1、S_3 和 S_4 闭合，其他断开。

解：(1) 当 S_1、S_5 闭合，其他断开时，R_1、R_2、R_3 串联，R_4 被短接，则
$$R_{ab} = R_1 + R_2 + R_3 = 3 \text{ Ω}$$

(2) 当 S_2、S_3、S_5 闭合，其他断开时，R_2、R_3、R_4 并联后再与 R_1 串联，则

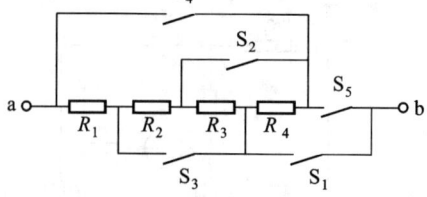

图 2.19　习题 2.1.12 的图

$$R_{ab} = R_1 + R_2 // R_3 // R_4 = R_1 + \frac{1}{\frac{1}{R_2} + \frac{1}{R_3} + \frac{1}{R_4}} = \left(1 + \frac{1}{\frac{1}{1} + \frac{1}{1} + \frac{1}{1}}\right) \text{ Ω} = \frac{4}{3} \text{ Ω}$$

(3) 当 S_1、S_3、S_4 闭合，其他断开时，R_1 与 R_4 并联、R_2 与 R_3 被短接，则
$$R_{ab} = R_1 // R_4 = \frac{R_1 R_4}{R_1 + R_4} = \frac{1 \times 1}{1+1} \text{ Ω} = \frac{1}{2} \text{ Ω}$$

2.1.13 在图 2.20 中,$R_1 = R_2 = R_3 = R_4 = 300 \ \Omega$,$R_5 = 600 \ \Omega$,试求开关 S 断开和闭合时 a 和 b 之间的等效电阻。

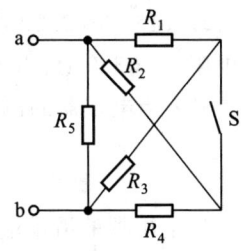

图 2.20 习题 2.1.13 的图

解: 当开关 S 断开时,R_1 与 R_3 串联、R_2 与 R_4 串联后皆与 R_5 并联,即 a、b 间等效电阻

$$R_{ab} = R_5 // (R_1 + R_3) // (R_2 + R_4) = \frac{1}{\frac{1}{R_5} + \frac{1}{R_1 + R_3} + \frac{1}{R_2 + R_4}}$$

$$= \frac{1}{\frac{1}{600} + \frac{1}{300 + 300} + \frac{1}{300 + 300}} \ \Omega = 200 \ \Omega$$

当开关 S 闭合时,R_1 与 R_2 并联和 R_3 与 R_4 并联的结果相串联后再与 R_5 并联,即 a、b 间等效电阻

$$R_{ab} = R_5 // [(R_1 // R_2) + (R_3 // R_4)] = \frac{1}{\frac{1}{R_5} + \frac{1}{\frac{R_1 R_2}{R_1 + R_2} + \frac{R_3 R_4}{R_3 + R_4}}}$$

$$= \frac{1}{\frac{1}{600} + \frac{1}{\frac{300 \times 300}{300 + 300} + \frac{300 \times 300}{300 + 300}}} \ \Omega = 200 \ \Omega$$

2.1.14 图 2.21 所示的是用变阻器 R 调节直流电机励磁电流 I_f 的电路。设电机励磁绕组的电阻为 315 Ω,其额定电压为 220 V,如果要求励磁电流在 0.35~0.7 A 的范围内变动,试在下列三个变阻器中选用一个合适的:(1) 1 000 Ω/0.5 A;(2) 200 Ω/1 A;(3) 350 Ω/1 A。

解: 对于所选择的变阻器应满足两点:一是在其电阻值 R 的调节范围内,能保证励磁电流在 0.35~0.7 A 的范围内变动;二是变阻器中允许通过的电流最大值不小于 0.7 A 的最大励磁电流。

为此根据励磁电流的调节范围应有

$$0.35 \leq \frac{220}{R + 315} \leq 0.7$$

则 $\quad\quad\quad\quad\quad\quad\quad\quad 313.6 \ \Omega \geq R \geq -0.714 \ \Omega$

取 $\quad\quad\quad\quad\quad\quad\quad\quad 314 \ \Omega \geq R \geq 0$

结合条件二可知只有(3)中的 350 Ω/1 A 变阻器满足上述两点,因此(3)是合适的选择。

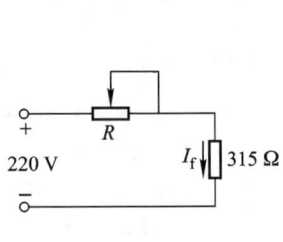

图 2.21 习题 2.1.14 的图

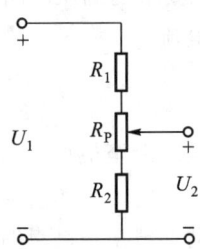

图 2.22 习题 2.1.15 的图

2.1.15 图 2.22 所示的是由电位器组成的分压电路,电位器的电阻 $R_P = 270\ \Omega$,两边的串联电阻 $R_1 = 350\ \Omega$,$R_2 = 550\ \Omega$。设输入电压 $U_1 = 12\ V$,试求输出电压 U_2 的变化范围。

解:当电位器的滑动端滑到最低点时 U_2 最小,即

$$U_{2\min} = \frac{R_2}{R_1 + R_P + R_2} \cdot U_1 = \frac{550}{350 + 270 + 550} \times 12\ V = 5.64\ V$$

当电位器的滑动端滑到最高点时 U_2 最大,即

$$U_{2\max} = \frac{R_P + R_2}{R_1 + R_P + R_2} \cdot U_1 = \frac{270 + 550}{350 + 270 + 550} \times 12\ V = 8.41\ V$$

故 U_2 的变化范围为 $5.64 \sim 8.41\ V$。

2.1.16 图 2.23 所示是一直流电压信号输出电路。调节电位器 R_{P1}(粗调)和 R_{P2}(细调)滑动触点的位置即可改变输出电压 U_O 的大小。试分析:

(1) 调节 R_{P1} 和 R_{P2},电压 U_O 的变化范围是多少?

(2) 当 R_{P1} 的滑动触点在中点位置,调节 R_{P2} 时电压 U_O 的变化范围又是多少?

解:(1) 根据分压公式,调节 R_{P1} 时 U_{cb} 的变化范围是 $0 \sim 30\ V$;调节 R_{P2} 时 U_{ac} 的变化范围是 $0 \sim 2\ V$。因此调节 R_{P1} 和 R_{P2},电压 U_O($= U_{ab} = U_{ac} + U_{cb}$)的变化范围是 $0 \sim 32\ V$。

(2) 当 R_{P1} 的滑动触点在中间位置时,$U_{cb} = \frac{1}{2} \times 30\ V = 15\ V$,此时调节 R_{P2} 时电压 U_O 的变化范围是 $15 \sim 17\ V$。

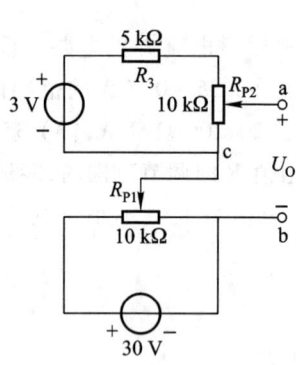

图 2.23 习题 2.1.16 的图

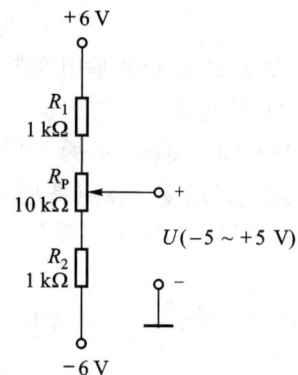

题解图 2.12 习题 2.1.17 的解

2.1.17 试用两个 6 V 的直流电源、两个 1 kΩ 的电阻和一个 10 kΩ 的电位器连成调压范围为 $-5 \sim +5\ V$ 的调压电路。

解:满足题意要求的调压电路如题解图 2.12 所示。

调压电路中电流

$$I = \frac{6 - (-6)}{R_1 + R_P + R_2} = \frac{12}{1 + 10 + 1}\ mA = 1\ mA$$

当电位器滑动端滑至最低点时

$$U_{\min} = IR_2 + (-6) = (1 \times 1 - 6)\ V = -5\ V$$

当电位器滑动端滑至最高点时

$$U_{\max} = 6 - IR_1 = (6 - 1 \times 1)\ V = 5\ V$$

因而调压范围为 $-5 \sim +5$ V。电位器滑动触点在中间位置时,电压 U 为 0。

2.1.18 在图 2.24 所示的电路中,R_{P1} 和 R_{P2} 是同轴电位器,试问当滑动触点 a,b 移到最左端、最右端和中间位置时,输出电压 U_{ab} 各为多少伏?

解:由于 R_{P1} 和 R_{P2} 为同轴电位器,两者的滑动触点固定在同一转轴上,转动转轴时两个滑动触点将同时左移或同时右移。

当滑动触点都移到最左端时,a 点接到电源的正极,b 点接到电源的负极,故 $U_{ab} = E = +6$ V;当滑动触点都移到最右端时,a 点接到电源的负极,b 点接到电源的正极,故 $U_{ab} = -E = -6$ V;当滑动触点都移动到中间位置时,a、b 两点电位相等,故 $U_{ab} = 0$。

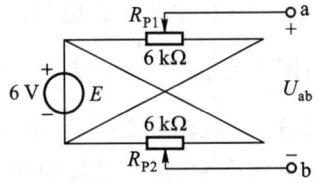

图 2.24 习题 2.1.18 的图

2.1.19 一只 110 V/8 W 的指示灯,现在要接在 380 V 的电源上,问要串多大阻值的电阻? 该电阻应选用多大瓦数的?

解:指示灯在额定工作状态下的电流

$$I_N = \frac{P_N}{U_N} = \frac{8}{110} \text{ A} = 0.073 \text{ A}$$

若要使指示灯串联一个电阻 R 后仍工作在额定值下,电阻 R 应分去另外 270 V 的电压,则所串电阻

$$R = \frac{U - U_N}{I_N} = \frac{380 - 110}{0.073} \text{ Ω} \approx 3\,700 \text{ Ω}$$

R 上消耗的功率为

$$P = I_N^2 R = [(0.073)^2 \times 3\,700] \text{ W} = 19.7 \text{ W}$$

因此应选用电阻值为 3.7 kΩ,瓦数不低于 20 W 的电阻。

2.1.20 有两只电阻,其额定值分别为 40 Ω/10 W 和 200 Ω/40 W,试问它们允许通过的电流是多少? 如将两者串联起来,其两端最高允许电压可加多大? 如将两者并联起来,允许流入的最大电流为多少?

解:由于 $R_{1N} = 40$ Ω、$P_{1N} = 10$ W,$R_{2N} = 200$ Ω、$P_{2N} = 40$ W,故根据 $P_N = I_N^2 R_N$ 和 $P_N = \frac{U_N^2}{R_N}$ 可知两者的额定电流和额定电压分别为

$$I_{1N} = \sqrt{\frac{P_{1N}}{R_{1N}}} = \sqrt{\frac{10}{40}} \text{ A} = 0.5 \text{ A}, \qquad U_{1N} = \sqrt{P_{1N} R_{1N}} = \sqrt{10 \times 40} \text{ V} = 20 \text{ V}$$

$$I_{2N} = \sqrt{\frac{P_{2N}}{R_{2N}}} = \sqrt{\frac{40}{200}} \text{ A} = 0.447 \text{ A}, \qquad U_{2N} = \sqrt{P_{2N} R_{2N}} = \sqrt{40 \times 200} \text{ V} = 89.4 \text{ V}$$

两者串联时流过它们的电流不应超过 I_{2N},故其两端所加最高允许电压为

$$U = I_{2N} R_串 = I_{2N}(R_{1N} + R_{2N}) = 0.447 \times (40 + 200) \text{ V} = 107.3 \text{ V}$$

两者并联时加在它们两端的电压不应超过 U_{1N},故允许流入的最大电流为

$$I = \frac{U_{1N}}{R_并} = \frac{U_{1N}}{\dfrac{R_{1N} R_{2N}}{R_{1N} + R_{2N}}} = \frac{20}{\dfrac{40 \times 200}{40 + 200}} \text{ A} = 0.6 \text{ A}$$

2.1.21 求图 2.25 所示电路中的电流 I 和电压 U。

解:图 2.25 中两个 10 Ω 电阻被短接,5 Ω 与 1 Ω 串联再与 6 Ω 并联后等效电阻为 3 Ω。因而由 30 V 电源正极流出的电流 $I' = [30/(27+3)]$ A = 1 A, $I = -\frac{1}{2}I' = -0.5$ A。

由于 10 Ω 电阻中无电流流过,电压降为 0,所以 U 即为 1 Ω 电阻上的电压,$U = \frac{1}{2}I' \times 1 = 0.5 \times 1$ V = 0.5 V。

2.3.5 在图 2.26 所示的电路中,求各理想电流源的端电压、功率及各电阻上消耗的功率。

解:根据基尔霍夫电流定律

$$I_3 = I_2 - I_1 = (2-1) \text{ A} = 1 \text{ A}$$

则

$$U_1 = I_3 \cdot R_1 = 1 \times 20 \text{ V} = 20 \text{ V}$$

由基尔霍夫电压定律

$$U_2 = U_1 + I_2 R_2 = (20 + 2 \times 10) \text{ V} = 40 \text{ V}$$

两个理想电流源的功率分别为

$$P_1 = U_1 I_1 = 20 \times 1 \text{ W} = 20 \text{ W}(吸收功率,为负载)$$
$$P_2 = -U_2 I_2 = -40 \times 2 \text{ W} = -80 \text{ W}(发出功率,为电源)$$

两个电阻消耗的功率分别为

$$P_{R_1} = I_3^2 R_1 = 1^2 \times 20 \text{ W} = 20 \text{ W}(吸收功率,为负载)$$
$$P_{R_2} = I_2^2 R_2 = 2^2 \times 10 \text{ W} = 40 \text{ W}(吸收功率,为负载)$$

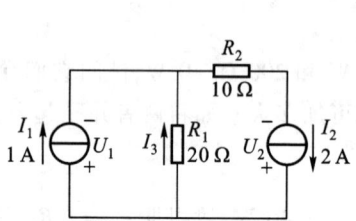

图 2.26 习题 2.3.5 的图

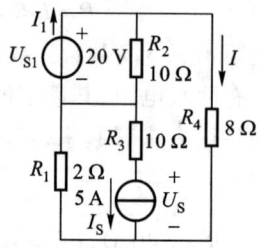

图 2.27 习题 2.3.6 的图

2.3.6 电路如图 2.27 所示,试求 I, I_1, U_S;并判断 20 V 的理想电压源和 5 A 的理想电流源是电源还是负载?

解:由图 2.27 可以看出,与 U_{S1} 并联的电阻 R_2 和与 I_S 串联的电阻 R_3 对于电阻 R_4 中的电流 I 没有影响,因此在求解 I 时可将原电路进行化简,如题解图 2.13(a)、(b)、(c)所示。

$$I = \frac{U_{S1} - U_{S2}}{R_1 + R_4} = \frac{20 - 10}{2 + 8} \text{ A} = 1 \text{ A}$$

由基尔霍夫定律和题解图 2.13(a)

$$I_1 = \frac{U_{S1}}{R_2} + I = \frac{20}{10} + 1 \text{ A} = 3 \text{ A}$$
$$U_S = (I_S + I)R_1 + I_S R_3$$
$$= [(5+1) \times 2 + 5 \times 10] \text{ V}$$

$$= (12 + 50)\text{ V} = 62\text{ V}$$

此题中求 I 也可直接运用戴维宁定理。

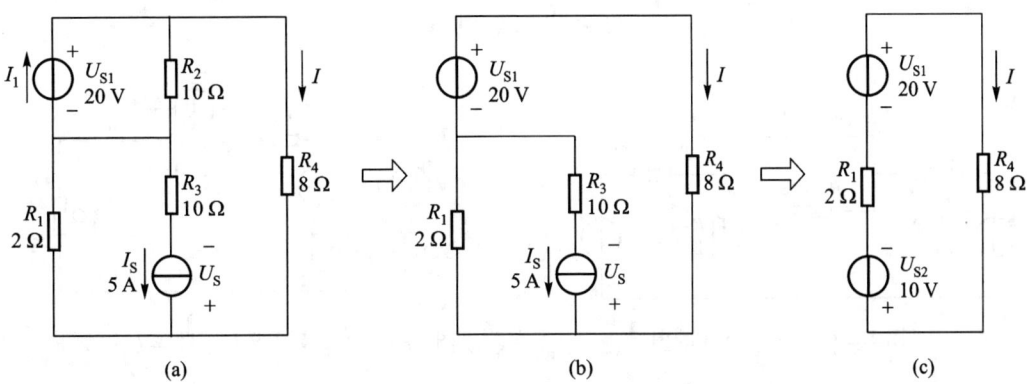

题解图 2.13　习题 2.3.6 的解

2.3.7　计算图 2.28 中的电流 I_3。

解：将图 2.28 电路中的 I_S 和 R_4 的并联电路等效变换为电压源 U_S 与电阻 R_4 的串联电路，如题解图 2.14 所示。

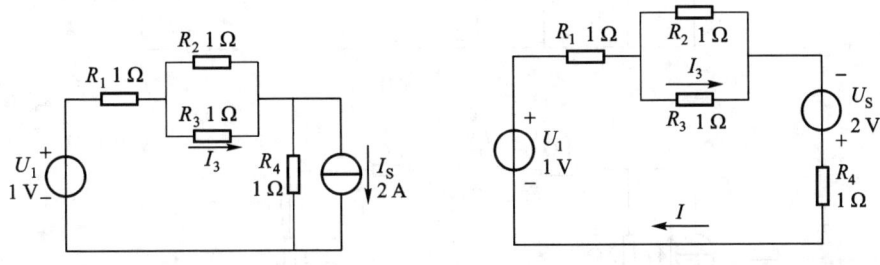

图 2.28　习题 2.3.7 的图　　　题解图 2.14　习题 2.3.7 的解

图中电流

$$I = \frac{U_1 + U_S}{R_1 + R_2 /\!/ R_3 + R_4} = \frac{1+2}{1 + \frac{1 \times 1}{1+1} + 1}\text{ A} = 1.2\text{ A}$$

则

$$I_3 = \frac{1}{2}I = \frac{1}{2} \times 1.2\text{ A} = 0.6\text{ A}$$

2.3.8　计算图 2.29 中的电压 U_5。

解：将电阻 R_1、R_2、R_3 合并

$$R_{123} = R_1 + R_2 /\!/ R_3 = \left(0.6 + \frac{6 \times 4}{6+4}\right)\Omega = 3\text{ }\Omega$$

则电路变为由 U_1 和 R_{123}、R_5、U_4 和 R_4 三条支路并联。

由求两个结点间的结点电压公式可得

$$U_5 = \frac{\dfrac{U_1}{R_{123}} + \dfrac{U_4}{R_4}}{\dfrac{1}{R_{123}} + \dfrac{1}{R_5} + \dfrac{1}{R_4}} = \frac{\dfrac{15}{3} + \dfrac{2}{0.2}}{\dfrac{1}{3} + \dfrac{1}{1} + \dfrac{1}{0.2}}\text{ V} = \frac{45}{19}\text{ V} \approx 2.37\text{ V}$$

2.3.9 试用电压源与电流源等效变换的方法计算图 2.30 中 2 Ω 电阻中的电流 I。

解：图 2.30 电路经电压源与电流源之间的等效变换[如题解图 2.15(a)、(b)、(c)、(d)所示]可得

$$I = \frac{6}{4+2} \text{A} = 1 \text{A}$$

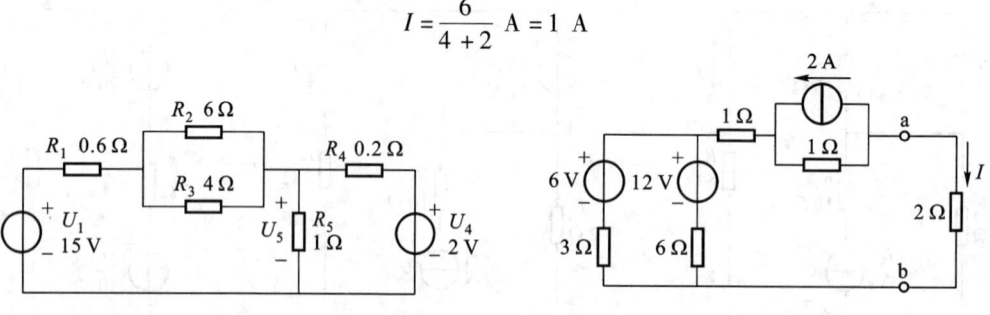

图 2.29 习题 2.3.8 的图   图 2.30 习题 2.3.9 和习题 2.7.4 的图

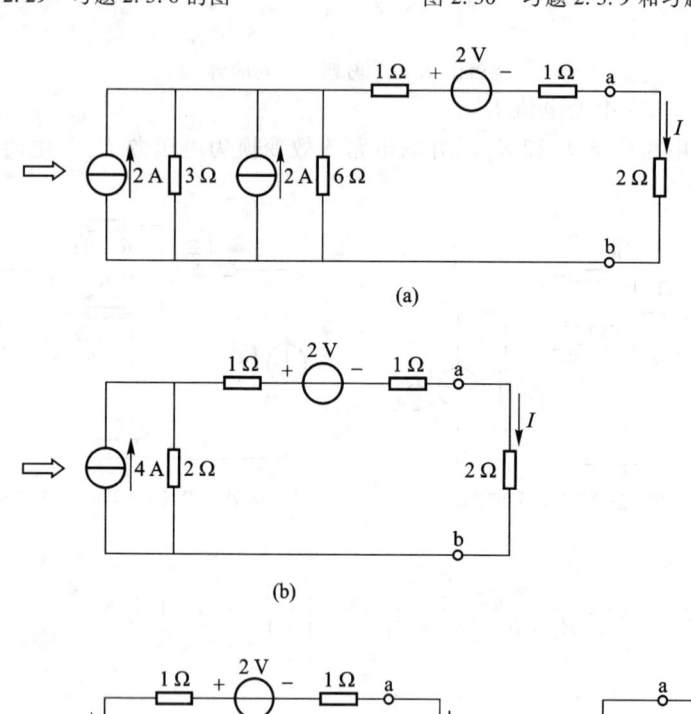

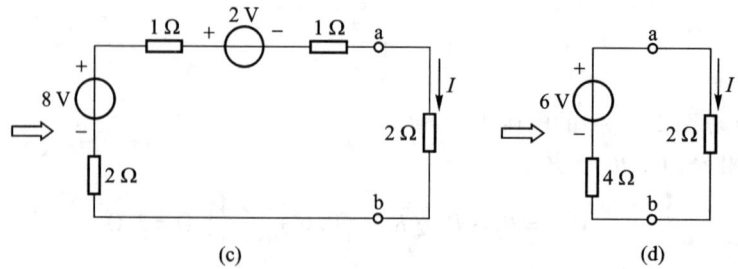

题解图 2.15 习题 2.3.9 的解

2.4.1 图 2.31 是两台发电机并联运行的电路。已知 $E_1 = 230$ V, $R_{01} = 0.5$ Ω, $E_2 = 226$ V, $R_{02} = 0.3$ Ω, 负载电阻 $R_L = 5.5$ Ω, 试分别用支路电流法和结点电压法求各支路电流。

解：(1) 用支路电流法

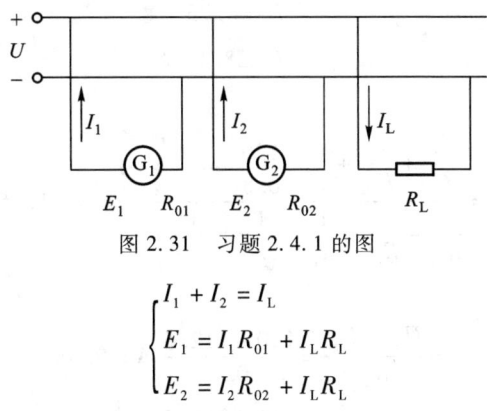

图 2.31 习题 2.4.1 的图

$$\begin{cases} I_1 + I_2 = I_L \\ E_1 = I_1 R_{01} + I_L R_L \\ E_2 = I_2 R_{02} + I_L R_L \end{cases}$$

联立解得

$$I_1 = 20 \text{ A}, \quad I_2 = 20 \text{ A}, \quad I_L = 40 \text{ A}$$

(2)用结点电压法

两结点之间的电压

$$U = \frac{\dfrac{E_1}{R_{01}} + \dfrac{E_2}{R_{02}}}{\dfrac{1}{R_{01}} + \dfrac{1}{R_{02}} + \dfrac{1}{R_L}} = \dfrac{\dfrac{230}{0.5} + \dfrac{226}{0.3}}{\dfrac{1}{0.5} + \dfrac{1}{0.3} + \dfrac{1}{5.5}} \text{ V} = 220 \text{ V}$$

各支路电流

$$I_1 = \frac{E_1 - U}{R_{01}} = \frac{230 - 220}{0.5} \text{ A} = 20 \text{ A}$$

$$I_2 = \frac{E_2 - U}{R_{02}} = \frac{226 - 220}{0.3} \text{ A} = 20 \text{ A}$$

$$I_L = \frac{U}{R_L} = \frac{220}{5.5} \text{ A} = 40 \text{ A}$$

(1)、(2)两种方法结果一致。

2.4.2 试用支路电流法或结点电压法求图 2.32 所示电路中的各支路电流,并求三个电源的输出功率和负载电阻 R_L 取用的功率。0.8 Ω 和 0.4 Ω 分别为两个电压源的内阻。

解:(1)用支路电流法

列结点电流方程和回路电压方程

$$\begin{cases} I_1 + I_2 + I_S = I \\ U_{S1} = I_1 R_{01} + I R_L \\ U_{S2} = I_2 R_{02} + I R_L \end{cases}$$

即

$$\begin{cases} I_1 + I_2 + 10 = I \\ 120 = 0.8 I_1 + 4I \\ 116 = 0.4 I_2 + 4I \end{cases}$$

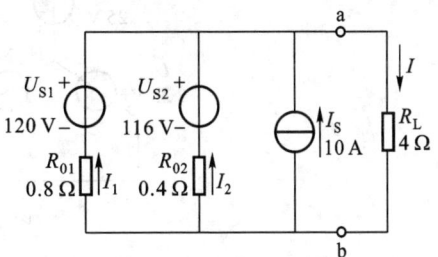

图 2.32 习题 2.4.2 的图

联立解得

$$I_1 = 9.38 \text{ A}$$

$$I_2 = 8.75 \text{ A}$$
$$I = 28.13 \text{ A}$$

(2) 用结点电压法

$$U_{ab} = \frac{\frac{U_{S1}}{R_{01}} + \frac{U_{S2}}{R_{02}} + I_S}{\frac{1}{R_{01}} + \frac{1}{R_{02}} + \frac{1}{R_L}} = \frac{\frac{120}{0.8} + \frac{116}{0.4} + 10}{\frac{1}{0.8} + \frac{1}{0.4} + \frac{1}{4}} \text{ V} = 112.5 \text{ V}$$

各支路电流

$$I_1 = \frac{U_{S1} - U_{ab}}{R_{01}} = \frac{120 - 112.5}{0.8} \text{ A} = 9.38 \text{ A}$$

$$I_2 = \frac{U_{S2} - U_{ab}}{R_{02}} = \frac{116 - 112.5}{0.4} \text{ A} = 8.75 \text{ A}$$

$$I = \frac{U_{ab}}{R_L} = \frac{112.5}{4} \text{ A} = 28.13 \text{ A}$$

(1)、(2)两种方法结果一致。

(3) 计算功率

三个电源的输出功率分别为

$$P_{U_{S1}} = U_{S1}I_1 - I_1^2 R_1 = U_{ab}I_1 = (112.5 \times 9.38) \text{ W} = 1\,055 \text{ W}$$
$$P_{U_{S2}} = U_{S2}I_2 - I_2^2 R_2 = U_{ab}I_2 = (112.5 \times 8.75) \text{ W} = 984 \text{ W}$$
$$P_{I_S} = U_{ab}I_S = (112.5 \times 10) \text{ W} = 1\,125 \text{ W}$$
$$\sum P_S = P_{U_{S1}} + P_{U_{S2}} + P_{I_S} = (1\,055 + 984 + 1\,125) \text{ W} = 3\,164 \text{ W}$$

负载电阻取用的功率

$$P_L = U_{ab}I = I^2 R_L = (112.5 \times 28.13) \text{ W} = 3\,164 \text{ W}$$

因 $\sum P_S = P_L$，故功率平衡。

2.5.2 试用结点电压法求图 2.33 所示电路中的各支路电流。

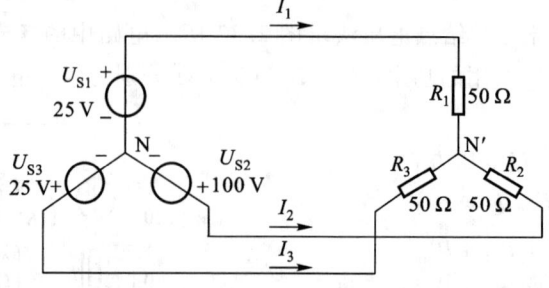

图 2.33 习题 2.5.2 的图

解：由图 2.33 可得 N'、N 之间的电压

$$U_{N'N} = \frac{\frac{U_{S1}}{R_1} + \frac{U_{S2}}{R_2} + \frac{U_{S3}}{R_3}}{\frac{1}{R_1} + \frac{1}{R_2} + \frac{1}{R_3}} = \frac{\frac{25}{50} + \frac{100}{50} + \frac{25}{50}}{\frac{1}{50} + \frac{1}{50} + \frac{1}{50}} \text{ V} = 50 \text{ V}$$

因此，各支路电流

$$I_1 = \frac{U_{S1} - U_{N'N}}{R_1} = \frac{25-50}{50} \text{ A} = -0.5 \text{ A}$$

$$I_2 = \frac{U_{S2} - U_{N'N}}{R_2} = \frac{100-50}{50} \text{ A} = 1 \text{ A}$$

$$I_3 = \frac{U_{S3} - U_{N'N}}{R_3} = \frac{25-50}{50} \text{ A} = -0.5 \text{ A}$$

2.5.3 用结点电压法计算例 2.6.3 的图 2.6.3(a)所示电路中 A 点的电位。

解：由结点电压法公式可得

$$V_A = \frac{\dfrac{50}{R_1} + \dfrac{(-50)}{R_2}}{\dfrac{1}{R_1} + \dfrac{1}{R_2} + \dfrac{1}{R_3}}$$

$$= \frac{\dfrac{50}{10} - \dfrac{50}{5}}{\dfrac{1}{10} + \dfrac{1}{5} + \dfrac{1}{20}} \text{ V} = -14.3 \text{ V}$$

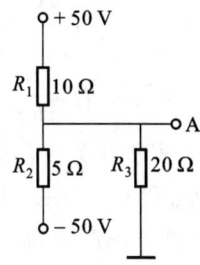

图 2.6.3(a)　习题 2.5.3 的图

2.5.4 电路如图 2.34 所示，试用结点电压法求电压 U，并计算理想电流源的功率。

解：图 2.34 中与电流源 I_S 串联的电阻 R_1 和与电压源 U_S 并联的电阻 R_3 对电压 U 没有影响，因此计算 U 时可以除去，即将 R_1 所在之处短接、R_3 所在之处断开，如题解图 2.16 所示。

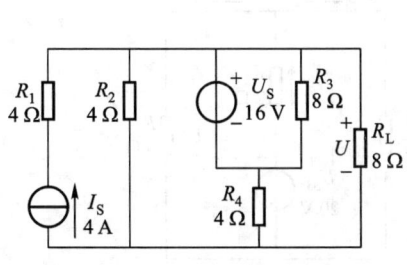
图 2.34　习题 2.5.4 的图

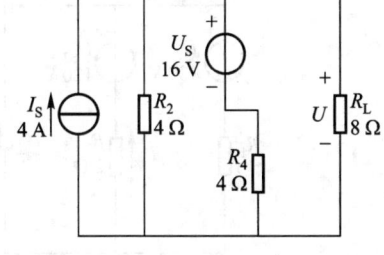
题解图 2.16　习题 2.5.4 的解

$$U = \frac{I_S + \dfrac{U_S}{R_4}}{\dfrac{1}{R_2} + \dfrac{1}{R_4} + \dfrac{1}{R_L}} = \frac{4 + \dfrac{16}{4}}{\dfrac{1}{4} + \dfrac{1}{4} + \dfrac{1}{8}} \text{ V} = \frac{64}{5} \text{ V} = 12.8 \text{ V}$$

计算理想电流源的功率时，电阻 R_1 应保留。如图 2.34 所示，I_S 两端电压为 $(U + I_S R_1)$，方向上正下负，则

$$P_{I_S} = (U + I_S R_1) \cdot I_S = (12.8 + 4 \times 4) \times 4 \text{ W} = 115.2 \text{ W}$$

电流源 I_S 输出功率 115.2 W。

2.6.3 在图 2.35 中，(1) 当将开关 S 合在 a 点时，求电流 I_1，I_2 和 I_3；(2) 当将开关 S 合在

b 点时,利用(1)的结果,用叠加定理计算电流 I_1,I_2 和 I_3。

解:(1) 当将开关 S 合在 a 点时,由结点电压法可得

$$U = \frac{\frac{U_{S1}}{R_1} + \frac{U_{S2}}{R_2}}{\frac{1}{R_1} + \frac{1}{R_2} + \frac{1}{R_3}} = \frac{\frac{130}{2} + \frac{120}{2}}{\frac{1}{2} + \frac{1}{2} + \frac{1}{4}} \text{ V} = 100 \text{ V}$$

则

$$I_1 = \frac{U_{S1} - U}{R_1} = \frac{130 - 100}{2} \text{ A} = 15 \text{ A}$$

$$I_2 = \frac{U_{S2} - U}{R_2} = \frac{120 - 100}{2} \text{ A} = 10 \text{ A}$$

$$I_3 = \frac{U}{R_3} = \frac{100}{4} \text{ A} = 25 \text{ A}$$

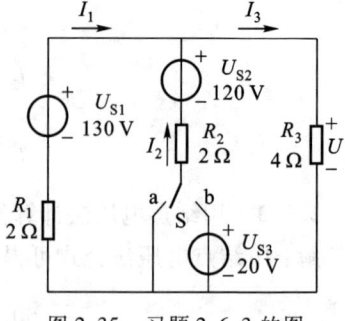

图 2.35 习题 2.6.3 的图

(2) 当将开关 S 合在 b 点时,由 U_{S1}、U_{S2} 和 U_{S3} 共同作用在各支路产生的电流 I_1、I_2、I_3 等于由 (1) 中 U_{S1} 和 U_{S2} 作用产生的电流分量[如题解图 2.17(a) 所示] $I'_1 = 15$ A、$I'_2 = 10$ A、$I'_3 = 25$ A 与由 U_{S3} 单独作用产生的电流分量[如题解图 2.17(b) 所示] I''_1、I''_2、I''_3 的叠加。由题解图 2.17 可求出 I''_1、I''_2、I''_3,即

$$U'' = \frac{\frac{U_{S3}}{R_2}}{\frac{1}{R_1} + \frac{1}{R_2} + \frac{1}{R_3}} = \frac{\frac{20}{2}}{\frac{1}{2} + \frac{1}{2} + \frac{1}{4}} \text{ V} = 8 \text{ V}$$

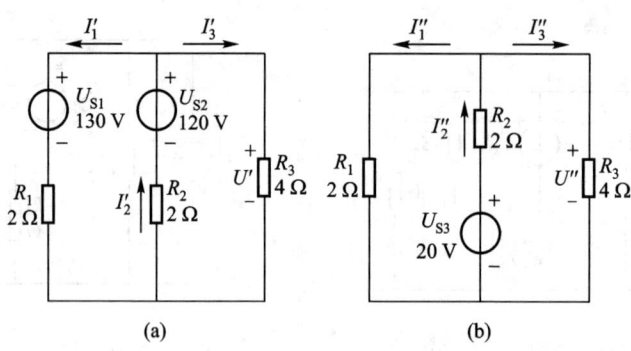

题解图 2.17 习题 2.6.3 的解

则

$$I''_1 = \frac{U''}{R_1} = \frac{8}{2} \text{ A} = 4 \text{ A}$$

$$I''_2 = \frac{U_{S3} - U''}{R_2} = \frac{20 - 8}{2} \text{ A} = 6 \text{ A}$$

$$I''_3 = \frac{U''}{R_3} = \frac{8}{4} \text{ A} = 2 \text{ A}$$

由叠加定理以及各电流的参考方向可得

$$I_1 = I'_1 - I''_1 = (15 - 4) \text{ A} = 11 \text{ A}$$

$$I_2 = I'_2 + I''_2 = (10 + 6) \text{ A} = 16 \text{ A}$$
$$I_3 = I'_3 + I''_3 = (25 + 2) \text{ A} = 27 \text{ A}$$

2.6.4 电路如图 2.36(a)所示，$E = 12$ V，$R_1 = R_2 = R_3 = R_4$，$U_{ab} = 10$ V。若将理想电压源除去后[图 2.36(b)]，试问这时 U_{ab} 等于多少？

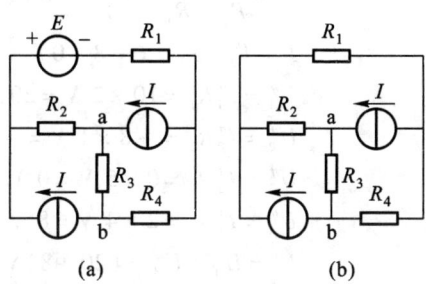

图 2.36 习题 2.6.4 的图

解：设只有两个电流源 I 作用时 a、b 之间的电压（即 R_3 上电压）为 U'_{ab}；仅电压源 E 作用时 a、b 之间的电压（R_3 上电压）为 U''_{ab}，则由叠加定理得

$$U_{ab} = U'_{ab} + U''_{ab}$$

而由图 2.36(a)当 E 单独作用，两个 I 不作用(I 取零值，即该处断路)时的电路可知

$$U''_{ab} = \frac{R_3}{R_1 + R_2 + R_3 + R_4} \cdot E = \frac{1}{4} E = 3 \text{ V}$$

故图 2.36(a)中当理想电压源 E 被除去(该处短接)后[图 2.36(b)]，a、b 之间电压

$$U'_{ab} = U_{ab} - U''_{ab} = (10 - 3) \text{ V} = 7 \text{ V}$$

2.6.5 应用叠加定理计算图 2.37 所示电路中各支路的电流和各元器件(电源和电阻)两端的电压，并说明功率平衡关系。

解：(1) 求各支路电流和各元器件两端电压，当电压源单独作用时[题解图 2.18(b)]

$$I'_1 = 0$$

$$I'_2 = I'_4 = \frac{U_S}{R_2 + R_4} = \frac{10}{1 + 4} \text{ A} = 2 \text{ A}$$

$$I'_3 = \frac{U_S}{R_3} = \frac{10}{5} \text{ A} = 2 \text{ A}$$

$$I' = I'_2 + I'_3 = (2 + 2) \text{ A} = 4 \text{ A}$$

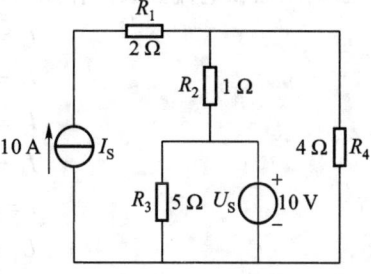

图 2.37 习题 2.6.5 和习题 2.7.3 的图

则
$$U'_1 = I'_1 R_1 = 0 \times 2 \text{ V} = 0 \text{ V}$$
$$U'_2 = I'_2 R_2 = 2 \times 1 \text{ V} = 2 \text{ V}$$
$$U'_3 = I'_3 R_3 = 2 \times 5 \text{ V} = 10 \text{ V}$$
$$U'_4 = I'_4 R_4 = 2 \times 4 \text{ V} = 8 \text{ V}$$
$$U' = -U'_2 + U'_3 = (-2 + 10) \text{ V} = 8 \text{ V}$$

当电流源单独作用时[题解图 2.18(c)]

$$I''_1 = I_S = 10 \text{ A}$$

$$I''_2 = -\frac{R_4}{R_2 + R_4}I_S = -\frac{4}{1+4} \times 10 \text{ A} = -8 \text{ A}$$

$$I''_3 = 0 \quad (R_3 \text{ 被短路})$$

$$I''_4 = \frac{R_2}{R_2 + R_4}I_S = \frac{1}{1+4} \times 10 \text{ A} = 2 \text{ A}$$

$$I'' = I''_2 + I''_3 = (-8 + 0) \text{ A} = -8 \text{ A}$$

则
$$U''_1 = I''_1 R_1 = 10 \times 2 \text{ V} = 20 \text{ V}$$

$$U''_2 = I''_2 R_2 = -8 \times 1 \text{ V} = -8 \text{ V}$$

$$U''_3 = I''_3 R_3 = 0 \times 5 \text{ V} = 0 \text{ V}$$

$$U''_4 = I''_4 R_4 = 2 \times 4 \text{ V} = 8 \text{ V}$$

$$U'' = U''_1 + U''_4 = (20 + 8) \text{ V} = 28 \text{ V}$$

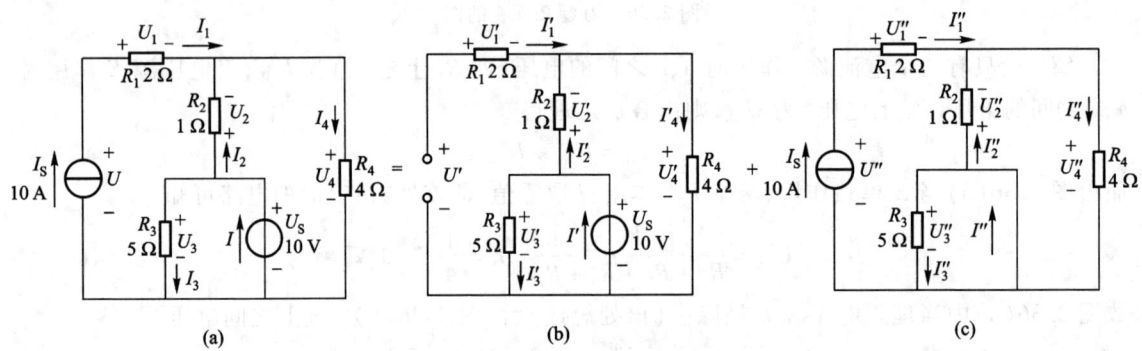

题解图 2.18　习题 2.6.5 的解

当电压源和电流源共同作用时[题解图 2.18(a)]，由叠加定理可得

$$I_1 = I'_1 + I''_1 = (0 + 10) \text{ A} = 10 \text{ A}$$

$$I_2 = I'_2 + I''_2 = [2 + (-8)] \text{ A} = -6 \text{ A}$$

$$I_3 = I'_3 + I''_3 = (2 + 0) \text{ A} = 2 \text{ A}$$

$$I_4 = I'_4 + I''_4 = (2 + 2) \text{ A} = 4 \text{ A}$$

$$I = I' + I'' = [4 + (-8)] \text{ A} = -4 \text{ A}$$

$$U_1 = U'_1 + U''_1 = (0 + 20) \text{ V} = 20 \text{ V}$$

$$U_2 = U'_2 + U''_2 = [2 + (-8)] \text{ V} = -6 \text{ V}$$

$$U_3 = U'_3 + U''_3 = (10 + 0) \text{ V} = 10 \text{ V}$$

$$U_4 = U'_4 + U''_4 = (8 + 8) \text{ V} = 16 \text{ V}$$

$$U = U' + U'' = (8 + 28) \text{ V} = 36 \text{ V}$$

（2）求各元器件的功率

电流源 I_S：　　　　　$P_{I_S} = UI_S = 36 \times 10 \text{ W} = 360 \text{ W}$（发出）

电压源 U_S：　　　　　$P_{U_S} = U_S I = 10 \times (-4) \text{ W} = -40 \text{ W}$（发出 -40 W，实为吸收 40 W）

电阻 R_1: $\quad P_{R_1} = I_1^2 R_1 = 10^2 \times 2 \text{ W} = 200 \text{ W}(吸收)$

电阻 R_2: $\quad P_{R_2} = I_2^2 R_2 = (-6)^2 \times 1 \text{ W} = 36 \text{ W}(吸收)$

电阻 R_3: $\quad P_{R_3} = I_3^2 R_3 = 2^2 \times 5 \text{ W} = 20 \text{ W}(吸收)$

电阻 R_4: $\quad P_{R_4} = I_4^2 R_4 = 4^2 \times 4 \text{ W} = 64 \text{ W}(吸收)$

$$\sum P_{吸} = \sum P_{发}$$

功率平衡。

2.6.6 图 2.38 所示的是用于电子技术的数模转换中的 $R-2R$ 梯形网络,试用叠加定理求证输出端的电流 I 为

$$I = \frac{U}{3R \times 2^4}(2^3 + 2^2 + 2^1 + 2^0)$$

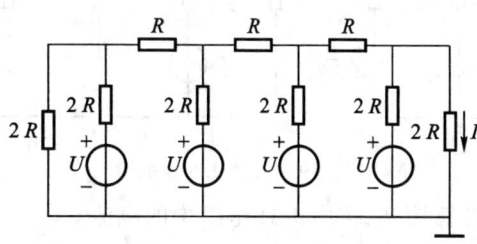

图 2.38 习题 2.6.6 的图

解:本题的证明可通过电阻的串并联等效变换、分流公式、叠加定理分步进行。

图 2.38 所示电路中任何一个电压源 U 作用而另外三个不起作用(短路)时,都可将电路化简成题解图 2.19(a)的形式。右边 $2R$ 电阻中的电流为 $\frac{1}{2} \cdot \frac{U}{3R}$。此电流即为最右侧电源单独作用时,在最右侧电阻 $2R$ 中流过的电流 I',即 $I' = \frac{1}{2} \cdot \frac{U}{3R}$。

从题解图 2.19(b)可以看到,右侧第二个电源单独作用时,在最右侧电阻 $2R$ 中流过的电流

$$I'' = \frac{1}{2} \times \frac{1}{2} \cdot \frac{U}{3R} = \frac{1}{2^2} \cdot \frac{U}{3R}$$

从题解图 2.19(c)可以看到,左侧第二个电源单独作用时,在最右侧电阻 $2R$ 中流过的电流

$$I''' = \frac{1}{2} \times \frac{1}{2} \times \frac{1}{2} \cdot \frac{U}{3R} = \frac{1}{2^3} \cdot \frac{U}{3R}$$

从题解图 2.19(d)可以看到,左侧第一个电源单独作用时,在最右侧电阻 $2R$ 中流过的电流

$$I'''' = \frac{1}{2} \times \frac{1}{2} \times \frac{1}{2} \times \frac{1}{2} \cdot \frac{U}{3R} = \frac{1}{2^4} \cdot \frac{U}{3R}$$

因此当四个电源共同作用时,在图 2.38 中的电流 I 由叠加定理可得

$$I = \frac{1}{2} \cdot \frac{U}{3R} + \frac{1}{4} \cdot \frac{U}{3R} + \frac{1}{8} \cdot \frac{U}{3R} + \frac{1}{16} \cdot \frac{U}{3R}$$

$$= \frac{U}{3R \times 2^4}(2^3 + 2^2 + 2^1 + 2^0)$$

结论得证。

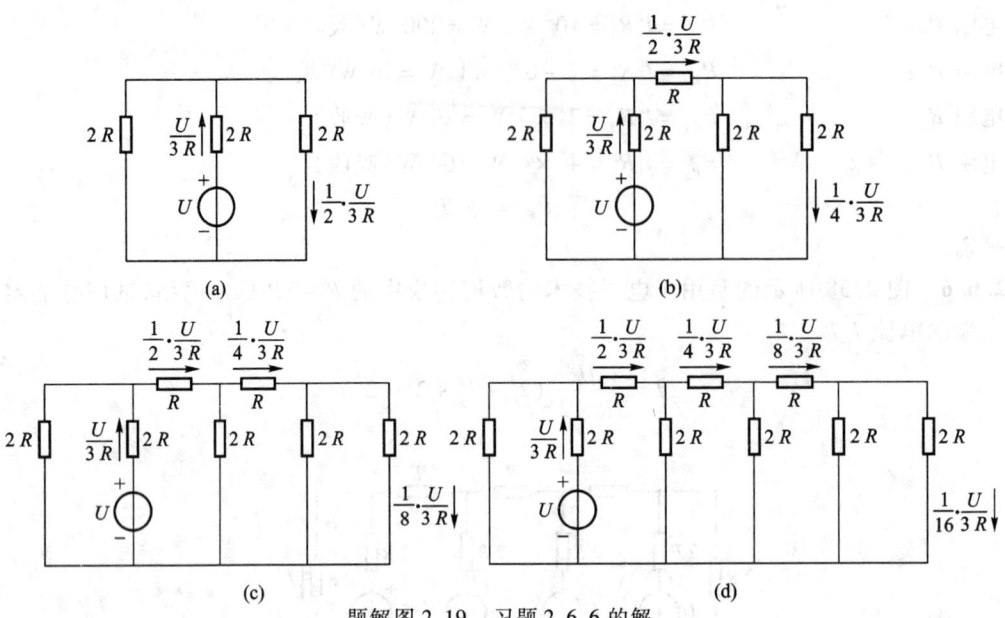

(a) (b) (c) (d)

题解图 2.19 习题 2.6.6 的解

2.7.3 应用戴维宁定理计算图 2.37 中 1 Ω 电阻中的电流。

解：设 1 Ω 电阻 R_2 中的电流为 I[如题解图 2.20(a)所示]。将与电流源 I_S 串联的 2 Ω 电阻 R_1 除去（短接），该支路电流仍为 10 A；将与电压源 U_S 并联的 5 Ω 电阻 R_3 除去（断开），该处两端的电压仍为 10 V。除去 R_1、R_3 后对 R_2 中电流 I 没有影响[如题解图 2.20(b)所示]，电路得到简化。

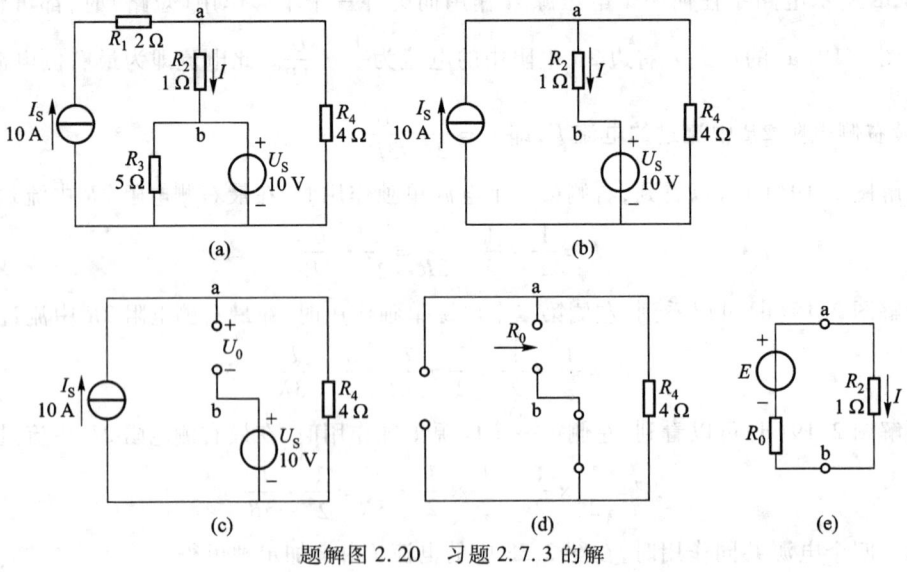

(a) (b) (c) (d) (e)

题解图 2.20 习题 2.7.3 的解

应用戴维宁定理求题解图 2.20(b)中 a、b 两点之间的开路电压 U_0 和等效电阻 R_0，电路如题解图 2.20(c)、(d)所示。

$$U_0 = I_S \cdot R_4 - U_S = (4 \times 10 - 10) \text{ V} = 30 \text{ V}$$

$$R_0 = R_4 = 4 \text{ Ω}$$

即戴维宁等效电路[题解图 2.20(e)]中

$$E = U_0 = 30 \text{ V}$$
$$R_0 = 4 \text{ }\Omega$$

故
$$I = \frac{E}{R_0 + R_2} = \frac{30}{4 + 1} \text{ A} = 6 \text{ A}$$

2.7.4 应用戴维宁定理计算图 2.30 中 2 Ω 电阻中的电流 I。

解：(1) 求 a、b 间开路电压 U_{ab0} [题解图 2.21(b)]

$$U_{ab0} = U_{ac0} + U_{cd0} + U_{db0} = -I_S R_4 + 0 + \frac{\dfrac{U_{S1}}{R_1} + \dfrac{U_{S2}}{R_2}}{\dfrac{1}{R_1} + \dfrac{1}{R_2}}$$

$$= \left(-2 \times 1 + 0 + \frac{\dfrac{6}{3} + \dfrac{12}{6}}{\dfrac{1}{3} + \dfrac{1}{6}}\right) \text{V} = 6 \text{ V}$$

(2) 求 a、b 间等效电阻 R_{ab0} [题解图 2.21(c)]

$$R_{ab0} = (R_1 \parallel R_2) + R_3 + R_4 = \left(\frac{3 \times 6}{3 + 6} + 1 + 1\right) \Omega = 4 \text{ }\Omega$$

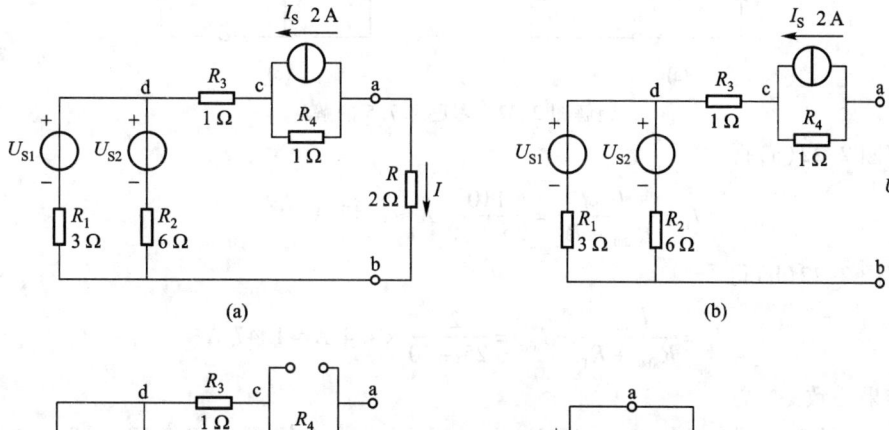

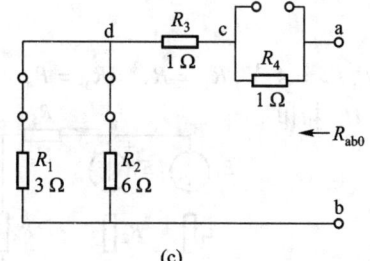
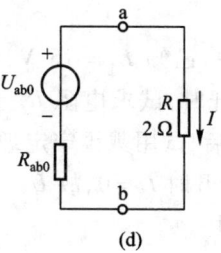

题解图 2.21 习题 2.7.4 的解

(3) 求电流 I

由题解图 2.21(d) 所示戴维宁等效电路

$$I = \frac{U_{ab0}}{R_{ab0} + R} = \frac{6}{4 + 2} \text{ A} = 1 \text{ A}$$

2.7.5 图 2.39 所示是常见的分压电路，试用戴维宁定理和诺顿定理分别求负载电流 I_L。

解：由图 2.39 电路可得

a、b 间开路电压

$$U_{ab0} = \frac{R_2}{R_1 + R_2} U = \frac{50}{50+50} \times 220 \text{ V} = 110 \text{ V}$$

a、b 间短路电流

$$I_{abS} = \frac{U}{R_1} = \frac{220}{50} \text{ A} = 4.4 \text{ A}$$

$$R_{ab0} = \frac{U_{ab0}}{I_{abS}} = R_1 /\!/ R_2 = \frac{50 \times 50}{50+50} \text{ Ω} = 25 \text{ Ω}$$

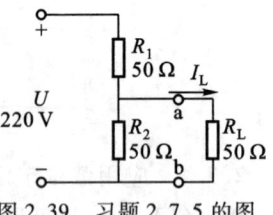

图 2.39 习题 2.7.5 的图

由此可画出图 2.39 所示电路的戴维宁等效电路和诺顿等效电路如题解图 2.22(a)、(b)所示。

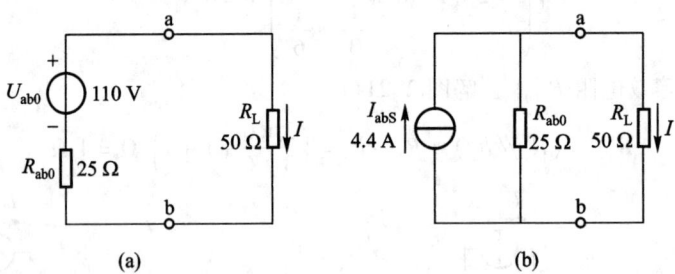

题解图 2.22 习题 2.7.5 的解

由题解图 2.22(a)得

$$I_L = \frac{U_{ab0}}{R_{ab0} + R_L} = \frac{110}{25+50} \text{ A} \approx 1.47 \text{ A}$$

由题解图 2.22(b)得

$$I_L = \frac{R_{ab0}}{R_{ab0} + R_L} \cdot I_{abS} = \frac{25}{25+50} \times 4.4 \text{ A} \approx 1.47 \text{ A}$$

两种求法结果一致。

2.7.6 在图 2.40 中，已知 $E_1 = 15$ V, $E_2 = 13$ V, $E_3 = 4$ V, $R_1 = R_2 = R_3 = R_4 = 1$ Ω, $R_5 = 10$ Ω。(1) 当开关 S 断开时，试求电阻 R_5 上的电压 U_5 和电流 I_5；(2) 当开关 S 闭合后，试用戴维宁定理计算 I_5。

解：(1) 当开关 S 断开时 $I_5 = 0$，故 $U_5 = I_5 R_5 = 0$。

(2) 当开关 S 闭合时

a、c 两点间的开路电压 U_{ac0} 为

$$U_{ac0} = U_{ab0} - U_{cd0}$$

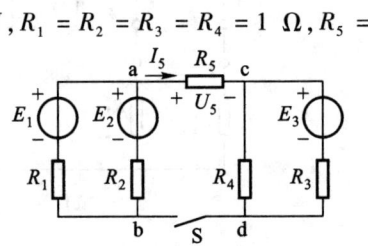

图 2.40 习题 2.7.6 的图

$$= \frac{\frac{E_1}{R_1} + \frac{E_2}{R_2}}{\frac{1}{R_1} + \frac{1}{R_2}} - \frac{\frac{E_3}{R_3}}{\frac{1}{R_3} + \frac{1}{R_4}} = \left(\frac{\frac{15}{1} + \frac{13}{1}}{\frac{1}{1} + \frac{1}{1}} - \frac{\frac{4}{1}}{\frac{1}{1} + \frac{1}{1}} \right) \text{ V} = \left(\frac{28}{2} - \frac{4}{2} \right) \text{ V} = 12 \text{ V}$$

a、c 两点间除源后的等效电阻 R_{ac0} 为

$$R_{ac0} = (R_1 /\!/ R_2) + (R_3 /\!/ R_4) = \frac{R_1 R_2}{R_1 + R_2} + \frac{R_3 R_4}{R_3 + R_4} = \left(\frac{1 \times 1}{1 + 1} + \frac{1 \times 1}{1 + 1}\right) \Omega = 1 \ \Omega$$

由戴维宁定理可得

$$I_5 = \frac{U_{ac0}}{R_{ac0} + R_5} = \frac{12}{1 + 10} \ \text{A} = \frac{12}{11} \ \text{A} = 1.09 \ \text{A}$$

2.7.7 用戴维宁定理计算图 2.41 所示电路中的电流 I。已知：$R_1 = R_2 = 6 \ \Omega$，$R_3 = R_4 = 3 \ \Omega$，$R = 1 \ \Omega$，$U = 18 \ \text{V}$，$I_S = 4 \ \text{A}$。

解：(1) 将 a、b 间电阻 R 断开，利用叠加定理求开路电压 U_{ab0}（即戴维宁等效电源电动势 E），如题解图 2.23(a)、(b) 所示。

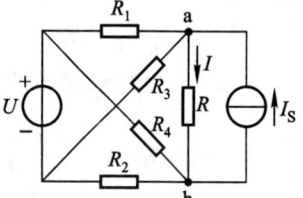

图 2.41　习题 2.7.7 的图

$$\begin{aligned} E &= U_{ab0} = U'_{ab0} + U''_{ab0} = \left(\frac{R_3}{R_1 + R_3} U - \frac{R_2}{R_2 + R_4} U\right) + \\ &\quad [(R_1 /\!/ R_3) + (R_2 /\!/ R_4)] I_S \\ &= \left[\left(\frac{3}{6 + 3} - \frac{6}{6 + 3}\right) \times 18 + \left(\frac{6 \times 3}{6 + 3} + \frac{6 \times 3}{6 + 3}\right) \times 4\right] \text{V} \\ &= 10 \ \text{V} \end{aligned}$$

(2) 将 a、b 间开路和除源（电压源、电流源取零值），求等效电阻 R_{ab0}（即戴维宁等效电路内阻 R_0），如题解图 2.23(c) 所示。

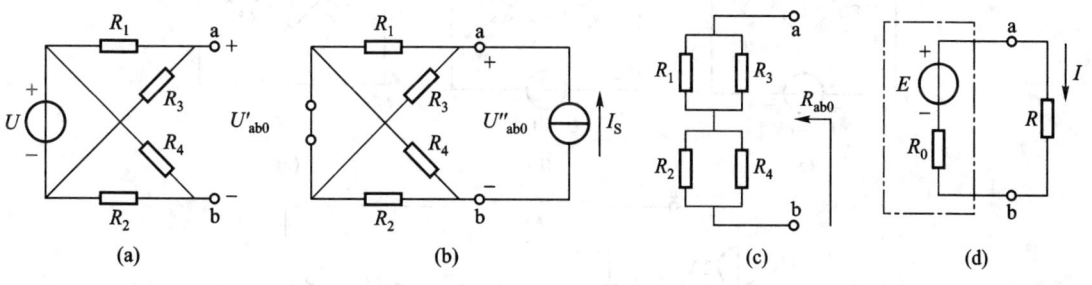

题解图 2.23　习题 2.7.7 的解

$$R_0 = R_{ab0} = (R_1 /\!/ R_3) + (R_2 /\!/ R_4) = \left(\frac{6 \times 3}{6 + 3} + \frac{6 \times 3}{6 + 3}\right) \Omega = 4 \ \Omega$$

(3) 求电阻 R 中电流 I，如题解图 2.23(c)、(d) 所示。

$$I = \frac{E}{R_0 + R} = \frac{10}{4 + 1} \ \text{A} = 2 \ \text{A}$$

2.7.8 用戴维宁定理和诺顿定理分别计算图 2.42 所示桥式电路中电阻 R_1 上的电流。

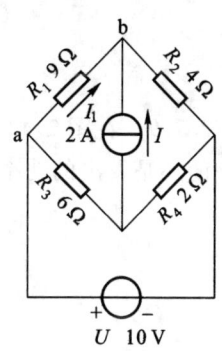

图 2.42　习题 2.7.8 的图

解：(1) 求戴维宁等效电路的等效电压源电压，如题解图 2.24(a) 所示。由叠加定理得

$$U_{ab0} = U - IR_2 = (10 - 2 \times 4) \ \text{V} = 2 \ \text{V}$$

(2) 求诺顿等效电路的等效电流源电流如题解图 2.24(b) 所示。由叠加定理得

$$I_{abS} = \frac{U}{R_2} - I = \left(\frac{10}{4} - 2\right) \text{ A} = 0.5 \text{ A}$$

(3) 求 a、b 两点之间除源后的等效电阻,如题解图 2.24(c)所示。
$$R_{ab0} = R_2 = 4 \text{ Ω}$$

(4) 画出图 2.42 的戴维宁等效电路和诺顿等效电路并求解 I_1。

由(1)、(3)结果画出的戴维宁等效电路如题解图 2.24(d)所示,则
$$I_1 = \frac{U_{ab0}}{R_{ab0} + R_1} = \frac{2}{4+9} \text{ A} = \frac{2}{13} \text{ A} = 0.154 \text{ A}$$

由(2)、(3)结果画出的诺顿等效电路如题解图 2.24(e)所示,则
$$I_1 = \frac{R_{ab0}}{R_{ab0} + R_1} I_{abS} = \frac{4}{4+9} \times 0.5 \text{ A} = \frac{2}{13} \text{ A} = 0.154 \text{ A}$$

结果一致。

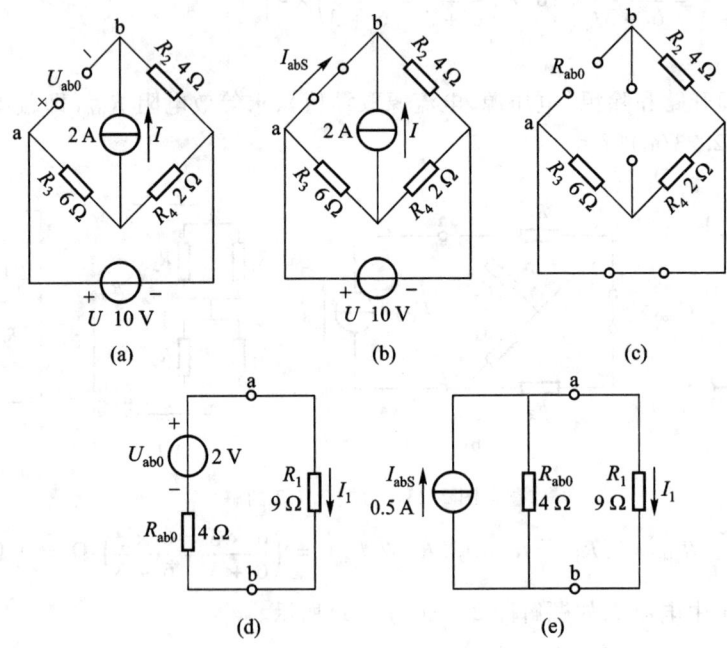

题解图 2.24　习题 2.7.8 的解

2.7.9　在图 2.43 中,(1) 试求电流 I;(2) 计算理想电压源和理想电流源的功率,并说明是取用的还是发出的功率。

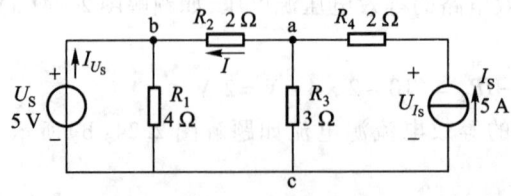

图 2.43　习题 2.7.9 的图

解：（1）用戴维宁定理求 I

由图 2.43 电路知

$$U_{ab0} = U_{ac0} - U_{bc0} = I_S R_3 - U_S = (5 \times 3 - 5) \text{ V} = 10 \text{ V}$$

$$R_{ab0} = R_3 = 3 \text{ Ω}$$

由戴维宁定理可得 $\quad I = \dfrac{U_{ab0}}{R_{ab0} + R_2} = \dfrac{10}{3+2} \text{ A} = 2 \text{ A}$

（2）计算理想电源功率

理想电压源 U_S 中的电流设为 I_{U_S}，则

$$I_{U_S} = \dfrac{U_S}{R_1} - I = \left(\dfrac{5}{4} - 2\right) \text{ A} = -0.75 \text{ A}$$

即 I_{U_S} 实际方向与图中参考方向相反，由电压源正极流入，负极流出，故该电压源为工作在负载状态。

理想电压源的功率

$$P_{U_S} = U_S I_{U_S} = 5 \times (-0.75) \text{ W} = -3.75 \text{ W（吸收）}$$

理想电流源 I_S 两端的电压设为 U_{I_S}，则

$$U_{I_S} = I_S R_4 + I R_2 + U_S = (5 \times 2 + 2 \times 2 + 5) \text{ V} = 19 \text{ V}$$

理想电流源的功率

$$P_{I_S} = U_{I_S} I_S = 19 \times 5 \text{ W} = 95 \text{ W（发出）}$$

2.7.10 电路如图 2.44 所示，试计算电阻 R_L 上的电流 I_L：（1）用戴维宁定理；（2）用诺顿定理。

解：（1）用戴维宁定理

① 求 a、b 间的开路电压 U_{ab0}

$$U_{ab0} = U - IR_3 = (32 - 2 \times 8) \text{ V} = 16 \text{ V}$$

② 求 a、b 间除源后的等效电阻 R_{ab0}

$$R_{ab0} = R_3 = 8 \text{ Ω}$$

③ 由戴维宁等效电路[题解图 2.25（a）]求 I_L

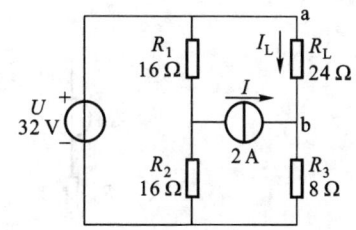

图 2.44 习题 2.7.10 的图

$$I_L = \dfrac{U_{ab0}}{R_{ab0} + R_L} = \dfrac{16}{8 + 24} \text{ A} = 0.5 \text{ A}$$

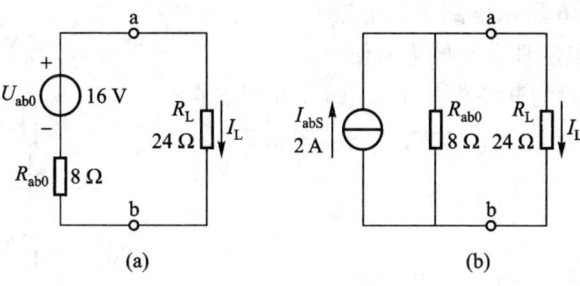

题解图 2.25 习题 2.7.10 的解

（2）用诺顿定理

① 求 a、b 间的短路电流 I_{abS}

$$I_{abS} = \frac{U}{R_3} - I = \left(\frac{32}{8} - 2\right) A = 2 A$$

② 求 a、b 间除源后的等效电阻 R_{ab0}

同(1)中②

③ 由诺顿等效电路[题解图 2.25(b)]求 I_L

$$I_L = \frac{R_{ab0}}{R_{ab0} + R_L} \cdot I_{abS} = \left(\frac{8}{8+24} \times 2\right) A = 0.5 A$$

2.7.11 电路如图 2.45 所示,当 $R = 4\ \Omega$ 时,$I = 2\ A$。求当 $R = 9\ \Omega$ 时,I 等于多少?

解:图 2.45 电路中 a、b 两点左边的部分为线性含源二端网络,可等效为戴维宁等效电路,如题解图 2.26(a)所示,其中

$$U_{ab0} = I(R_{ab0} + R)$$

而由题解图 2.26(b)可得

$$R_{ab0} = R_2 \parallel R_4 = \frac{2 \times 2}{2+2}\ \Omega = 1\ \Omega$$

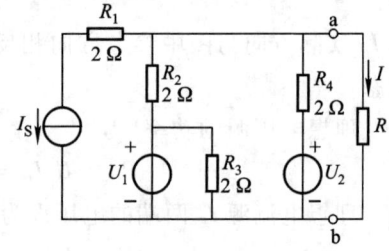

图 2.45 习题 2.7.11 的图

故由已知条件及上面表达式得

$$U_{ab0} = I(R_{ab0} + R) = 2 \times (1+4)\ V = 10\ V$$

则当 $R = 9\ \Omega$ 时

$$I = \frac{U_{ab0}}{R_{ab0} + R} = \frac{10}{1+9}\ A = 1\ A$$

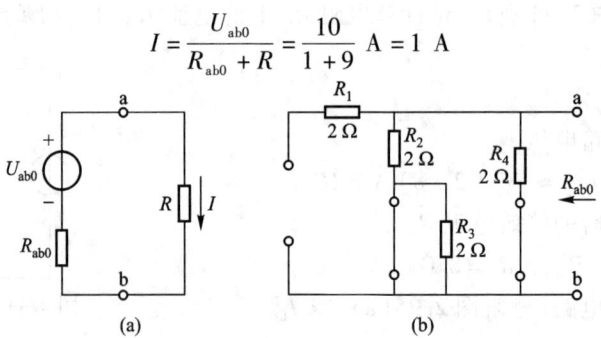

题解图 2.26 习题 2.7.11 的解

2.7.12 试求图 2.46 所示电路中的电流 I。

解:本题利用戴维宁定理求解较为简便。

(1) 求 a、b 两点之间的开路电压 U_{ab0} [即 a、b 两点在电阻 R 支路开路时的电位 V_{a0}、V_{b0} 之差,如题解图 2.27(a)所示]

由结点电压法可得

$$V_{a0} = \frac{\frac{(-24)}{R_4} + \frac{48}{R_5}}{\frac{1}{R_4} + \frac{1}{R_5} + \frac{1}{R_6}} = \frac{-\frac{24}{6} + \frac{48}{6}}{\frac{1}{6} + \frac{1}{6} + \frac{1}{6}}\ V = 8\ V$$

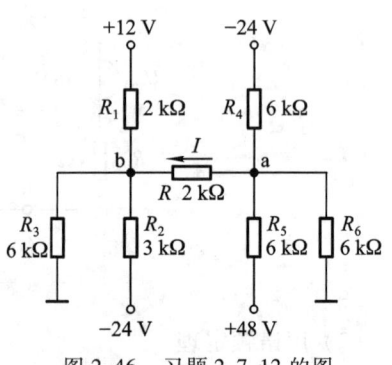

图 2.46 习题 2.7.12 的图

$$V_{b0} = \frac{\dfrac{12}{R_1} + \dfrac{(-24)}{R_2}}{\dfrac{1}{R_1} + \dfrac{1}{R_2} + \dfrac{1}{R_3}} = \frac{\dfrac{12}{2} - \dfrac{24}{3}}{\dfrac{1}{2} + \dfrac{1}{3} + \dfrac{1}{6}} \text{ V} = -2 \text{ V}$$

故
$$U_{ab0} = V_{a0} - V_{b0} = [8 - (-2)] \text{ V} = 10 \text{ V}$$

(2) 求 a、b 两点之间开路、电路除源后等效电阻 R_{ab0} [如题解图 2.27(b)所示]

$$R_{ab0} = (R_1 /\!/ R_2 /\!/ R_3) + (R_4 /\!/ R_5 /\!/ R_6)$$

$$= \left[\left(\dfrac{1}{\dfrac{1}{2} + \dfrac{1}{3} + \dfrac{1}{6}}\right) + \left(\dfrac{1}{\dfrac{1}{6} + \dfrac{1}{6} + \dfrac{1}{6}}\right)\right] \text{ k}\Omega = (1 + 2) \text{ k}\Omega = 3 \text{ k}\Omega$$

(3) 由戴维宁定理求电阻 $R = 2 \text{ k}\Omega$ 中的电流 I [戴维宁等效电路如题解图 2.27(c)所示]

$$I = \frac{U_{ab0}}{R_{ab0} + R} = \frac{10}{(3 + 2) \times 10^3} \text{ A} = 2 \times 10^{-3} \text{ A} = 2 \text{ mA}$$

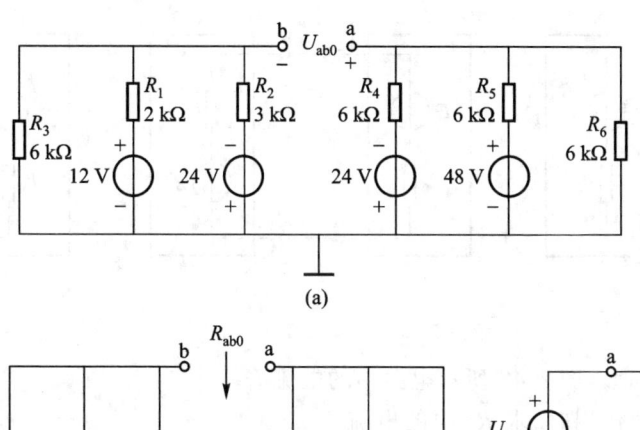

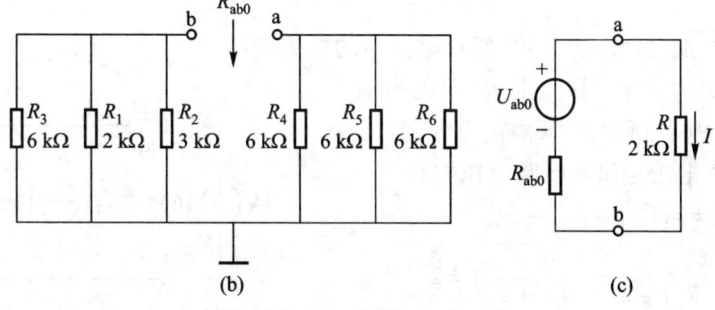

题解图 2.27 习题 2.7.12 的解

2.7.13 两个相同的有源二端网络 N 与 N' 连接如图 2.47(a)所示,测得 $U_1 = 4$ V。若连接如图 2.47(b)所示,则测得 $I_1 = 1$ A。试求连接如图 2.47(c)时的电流 I 为多少?

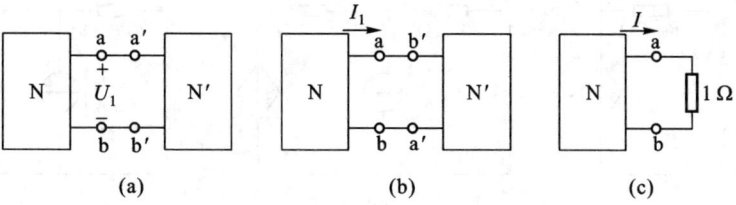

图 2.47 习题 2.7.13 的图

解：将有源二端网络 N 用戴维宁等效电路表示，则图 2.47(a)、(b)、(c)各图可画为题解图 2.28(a)、(b)、(c)。

(1) 由题解图 2.28(a)可知，N 与 N'并联，U_1 相当于开路电压，即
$$E = U_1 = 4 \text{ V}$$

(2) 由题解图 2.28(b)可知，N 与 N'反向串联，I_1 相当于短路电流，即
$$I_S = \frac{2E}{2R_0} = I_1 = 1 \text{ A}$$

(3) 由(1)、(2)结果可得出等效电源的内阻，即
$$R_0 = \frac{E}{I_S} = \frac{4}{1} \Omega = 4 \text{ }\Omega$$

(4) 由题解图 2.28(c)可求得当 $R = 1 \text{ }\Omega$ 时的电流 I，即
$$I = \frac{E}{R_0 + R} = \frac{4}{4+1} \text{ A} = \frac{4}{5} \text{ A} = 0.8 \text{ A}$$

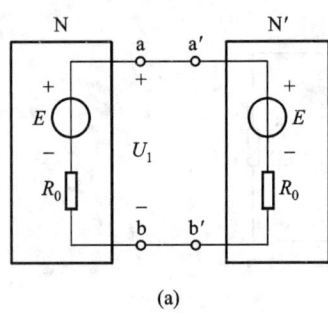 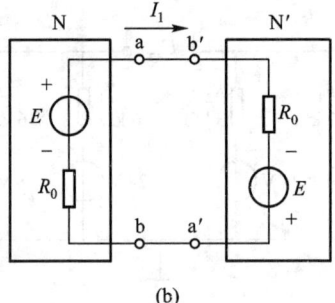 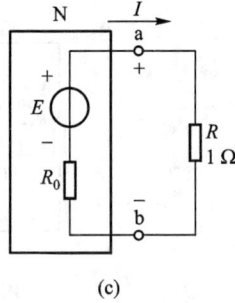

(a)   (b)   (c)

题解图 2.28   习题 2.7.13 的解

*2.8.1   用叠加定理求图 2.48 所示电路中的电流 I_1。

解：(1) 当 U_S 单独作用时，求 R_1 中的电流 I'_1，电路如题解图 2.29(a)所示。

根据基尔霍夫电压定律列回路电压方程
$$U_S = I'_1(R_1 + R_2) + 2I'$$

故
$$I'_1 = \frac{U_S}{(R_1+R_2)+2} = \frac{10}{2+1+2} \text{ A} = 2 \text{ A}$$

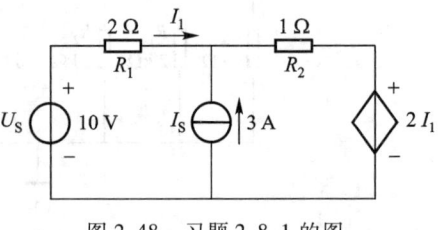

图 2.48   习题 2.8.1 的图

(2) 当 I_S 单独作用时，求 R_1 中的电流 I''_1，电路如题解图 2.29(b)所示。

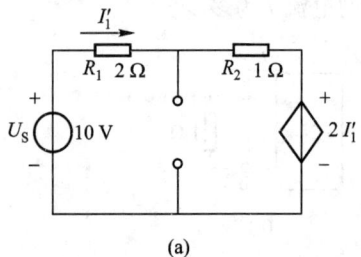 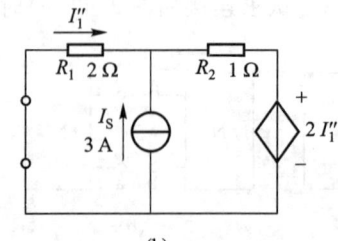 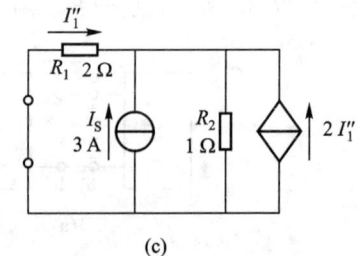

(a)   (b)   (c)

题解图 2.29   习题 2.8.1 的解

题解图 2.29(b)中受控电压源 $2I_1''$ 与电阻 R_2 的串联电路可等效变换为受控电流源 $2I_1''$ 与电阻 R_2 的并联电路,如题解图 2.29(c)所示。

根据基尔霍夫电流定律及分流公式可列方程

$$-I_1'' = \frac{R_2}{R_1+R_2}(I_S + 2I_1'')$$

即

$$-I_1'' = \frac{1}{2+1} \times (3 + 2I_1'')$$

解得

$$I_1'' = -0.6 \text{ A}$$

(3) 根据叠加定理求 I_1

$$I_1 = I_1' + I_1'' = [2 + (-0.6)] \text{ A} = 1.4 \text{ A}$$

*2.8.2 试求图 2.49 所示电路的戴维宁等效电路和诺顿等效电路。

解:(1) 求图 2.49 所示电路的开路电压 U_0 和短路电流 I_S,电路如题解图 2.30(a)、(b)所示。

当电路 a、b 端开路时,$I=0$,受控电流源的电流 $0.5I=0$,相当于该受控电流源断开,故由题解图 2.30(a)知,$U_0 = U_S = 10$ V。

当电路 a、b 端短路时,因短路电流 I_S 参考方向与图 2.49 中电流 I 相反,所以题解图 2.30(b)中受控电流源的电流方向也随之改变,根据基尔霍夫电压定律

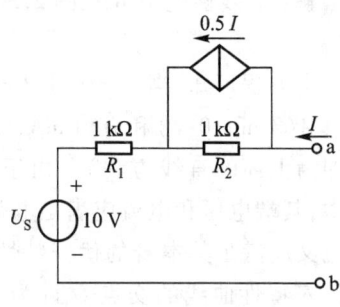

图 2.49 习题 2.8.2 的图

$$U_S = I_S R_1 + 0.5 I_S R_2$$

故

$$I_S = \frac{U_S}{R_1 + 0.5R_2} = \frac{10}{1\,000 + 0.5 \times 1\,000} \text{ A} = \frac{1}{150} \text{ A}$$

(2) 求 a、b 端口的等效电阻 R_0

由(1)结果可得

$$R_0 = \frac{U_0}{I_S} = \frac{10}{\frac{1}{150}} \text{ Ω} = 1\,500 \text{ Ω} = 1.5 \text{ kΩ}$$

(3) 由 U_0、I_S、R_0 可分别画出图 2.49 电路的戴维宁等效电路和诺顿等效电路,如题解图 2.30(c)、(d)所示。

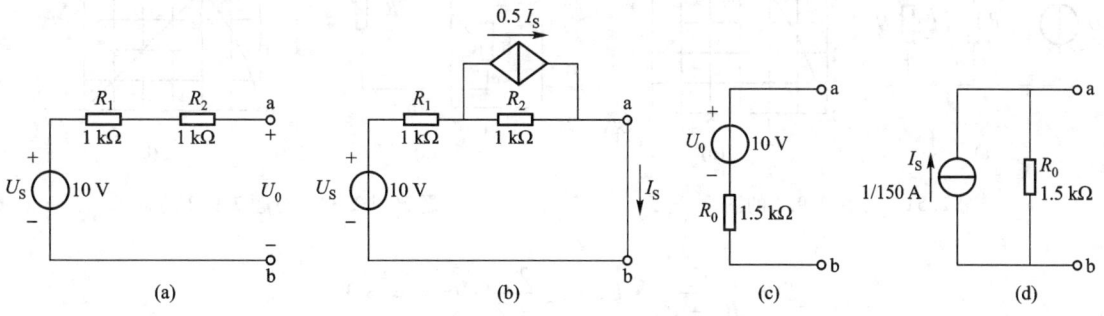

题解图 2.30 习题 2.8.2 的解

2.9.1 试用图解法计算图 2.50(a) 所示电路中非线性电阻元件 R 中的电流 I 及其两端电压 U。图 2.50(b) 所示是非线性电阻元件的伏安特性曲线。

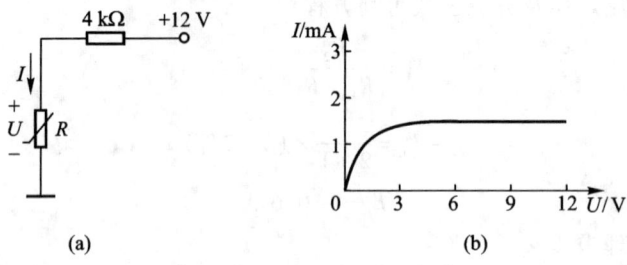

图 2.50　习题 2.9.1 的图

解：非线性电阻 R 在图 2.50(a) 中应满足的电路方程为

$$U = 12 - 4I$$

由方程可知，当 $U=0$ 时，$I=3$ mA；当 $I=0$ 时，$U=12$ V。在图 2.50(b) 的直角坐标系中过坐标点 $A(3\text{ mA}, 0\text{ V})$ 和 $B(0\text{ mA}, 12\text{ V})$ 两点作一直线（该直线即为上面的直线方程）。由于非线性电阻 R 工作于电路中，其端电压和电流应满足电路方程，同时其两端电压、电流又应满足其本身的伏安特性曲线，因此直线 AB 与 R 的伏安特性曲线的交点 Q 即为其在电路中的工作点，该点所对应的坐标值 $I_Q = 1.5$ mA，$U_Q = 6$ V 就是所求的电流和电压，如题解图 2.31 所示。

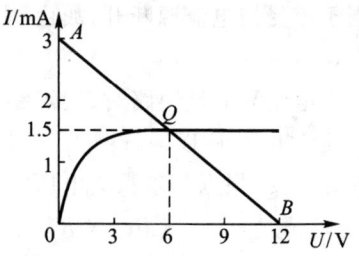

题解图 2.31　习题 2.9.1 的解

2.9.2 在图 2.51(a) 所示电路中，已知 $U_1 = 6$ V，$R_1 = R_2 = 2$ kΩ，非线性电阻元件 R_3 的伏安特性曲线如图 2.51(b) 所示。试求：(1) 非线性电阻元件 R_3 中的电流 I 及其两端电压 U_1；(2) 工作点 Q 处的静态电阻和动态电阻。

解：(1) 图 2.51(a) 的戴维宁等效电路如题解图 2.32(a) 所示，其中 E 为除去非线性电阻元件 R_3 后左侧线性电路的开路电压 U_0，R_0 为去掉 R_3 后左侧线性电路除源后的等效电阻。

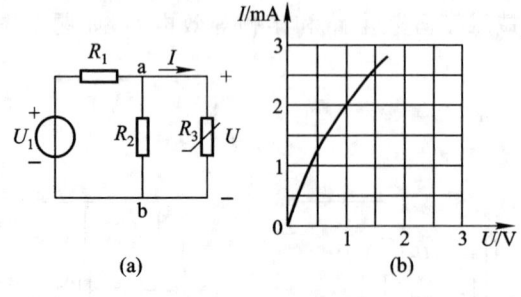

(a)　　(b)

图 2.51　习题 2.9.2 的图

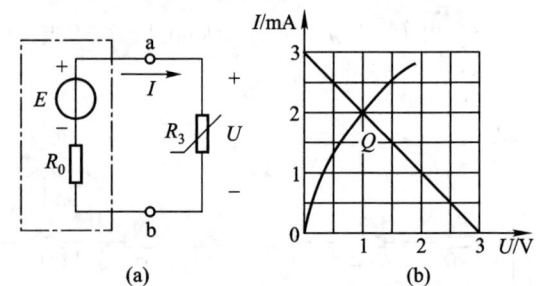

(a)　　(b)

题解图 2.32　习题 2.9.2 的解

$$E = \frac{R_2}{R_1 + R_2} \cdot U_1 = \frac{2}{2+2} \times 6 \text{ V} = 3 \text{ V}$$

$$R_0 = R_1 \mathbin{/\mkern-5mu/} R_2 = 1 \text{ k}\Omega$$

由题解图 2.32(a)可写出 U-I 的伏安关系方程
$$U = E - IR_0 = 3 - I$$
在题解图 2.32(b)上画出上述方程的直线，与 R_3 伏安特性曲线的交点即为 R_3 的工作点 Q，对应的 $U_Q = 1$ V，$I_Q = 2$ mA。

（2）工作点处的静态电阻 R_Q 和动态电阻 r_Q 分别为
$$R_Q = \frac{U_Q}{I_Q} = \frac{1 \text{ V}}{2 \text{ mA}} = 0.5 \text{ k}\Omega$$
$$r_Q = \lim_{\Delta U \to 0} \frac{\Delta U}{\Delta I} = \frac{\mathrm{d}U}{\mathrm{d}I} = \frac{1.4 - 0.6}{2.5 - 1.5} \text{ k}\Omega = 0.8 \text{ k}\Omega$$

C 拓 宽 题

2.1.22 某次修理仪表发现一个 2 W/5 kΩ 的电阻烧了，手边没有这种电阻，只有几个其他电阻：$\frac{1}{2}$ W/2.5 kΩ 两个，1 W/2.5 kΩ 一个，$\frac{1}{2}$ W/5 kΩ 两个，1 W/15 kΩ 三个。试问应选哪几个电阻组合起来代用最为合适？如果通过的电流是原来电路的额定值，问组合后每个电阻上的电压是多少？

解：应分别计算这五种电阻的额定电压 U_N 与额定电流 I_N

$R_1(2 \text{ W}/5 \text{ k}\Omega)$：$U_{1N} = \sqrt{P_{1N} \cdot R_1} = \sqrt{2 \times 5 \times 10^3}$ V $= 100$ V

$$I_{1N} = \sqrt{\frac{P_{1N}}{R_1}} = \sqrt{\frac{2}{5 \times 10^3}} \text{ A} = 0.02 \text{ A}$$

$R_2\left(\frac{1}{2} \text{ W}/2.5 \text{ k}\Omega\right)$：$U_{2N} = \sqrt{P_{2N} \cdot R_2} = \sqrt{0.5 \times 2.5 \times 10^3}$ V $= 35.4$ V

$$I_{2N} = \sqrt{\frac{P_{2N}}{R_2}} = \sqrt{\frac{0.5}{2.5 \times 10^3}} \text{ A} = 0.014 \text{ A}$$

$R_3(1 \text{ W}/2.5 \text{ k}\Omega)$：$U_{3N} = \sqrt{P_{3N} \cdot R_3} = \sqrt{1 \times 2.5 \times 10^3}$ V $= 50$ V

$$I_{3N} = \sqrt{\frac{P_{3N}}{R_3}} = \sqrt{\frac{1}{2.5 \times 10^3}} \text{ A} = 0.02 \text{ A}$$

$R_4\left(\frac{1}{2} \text{ W}/5 \text{ k}\Omega\right)$：$U_{4N} = \sqrt{P_{4N} \cdot R_4} = \sqrt{0.5 \times 5 \times 10^3}$ V $= 50$ V

$$I_{4N} = \sqrt{\frac{P_{4N}}{R_4}} = \sqrt{\frac{0.5}{5 \times 10^3}} \text{ A} = 0.01 \text{ A}$$

$R_5(1 \text{ W}/15 \text{ k}\Omega)$：$U_{5N} = \sqrt{P_{5N} \cdot R_5} = \sqrt{1 \times 15 \times 10^3}$ V $= 122.5$ V

$$I_{5N} = \sqrt{\frac{P_{5N}}{R_5}} = \sqrt{\frac{1}{15 \times 10^3}} \text{ A} = 0.008 \text{ A}$$

由上述计算可知，一个 2 W/5 kΩ 的电阻可用两个 $\frac{1}{2}$ W/5 kΩ 电阻并联（变为 1 W/2.5 kΩ）后再串联一个 1 W/2.5 kΩ 电阻来代替。

如果通过的电流是原来电路的额定值(即 0.02 A),则 1 W/2.5 kΩ 电阻上电压为 2.5 kΩ × 0.02 A = 50 V;每只 $\frac{1}{2}$ W/5 kΩ 电阻中电流为 0.01 A,两个并联电阻上电压为 5 kΩ × 0.01 A = 50 V。各电阻上电压、电流均为其额定值。

2.2.1 试求图 2.52 所示电路的等效电阻 R_{ab}。

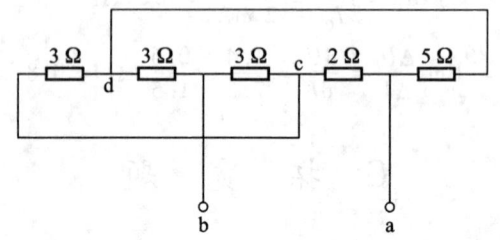

图 2.52　习题 2.2.1 的图

解:图 2.52 所示电路可化为题解图 2.33(a)、(b)所示电路。

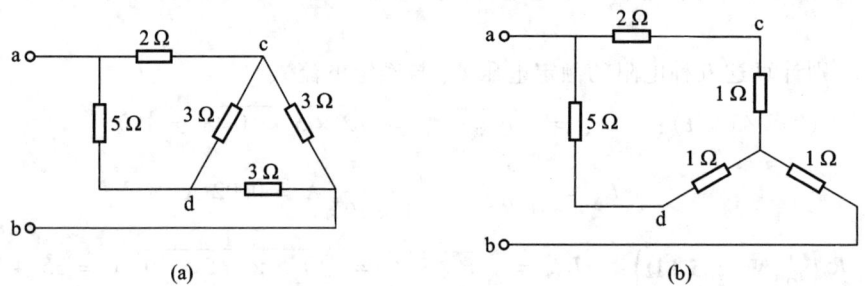

题解图 2.33　习题 2.2.1 的解

由题解图 2.33(b)可得
$$R_{ab} = [(R_{2\Omega} + R_{1\Omega}) \mathbin{/\mkern-6mu/} (R_{5\Omega} + R_{1\Omega})] + 1 = (2+1)\ \Omega = 3\ \Omega$$

2.6.7 电路如图 2.53 所示。当开关 S 合在位置 1 时,毫安表的读数为 40 mA;当 S 合在位置 2 时,毫安表的读数为 -60 mA;当 S 合在位置 3 时,毫安表的读数为多少? 已知 $U_2 = 4\ \text{V}, U_3 = 6\ \text{V}$。

解:方法一:

图 2.53 所示电路为一线性电路,故毫安表中电流 I 满足叠加定理。

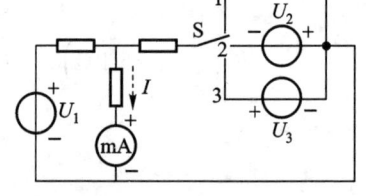

图 2.53　习题 2.6.7 的图

(1) 开关 S 在位置 1 时,$I_1 = 40\ \text{mA}$,为 U_1 单独作用而产生。

(2) 开关 S 在位置 2 时,$I_2 = -60\ \text{mA}$,为 U_1、U_2 共同作用产生,结合(1)中分析知,U_2 单独作用(U_1 取零值)时,产生的电流 $I_2' = -100\ \text{mA}$。

(3) 开关 S 在位置 3 时,由线性电路的比例性可知 U_3 单独作用(U_1 取零值)时,产生的电流

$$I_3' = \frac{-100}{4} \times (-6) \text{ mA} = 150 \text{ mA}, U_1 \text{、} U_3 \text{ 共同作用时 } I_3 = I_1 + I_3' = (40 + 150) \text{ mA} = 190 \text{ mA}。即$$
毫安表读数为 190 mA。

方法二：根据叠加定理由图 2.53 所示电路可列出
$$I = K_1 U_1 + K_2 U_{2.3}$$

当 S 置于 1 时，$40 = K_1 U_1 + K_2 \times 0$

当 S 置于 2 时，$-60 = K_1 U_1 + K_2 \times 4$

联立解得 $K_2 = -25$

当 S 置于 3 时，$I = K_1 U_1 + K_2 \times (-6) = [40 + (-25) \times (-6)] \text{ mA} = 190 \text{ mA}$
即毫安表读数为 190 mA。

2.7.14 在图 2.54 中，$I_S = 2$ A，$U = 6$ V，$R_1 = 1$ Ω，$R_2 = 2$ Ω。如果：

（1）当 I_S 的方向如图中所示时，电流 $I = 0$；

（2）当 I_S 的方向与图示相反时，则电流 $I = 1$ A。

试求线性有源二端网络的戴维宁等效电路。

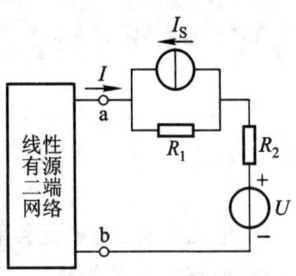

图 2.54 习题 2.7.14 的图

解：设线性有源二端网络的戴维宁等效电路和 a、b 端子右侧电路的等效电路如题解图 2.34(a)所示。

$$E' = U + I_S R_1, \quad R_0' = R_1 + R_2 = (1 + 2) \text{ Ω} = 3 \text{ Ω}$$

（1）当 I_S 方向如图 2.54 所示时，电流 $I = 0$

即 $I_{(1)} = \dfrac{E - E'_{(1)}}{R_0 + R_0'} = 0$

则 $E = E'_{(1)} = U + I_S R_1 = (6 + 2 \times 1) \text{ V} = 8 \text{ V}$

（2）当 I_S 方向与图 2.55 所示相反时，电流 $I = 1$ A

即 $I_{(2)} = \dfrac{E - E'_{(2)}}{R_0 + R_0'} = 1 \text{ A}$

而 $E'_{(2)} = U + (-I_S) R_1 = (6 - 2) \text{ V} = 4 \text{ V}$

故 $E - E'_{(2)} = (R_0 + R_0') \times 1, \quad R_0 = [(8-4) - 3] \text{ Ω} = 1 \text{ Ω}$

线性有源二端网络的戴维宁等效电路如题解图 2.34(b)所示。

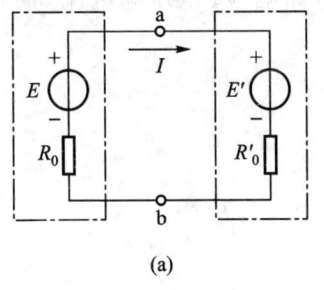
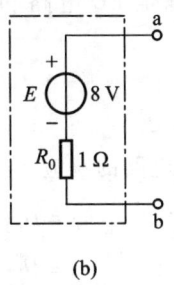

(a)   (b)

题解图 2.34 习题 2.7.14 的解

第 3 章 电路的暂态分析

> 因含有储能元件(电容和电感)的电路在一定条件下换路时,会产生暂态过程。研究暂态过程的变化规律,有重要理论意义和实际意义。

3.1 内容要点与阅读指导

1. 电阻元件、电感元件和电容元件的特征。
2. 换路定则的推理。
3. RC 电路的零输入响应、零状态响应和全响应。
4. RL 电路的零输入响应、零状态响应和全响应。
5. 一阶线性电路暂态分析的三要素法。
6. 微分电路和积分电路。

3.2 基 本 要 求

1. 理解电阻元件是耗能元件,而电感元件和电容元件是储能元件。
2. 理解电路暂态过程产生的原因和换路定则的理论依据。
3. 会用换路定则确定 RC 电路和 RL 电路响应(电压和电流)的初始值。换路定则的公式为

$$u_C(0_+) = u_C(0_-)$$
$$i_L(0_+) = i_L(0_-)$$

4. 会分析计算 RC 电路的响应。主要公式

  零输入响应 $u_C = U_0 e^{-\frac{t}{\tau}}$ ($\tau = RC$)

  零状态响应 $u_C = U - U e^{-\frac{t}{\tau}}$

  全响应 $u_C = U + (U_0 - U) e^{-\frac{t}{\tau}}$

5. 会分析计算 RL 电路的响应。主要公式

  零输入响应 $i = I_0 e^{-\frac{t}{\tau}}$ $\left(\tau = \dfrac{L}{R} \right)$

零状态响应 $\quad i = \dfrac{U}{R} - \dfrac{U}{R}\mathrm{e}^{-\frac{t}{\tau}}$

全响应 $\quad i = \dfrac{U}{R} + \left(I_0 - \dfrac{U}{R}\right)\mathrm{e}^{-\frac{t}{\tau}}$

6. 会用三要素法分析计算 RC 电路和 RL 电路的响应。基本公式

$$f(t) = f(\infty) + [f(0_+) - f(\infty)]\mathrm{e}^{-\frac{t}{\tau}}$$

式中，$f(t)$ 表示暂态过程中的响应（电压或电流）；$f(0_+)$ 表示 $f(t)$ 的初始值；$f(\infty)$ 表示 $f(t)$ 的终了值；τ 表示 $f(t)$ 变化快慢的时间常数。

7. 理解利用电容器充放电原理，在一定条件下使 RC 电路成为微分电路和积分电路，并把矩形脉冲变换为尖顶波和锯齿波。

3.3 重点与难点

1. 重点

（1）换路的概念、电路暂态过程产生的原因。

（2）换路定则，初始值与稳态值的计算。

（3）RC、RL 电路的零输入响应、零状态响应及全响应。

（4）一阶线性电路暂态分析的三要素法。

2. 难点

（1）微分电路与积分电路。

（2）电容分压电路换路时的强制跃变。

3.4　知识关联图

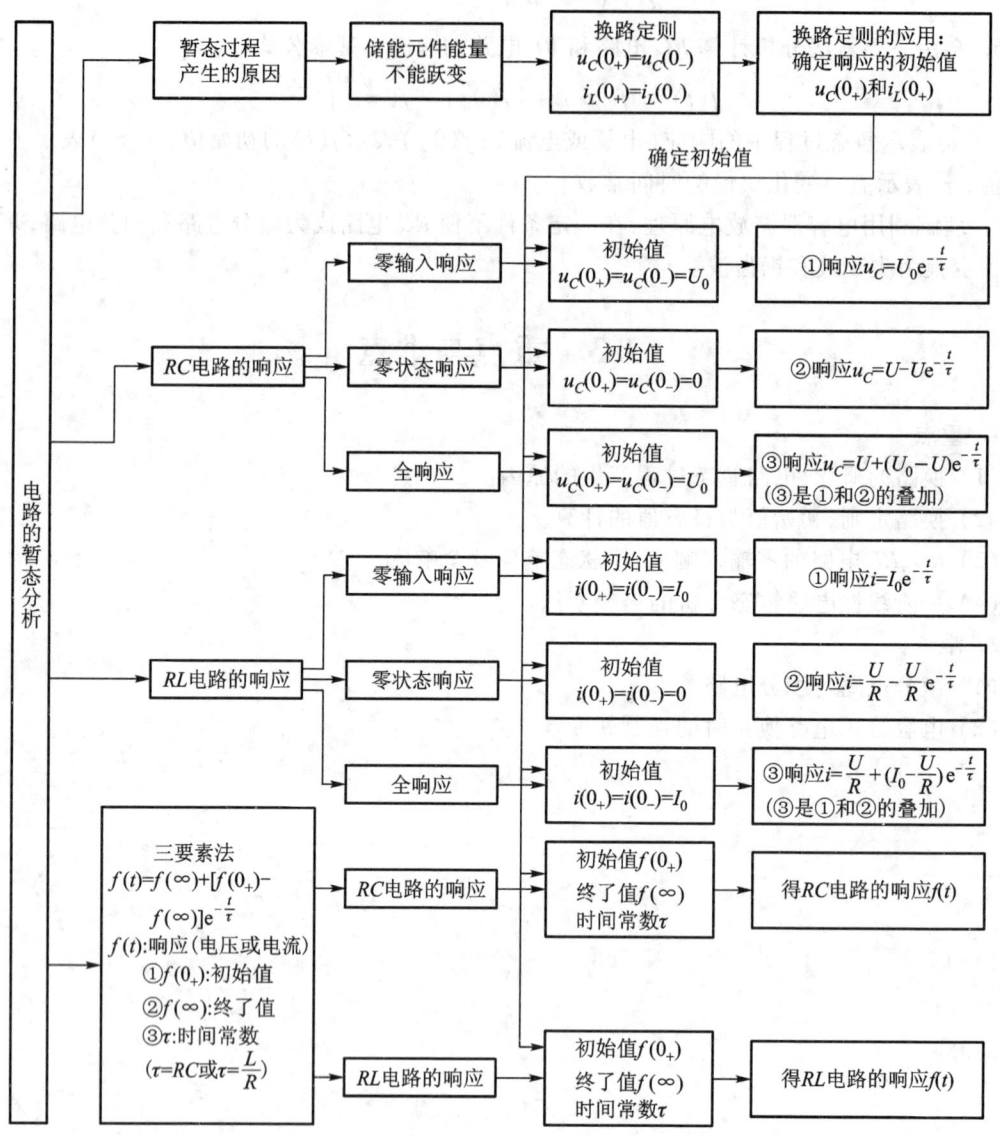

3.5　【练习与思考】题解

3.1.1　如果一个电感元件两端的电压为零，其储能是否也一定等于零？如果一个电容元件中的电流为零，其储能是否也一定等于零？

解：电感元件储能与流过它的电流的平方成正比，即

$$W_L = \frac{1}{2}Li_L^2$$

当电感元件两端的电压 u_L 为零时,说明其中流过的电流的变化率为零 $\left(u_L = L\dfrac{\mathrm{d}i_L}{\mathrm{d}t}\right)$,但并不意味着电流一定为零,因此储能不一定为零。例如 $i_L = I$ 为直流电流时,$u_L = 0$,但 $W_L = \dfrac{1}{2}LI^2 \neq 0$。

电容元件储能与它两端的电压的平方成正比,即

$$W_C = \dfrac{1}{2}Cu_C^2$$

当电容元件中的电流 i_C 为零时,说明其两端电压的变化率为零 $\left(i_C = C\dfrac{\mathrm{d}u_C}{\mathrm{d}t}\right)$,但并不意味着电压一定为零,因此其储能不一定为零。例如 $u_C = U$ 为直流电压时,$i_C = 0$,但 $W_C = \dfrac{1}{2}CU^2 \neq 0$。

3.1.2 电感元件中通过恒定电流时可视为短路,是否此时电感 L 为零?电容元件两端加恒定电压时可视为开路,是否此时电容 C 为无穷大?

解:(1)由电感元件的电压电流关系式

$$u_L = L\dfrac{\mathrm{d}i_L}{\mathrm{d}t}$$

可知,当其中通过恒定直流时,$\dfrac{\mathrm{d}i_L}{\mathrm{d}t} = 0$,故 $u_L = 0$,电感两端电位相等可视为短路,此时电感 L 不等于零。

N 匝线圈的电感参数定义为 $L = \dfrac{N\Phi}{i}$,即表示为线圈中单位电流产生的磁通。当通过恒定电流时仍产生磁通(恒定磁通),因而 L 不等于零。事实上,电感元件的电感量与电感线圈的横截面积 A 及长度 l、匝数 N 以及其中介质的磁导率 μ 有关,$L = \dfrac{\mu AN^2}{l}$。

(2)同样,由电容元件的伏安关系式

$$i_C = C\dfrac{\mathrm{d}u_C}{\mathrm{d}t}$$

可知,当其两端加恒定电压时,$\dfrac{\mathrm{d}u_C}{\mathrm{d}t} = 0$,故 $i_C = 0$,电容中无电流流过因而可视为开路,但此电容 C 不等于零。

电容参数定义为 $C = \dfrac{q}{u}$,即表示单位电压作用下在电容器极板上储集的电荷量。当加恒定电压时储集的电荷量恒定,因而 C 不等于零。事实上,电容元件的电容量与电容器极板的面积 A、极板间距 d 以及其间介质的绝缘能力 ε 有关,$C = \dfrac{\varepsilon A}{d}$。

3.2.1 确定图 3.2.2 所示电路中各电流的初始值。换路前电路已处于稳态。

解:由换路定则可得

$$i_L(0_+) = i_L(0_-) = \dfrac{U_S}{R_1 + R_2} = \dfrac{6}{2+4}\,\mathrm{A} = 1\,\mathrm{A}$$

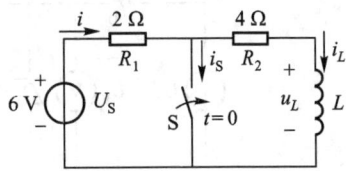

图 3.2.2 练习与思考 3.2.1 的图

而
$$i(0_+) = \frac{U_S}{R_1} = \frac{6}{2} \text{ A} = 3 \text{ A}$$

则根据基尔霍夫电流定律
$$i_S(0_+) = i(0_+) - i_L(0_+) = (3-1) \text{ A} = 2 \text{ A}$$

3.2.2 在图 3.2.3 所示的电路中,试确定在开关 S 断开后初始瞬间的电压 u_C 和电流 i_C,i_1,i_2 之值。S 断开前电路已处于稳态。

解:因 S 断开前电路已处于稳态

故
$$u_C(0_-) = \frac{R_2}{R_1+R_2} \cdot U_S = \frac{4}{2+4} \times 6 \text{ V} = 4 \text{ V}$$

根据换路定则可知
$$u_C(0_+) = u_C(0_-) = 4 \text{ V}$$

则
$$i_C(0_+) = i_1(0_+) = \frac{U_S - u_C(0_+)}{R_1} = \frac{6-4}{2} \text{ A} = 1 \text{ A}$$
$$i_2(0_+) = 0$$

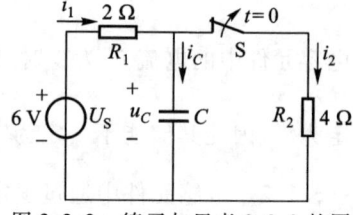

图 3.2.3 练习与思考 3.2.2 的图

3.2.3 在图 3.2.4 中,已知 $R = 2 \text{ }\Omega$,电压表的内阻为 2.5 kΩ,电源电压 $U = 4$ V。试求开关 S 断开瞬间电压表两端的电压,分析其后果,并请考虑采取何种措施来防止这种后果的发生。换路前电路已处于稳态。

解:换路前电路已处于稳态,则
$$i_L(0_-) = \frac{U}{R} = \frac{4}{2} \text{ A} = 2 \text{ A}$$

由换路定则可知开关断开瞬间
$$i_L(0_+) = i_L(0_-) = 2 \text{ A}$$

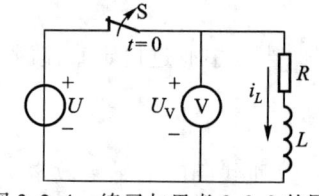

图 3.2.4 练习与思考 3.2.3 的图

故电压表两端电压 $U_V(0_+) = -i_L(0_+)R_V = -2 \times 2\,500$ V $= -5\,000$ V,如此高的电压已大大超过电压表量程,将使其立刻损坏。

为避免这种后果发生,可在电压表两端并联一只二极管(如题解图 3.01 所示)。当开关 S 闭合进行电压测量时,二极管 D 承受反向电压因而不导通,电源 U 仅向 RL 供电;当开关 S 断开时,电感线圈产生自感电动势(方向与 i_L 相同)以维持换路前流过其中的电流,此时二极管 D 因承受正向电压而导通,为 i_L 提供了续流通路。电压表上电压被限制在二极管的正向导通压降 0.6~0.7 V,不会被损坏。

3.3.1 在图 3.3.1 中,$U = 20$ V,$R = 7$ kΩ,$C = 0.47$ μF。电容 C 原先不带电荷。试求在将开关 S 合到位置 1 上瞬间电容和电阻上的电压 u_C 和 u_R 以及充电电流 i。经过多少时间后电容元件上的电压充电到 12.64 V?

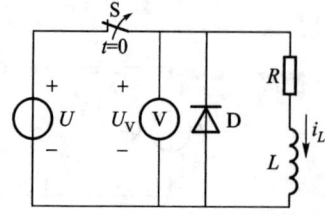

题解图 3.01 练习与思考 3.2.3 的解

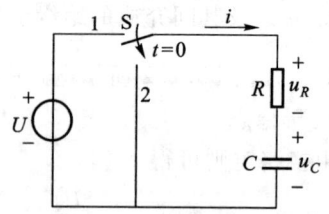

图 3.3.1 RC 充电电路

解：由于电容 C 原先不带电荷，故 $u_C(0_-)=0$，由换路定则
$$u_C(0_+)=u_C(0_-)=0$$
由基尔霍夫电压定律，知
$$u_R(0_+)=U-u_C(0_+)=(20-0)\text{ V}=20\text{ V}$$
$$i(0_+)=\frac{u_R(0_+)}{R}=\frac{20}{7\times10^3}\text{ A}=2.86\text{ mA}$$

由零状态响应表达式
$$u_C(t)=U(1-e^{-\frac{t}{\tau}})\quad(\tau=RC)$$
设经过时间 t 电容上电压充到 12.64 V，则
$$12.64=20\left(1-e^{-\frac{t_1}{7\times10^3\times0.47\times10^{-6}}}\right)$$
解得
$$t_1=\tau=RC=3.29\text{ ms}$$

3.3.2 有一 RC 放电电路（图 3.3.1 中的开关合到位置 2），电容元件上电压的初始值 $u_C(0_+)=U_0=20$ V，$R=10$ kΩ，放电开始 $(t=0)$ 经 0.01 s 后，测得放电电流为 0.736 mA，试问电容值 C 为多少？

解：由零输入响应
$$u_C(0_+)=U_0 e^{-\frac{t}{\tau}}\quad(\tau=RC)$$
得
$$i=C\frac{du_C}{dt}=-\frac{U_0}{R}e^{-\frac{t}{RC}}$$
代入已知测量结果
$$0.736\times10^{-3}=\frac{20}{10\times10^3}e^{-\frac{0.01}{10\times10^3\cdot C}}$$
解得
$$C=1\times10^{-6}\text{ F}=1\text{ μF}$$

3.3.3 有一 RC 放电电路（同上题），放电开始 $(t=0)$ 时，电容电压为 10 V，放电电流为 1 mA，经过 0.1 s（约 5τ）后电流趋近于零。试求电阻 R 和电容 C 的数值，并写出放电电流 i 的公式。

解：根据图 3.3.1，由题意知
$$u_C(0_+)=10\text{ V},\quad i(0_+)=-\frac{u_C(0_+)}{R}=-\frac{10}{R}\text{ A}=-1\times10^{-3}\text{ A}$$
又 $5\tau\approx0.1$ s，则 $\tau=RC=0.02$ s，联立
$$\begin{cases}\dfrac{10}{R}=1\times10^{-3}\\ RC=0.02\end{cases}$$
得
$$R=10\text{ kΩ},\quad C=20\text{ μF}$$
则
$$i=-\frac{u_C(0_+)}{R}e^{-\frac{t}{RC}}=-e^{-50t}\text{ mA}$$

3.3.4 电路如图 3.3.8 所示，试求换路后的 u_C。设

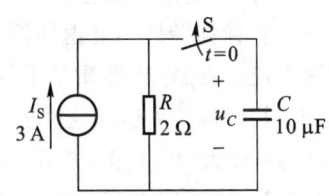

图 3.3.8 练习与思考 3.3.4 的图

$u_C(0_-) = 0$。

解：方法一： 由于 $u_C(0_+) = u_C(0_-) = 0$

又 $$u_C(\infty) = I_S R = 3 \times 2 \text{ V} = 6 \text{ V}$$

且 $$\tau = RC = 2 \times 10 \times 10^{-6} \text{ s} = 2 \times 10^{-5} \text{ s}$$

根据三要素法

$$u_C = u_C(\infty) + [u_C(0_+) - u_C(\infty)]e^{-\frac{t}{\tau}}$$

$$= 6\left(1 - e^{-\frac{t}{2\times 10^{-5}}}\right) \text{ V} = 6\left(1 - e^{-5\times 10^4 t}\right) \text{ V}$$

方法二： 将 I_S 与 R 的并联电路等效变换为一电压源 U_S 与电阻 R 串联电路，如题解图 3.02 所示。

由题意此题为零状态响应，则

$$u_C = U_S(1 - e^{-\frac{t}{\tau}})$$

$$= 6(1 - e^{-\frac{t}{RC}}) = 6(1 - e^{-5\times 10^4 t}) \text{ V}$$

题解图 3.02 练习与思考 3.3.4 的解

3.3.5 上题中如果 $u_C(0_-) = 2$ V 和 8 V，分别求 u_C。

解： 如果上题中 $u_C(0_-) = U_0 \neq 0$，则电路中 u_C 响应为全响应

$$u_C(t) = U_0 e^{-\frac{t}{\tau}} + U_S(1 - e^{-\frac{t}{\tau}})$$

当 $U_0 = u_C(0_+) = u_C(0_-) = 2$ V 时

$$u_C(t) = [2e^{-5\times 10^4 t} + 6(1 - e^{-5\times 10^4 t})] \text{ V} = (6 - 4e^{-5\times 10^4 t}) \text{ V}$$

当 $U_0 = u_C(0_+) = u_C(0_-) = 8$ V 时

$$u_C(t) = [8e^{-5\times 10^4 t} + 6(1 - e^{-5\times 10^4 t})] \text{ V} = (6 + 2e^{-5\times 10^4 t}) \text{ V}$$

3.3.6 常用万用表的"$R \times 1$ k"挡来检查电容器(电容量应较大)的质量。如在检查时发现下列现象，试解释之，并说明电容器的好坏：(1) 指针满偏转；(2) 指针不动；(3) 指针很快偏转后又返回原刻度(∞)处；(4) 指针偏转后不能返回原刻度处；(5) 指针偏转后返回速度很慢。

解： 用万用表的"$R \times 1$ k"挡检查大电容量电容元件质量时，万用表内电池经表内电阻向电容器充电，充电电流的大小通过万用表置于电阻挡时指针偏转大小表示——指针偏转大，则说明电流大；指针偏转小，则说明电流小。

(1) 指针满偏转时，说明线路中电流大，即电容器的漏电流大，其内部绝缘可能已被击穿损坏而造成内部短路。

(2) 指针不动，说明线路中电流为零，电容器的内部引线断开了。

(3) 指针很快偏转后又返回原刻度(∞)处，说明充电过程进行得很快，开始充电电流大，逐渐减小变为零，电容器漏电流很小，质量比较好。

(4) 指针偏转后不能返回原刻度处，说明在电容器充电结束后线路中仍有电流流过，即电容器有漏电流存在，电容器质量不好。若漏电流较大，该电容器不宜被使用。

(5) 指针偏转后返回速度很慢，说明电容器充电过程进行得很慢，充电的时间常数大，即电容器的电容量较大(因线路中电阻一定)。若指针能返回(∞)处，说明该电容器漏电流很小，质量好。

3.3.7 试证明电容元件 C 通过电阻 R 放电，当电容电压降到初始值的一半时所需时间约为 0.7τ。

证明：设电容元件 C 通过电阻 R 放电的初始电压为 U_0，则
$$u_C = U_0 \mathrm{e}^{-\frac{t}{\tau}}$$
当 $u_C = \dfrac{1}{2}U_0$ 时，$t = t'$，即 $\dfrac{1}{2}U_0 = U_0 \mathrm{e}^{-\frac{t}{\tau}}$
$$\mathrm{e}^{-\frac{t}{\tau}} = 0.5, \quad t = -\tau\ln 0.5 = 0.693\tau \approx 0.7\tau$$

3.3.8 今有一电容元件 C，对 $2.5\ \mathrm{k\Omega}$ 的电阻 R 放电，如 $u_C(0_-) = U_0$，并经过 $0.1\ \mathrm{s}$ 后电容电压降到初始值的 $\dfrac{1}{10}$，试求电容 C。

解：
$$u_C = U_0\mathrm{e}^{-\frac{t}{\tau}} = U_0\mathrm{e}^{-\frac{t}{RC}}$$
由题设可知
$$\frac{1}{10}U_0 = U_0\mathrm{e}^{-\frac{0.1}{2.5\times 10^3 C}}$$
整理得 $C = 17.4\ \mathrm{\mu F}$

3.4.1 试用三要素法写出图 3.4.4 所示指数曲线的表达式 u_C。

解：根据三要素法，u_C 的表达式为
$$u_C(t) = u_C(\infty) + [u_C(0_+) - u_C(\infty)]\mathrm{e}^{-\frac{t}{\tau}}$$
由图 3.4.4 所给 u_C 变化曲线可知
$u_C(0_+) = -5\ \mathrm{V}$，$u_C(\infty) = -15\ \mathrm{V}$
当 $t = 3\ \mathrm{s}$ 时，$u_C(3) = -11.32\ \mathrm{V}$，即
$$-11.32 = -15 + [(-5) - (-15)]\mathrm{e}^{-\frac{t}{\tau}}$$
解得 $\tau = 3\ \mathrm{s}$
故 u_C 的表达式为
$$u_C = -15\ \mathrm{V} + [(-5) - (-15)]\mathrm{e}^{-\frac{t}{3}}\ \mathrm{V} = (-15 + 10^{-\frac{t}{3}})\ \mathrm{V}$$

图 3.4.4 练习与思考 3.4.1 的图

3.4.2 试用三要素法计算图 3.4.5 所示电路在 $t \geq 0$ 时的 u_C。

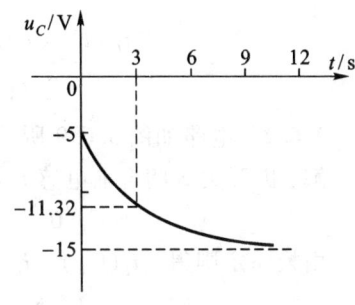

解：$u_C(0_+) = u_C(0_-) = \dfrac{R_2}{R_1+R_2}U_\mathrm{S} = \dfrac{5}{1+5}\times 6\ \mathrm{V} = 5\ \mathrm{V}$
$$u_C(\infty) = U_\mathrm{S} = 6\ \mathrm{V}$$
$$\tau = RC = R_1 C = 1 \times 10 \times 10^{-6}\ \mathrm{s} = 10^{-5}\ \mathrm{s}$$
由三要素法，当 $t \geq 0$ 时 $u_C(t) = u_C(\infty) + [u_C(0_+) - u_C(\infty)]\mathrm{e}^{-\frac{t}{\tau}}$
$$= [6 + (5-6)\mathrm{e}^{-10^5 t}]\ \mathrm{V} = (6 - \mathrm{e}^{-10^5 t})\ \mathrm{V}$$

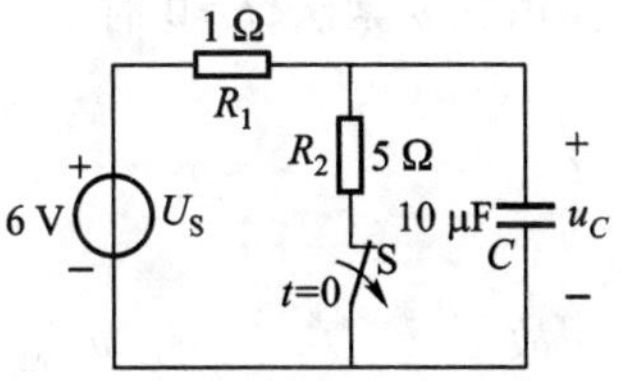

图 3.4.5 练习与思考 3.4.2 的图

3.6.1 电路如图 3.6.8 所示，试求 $t \geq 0$ 时的电流 i_L。开关闭合前电感未储能。

解：由图示电路及换路定则可知
$$i_L(0_+) = i(0_-) = 0$$
换路后电路达到稳态时
$$i_L(\infty) = \frac{R_2}{R_2+R_3}\cdot\frac{U_\mathrm{S}}{R_1+(R_2/\!/R_3)} = \frac{3}{3+6}\times\frac{15}{3+\dfrac{3\times 6}{3+6}}\ \mathrm{A} = 1\ \mathrm{A}$$

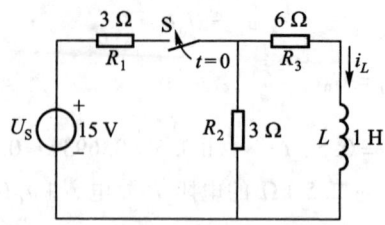

图 3.6.8 练习与思考 3.6.1 的图

时间常数

$$\tau = \frac{L}{R} = \frac{L}{(R_1 /\!/ R_2) + R_3} = \frac{1}{\frac{3 \times 3}{3+3} + 6} \text{ s} = \frac{2}{15} \text{ s}$$

根据三要素法

$$i_L(t) = i_L(\infty) + [i_L(0_+) - i_L(\infty)] e^{-\frac{t}{\tau}}$$
$$= (1 - e^{-\frac{t}{2/15}}) \text{ A} = (1 - e^{-7.5t}) \text{ A} \quad (t \geq 0)$$

3.6.2 电路如图 3.6.9 所示,试求 $t \geq 0$ 时的电流 i_L 和电压 u_L。开关闭合前电感未储能。

解:因开关 S 闭合前电感 L 未储能,则

$$i_L(0_-) = 0$$

由换路定则得 $i_L(0_+) = i_L(0_-) = 0$

当 $t \to \infty$ 时 $i_L(\infty) = \frac{R_1}{R_1 + R_2} I_S = \frac{5}{5+5} \times 2 \text{ A} = 1 \text{ A}$

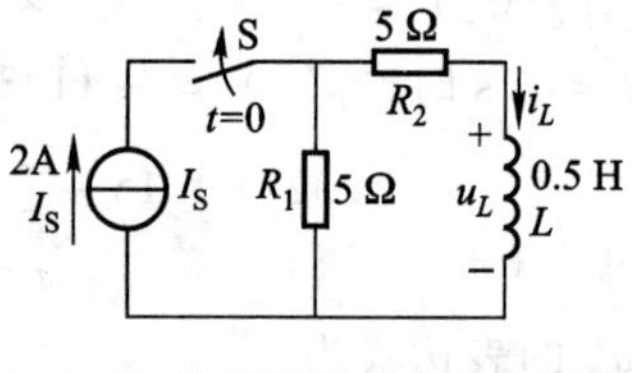

$$\tau = \frac{L}{R} = \frac{L}{R_1 + R_2} = \frac{0.5}{5+5} \text{ s} = 0.05 \text{ s}$$

图 3.6.9 练习与思考 3.6.2 的图

由三要素法,$t \geq 0$ 时

$$i_L(t) = i_L(\infty) + [i_L(0_+) - i_L(\infty)] e^{-\frac{t}{\tau}}$$
$$= (1 - e^{-\frac{t}{0.05}}) \text{ A} = (1 - e^{-20t}) \text{ A}$$

故

$$u_L(t) = L \frac{di_L(t)}{dt} = 0.5 \times 20 e^{-20t} \text{ V} = 10 e^{-20t} \text{ V}$$

3.6.3 电路如图 3.6.10 所示,试求 $t \geq 0$ 时的电流 i_L 和电压 u_L。换路前电路已处于稳态。

解:因换路前电路已处于稳态,则

$$i_L(0_-) = \frac{U_S}{R_2} = \frac{10}{10} \text{ A} = 1 \text{ A}$$

由换路定则 $i_L(0_+) = i_L(0_-) = 1 \text{ A}$

另 $i_L(\infty) = 0$, $\tau = \frac{L}{R} = \frac{L}{(R_1 + R_2) /\!/ R_3}$

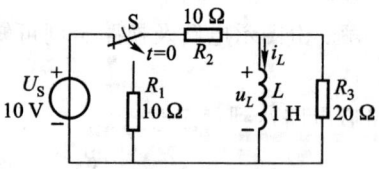

图 3.6.10 练习与思考 3.6.3 的图

$$= \frac{1}{\frac{(10+10)\times 20}{10+10+20}} \text{ s} = 0.1 \text{ s}$$

根据三要素法,$t \geq 0$ 时

$$i_L(t) = i_L(\infty) + [i_L(0_+) - i_L(\infty)] e^{-\frac{t}{\tau}}$$
$$= e^{-\frac{t}{0.1}} \text{ A} = e^{-10t} \text{ A}$$

$$u_L(t) = L\frac{\mathrm{d}i_L(t)}{\mathrm{d}t} = 1 \times \frac{\mathrm{d}(e^{-10t})}{\mathrm{d}t} \text{ V} = -10e^{-10t} \text{ V}$$

3.6.4 有一台直流电动机,它的励磁线圈的电阻为 50 Ω,当加上额定励磁电压经过 0.1 s 后,励磁电流增长到稳态值的 63.2%。试求线圈的电感。

解: 励磁电流 i_L 的变化关系为 RL 电路的零状态响应,即

$$i_L(t) = i(\infty)(1 - e^{-\frac{t}{\tau}}) \quad (t \geq 0)$$

由题知 $t = 0.1$ s 时,$i_L(0.1) = 63.2\% i_L(\infty)$,则由上式可得

$$63.2\% i_L(\infty) = i_L(\infty)(1 - e^{-\frac{0.1}{\tau}})$$

$$1 - e^{-\frac{0.1}{\tau}} = 0.632$$

$$e^{-\frac{0.1}{\tau}} = 0.368$$

故
$$\tau = 0.1 \text{ s}$$

亦即
$$\frac{L}{R} = 0.1$$

$$\frac{L}{50} = 0.1$$

则
$$L = 5 \text{ H}$$

3.6.5 一个线圈的电感 $L = 0.1$ H,通有直流 $I = 5$ A,现将此线圈短路,经过 $t = 0.01$ s 后,线圈中电流减小到初始值的 36.8%。试求线圈的电阻 R。

解: 此线圈中的电流变化关系为 RL 电路的零输入响应,即

$$i_L(t) = i_L(0_+) e^{-\frac{t}{\tau}} \quad (t \geq 0) \quad (\text{其中 } i_L(0_+) = I = 5 \text{ A})$$

当 $t = 0.01$ s 时,$i_L(0.01) = 36.8\% i(0_+)$,则由上式可得

$$36.8\% i_L(0_+) = i_L(0_+) e^{-\frac{0.01}{\tau}}$$

即
$$e^{-\frac{0.01}{\tau}} = 36.8\%$$

则
$$\tau = 0.01 \text{ s}$$

亦即
$$\frac{L}{R} = 0.01 \text{ s}$$

$$\frac{0.1}{R} = 0.01 \text{ s}$$

则
$$R = 10 \text{ Ω}$$

3.6 【习题】题解

A 选 择 题

3.1.1 在直流稳态时,电感元件上( )。
(1)有电流,有电压 (2)有电流,无电压 (3)无电流,有电压

解:直流稳态时,电感元件电阻为0,相当于短路,其上电压为0,但有电流流过,电流大小由电感以外电路决定(由 $u_L = L\dfrac{\mathrm{d}i_L}{\mathrm{d}t}$ 也可知直流稳态时 $u_L = 0$,但 i_L 不一定为0)。故应选择(2)。

3.1.2 在直流稳态时,电容元件上( )。
(1)有电压,有电流 (2)有电压,无电流 (3)无电压,有电流

解:直流稳态时,电容元件电阻为∞,相当于开路,其中电流为0,但两端可以有电压,电压大小由电容以外电路决定(由 $i_C = C\dfrac{\mathrm{d}u_C}{\mathrm{d}t}$ 也可知直流稳态时 $i_C = 0$,但 u_C 不一定为0)。故应选择(2)。

3.2.1 在图3.01中,开关S闭合前电路已处于稳态,试问闭合开关S的瞬间,$u_L(0_+)$ 为( )。
(1)0 V (2)100 V (3)63.2 V

解:S闭合前电路已处于稳态,即 $i_L(0_-) = 0$。则 $i_L(0_+) = i_L(0_-) = 0$,闭合S瞬间L两端电压 $u_L(0_+) = I_S R = 1 \times 100 \text{ V} = 100 \text{ V}$。故应选择(2)。

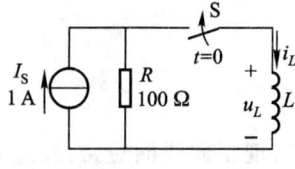

图3.01 习题3.2.1的图

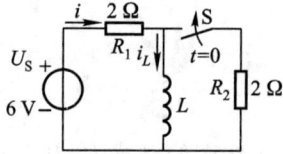

图3.02 习题3.2.2的图

3.2.2 在图3.02中,开关S闭合前电路已处于稳态,试问闭合开关瞬间,初始值 $i_L(0_+)$ 和 $i(0_+)$ 分别为( )。
(1)0 A,1.5 A (2)3 A,3 A (3)3 A,1.5 A

解:开关S闭合前电路已处于稳态,则由换路定则 $i_L(0_+) = i_L(0_-) = \dfrac{U_S}{R_1} = \dfrac{6}{2} \text{ A} = 3 \text{ A}$

又

$$i_L(\infty) = \dfrac{U_S}{R_1} = \dfrac{6}{2} \text{ A} = 3 \text{ A}$$

$$\tau = \dfrac{L}{R_1 /\!/ R_2}$$

则 $i_L(t) = i_L(\infty) + [i_L(0_+) - i_L(\infty)]\mathrm{e}^{-\frac{t}{\tau}} = [3 + (3-3)\mathrm{e}^{-\frac{t}{\tau}}] \text{ A} = 3 \text{ A}$

而 $u_L(t) = L\dfrac{\mathrm{d}i_L(t)}{\mathrm{d}t} = 0$

所以 $i(0_+) = \dfrac{U_\text{S} - u_L(0_+)}{R_1} = \dfrac{6-0}{2}\text{ A} = 3\text{ A}$

故应选择(2)。

3.2.3 在图3.03中,开关S闭合前电路已处于稳态,试问闭合开关瞬间,电流初始值$i(0_+)$为( )。

(1) 1 A　(2) 0.8 A　(3) 0 A

解：开关S闭合前电路已处于稳态,则由换路定则

$$i_L(0_+) = i_L(0_-) = I_\text{S} = 1\text{ A}$$

$t=0_+$时,　$i_L(0_+) + i(0_+) = I_\text{S}$

$$i(0_+) = I_\text{S} - i_L(0_+) = (1-1)\text{ A} = 0\text{ A}$$

故应选择(3)。

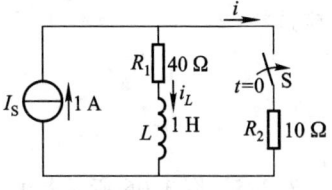

图3.03　习题3.2.3的图

3.2.4 在图3.04中,开关S闭合前电容元件和电感元件均未储能,试问闭合开关瞬间发生跃变的是( )。

(1) i和i_1　(2) i和i_3　(3) i_2和u_C

解：开关S闭合前L、C均未储能,则$i_L(0_-)=0$,$u_C(0_-)=0$

且　$i_1(0_-)=0, i_2(0_-)=i_L(0_-)=0, i_3(0_-)=0, i(0_-)=0$

闭合开关S瞬间(即$t=0_+$)时,

$$i_2(0_+) = i_L(0_+) = i_L(0_-) = 0$$

$$u_C(0_+) = u_C(0_-) = 0, \quad i_3(0_+) = \dfrac{U}{R_3}$$

$$i_1(0_+) = \dfrac{u_C(0_+)}{R_1} = 0, \quad i(0_+) = \dfrac{U - u_C(0_+)}{R_3} = \dfrac{U-0}{R_3} = \dfrac{U}{R_3}$$

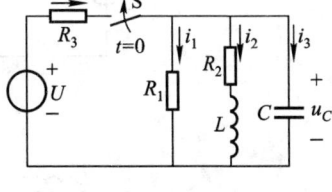

图3.04　习题3.2.4的图

故应选择(2)。

3.3.1 在电路的暂态过程中,电路的时间常数τ愈大,则电流和电压的增长或衰减就( )。

(1) 愈快　(2) 愈慢　(3) 无影响

解：应选择(2)。

3.3.2 电路的暂态过程从$t=0$大致经过( )时间,就可认为到达稳定状态了。

(1) τ　(2) $(3\sim5)\tau$　(3) 10τ

解：电路暂态过程从$t=0$开始经$(3\sim5)\tau$后可认为基本结束。故应选择(2)。

3.6.1 RL串联电路的时间常数τ为( )。

(1) RL　(2) $\dfrac{L}{R}$　(3) $\dfrac{R}{L}$

解：RL串联电路的时间常数$\tau = \dfrac{L}{R}$。故应选择(2)。

3.6.2 在图3.05所示电路中,在开关S闭合前电路已处于稳态。当开关闭合后,( )。

(1) i_1,i_2,i_3均不变　(2) i_1不变,i_2增长为i_1,i_3衰减为零

(3) i_1增长,i_2增长,i_3不变

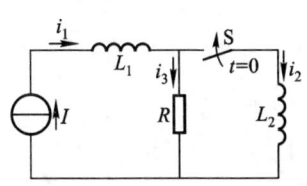

图3.05　习题3.6.2的图

解：开关 S 闭合前电路已处于稳态,则
$$i_1(0_-) = i_3(0_-) = I, \quad i_2(0_-) = 0$$
由换路定则 $i_1(0_+) = i_1(0_-) = I, \quad i_2(0_+) = i_2(0_-) = 0$
则
$$i_3(0_+) = I - i_2(0_+) = I - 0 = I$$
$$i_1(\infty) = i_2(\infty) = I, \quad i_3(\infty) = 0$$
故应选择(2)。

B 基 本 题

3.2.5 图 3.06 所示各电路在换路前都处于稳态,试求换路后电流 i 的初始值 $i(0_+)$ 和稳态值 $i(\infty)$。

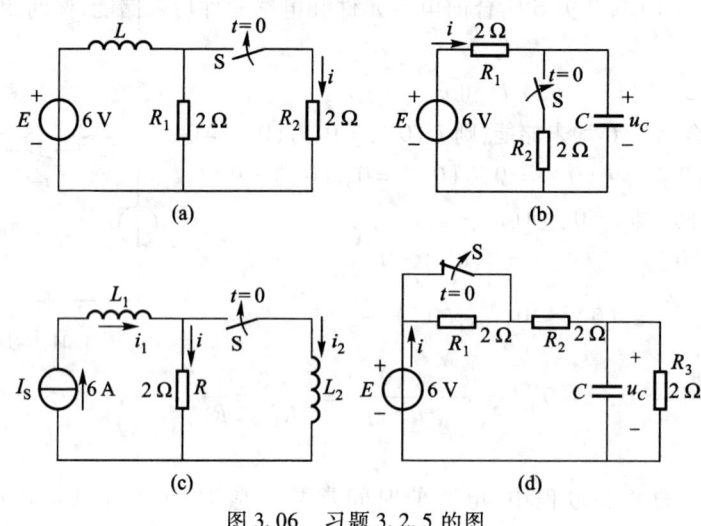

图 3.06 习题 3.2.5 的图

解：图 3.06(a)所示电路中
$$i_L(0_+) = i_L(0_-) = \frac{E}{R_1} = \frac{6}{2} \text{A} = 3 \text{ A}$$
$$i(0_+) = \frac{R_1}{R_1 + R_2} i_L(0_+) = \frac{2}{2+2} \times 3 \text{ A} = 1.5 \text{ A}$$
$$i(\infty) = \frac{E}{R_2} = \frac{6}{2} \text{ A} = 3 \text{ A}$$

图 3.06(b)所示电路中
$$u_C(0_+) = u_C(0_-) = 6 \text{ V}$$
$$i(0_+) = \frac{E - u_C(0_+)}{R_1} = \frac{6-6}{2} \text{ A} = 0$$
$$i(\infty) = \frac{E}{R_1 + R_2} = \frac{6}{2+2} \text{ A} = 1.5 \text{ A}$$

图 3.06(c)所示电路中

$$i_1(0_+) = i_1(0_-) = I_S = 6 \text{ A}$$
$$i_2(0_+) = i_2(0_-) = 0$$
$$i(0_+) = i_1(0_+) - i_2(0_+) = (6-0) \text{ A} = 6 \text{ A}$$
$$i(\infty) = 0$$

图 3.06(d)所示电路中

$$u_C(0_+) = u_C(0_-) = \frac{R_3}{R_2 + R_3} E = \frac{2}{2+2} \times 6 \text{ V} = 3 \text{ V}$$

$$i(0_+) = \frac{E - u_C(0_+)}{R_1 + R_2} = \frac{6-3}{2+2} \text{ A} = \frac{3}{4} \text{ A} = 0.75 \text{ A}$$

$$i(\infty) = \frac{E}{R_1 + R_2 + R_3} = \frac{6}{2+2+2} \text{ A} = 1 \text{ A}$$

3.3.3 在图 3.07 所示电路中,$u_C(0_-) = 0$。试求:(1) $t \geq 0$ 时的 u_C 和 i;(2) u_C 到达 5 V 所需时间。

解:(1) 由换路定则得 $u_C(0_+) = u_C(0_-) = 0$
$$u_C(\infty) = U_S = 10 \text{ V}$$
$$\tau = RC = 10 \times 1 \times 10^{-6} \text{ s} = 10^{-5} \text{ s}$$

由三要素法 $u_C(t) = u_C(\infty) + [u_C(0_+) - u_C(\infty)] e^{-\frac{t}{\tau}}$
$$= [10 + (0-10) e^{-\frac{t}{10^{-5}}}] \text{ V}$$
$$= (10 - 10 e^{-10^5 t}) \text{ V}$$

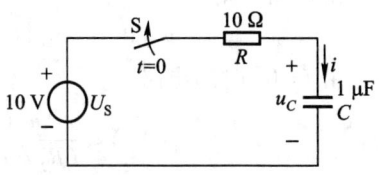

图 3.07 习题 3.3.3 的图

则
$$i = C \frac{du_C}{dt} = 1 \times 10^{-6} \times (-10) \times (-10^5) e^{-10^5 t} \text{ A} = e^{-10^5 t} \text{ A}$$

(2) 设 u_C 到达 5 V 所需的时间为 t',则
$$5 = 10 - 10 e^{-10^5 t'}$$

解得
$$t' = \frac{\ln 0.5}{-10^5} = 6.93 \times 10^{-6} \text{ s} = 6.93 \text{ μs}$$

即 u_C 由 0 到达 5 V 所需时间为 6.93 μs。

3.3.4 在图 3.08 中,$U = 20 \text{ V}$,$R_1 = 12 \text{ kΩ}$,$R_2 = 6 \text{ kΩ}$,$C_1 = 10 \text{ μF}$,$C_2 = 20 \text{ μF}$。电容元件原先均未储能。当开关闭合后,试求两串联电容元件两端电压 u_C。

解:C_1 与 C_2 串联后的等效电容
$$C = \frac{C_1 C_2}{C_1 + C_2} = \frac{10 \times 20}{10 + 20} \text{ μF} = 6.67 \text{ μF}$$

(1) 确定初始值 $u_C(0_+)$
$$u_C(0_+) = u_C(0_-) = 0 \quad (\text{电容原先未储能})$$

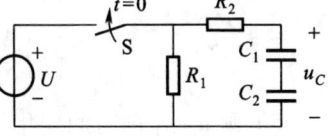

图 3.08 习题 3.3.4 的图

(2) 确定终了值 $u_C(\infty)$
$$u_C(\infty) = U$$

(3) 确定时间常数 τ
$$\tau = R_2 C = \left(6 \times 10^3 \times \frac{20}{3} \times 10^{-6}\right) \text{ s} = 0.04 \text{ s}$$

(4) 由三要素法确定 u_C

$$u_C = u_C(\infty) + [u_C(0_+) - u_C(\infty)]e^{-\frac{t}{\tau}}$$
$$= u_C(\infty)(1 - e^{-\frac{t}{\tau}}) = U(1 - e^{-\frac{t}{0.04}}) = 20(1 - e^{-25t}) \text{ V} \quad (t \geq 0)$$

本题中 $t=0$ 时 S 闭合,闭合前电容 C 无初始储能,对 u_C 来说其变化过程实际为零状态响应,因此求得 $u_C(\infty)$ 后可直接用零状态响应表达式 $u_C = u_C(\infty)(1 - e^{-\frac{t}{\tau}})$。

3.3.5 在图 3.09 中,$I = 10 \text{ mA}, R_1 = 3 \text{ k}\Omega, R_2 = 3 \text{ k}\Omega, R_3 = 6 \text{ k}\Omega, C = 2 \text{ μF}$。在开关 S 闭合前电路已处于稳态。求在 $t \geq 0$ 时 u_C 和 i_1,并作出它们随时间的变化曲线。

解:(1) 求初始值 $u_C(0_+)$ 和 $i_1(0_+)$
由 $t = 0_-$ 时的电路得
$$u_C(0_-) = IR_3 = 10 \times 6 \text{ V} = 60 \text{ V}$$
由换路定则
$$u_C(0_+) = u_C(0_-) = 60 \text{ V}$$
由 $t = 0_+$ 时的电路
$$i_1(0_+) = \frac{u_C(0_+)}{(R_2 // R_3) + R_1} = \frac{60}{\frac{3 \times 6}{3+6} + 3} \text{ A} = 12 \times 10^{-3} \text{ A} = 12 \text{ mA}$$

图 3.09 习题 3.3.5 的图

(2) 求终了值(稳态值)$u_C(\infty)$ 和 $i_1(\infty)$
由 $t = \infty$ 时的电路
$$u_C(\infty) = 0$$
$$i_1(\infty) = 0$$

(3) 求时间常数 τ
$$\tau = [R_1 + (R_2 // R_3)]C = \left(3 \times 10^3 + \frac{3 \times 10^3 \times 6 \times 10^3}{3 \times 10^3 + 6 \times 10^3}\right) \times 2 \times 10^{-6} \text{ s} = 10 \times 10^{-3} \text{ s} = 10 \text{ ms}$$

(4) 由三要素法求 $t \geq 0$ 时 u_C、i_1
$$u_C = u_C(\infty) + [u_C(0_+) - u_C(\infty)]e^{-\frac{t}{\tau}}$$
$$= u_C(0_+)e^{-\frac{t}{\tau}} = 60e^{-100t} \text{ V}$$
$$i_1 = i_1(\infty) + [i_1(0_+) - i_1(\infty)]e^{-\frac{t}{\tau}}$$
$$= i_1(0_+)e^{-\frac{t}{\tau}} = 12e^{-100t} \text{ mA}$$

(5) 画 u_C、i_1 随时间变化的曲线,如题解图 3.03 所示。

本题中 $t = 0$ 时 S 闭合,电流源 I 被短接掉,对 u_C 来讲其变化过程实际为零输入响应,因此在求得 $u_C(0_+)$ 后可直接用零输入响应的表达式 $u_C = u_C(0_+)e^{-\frac{t}{\tau}}$,进而求出 $i_1 = -C\frac{du_C}{dt}$ (负号源于 i_1 与 u_C 参考方向相反)。

3.3.6 电路如图 3.10 所示,在开关 S 闭合前电路已处

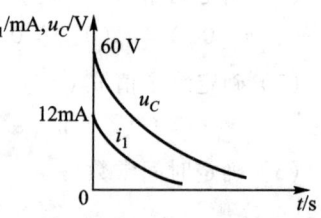

题解图 3.03 习题 3.3.5 的解

于稳态,求开关闭合后的电压 u_C。

解: 由换路定则

$$u_C(0_+) = u_C(0_-) = I_S \cdot R_1$$
$$= 9 \times 10^{-3} \times 6 \times 10^3 \text{ V}$$
$$= 54 \text{ V}$$
$$u_C(\infty) = I_S(R_1 // R_2)$$
$$= 9 \times 10^{-3} \times \frac{6 \times 3}{6+3} \times 10^3 \text{ V}$$
$$= 18 \text{ V}$$
$$\tau = (R_1 // R_2)C = \frac{6 \times 3}{6+3} \times 10^3 \times 2 \times 10^{-6} \text{ s} = 0.004 \text{ s} = 4 \text{ ms}$$

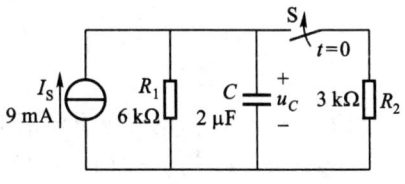

图 3.10 习题 3.3.6 的图

根据三要素法,$t \geq 0$ 时

$$u_C = u_C(\infty) + [u_C(0_+) - u_C(\infty)]e^{-\frac{t}{\tau}}$$
$$= (18 + 36e^{-250t}) \text{ V}$$

本题中 $t=0$ 时 S 闭合,换路前电容器 C 有初始储能为非零状态,换路后电路中有电源激励为非零输入,因此 u_C 的变化过程是两者共同作用下的全响应,因此可以在求得 $u_C(0_+)$ 和 $u_C(\infty)$ 后直接利用全响应表达式

$$\underbrace{u_C}_{\text{全响应}} = \underbrace{u_C(0_+)e^{-\frac{t}{\tau}}}_{\text{零输入响应}} + \underbrace{u_C(\infty)(1-e^{-\frac{t}{\tau}})}_{\text{零状态响应}}$$

求得最后结果。

3.3.7 有一线性无源二端网络 N[图 3.11(a)],其中储能元件未储有能量,当输入电流 i [其波形如图 3.11(b)所示]后,其两端电压 u 的波形如图 3.11(c)所示。(1) 写出 u 的指数表达式;(2) 画出该网络的电路,并确定元件的参数值。

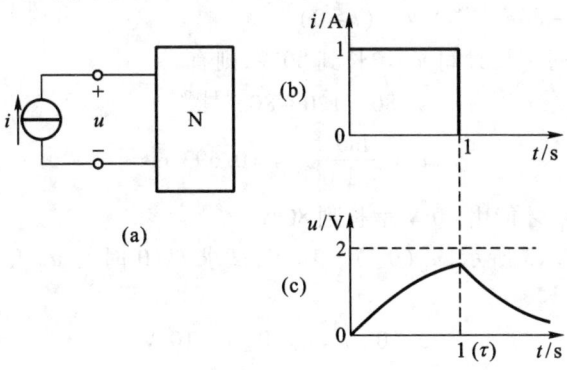

图 3.11 习题 3.3.7 的图

解:(1) 根据题设及已知波形可得

$$u(0_+) = 0$$
$$u(\infty) = 2 \text{ V}$$
$$\tau = 1 \text{ s}$$

故 $$u(t) = u(\infty) + [u(0_+) - u(\infty)]e^{-\frac{t}{\tau}}$$
$$= u(\infty)(1 - e^{-\frac{t}{\tau}})$$
$$= 2(1 - e^{-t}) \text{ V} \quad (0 \leq t \leq \tau)$$

当 $t = \tau = 1$ s 时,电流源电流由 1 A 变为 0,发生换路,由上式可得
$$u(1_+) = 2(1 - e^{-1})\text{V} = 2(1 - 0.368)\text{V} = 2 \times 0.632 \text{ V} = 1.264 \text{ V}$$
$$u(\infty) = 0$$

故 $$u(t-1) = u(1_+)e^{-\frac{t-1}{\tau}} = 1.264e^{-(t-1)} \text{V}(t \geq 1)$$

即 $$u = \begin{cases} 2(1 - e^{-t}) \text{ V} & (0 \leq t \leq 1 \text{ s}) \\ 1.264e^{-(t-1)} \text{ V} & (t \geq 1 \text{ s}) \end{cases}$$

(2) 该网络的等效电路如题解图 3.04 所示。
由于 $u(\infty) = 2$ V $(0 \leq t \leq 1$ 时)

而 $$u(\infty) = Ri$$
故 $$R \times 1 = 2 \quad R = 2 \text{ } \Omega$$
由 $$\tau = RC$$
$$1 = 2C \quad C = 0.5 \text{ F}$$

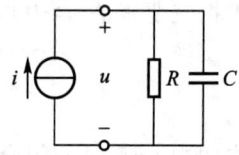

题解图 3.04　习题 3.3.7 的解

3.4.1 电路如图 3.12 所示, $u_C(0_-) = U_0 = 40$ V, 试问闭合开关 S 后需多长时间 u_C 才能增长到 80 V?

解: 由换路定则　$u_C(0_+) = u_C(0_-) = U_0 = 40$ V
$$u_C(\infty) = U_S = 120 \text{ V}$$
$$\tau = RC = 2 \times 10^3 \times 0.5 \times 10^{-6} \text{ s} = 10^{-3} \text{ s}$$

则 $$u_C(t) = u_C(\infty) + [u_C(0_+) - u_C(\infty)]e^{-\frac{t}{\tau}}$$
$$= [120 + (40 - 120)e^{-\frac{t}{10^{-3}}}] \text{ V}$$
$$= (120 - 80e^{-1\,000t}) \text{ V} \quad (t \geq 0)$$

设开关 S 闭合后经过 t' 长时间 u_C 增长到 80 V,则有
$$80 = 120 - 80e^{-1\,000t'}$$

解之 $$t' = \frac{\ln 0.5}{-1\,000} \text{ s} = 0.693 \text{ ms}$$

图 3.12　习题 3.4.1 的图

开关 S 闭合 0.693 ms, u_C 才能由 40 V 增长到 80 V。

3.4.2 电路如图 3.13 所示, $u_C(0_-) = 10$ V, 试求 $t \geq 0$ 时的 u_C 和 u_O, 并画出它们的变化曲线。

解:
$$u_C(0_+) = u_C(0_-) = 10 \text{ V}$$
$$u_C(\infty) = \frac{R_1}{R_1 + R_2}U_S = \frac{100}{100 + 100} \times 100 \text{ V} = 50 \text{ V}$$
$$\tau = RC = (R_1 /\!/ R_2)C = \frac{100 \times 100}{100 + 100} \times 2 \times 10^{-6} \text{ s} = 10^{-4} \text{ s}$$
$$u_C(t) = u_C(\infty) + [u_C(0_+) - u_C(\infty)]e^{-\frac{t}{\tau}}$$
$$= [50 + (10 - 50)e^{-\frac{t}{10^{-4}}}] \text{ V}$$

· 92 ·

$$= (50 - 40\mathrm{e}^{-10^4 t}) \text{ V} \quad (t \geqslant 0)$$

$$u_\mathrm{O}(t) = U_\mathrm{S} - u_C(t) = [100 - (50 - 40\mathrm{e}^{-10^4 t})] \text{ V} = (50 + 40\mathrm{e}^{-10^4 t}) \text{ V} \quad (t \geqslant 0)$$

u_C 和 u_O 的变化曲线如题解图 3.05 所示。

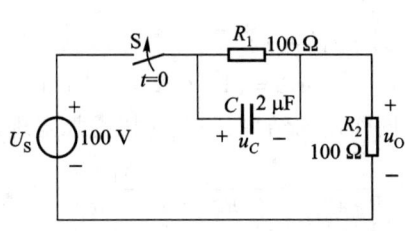

图 3.13 习题 3.4.2 的图

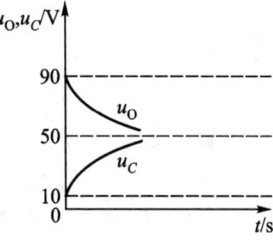

题解图 3.05 习题 3.4.2 的解

3.4.3 在图 3.14(a)所示的电路中,u 为一阶跃电压,如图 3.14(b)所示,试求 i_3 和 u_C。设 $u_C(0_-) = 1$ V。

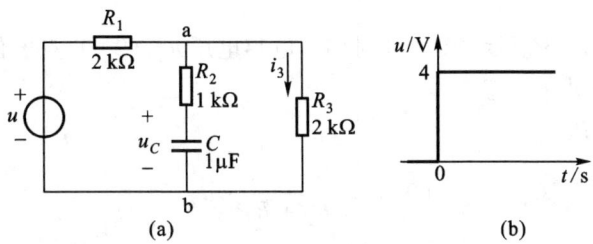

图 3.14 习题 3.4.3 的图

解：本题可通过三要素法求解。电压 u 在 $t=0$ 的阶跃变化即为电路的换路。
（1）先求 u_C

$$u_C(0_+) = u_C(0_-) = 1 \text{ V（已知）}$$

$$u_C(\infty) = \frac{R_3}{R_1 + R_3} u = \frac{2}{2+2} \times 4 \text{ V} = 2 \text{ V}$$

$$\tau = RC = (R_2 + R_1 /\!/ R_3)C = \left(1 + \frac{2 \times 2}{2+2}\right) \times 10^3 \times 1 \times 10^{-6} \text{ s} = 2 \times 10^{-3} \text{ s}$$

由三要素法可得

$$u_C = u_C(\infty) + [u_C(0_+) - u_C(\infty)]\mathrm{e}^{-\frac{t}{\tau}}$$

$$= [2 + (1-2)\mathrm{e}^{-\frac{t}{2\times 10^{-3}}}] \text{ V} = (2 - \mathrm{e}^{-500t}) \text{ V}$$

（2）再求 i_3

$$i_3(0_+) = \frac{u_{ab}(0_+)}{R_3}$$

$u_{ab}(0_+)$ 可通过结点电压法求出,即

$$u_{ab}(0_+) = \frac{\dfrac{u}{R_1} + \dfrac{u_C(0_+)}{R_2}}{\dfrac{1}{R_1} + \dfrac{1}{R_2} + \dfrac{1}{R_3}} = \frac{3}{2} \text{ V}$$

则
$$i_3(0_+) = \frac{u_{ab}(0_+)}{R_3} = \frac{3}{4} \text{ mA}$$

又
$$i_3(\infty) = \frac{u}{R_1 + R_3} = \frac{4}{2+2} \text{ mA} = 1 \text{ mA}$$

故由三要素法得
$$i_3 = i_3(\infty) + [i_3(0_+) - i_3(\infty)] e^{-\frac{t}{\tau}}$$
$$= [1 + (0.75 - 1)e^{-500t}] \text{ mA} = (1 - 0.25e^{-500t}) \text{ mA}$$

本题中 i_3 可看作是电压源 u 和电容电压 u_C 共同作用的结果,因此应用叠加定理即可求得

$$i_3 = \frac{u}{R_1 + (R_2 /\!/ R_3)} \cdot \frac{R_2}{R_2 + R_3} + \frac{u_C}{R_2 + (R_1 /\!/ R_3)} \cdot \frac{R_1}{R_1 + R_3}$$

本题中 i_3 亦可通过列写电路右侧回路的基尔霍夫电压定律方程直接求出,即通过

$$R_2 \cdot C \frac{du_C}{dt} + u_C = i_3 \cdot R_3$$

将(1)中求出的 u_C 代入上式整理即得 i_3。

三种方法结果相同。

3.4.4 电路如图 3.15 所示,求 $t \geq 0$ 时(1) 电容电压 u_C,(2) B 点电位 v_B 和 A 点电位 v_A 的变化规律。换路前电路处于稳态。

解:(1)求电容电压 u_C

$$u_C(0_+) = u_C(0_-) = \frac{0 - V_{S2}}{R_2 + R_3} \cdot R_2$$
$$= \frac{0 - (-6)}{5 + 25} \times 5 \text{ V} = 1 \text{ V}$$

$$u_C(\infty) = \frac{V_{S1} - V_{S2}}{R_1 + R_2 + R_3} \cdot R_2$$
$$= \frac{6 - (-6)}{10 + 5 + 25} \times 5 \text{ V} = 1.5 \text{ V}$$

$$\tau = RC = [(R_1 + R_3) /\!/ R_2] C = 0.438 \times 10^{-6} \text{ s}$$

由三要素法

$$u_C = u_C(\infty) + [u_C(0_+) - u_C(\infty)] e^{-\frac{t}{\tau}}$$
$$= [1.5 + (1 - 1.5)e^{-\frac{t}{0.438 \times 10^{-6}}}] \text{V}$$
$$= (1.5 - 0.5e^{-2.3 \times 10^6 t}) \text{ V} \quad (t \geq 0)$$

(2) 求 B 点电位 v_B
$$v_B = V_{S1} - i_1 R_1$$

由图 3.15 知
$$i_1 = i_3 = \frac{V_{S1} - u_C - V_{S2}}{R_1 + R_3}$$

即
$$v_B = V_{S1} - \frac{V_{S1} - u_C - V_{S2}}{R_1 + R_3} R_1$$

将已知参数 $V_{S1} = 6 \text{ V}, R_2 = 5 \text{ k}\Omega, R_1 = 10 \text{ k}\Omega, C = 100 \text{ pF}$ 以及

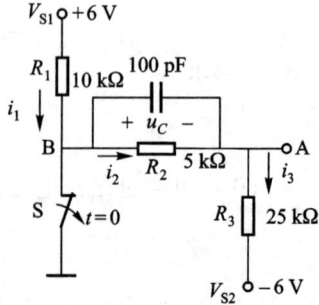

图 3.15 习题 3.4.4 的图

（1）中 u_C 结果代入并整理得

$$v_B = (3 - 0.14e^{-2.3 \times 10^6 t}) \text{ V} \qquad (t \geq 0)$$

求 A 点电位 v_A

$$v_A = i_3 R_3 + V_{S2}$$

同理将电流 i_3 表达式代入整理得

$$v_A = (1.5 + 0.36e^{-2.3 \times 10^6 t}) \text{ V}$$

电流 i_1、i_3 也可通过下式求得

$$i_1 = i_3 = \frac{u_C}{R_2} + C\frac{du_C}{dt} \qquad \text{（利用基尔霍夫电流定律）}$$

3.4.5 电路如图 3.16 所示，换路前已处于稳态，试求换路后（$t \geq 0$）的 u_C。

解：用三要素法求解本题。由于电路中有 I_S 和 U_S 两个电源。所以在确定初始值和终了值时可运用叠加定理。

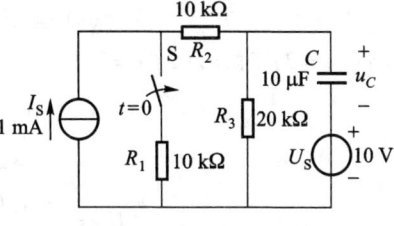

图 3.16 习题 3.4.5 的图

（1）确定初始值 $u_C(0_+)$

$$u_C(0_+) = u_C(0_-) = I_S \cdot R_3 - U_S$$
$$= (1 \times 10^{-3} \times 20 \times 10^3 - 10) \text{ V} = 10 \text{ V}$$

（2）确定终了值 $u_C(\infty)$

$$u_C(\infty) = \left(\frac{R_1}{R_1 + R_2 + R_3} I_S\right) R_3 - U_S$$
$$= \left(\frac{10}{10 + 10 + 20} \times 1 \times 10^{-3} \times 20 \times 10^3 - 10\right) \text{ V}$$
$$= -5 \text{ V}$$

（3）确定时间常数 τ

$$\tau = [(R_1 + R_2) // R_3]C = \frac{(10+10) \times 20}{(10+10)+20} \times 10 \times 10^{-6} \text{ s} = 0.1 \text{ s}$$

（4）由三要素法求 u_C

$$u_C = u_C(\infty) + [u_C(0_+) - u_C(\infty)]e^{-\frac{t}{\tau}}$$
$$= \{-5 + [10-(-5)]e^{-\frac{t}{0.1}}\} \text{ V} = (-5 + 15e^{-10t}) \text{ V}$$

3.4.6 有一 RC 电路[图 3.17(a)]，其输入电压如图 3.17(b)所示。设脉冲宽度 $T = RC$。试求负脉冲的幅度 U_- 等于多大才能在 $t = 2T$ 时使 $u_C = 0$。设 $u_C(0) = 0$。

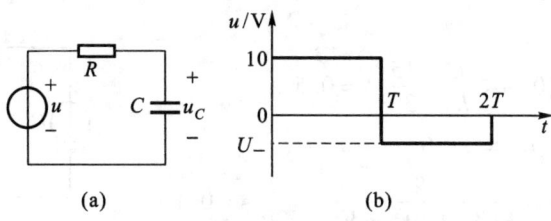

图 3.17 习题 3.4.6 的图

解：此题的暂态过程分为充电与放电两个阶段。

在充电阶段，即 $0 \leq t \leq T$ 期间，u_C 的初始值 $u_C(0_+) = 0$，稳态值 $u_C(\infty) = 10$ V，时间常数 $\tau = RC$。由三要素法可求得

$$u_C(t) = u_C(\infty) + [u_C(0_+) - u_C(\infty)]e^{-\frac{t}{\tau}}$$
$$= u_C(\infty)[1 - e^{-\frac{t}{\tau}}] = 10\left(1 - e^{-\frac{t}{RC}}\right) \text{ V}$$

当 $t = T = RC = \tau$ 时

$$u_C(T) = 10(1 - e^{-1}) \text{ V} = 6.32 \text{ V}$$

在放电阶段，即题中 $T \leq t \leq 2T$，u_C 的初始值为 $u_C(T)$，稳态值为 U_-，时间常数仍为 $\tau = RC$，由三要素法可得

$$u_C(t) = U_- + [u_C(T) - U_-]e^{-\frac{t-T}{RC}} \quad (t \geq T)$$

由题意 $t = 2T$ 时，$u_C(2T) = 0$，则

$$0 = U_- + [u_C(T) - U_-]e^{-\frac{2T-T}{T}}$$
$$U_-(1 - e^{-1}) = -u_C(T)e^{-1}$$
$$U_- = \frac{-u_C(T)e^{-1}}{1 - e^{-1}} = -\frac{6.32e^{-1}}{1 - e^{-1}} \text{ V} = -3.68 \text{ V}$$

3.6.3 在图 3.18 所示电路中，$U_1 = 24$ V，$U_2 = 20$ V，$R_1 = 60$ Ω，$R_2 = 120$ Ω，$R_3 = 40$ Ω，$L = 4$ H。换路前电路已处于稳态，试求换路后的电流 i_L。

解：S 闭合前电路已处于稳态，则由换路定则得

$$i_L(0_+) = i_L(0_-) = \frac{U_2}{R_3} = \frac{20}{40} \text{ A} = 0.5 \text{ A}$$

$$i_L(\infty) = \frac{U_1}{R_1} + \frac{U_2}{R_3} = \left(\frac{24}{60} + \frac{20}{40}\right) \text{ A} = 0.9 \text{ A}$$

$$\tau = L/R = \frac{L}{(R_1 // R_2 // R_3)} = \frac{4}{\frac{1}{\frac{1}{60} + \frac{1}{120} + \frac{1}{40}}} \text{ s} = 0.2 \text{ s}$$

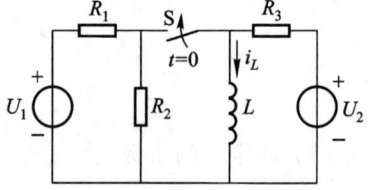

图 3.18 习题 3.6.3 的图

根据三要素法
$$i_L(t) = i_L(\infty) + [i_L(0_+) - i_L(\infty)]e^{-\frac{t}{\tau}}$$
$$= [0.9 + (0.5 - 0.9)e^{-5t}] \text{ A}$$
$$= (0.9 - 0.4e^{-5t}) \text{ A}$$

3.6.4 在图 3.19 所示电路中，$U = 15$ V，$R_1 = R_2 = R_3 = 30$ Ω，$L = 2$ H。换路前电路已处于稳态，试求当将开关 S 从位置 1 合到位置 2 后 $(t \geq 0)$ 的电流 i_L，i_2，i_3。

解：由换路定则可知

$$i_L(0_+) = i_L(0_-) = \frac{U}{R_2} = \frac{15}{30} \text{ A} = 0.5 \text{ A}$$

又
$$i_L(\infty) = 0$$

$$\tau = \frac{L}{(R_1 + R_2) // R_3} = \frac{2}{\frac{(30 + 30) \times 30}{30 + 30 + 30}} = \frac{2}{20} \text{ s} = 0.1 \text{ s}$$

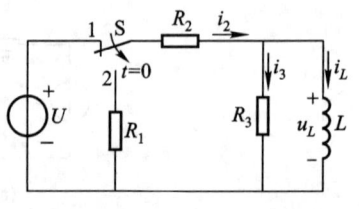

图 3.19 习题 3.6.4 的图

则当 $t \geq 0$ 时

$$i_L(t) = i_L(\infty) + [i_L(0_+) - i_L(\infty)]e^{-\frac{t}{\tau}} = 0.5e^{-10t} \text{ A}$$

$$u_L(t) = L\frac{di_L(t)}{dt} = 2 \times 0.5 \times (-10) \times e^{-10t} \text{ V} = -10e^{-10t} \text{ V}$$

$$i_3(t) = \frac{u_L(t)}{R_3} = \frac{-10e^{-10t}}{30} \text{ A} = -\frac{1}{3}e^{-10t} \text{ A} = -0.333e^{-10t} \text{ A}$$

$$i_2(t) = -\frac{u_L(t)}{R_1 + R_2} = -\frac{-10e^{-10t}}{30 + 30} \text{ A} = \frac{1}{6}e^{-10t} \text{ A} = 0.167e^{-10t} \text{ A}$$

3.6.5 在图 3.20 中,RL 为电磁铁线圈,R' 为泄放电阻,R_1 为限流电阻。当电磁铁未吸合时,时间继电器的触点 KT 是闭合的,R_1 被短接,使电源电压全部加在电磁铁线圈上以增大吸力。当电磁铁吸合后,触点 KT 断开,将电阻 R_1 接入电路以减小线圈中的电流。试求触点 KT 断开后线圈中的电流 i_L 的变化规律。设 $U = 200$ V,$L = 25$ H,$R = 50$ Ω,$R_1 = 50$ Ω,$R' = 500$ Ω。

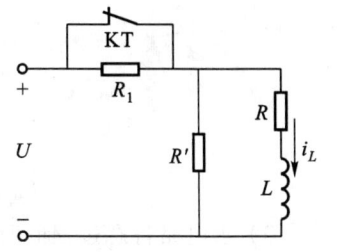

图 3.20 习题 3.6.5 的图

解:当电磁铁吸合后,触点 KT 断开,电路发生换路,由换路定则可确定 i_L 初始值

$$i_L(0_+) = i_L(0_-) = \frac{U}{R} = \frac{200}{50} \text{ A} = 4 \text{ A}$$

电路稳定后 i_L 的稳态值

$$i_L(\infty) = \frac{U}{R_1 + R' // R} \cdot \frac{R'}{R' + R} = 1.9 \text{ A}$$

时间常数

$$\tau = \frac{L}{R} = \frac{L}{R + R_1 // R'} = 0.26 \text{ s}$$

由三要素法得

$$i_L = i_L(\infty) + [i_L(0_+) - i_L(\infty)]e^{-\frac{t}{\tau}}$$

$$= [1.9 + (4 - 1.9)e^{-\frac{t}{0.26}}] \text{ A}$$

$$= (1.9 + 2.1e^{-3.85t}) \text{ A}$$

3.6.6 电路如图 3.21 所示,试用三要素法求 $t \geq 0$ 时的 i_1, i_2 及 i_L。换路前电路处于稳态。

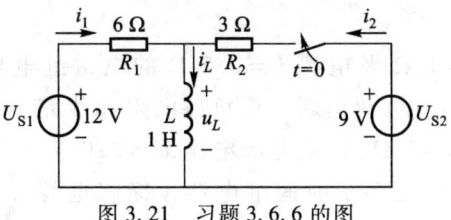

图 3.21 习题 3.6.6 的图

解:(1)求初始值($t = 0_+$)

由换路定则

$$i_L(0_+) = i_L(0_-) = \frac{U_{S1}}{R_1} = \frac{12}{6} \text{ A} = 2 \text{ A}$$

由基尔霍夫电流定律和电压定律

$$\begin{cases} i_1(0_+) + i_2(0_+) = i_L(0_+) \\ R_1 i_1(0_+) - R_2 i_2(0_+) = U_{S1} - U_{S2} \end{cases}$$

代入已知参数联立求解得

$$i_1(0_+) = i_2(0_+) = 1 \text{ A}$$

（2）求稳态值（$t = \infty$）

稳态时 L 相当于短路，故

$$i_1(\infty) = \frac{U_{S1}}{R_1} = \frac{12}{6} \text{ A} = 2 \text{ A}$$

$$i_2(\infty) = \frac{U_{S2}}{R_2} = \frac{9}{3} \text{ A} = 3 \text{ A}$$

$$i_L(\infty) = i_1(\infty) + i_2(\infty) = (2 + 3) \text{ A} = 5 \text{ A}$$

（3）求电路暂态过程的时间常数

$$\tau = \frac{L}{R} = \frac{L}{R_1 // R_2} = \frac{1}{\frac{6 \times 3}{6 + 3}} \text{ s} = \frac{1}{2} \text{ s}$$

（4）根据三要素法求 i_L、i_1、i_2

$$i_L(t) = i_L(\infty) + [i_L(0_+) - i_L(\infty)] e^{-\frac{t}{\tau}} = [5 + (2-5)e^{-2t}] \text{ A} = (5 - 3e^{-2t}) \text{ A}$$

$$i_1(t) = i_1(\infty) + [i_1(0_+) - i_1(\infty)] e^{-\frac{t}{\tau}} = [2 + (1-2)e^{-2t}] \text{ A} = (2 - e^{-2t}) \text{ A}$$

$$i_2(t) = i_2(\infty) + [i_2(0_+) - i_2(\infty)] e^{-\frac{t}{\tau}} = [3 + (1-3)e^{-2t}] \text{ A} = (3 - 2e^{-2t}) \text{ A}$$

本题也可先求出 $i_L(t)$，然后确定 $u_L(t)$，即

$$u_L(t) = L \frac{d i_L(t)}{dt}$$

则

$$i_1(t) = \frac{U_{S1} - u_L(t)}{R_1}$$

$$i_2(t) = \frac{U_{S2} - u_L(t)}{R_2}$$

可求出同样的结果。

3.6.7 当具有电阻 $R = 1 \text{ }\Omega$ 及电感 $L = 0.2 \text{ H}$ 的电磁继电器线圈（图3.22）中的电流 $i = 30 \text{ A}$ 时，继电器即动作而将电源切断。设负载电阻和线路电阻分别为 $R_L = 20 \text{ }\Omega$ 和 $R_l = 1 \text{ }\Omega$，直流电源电压 $U = 220 \text{ V}$，试问当负载被短路后，需要经过多少时间继电器才能将电源切断？

解： 负载 R_L 被短路瞬间 $t = 0_+$ 电感 L 中的电流可由换路定则确定，即

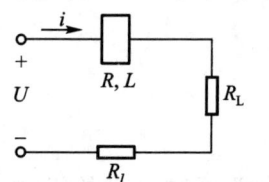

图 3.22 习题 3.6.7 的图

$$i_L(0_+) = i_L(0_-) = \frac{U}{R+R_L+R_l} = \frac{220}{1+20+1} \text{ A} = 10 \text{ A}$$

R_L 被短路后电感 L 中电流的稳态值为

$$i_L(\infty) = \frac{U}{R+R_l} = \frac{220}{1+1} \text{ A} = 110 \text{ A}$$

电路的时间常数为

$$\tau = \frac{L}{R} = \frac{L}{R+R_l} = \frac{0.2}{1+1} \text{ s} = 0.1 \text{ s}$$

负载 R_L 被短路后电路电流 i 的变化规律为

$$i = i_L = i_L(\infty) + [i_L(0_+) - i_L(\infty)]e^{-\frac{t}{\tau}}$$
$$= [110 + (10-110)e^{-10t}] \text{ A} = (110 - 100e^{-10t}) \text{ A}$$

当 $i = 30$ A 时

$$30 = 110 - 100e^{-10t}, \quad 即 \quad e^{-10t} = \frac{110-30}{100} = 0.8$$

解得

$$t = -\frac{1}{10}\ln 0.8 = 0.022\ 3 \text{ s} = 22.3 \text{ ms}$$

负载短路后经过 22.3 ms 继电器动作,将电源切断。

C 拓 宽 题

3.3.8 图 3.23 所示电路为一测子弹速度的设备示意图。如已知 $U = 100$ V, $R = 6$ kΩ, $C = 0.1$ μF, $l = 3$ m。设测速时电路已处于稳态,子弹先将开关 S_1 打开,经一段路程 l 飞至 S_2-S_3 连锁开关,将 S_2 打开,S_3 同时闭合,使电容器 C 和电荷测定计 G 连上,若此时测出的电容电荷 Q 为 3.45 μC,试求子弹速度。

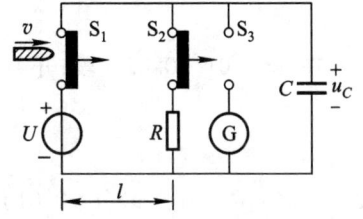

图 3.23 习题 3.3.8 的图

解:过程分析:子弹未将 S_1 打开前测速电路已处于稳态,电容 C 已充满电荷,$u_C(0_-) = U = 100$ V;当击发子弹将 S_1 打开时,电路发生换路,在尚未将 S_2 打开前,电容 C 通过 S_2 和 R 构成的放电回路放电,电荷量减少,电压降低;子弹经过时间 t_1 穿越 l 将 S_2 打开,C 放电停止,S_3 同时闭合,电荷测定计测出此时 C 上电荷 $Q(t_1)$ 由此可得 RC 电路放电时间 t_1,进而算出子弹速度 v。

(1)子弹击发打开 S_1 时,换路开始,由换路定则

$$u_C(0_+) = u_C(0_-) = 100 \text{ V}, \quad u_C(\infty) = 0$$
$$\tau = RC = 6 \times 10^3 \times 0.1 \times 10^{-6} \text{ s} = 6 \times 10^{-4} \text{ s}$$

则

$$u_C(t) = u_C(0_+)e^{-\frac{t}{\tau}} = 100e^{-\frac{t}{6 \times 10^{-4}}} \text{ V}$$

(2)子弹经时间 t,穿越 l 打开 S_2 时

$$u_C(t_1) = \frac{Q(t_1)}{C}$$

即
$$100\mathrm{e}^{-\frac{t_1}{6\times 10^{-4}}} = \frac{3.45\times 10^{-6}}{0.1\times 10^{-6}}$$

则
$$t_1 = 0.638\ 5\ \mathrm{ms}$$

故所测子弹速度
$$v = \frac{l}{t_1} = \frac{3}{0.638\ 5\times 10^{-3}}\ \mathrm{m/s} = 4\ 698.5\ \mathrm{m/s}$$

3.4.7 在图 3.24 中，开关 S 先合在位置 1，电路处于稳态。$t = 0$ 时，将开关从位置 1 合到位置 2，试求 $t = \tau$ 时 u_C 之值。在 $t = \tau$ 时，又将开关合到位置 1，试求 $t = 2\times 10^{-2}$ s 时 u_C 之值。此时再将开关合到 2，作出 u_C 的变化曲线。充电电路和放电电路的时间常数是否相等？

解：题中开关 S 由 1 合到 2 时，电容处于放电状态；S 由 2 合向 1 时，电容处于充电状态，由图中可知放电与充电的时间常数不同。

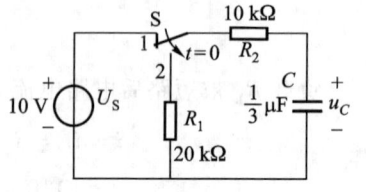

图 3.24 习题 3.4.7 的图

放电时，$\tau_{放} = (R_1 + R_2)C = (20+10)\times 10^3 \times \frac{1}{3}\times 10^{-6}\ \mathrm{s} = 10^{-2}\ \mathrm{s} = 10\ \mathrm{ms}$

充电时，$\tau_{充} = R_2 C = 10\times 10^3 \times \frac{1}{3}\times 10^{-6}\ \mathrm{s} = 3.33\ \mathrm{ms}$

在 $t = 0 \sim 0.01$ s 段开关 S 由 1 合到 2，C 放电

$$u_C(0_+) = u_C(0_-) = 10\ \mathrm{V}$$
$$u_C(\infty) = 0$$
$$u_C(t) = u_C(0_+)\mathrm{e}^{-\frac{t}{\tau_{放}}} = 10\mathrm{e}^{-100t}\ \mathrm{V} \quad (t\geqslant 0)$$

当 $t = \tau_{放} = 0.01$ s 时
$$u_C(\tau_{放}) = u_C(0.01) = 10\mathrm{e}^{-1}\ \mathrm{V} = 3.68\ \mathrm{V}$$

在 $t = 0.01 \sim 0.02$ s 段，开关 S 又由 2 合到 1，C 充电
$$u_C(\tau_{0.01_+}) = 3.68\ \mathrm{V}$$
$$u_C(\infty) = 10\ \mathrm{V}$$

故
$$u_C(t-0.01) = u_C(\infty) + [u_C(\tau_{0.01_+}) - u_C(\infty)]\mathrm{e}^{-\frac{t-0.01}{\tau_{充}}}$$
$$= [10 + (3.68-10)\mathrm{e}^{-300(t-0.01)}]\ \mathrm{V}$$
$$= [10 - 6.32\mathrm{e}^{-300(t-0.01)}]\ \mathrm{V} \quad (t\geqslant 0.01)$$

当 $t = 0.02$ 时
$$u_C(0.02) = (10 - 6.32\mathrm{e}^{-300\times 0.01})\ \mathrm{V} = (10 - 6.32\mathrm{e}^{-3})\ \mathrm{V} = 9.68\ \mathrm{V}$$

在 $t > 0.02$ 段，开关 S 再次由 1 合到 2，C 再放电
$$u_C(0.02_+) = 9.68\ \mathrm{V}$$
$$u_C(\infty) = 0$$

故
$$u_C(t-0.02) = u_C(0.02_+)\mathrm{e}^{-\frac{t-0.02}{\tau_{放}}} = 9.68\mathrm{e}^{-100(t-0.02)}\ \mathrm{V} \quad (t\geqslant 0.02)$$

u_C 在各时间段的变化曲线如题解图 3.06 所示。

3.6.8 在图 3.25 中，$R_1 = 2\ \Omega$，$R_2 = 1\ \Omega$，$L_1 = 0.01$ H，$L_2 = 0.02$ H，$U = 6$ V。(1) 试求 S_1 闭合后电路中电流 i_1 和 i_2 的变化规律；(2) 当 S_1 闭合后电路到达稳定状态时再闭合 S_2，试求 i_1 和 i_2 的变化规律。

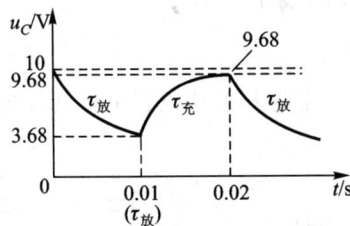
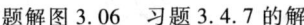

题解图 3.06　习题 3.4.7 的解

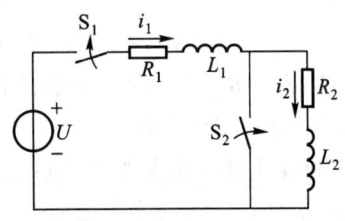

图 3.25　习题 3.6.8 的图

解：(1) 开关 S_1 闭合时由换路定则可得初始值

$$i_1(0_+) = i_1(0_-) = 0$$
$$i_2(0_+) = i_2(0_-) = 0$$

电路稳定后，电感 L_1、L_2 相当于短路，则稳态值

$$i_1(\infty) = i_2(\infty) = \frac{U}{R_1+R_2} = \frac{6}{2+1}\text{ A} = 2\text{ A}$$

时间常数

$$\tau_1 = \frac{L}{R} = \frac{L_1+L_2}{R_1+R_2} = \frac{0.01+0.02}{2+1}\text{ s} = 0.01\text{ s}$$

故

$$i_1(t) = i_2(t)$$
$$= i_1(\infty) + [i_1(0_+) - i_1(\infty)]e^{-\frac{t}{\tau_1}}$$
$$= (2 - 2e^{-\frac{t}{0.01}})\text{ A} = 2(1 - e^{-100t})\text{ A}$$

(2) 开关 S_2 闭合时（S_1 闭合后电路已达到稳态），根据换路定则，电感 L_1、L_2 的电流在这一瞬间应保持原有的稳态值，即

$$i_1(0_+) = i_1(0_-) = 2\text{ A}$$
$$i_2(0_+) = i_2(0_-) = 2\text{ A}$$

当 S_2 闭合后电路达到新的稳态时，电感 L_1、L_2 相当于短路，且 L_2 与 R_2 的串联支路被 S_2 短接，因此

$$i_1(\infty) = \frac{U}{R_1} = \frac{6}{2}\text{ A} = 3\text{ A}$$
$$i_2(\infty) = 0$$

L_1 所在回路的时间常数

$$\tau_1 = \frac{L_1}{R_1} = \frac{0.01}{2}\text{ s} = 0.005\text{ s}$$

L_2 所在回路的时间常数

$$\tau_2 = \frac{L_2}{R_2} = \frac{0.02}{1}\text{ s} = 0.02\text{ s}$$

由三要素法可知

$$i_1(t) = i_1(\infty) + [i_1(0_+) - i_1(\infty)]e^{-\frac{t}{\tau_1}}$$
$$= [3 + (2-3)e^{-200t}]\text{A} = (3 - e^{-200t})\text{ A}$$

$$i_2(t) = i_2(\infty) + [i_2(0_+) - i_2(\infty)]e^{-\frac{t}{\tau_2}}$$
$$= i_2(0_+)e^{-\frac{t}{\tau_2}} = 2e^{-50t} \text{ A}$$

3.6.9 电路如图 3.26 所示,在换路前已处于稳态。当将开关从位置 1 合到位置 2 后,试求 i_L 和 i,并作出它们的变化曲线。

解:(1)确定 i_L 和 i 的初始值 $i_L(0_+)$ 和 $i(0_+)$

因开关从位置 1 合到位置 2 之前电路已处于稳态,根据换路定则

$$i_L(0_+) = i_L(0_-) = -\frac{U_{S1}}{R_1 + R_2 // R_3} \cdot \frac{R_2}{R_2 + R_3} = -1.2 \text{ A}$$

由 $t = 0_+$ 时的电路,根据基尔霍夫电压定律可列出左侧回路的电压方程

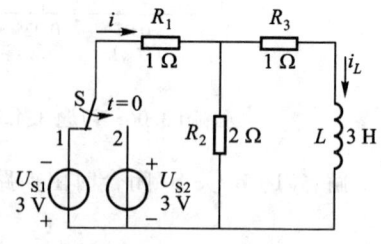

图 3.26 习题 3.6.9 的图

$$U_{S2} = i(0_+)R_1 + [i(0_+) - i_L(0_+)]R_2$$

即
$$3 = i(0_+) \times 1 + [i(0_+) - (-1.2)] \times 2$$

解之可得
$$i(0_+) = 0.2 \text{ A}$$

此处应注意: $i(0_-) = \frac{-U_{S1}}{R_1 + R_2 // R_3} = \frac{-3}{1 + \frac{2 \times 1}{2 + 1}} \text{ A} = -1.8 \text{ A}$, $i(0_+) \neq i(0_-)$。

(2)确定 i_L 和 i 的稳态值 $i_L(\infty)$ 和 $i(\infty)$

$$i_L(\infty) = \frac{U_{S2}}{R_1 + R_2 // R_3} \cdot \frac{R_2}{R_2 + R_3} = \frac{9}{5} \times \frac{2}{2+1} \text{ A} = 1.2 \text{ A}$$

$$i(\infty) = \frac{U_{S2}}{R_1 + R_2 // R_3} = \frac{9}{5} \text{ A} = 1.8 \text{ A}$$

(3)确定时间常数 τ

$$\tau = \frac{L}{R} = \frac{L}{(R_1 // R_2) + R_3} = \frac{3}{\frac{1 \times 2}{1+2} + 1} \text{ s} = \frac{9}{5} \text{ s}$$

(4)由三要素法

$$i_L(t) = i_L(\infty) + [i_L(0_+) - i_L(\infty)]e^{-\frac{t}{\tau}}$$
$$= [1.2 + (-1.2 - 1.2)e^{-\frac{5}{9}t}] \text{ A} = (1.2 - 2.4e^{-\frac{5}{9}t}) \text{ A}$$

$$i(t) = i(\infty) + [i(0_+) - i(\infty)]e^{-\frac{t}{\tau}}$$
$$= [1.8 + (0.2 - 1.8)e^{-\frac{5}{9}t}] \text{ A} = (1.8 - 1.6e^{-\frac{5}{9}t}) \text{ A}$$

(5)画 i_L、i 的变化曲线,如题解图 3.07 所示。

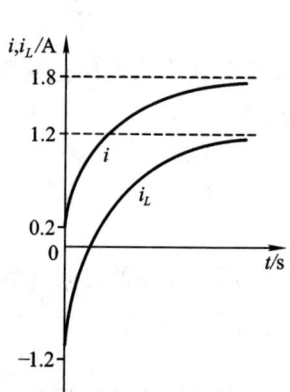

题解图 3.07 习题 3.6.9 的解

第 4 章 正弦交流电路

本章所讨论的正弦交流电路的基本概念、基本理论和基本分析方法十分重要,应熟练掌握、灵活运用,为学习后续知识打下基础。

4.1 内容要点与阅读指导

1. 正弦交流电的基本概念

频率、角频率与周期;瞬时值、幅值与有效值;相位与初相位。

2. 正弦交流电的表示方法

正弦函数式,正弦函数曲线,相量图,相量式(代数式与指数式)。

3. R、L、C 单一元件的交流电路

电压与电流的关系,功率与能量的关系。

4. RLC 串联的交流电路

电压与电流的关系,功率与能量的关系。

5. 交流电路的主要运算关系式

(1) 感抗 $X_L = \omega L$ 容抗 $X_C = \dfrac{1}{\omega C}$ 阻抗模 $|Z| = \sqrt{R^2 + (X_L - X_C)^2}$ 电流 $I = \dfrac{U}{|Z|}$

相位差 $\varphi = \arctan \dfrac{X_L - X_C}{R}$

(2) 复阻抗 $Z = R + j(X_L - X_C) = |Z|e^{j\varphi}$

(3) 复阻抗的串联和并联 $Z = Z_1 + Z_2$ $Z = \dfrac{Z_1 Z_2}{Z_1 + Z_2}$

(4) 相量形式的欧姆定律和基尔霍夫定律

$$\dot{I} = \dfrac{\dot{U}}{Z} \qquad \sum \dot{I} = 0 \qquad \sum \dot{U} = 0$$

(5) 有功功率、无功功率和视在功率

$$P = UI\cos\varphi \qquad Q = UI\sin\varphi \qquad S = UI$$

6. 交流电路的频率特性

(1) 滤波电路的频率特性。

（2）谐振电路的频率特性。
7．功率因数的提高
8．非正弦周期信号电路的分析

4.2 基 本 要 求

1．理解正弦交流电的基本概念。
2．掌握 RLC 单一元件交流电路及其串联交流电路的分析计算方法。
3．理解用相量形式的欧姆定律和基尔霍夫定律分析计算简单交流电路的方法。
4．了解交流电路的频率特性。
5．了解功率因数提高的意义和简单方法。
6．了解非正弦周期信号电路的分析方法。

4.3 重点与难点

1．重点
（1）正弦交流电的几种不同表示方法。
（2）R、L、C 单一元件交流电路的电压与电流的关系，功率与能量的关系。
（3）RLC 串联交流电路的电压与电流的关系，功率与能量的关系。
（4）复阻抗的串、并联化简及基尔霍夫电压与电流定律、欧姆定律的相量表达式，复杂交流电路的分析方法。
（5）RLC 串联与并联电路的频率特性与谐振条件和谐振特征。
（6）功率因数的概念及提高的意义和方法。
2．难点
（1）无功功率的概念的建立。
（2）非正弦周期交流电路的分析。

4.4 知识关联图

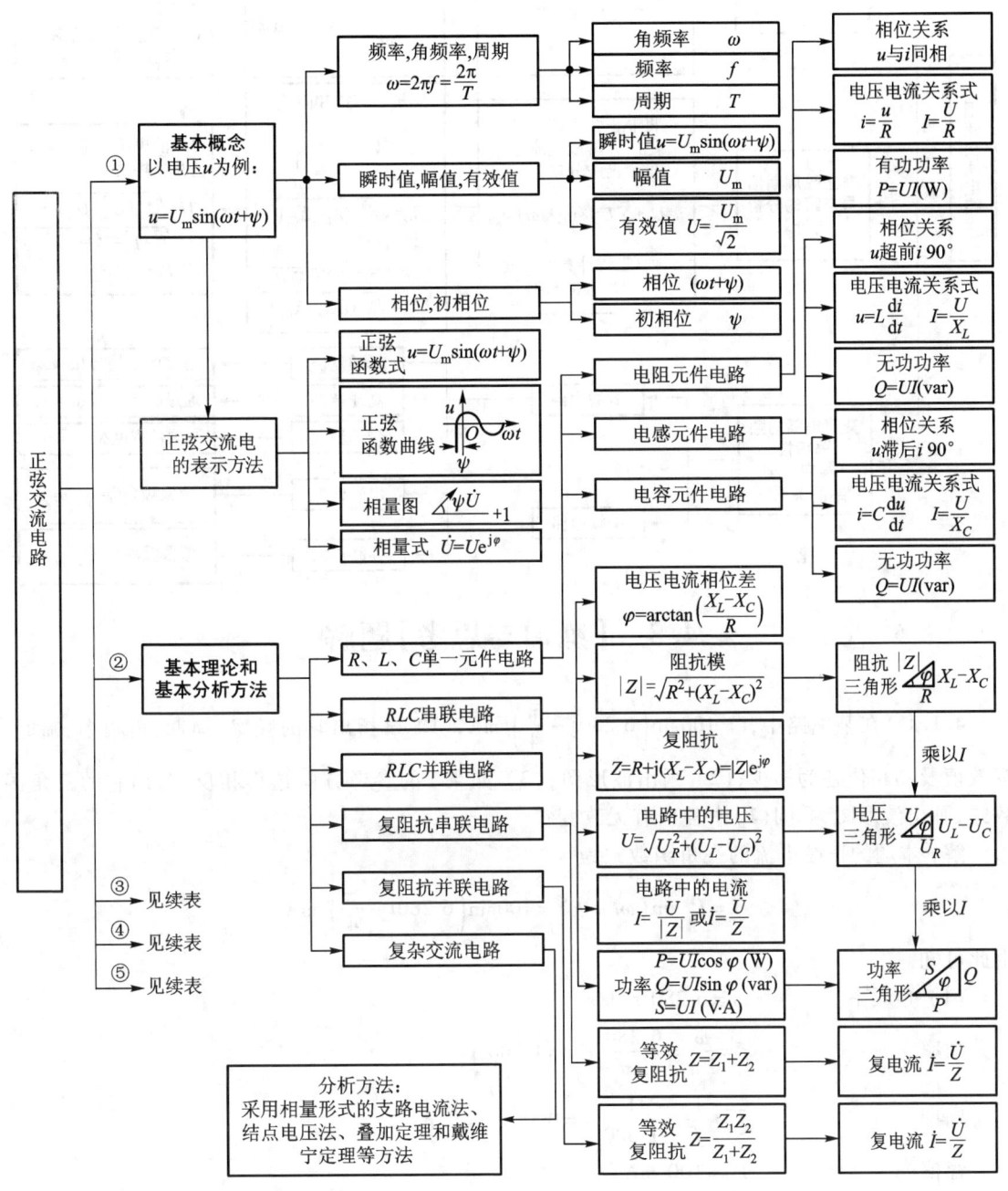

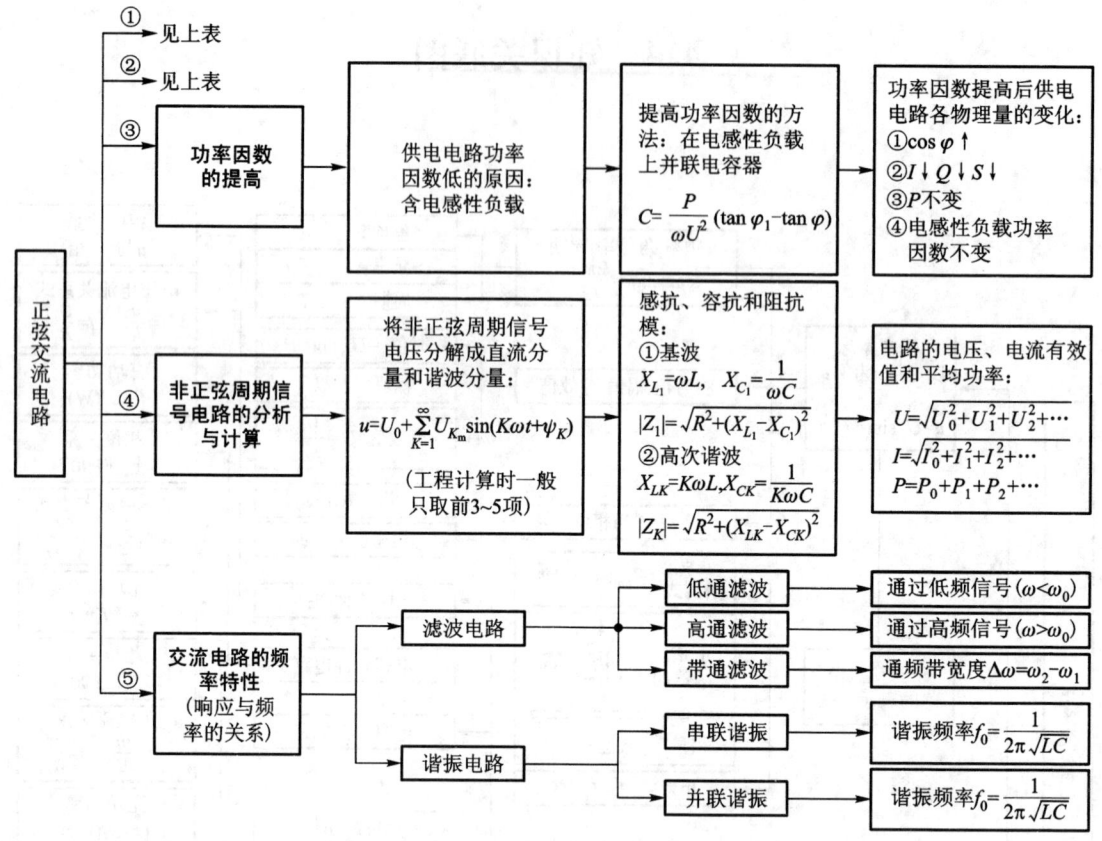

4.5 【练习与思考】题解

4.1.1 在某电路中，$i = 100\sin\left(6\,280t - \dfrac{\pi}{4}\right)$ mA，(1) 试指出它的频率、周期、角频率、幅值、有效值及初相位各为多少；(2) 画出波形图；(3) 如果 i 的参考方向选得相反，写出它的三角函数式，画出波形图，并问(1)中各项有无改变？

解：本题的正弦电流的三角函数式为

$$i = I_m \sin(\omega t + \psi) = 100\sin\left(6\,280t - \dfrac{\pi}{4}\right) \text{ mA}$$

由此可知

(1) 角频率 $\omega = 6\,280$ rad/s

频率 $f = \dfrac{\omega}{2\pi} = \dfrac{6\,280}{2\pi}$ Hz $= 1\,000$ Hz

周期 $T = \dfrac{1}{f} = \dfrac{1}{1\,000}$ s $= 0.001$ s $= 1$ ms

幅值 $I_m = 100$ mA

有效值 $I = \dfrac{I_m}{\sqrt{2}} = \dfrac{100}{\sqrt{2}}$ mA $= 70.7$ mA

初相位 $\psi = -\dfrac{\pi}{4}$ rad

(2)波形图如题解图 4.01(a)所示。

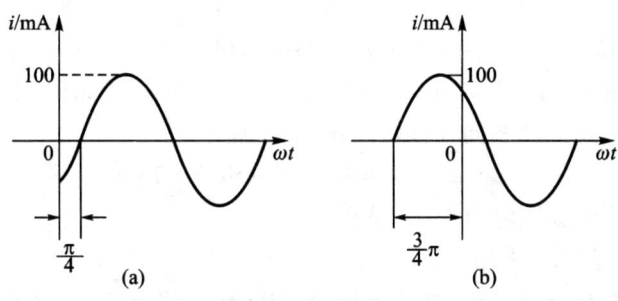

题解图 4.01　练习与思考 4.1.1 的解

(3)如果 i 的参考方向选得相反,它的:

① 三角函数式 $i = 100\sin\left(6\,280t - \dfrac{\pi}{4} + \pi\right)$

$\qquad\qquad\qquad\qquad = 100\sin\left(6\,280t + \dfrac{3}{4}\pi\right)$ mA

② 波形图如题解图 4.01(b)所示。
③ (1)中各项有无改变？

ω、f、T、I_m 和 I 均无改变,只有初相位 ψ 变为 $+\dfrac{3}{4}\pi$ rad。

4.1.2　设 $i = 100\sin\left(\omega t - \dfrac{\pi}{4}\right)$ mA,试求在下列情况下电流的瞬时值:(1) $f = 1\,000$ Hz, $t = 0.375$ ms;(2) $\omega t = 1.25\,\pi$ rad;(3) $\omega t = 90°$;(4) $t = \dfrac{7}{8}T$。

解：正弦电流 $i = 100\sin\left(\omega t - \dfrac{\pi}{4}\right)$ mA,下列情况下电流的瞬时值为

(1)当 $f = 1\,000$ Hz, $t = 0.375$ ms 时

$$i = 100\sin\left(2\pi \times 1\,000 \times 0.375 \times 10^{-3} - \dfrac{\pi}{4}\right) \text{ mA}$$

$$= 100\sin(0.75\pi - 0.25\pi)\text{ mA} = 100\sin\dfrac{\pi}{2}\text{ mA} = 100\text{ mA}$$

(2)当 $\omega t = 1.25\,\pi$ rad 时

$$i = 100\sin\left(1.25\pi - \dfrac{\pi}{4}\right)\text{ mA} = 100\sin\pi\text{ mA} = 0$$

(3)当 $\omega t = 90°$ 时

$$i = 100\sin\left(\dfrac{\pi}{2} - \dfrac{\pi}{4}\right)\text{ mA} = 100\sin\dfrac{\pi}{4}\text{ mA} = 70.7\text{ mA}$$

(4)当 $t = \dfrac{7}{8}T$ 时

$$i = 100\sin\left(\omega t - \frac{\pi}{4}\right) = 100\sin\left(\frac{2\pi}{T} \times \frac{7}{8}T - \frac{\pi}{4}\right)$$
$$= 100\sin\left(\frac{14}{8}\pi - \frac{\pi}{4}\right)\text{mA} = 100\sin\frac{12}{8}\pi\text{ mA} = 100\sin\frac{3}{2}\pi\text{ mA} = -100\text{ mA}$$

4.1.3 已知 $i_1 = 15\sin(314t + 45°)$ A,$i_2 = 10\sin(314t - 30°)$ A,(1) 试问 i_1 与 i_2 的相位差等于多少?(2) 画 i_1 和 i_2 的波形图;(3) 在相位上比较 i_1 和 i_2,谁超前,谁滞后。

解:(1) 因为 i_1 和 i_2 频率相同,所以它们的相位差为
$$\varphi = \varphi_1 - \varphi_2 = 45° - (-30°) = 75°$$

(2) i_1 和 i_2 的波形图如题解图 4.02 所示。

(3) 在相位上,i_1 超前,i_2 滞后。

4.1.4 $i_1 = 15\sin(100\pi t + 45°)$ A,$i_2 = 10\sin(200\pi t - 30°)$ A,两者相位差为 75°,对不对?

解:不对。因为 i_1 和 i_2 的频率不同。只有两个同频率的正弦量才能比较它们的相位,才存在相位差。

4.1.5 根据本书规定的符号,写成 $I = 15\sin(314t + 45°)$ A,$i = I\sin(\omega t + \psi)$,对不对?

解:(1) 把电流的三角函数式写成 $I = 15\sin(314t + 45°)$ A,不对。应将 I 改为 i。

(2) 把电流的三角函数式写成 $i = I\sin(\omega t + \psi)$,也不对。应将 I 改为 I_m。

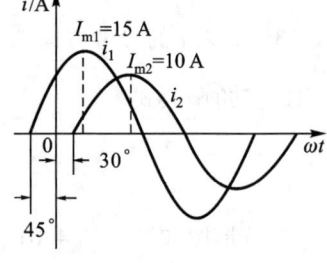

题解图 4.02 练习与思考 4.1.3 的解

4.1.6 已知某正弦电压在 $t = 0$ 时为 220 V,其初相位为 45°,试问它的有效值等于多少?

解:本题的正弦电压可表示为
$$u = U_m \sin(\omega t + 45°)\text{ V}$$

当 $t = 0$ 时
$$u = U_m \sin 45° = \sqrt{2}U \sin 45° = 220\text{ V}$$

所以该电压的有效值为
$$U = \frac{220}{\sqrt{2}\sin 45°}\text{ V} = 220\text{ V}$$

4.1.7 设 $i = 10\sin\omega t$ mA,请改正图 4.1.7 中的三处错误。

解:(1) 坐标原点,写上 O。

(2) 横坐标箭头处把 t 改成 ωt。

(3) 纵坐标箭头处把 i 改成 i/mA。

4.2.1 已知复数 $A = -8 + j6$ 和 $B = 3 + j4$,试求 $A + B$,$A - B$,AB 和 A/B。

解:(1) $A + B = (-8 + j6) + (3 + j4) = -5 + j10$

(2) $A - B = (-8 + j6) - (3 + j4) = -11 + j2$

(3) $AB = (-8 + j6)(3 + j4) = -24 + j18 - j32 - 24 = -48 - j14$

图 4.1.7 练习与思考 4.1.7 的图

(4) $\dfrac{A}{B} = \dfrac{-8+j6}{3+j4} = \dfrac{(-8+j6)(3-j4)}{(3+j4)(3-j4)} = \dfrac{-24+j18+j32+24}{3^2-(j4)^2} = \dfrac{j50}{9+16} = j2$

4.2.2 已知相量 $\dot{I}_1 = (2\sqrt{3}+j2)$ A，$\dot{I}_2 = (-2\sqrt{3}+j2)$ A，$\dot{I}_3 = (-2\sqrt{3}-j2)$ A 和 $\dot{I}_4 = (2\sqrt{3}-j2)$ A，试把它们化为极坐标式，并写成正弦量 i_1, i_2, i_3 和 i_4。

解：(1) $\dot{I}_1 = (2\sqrt{3}+j2)$ A

极坐标式为

$$\dot{I}_1 = \sqrt{(2\sqrt{3})^2 + 2^2} \underline{/\arctan\dfrac{2}{2\sqrt{3}}}\ \text{A} = 4\underline{/30°}\ \text{A}$$

正弦函数式为

$$i_1 = 4\sqrt{2}\sin(\omega t + 30°)\ \text{A}$$

(2) $\dot{I}_2 = (-2\sqrt{3}+j2)$ A

极坐标式为

$$\dot{I}_2 = \sqrt{(-2\sqrt{3})^2 + 2^2} \underline{/\arctan\dfrac{2}{-2\sqrt{3}}}\ \text{A} = 4\underline{/150°}\ \text{A}$$

正弦函数式为

$$i_2 = 4\sqrt{2}\sin(\omega t + 150°)\ \text{A}$$

(3) $\dot{I}_3 = (-2\sqrt{3}-j2)$ A

极坐标式为

$$\dot{I}_3 = \sqrt{(-2\sqrt{3})^2 + (-2)^2} \underline{/\arctan\dfrac{-2}{-2\sqrt{3}}}\ \text{A} = 4\underline{/-150°}\ \text{A}$$

正弦函数式为

$$i_3 = 4\sqrt{2}\sin(\omega t - 150°)\ \text{A}$$

(4) $\dot{I}_4 = (2\sqrt{3}-j2)$ A

极坐标式为

$$\dot{I}_4 = \sqrt{(2\sqrt{3})^2 + (-2)^2} \underline{/\arctan\dfrac{-2}{2\sqrt{3}}}\ \text{A} = 4\underline{/-30°}\ \text{A}$$

正弦函数式为

$$i_4 = 4\sqrt{2}\sin(\omega t - 30°)\ \text{A}$$

4.2.3 将 4.2.2 题中各正弦电流用相量图和正弦波形表示。

解：4.2.2 题中各正弦电流的相量图和正弦波形图如题解图 4.03(a)、(b)所示。

4.2.4 写出下列正弦电压的相量式，画出相量图，并求其和：

(1) $u = 10\sqrt{2}\sin\omega t$ V；

(2) $u = 10\sqrt{2}\sin\left(\omega t + \dfrac{\pi}{2}\right)$ V；

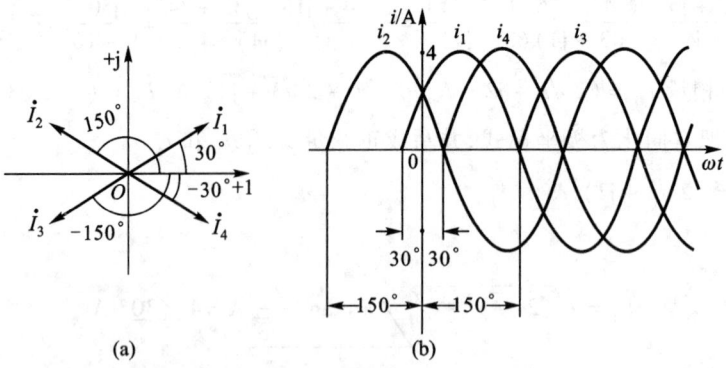

题解图 4.03 练习与思考 4.2.3 的解

(3) $u = 10\sqrt{2}\sin\left(\omega t - \dfrac{\pi}{2}\right)$ V；

(4) $u = 10\sqrt{2}\sin\left(\omega t - \dfrac{3\pi}{4}\right)$ V。

解：(1) $u_1 = 10\sqrt{2}\sin\omega t$ V，$\dot{U}_1 = 10\angle 0°$ V = $(10\cos 0° + j10\sin 0°)$ V = 10 V

(2) $u_2 = 10\sqrt{2}\sin\left(\omega t + \dfrac{\pi}{2}\right)$ V，$\dot{U}_2 = 10\angle 90°$ V = $(10\cos 90° + j10\sin 90°)$ V = j10 V

(3) $u_3 = 10\sqrt{2}\sin\left(\omega t - \dfrac{\pi}{2}\right)$ V，$\dot{U}_3 = 10\angle -90°$ V = $[10\cos(-90°) + j10\sin(-90°)]$ V = -j10 V

(4) $u_4 = 10\sqrt{2}\sin\left(\omega t - \dfrac{3\pi}{4}\right)$ V

$\dot{U}_4 = 10\angle -135°$ V = $[10\cos(-135°) + j10\sin(-135°)]$ V = $(-7.07 - j7.07)$ V

$\dot{U} = \dot{U}_1 + \dot{U}_2 + \dot{U}_3 + \dot{U}_4 = (10 + j10 - j10 - 7.07 - j7.07)$ V = $(2.93 - j7.07)$ V = $7.65\angle -67.5°$ V

相量图如题解图 4.04 所示。

4.2.5 指出下列各式的错误：

(1) $i = 5\sin(\omega t - 30°) = 5e^{-j30°}$ A；

(2) $U = 100e^{j45°}$ V = $100\sqrt{2}\sin(\omega t + 45°)$ V；

(3) $i = 10\sin\omega t$；

(4) $I = 10\angle 30°$ A；

(5) $\dot{I} = 20e^{20°}$ A。

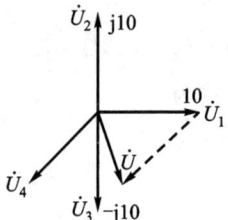

题解图 4.04 练习与思考 4.2.4 的解

解：(1) 有一处错误：正弦函数式与相量式不能画等号。有一处不妥：从应用角度看，相量常用有效值形式。正确表示法应为

$$i = 5\sin(\omega t - 30°) \text{ A} \quad 或 \quad \dot{I} = \dfrac{5}{\sqrt{2}}e^{-j30°} \text{ A}$$

(2) 有两处错误。第一处：有效值相量没打"·"。第二处：相量和正弦函数不能画等号。正确表示法应为

$$\dot{U} = 100e^{j45°}\text{V} \quad 或 \quad u = 100\sqrt{2}\sin(\omega t + 45°) \text{ V}$$

(3)有一处错误:没有电流的单位。

(4)有一处错误:有效值相量没打"·"。正确表示法应为 $\dot{I} = 10 \angle 30°$ A。

(5)有一处错误:指数上缺少 j。正确表示法应为 $\dot{I} = 20e^{j20°}$ A。

4.2.6 已知两正弦电流 $i_1 = 8\sin(\omega t + 60°)$ A 和 $i_2 = 6\sin(\omega t - 30°)$ A,试用复数计算电流 $i = i_1 + i_2$,并画出相量图。

解:
$$i = i_1 + i_2 = 8\sin(\omega t + 60°) + 6\sin(\omega t - 30°)$$

用复数计算

$$\dot{I}_m = \dot{I}_{m1} + \dot{I}_{m2}$$
$$= (8\angle 60° + 6\angle -30°) \text{ A}$$
$$= (8\cos 60° + j8\sin 60°) \text{ A} + (6\cos 30° - j6\sin 30°) \text{ A}$$
$$= (4 + j6.93) \text{ A} + (5.2 - j3) \text{ A} = (9.2 + j3.93) \text{ A} = 10\angle 23.1° \text{ A}$$

所以正弦电流为
$$i = 10\sin(\omega t + 23.1°) \text{ A}$$

相量图如题解图 4.05 所示。

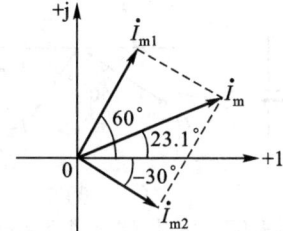

题解图 4.05　练习与思考 4.2.6 的解

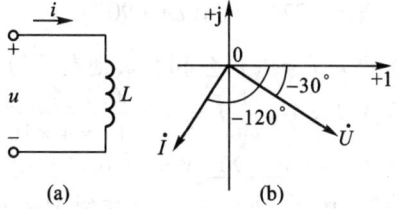

题解图 4.06　练习与思考 4.3.1 的解

4.3.1 在图 4.3.2(a)所示的电感元件的正弦交流电路中,$L = 100$ mH,$f = 50$ Hz,(1)已知 $i = 7\sqrt{2}\sin\omega t$ A,求电压 u;(2)已知 $\dot{U} = 127\angle -30°$ V,求 $\dot{I}$,并画出相量图。

解:将图 4.3.2(a)所示电感元件电路重画如题解图 4.06(a)所示电路,其中 $L = 100$ mH,电源频率 $f = 50$ Hz。

(1)已知电流为
$$i = I_m\sin\omega t = 7\sqrt{2}\sin\omega t \text{ A}$$

式中,$\omega = 2\pi f = 2\pi \times 50$ rad/s $= 314$ rad/s。

电压为
$$u = L\frac{di}{dt} = U_m\sin(\omega t + 90°)$$

式中,$U_m = X_L I_m = \omega L I_m = 314 \times 100 \times 10^{-3} \times 7\sqrt{2}$ V $= 220\sqrt{2}$ V

所以
$$u = 220\sqrt{2}\sin(\omega t + 90°) \text{ V}$$

(2)已知 $\dot{U} = 127\angle -30°$ V,则电流为
$$\dot{I} = \frac{\dot{U}}{jX_L} = \frac{127\angle -30°}{j314 \times 100 \times 10^{-3}} \text{ A} = \frac{127\angle -30°}{31.4\angle 90°} \text{ A} = 4.04\angle -120° \text{ A}$$

电流 $\dot{I}$ 和电压 $\dot{U}$ 的相量图如题解图 4.06(b) 所示。

4.3.2 在图 4.3.4(a) 所示的电容元件的正弦交流电路中，$C = 4~\mu\text{F}$，$f = 50~\text{Hz}$，(1) 已知 $u = 220\sqrt{2}\sin\omega t$ V，求电流 i；(2) 已知 $\dot{I} = 0.1\angle{-60°}$ A，求 $\dot{U}$，并画出相量图。

解：将图 4.3.4(a) 所示电容元件电路重画如题解图 4.07(a) 所示电路，其中 $C = 4~\mu\text{F}$，电源频率 $f = 50~\text{Hz}$。

(1) 已知电压为
$$u = 220\sqrt{2}\sin\omega t~\text{V}$$
式中
$$\omega = 2\pi f = 2\pi \times 50~\text{rad/s} = 314~\text{rad/s}$$
电流为
$$i = C\frac{\mathrm{d}u}{\mathrm{d}t} = I_m\sin(\omega t + 90°)$$
式中
$$I_m = \frac{U_m}{X_C} = \frac{U_m}{\dfrac{1}{\omega C}} = \omega C U_m = 314 \times 4 \times 10^{-6} \times 220\sqrt{2}~\text{A} = 0.276\sqrt{2}~\text{A}$$

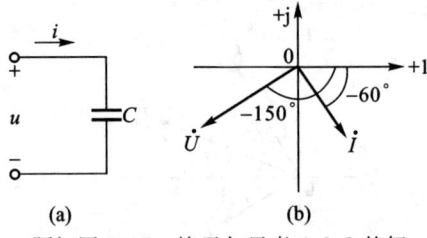

(a)　　　(b)

题解图 4.07　练习与思考 4.3.2 的解

所以
$$i = 0.276\sqrt{2}\sin(\omega t + 90°)~\text{A}$$

(2) 已知 $\dot{I} = 0.1\angle{-60°}$ A，则电压为
$$\dot{U} = -\mathrm{j}X_C\dot{I} = -\mathrm{j}\frac{1}{\omega C}\dot{I} = -\mathrm{j}\frac{0.1\angle{-60°}}{314\times 4\times 10^{-6}}~\text{V}$$
$$= 79.6\angle{-60°-90°}~\text{V} = 79.6\angle{-150°}~\text{V}$$

电流 $\dot{I}$ 和电压 $\dot{U}$ 的相量图如题解图 4.07(b) 所示。

4.3.3 指出下列各式哪些是对的，哪些是错的。
$$\frac{u}{i} = X_L,\quad \frac{U}{I} = \mathrm{j}\omega L,\quad \frac{\dot{U}}{\dot{I}} = X_L,\quad \dot{I} = -\mathrm{j}\frac{\dot{U}}{\omega L}$$
$$u = L\frac{\mathrm{d}i}{\mathrm{d}t},\quad \frac{U}{I} = X_C,\quad \frac{U}{I} = \omega C,\quad \dot{U} = -\frac{\dot{I}}{\mathrm{j}\omega C}$$

解：本题中各式是关于电感元件和电容元件电压与电流关系的表达式。

(1) $\dfrac{u}{i} = X_L$　此式错　应改为 $\dfrac{U}{I} = X_L$

(2) $\dfrac{U}{I} = \mathrm{j}\omega L$　此式错　应改为 $\dfrac{\dot{U}}{\dot{I}} = \mathrm{j}\omega L$

(3) $\dfrac{\dot{U}}{\dot{I}} = X_L$　此式错　应改为 $\dfrac{\dot{U}}{\dot{I}} = \mathrm{j}X_L$

(4) $\dot{I} = -\mathrm{j}\dfrac{\dot{U}}{\omega L}$　此式正确　此式也可写为 $\dot{I} = \dfrac{\dot{U}}{\mathrm{j}\omega L}$

(5) $u = L\dfrac{\mathrm{d}i}{\mathrm{d}t}$　此式正确

(6) $\dfrac{U}{I} = X_C$ 此式正确

(7) $\dfrac{U}{I} = \omega C$ 此式错   应改为 $\dfrac{U}{I} = \dfrac{1}{\omega C}$

(8) $\dot{U} = -\dfrac{\dot{I}}{\mathrm{j}\omega C}$ 此式错   应改为 $\dot{U} = -\mathrm{j}\dfrac{\dot{I}}{\omega C}$

4.3.4 在图 4.3.6 所示的电路中,设 $i = 2\sin 6\,280t$ mA,试分析电流在 R 和 C 两个支路之间的分配,并估算电容器两端电压的有效值。

解:(1)电流分配

$$X_C = \dfrac{1}{\omega C} = \dfrac{1}{6\,280 \times 50 \times 10^{-6}}\ \Omega = 3.18\ \Omega$$

因为 $X_C \ll R$,所以电流 i 几乎全部通过电容器。

(2)电容器的端电压

$$U_C = X_C I = 3.18 \times \dfrac{2}{\sqrt{2}} \times 10^{-3}\ \text{V} = 4.48 \times 10^{-3}\ \text{V}$$

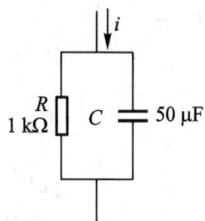

图 4.3.6 练习与思考 4.3.4 的图

4.3.5 在图 4.3.7 所示电路中,当电源频率升高或降低时,各个电流表的读数有何变动?

解:因 $x_L = \omega L$, $x_C = \dfrac{1}{\omega C}$,而 R 与 ω 无关,u 一定,则当电源频率升高时,$x_L \uparrow$、$x_C \downarrow$,故 Ⓐ₁ 不变、Ⓐ₂ 减小、Ⓐ₃ 增大。

当电源频率降低时,$x_L \downarrow$、$x_C \uparrow$,故 Ⓐ₁ 不变、Ⓐ₂ 增大、Ⓐ₃ 减小。

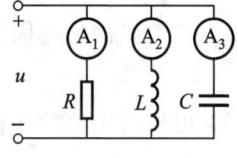

图 4.3.7 练习与思考 4.3.5 的图

4.4.1 用下列各式表示 RC 串联电路中的电压和电流,哪些式子是错的?哪些是对的?

$$i = \dfrac{u}{|Z|},\quad I = \dfrac{U}{R + X_C},\quad \dot{I} = \dfrac{\dot{U}}{R - \mathrm{j}\omega C},\quad I = \dfrac{U}{|Z|}$$

$$u = u_R + u_C,\quad U = U_R + U_C,\quad \dot{U} = \dot{U}_R + \dot{U}_C,\quad u = Ri + \dfrac{1}{C}\int i\,dt$$

$$U_R = \dfrac{R}{\sqrt{R^2 + X_C^2}}U,\quad \dot{U}_C = -\dfrac{\mathrm{j}\dfrac{1}{\omega C}}{R + \dfrac{1}{\mathrm{j}\omega C}}\dot{U}$$

解:本题共有 10 个关系式。

(1) $i = \dfrac{u}{|Z|}$ 错   应为 $I = \dfrac{U}{|Z|}$

(2) $I = \dfrac{U}{R + X_C}$ 错   应为 $I = \dfrac{U}{\sqrt{R^2 + X_C^2}}$

(3) $\dot{I} = \dfrac{\dot{U}}{R - \mathrm{j}\omega C}$ 错   应为 $\dot{I} = \dfrac{\dot{U}}{R - \mathrm{j}X_C} = \dfrac{\dot{U}}{R - \mathrm{j}\dfrac{1}{\omega C}}$

(4) $I = \dfrac{U}{|Z|}$ 对

(5) $u = u_R + u_C$ 对

(6) $U = U_R + U_C$ 错 应为 $U = \sqrt{U_R^2 + U_C^2}$

(7) $\dot{U} = \dot{U}_R + \dot{U}_C$ 对

(8) $u = Ri + \dfrac{1}{C}\int i\,dt$ 对

(9) $U_R = \dfrac{R}{\sqrt{R^2 + X_C^2}} U$ 对

(10) $\dot{U}_C = -\dfrac{j\dfrac{1}{\omega C}}{R + \dfrac{1}{j\omega C}} \dot{U}$ 对 因为 $\dot{U}_C = \dfrac{\dfrac{1}{j\omega C}}{R + \dfrac{1}{j\omega C}} \dot{U} = -\dfrac{j\dfrac{1}{\omega C}}{R + \dfrac{1}{j\omega C}} \dot{U}$

4.4.2 RL串联电路的阻抗 $Z = (4 + j3)\,\Omega$，试问该电路的电阻和感抗各为多少？并求电路的功率因数和电压与电流间的相位差。

解：(1) 该电路的电阻 $R = 4\,\Omega$，感抗 $X_L = 3\,\Omega$。

(2) 该电路的功率因数 $\cos\varphi = \dfrac{R}{\sqrt{R^2 + X_L^2}} = \dfrac{4}{\sqrt{4^2 + 3^2}} = 0.8$

(3) 电压与电流的相位差 $\varphi = \arctan\dfrac{X_L}{R} = \arctan\dfrac{3}{4} = 36.9°$

4.4.3 计算下列各题，并说明电路的性质：

(1) $\dot{U} = 10\angle 30°$ V， $Z = (5 + j5)\,\Omega$， $\dot{I} = ?$ $P = ?$

(2) $\dot{U} = 30\angle 15°$ V， $\dot{I} = -3\angle -165°$ A， $R = ?$ $X = ?$ $P = ?$

(3) $\dot{U} = -100\angle 30°$ V， $\dot{I} = 5e^{-j60°}$ A， $R = ?$ $X = ?$ $P = ?$

解：(1) $\dot{I} = \dfrac{\dot{U}}{Z} = \dfrac{10\angle 30°}{5 + j5}$ A $= \dfrac{10\angle 30°}{\sqrt{5^2+5^2}\angle \arctan\frac{5}{5}}$ A $= \dfrac{10\angle 30°}{5\sqrt{2}\angle 45°}$ A $= \sqrt{2}\angle -15°$ A

$$P = I^2 R = (\sqrt{2})^2 \times 5 \text{ W} = 10 \text{ W}$$

电感性电路。

(2) $Z = \dfrac{\dot{U}}{\dot{I}} = \dfrac{30\angle 15°}{-3\angle -165°}$ Ω $= \dfrac{30\angle 15°}{3\angle -165° + 180°}$ Ω $= \dfrac{30\angle 15°}{3\angle 15°}$ Ω $= 10\angle 0° = 10$ Ω

此电路为纯电阻电路，$R = 10\,\Omega, X = 0$。

$$P = I^2 R = 3^2 \times 10 \text{ W} = 90 \text{ W}$$

(3) $Z = \dfrac{\dot{U}}{\dot{I}} = \dfrac{-100\angle 30°}{5e^{-j60°}}$ Ω $= \dfrac{100\angle 30° - 180°}{5\angle -60°}$ Ω $= \dfrac{100\angle -150°}{5\angle -60°}$ Ω $= 20\angle -90°$ Ω

$\qquad = -j20$ Ω

此电路为纯电容性电路，$R = 0, X = X_C = 20\,\Omega$。

$P = I^2 R = 5^2 \times 0 = 0$（或者，电容器是储能元件，不消耗有功能量，所以 $P = 0$）。

4.4.4 有一 RLC 串联的交流电路,已知 $R = X_L = X_C = 10 \text{ Ω}, I = 1 \text{ A}$,试求其两端的电压 U。

解:因为 $X_L = X_C$,电路发生串联谐振,电路性质变为纯电阻电路。因而电路两端的电压为
$$U = IR = (1 \times 10) \text{ V} = 10 \text{ V}$$

4.4.5 RLC 串联交流电路的功率因数 $\cos\varphi$ 是否一定小于 1?

解:RLC 串联交流电路功率因数关系式为
$$\cos\varphi = \frac{R}{|Z|} = \frac{R}{\sqrt{R^2 + (X_L - X_C)^2}}$$

(1) 一般情况下,$X_L - X_C \neq 0, \cos\varphi$ 小于 1。

(2) 当发生串联谐振时 $X_L - X_C = 0, \cos\varphi = 1$。

所以,RLC 串联交流电路的功率因数 $\cos\varphi$ 不一定小于 1。

4.4.6 在例 4.4.1 中,$U_C > U$,即部分电压大于电源电压,为什么?在 RLC 串联电路中,是否还可能出现 $U_L > U$? $U_R > U$?

解:为分析以上问题,现将例 4.4.1 的 RLC 串联电路画出,如题解图 4.08(a)所示,并将其电压、电流相量图改画成如题解图 4.08(b)所示。

在例 4.4.1 中,容抗 $X_C = 80 \text{ Ω}$,而总阻抗模 $|Z| = 50 \text{ Ω}$。由于容抗 $X_C > |Z|$,所以电容电压 $U_C >$ 电源电压 U。就一般情况而言,可做如下分析。

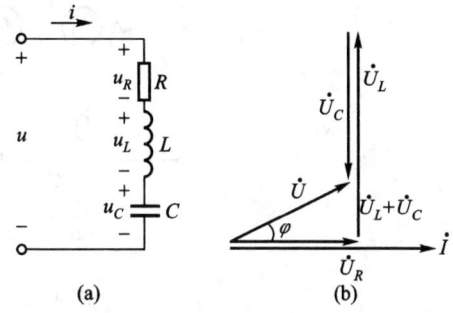

题解图 4.08 练习与思考 4.4.6 的解

(1) 从关系式上看
$$|Z| = \sqrt{R^2 + (X_L - X_C)^2} \qquad U = \sqrt{U_R^2 + (U_L - U_C)^2}$$

可以看出:X_L 和 X_C 的数值均有可能大于 $|Z|$,U_L 和 U_C 的数值均有可能大于 U;而 R 的数值不可能大于 $|Z|$,U_R 的数值不可能大于 U。

(2) 从相量图上看

由题解图 4.08(b)可以看出:$\dot{U}_R$、$(\dot{U}_L + \dot{U}_C)$ 和 $\dot{U}$ 构成一个电压三角形。$(\dot{U}_L + \dot{U}_C)$ 是一个直角边,$\dot{U}_R$ 是另一个直角边。还可以看出,电压相量 $\dot{U}_L$ 和 $\dot{U}_C$ 的长度均有可能大于电源电压 $\dot{U}$ 的长度,而电压相量 $\dot{U}_R$ 的长度不可能大于电源电压 $\dot{U}$ 的长度。

(3) 结论:在 RLC 串联交流电路中,$U_L > U$ 和 $U_C > U$ 是可能出现的,而 $U_R > U$ 是不可能出现的。

4.4.7 有一 RC 串联电路,已知 $R = 4 \text{ Ω}, X_C = 3 \text{ Ω}$,电源电压 $\dot{U} = 100 \angle 0° \text{ V}$,试求电流 $\dot{I}$。

解:
$$\dot{I} = \frac{\dot{U}}{Z} = \frac{\dot{U}}{R - jX_C} = \frac{100 \angle 0°}{4 - j3} \text{ A} = \frac{100 \angle 0°}{\sqrt{4^2 + 3^2} \angle \arctan\frac{-3}{4}} \text{ A}$$
$$= \frac{100 \angle 0°}{5 \angle -36.9°} \text{ A} = 20 \angle 36.9° \text{ A}$$

4.5.1 有图 4.5.6 所示的四个电路,每个电路图下的电压、电流和电路阻抗模的答案对不对?

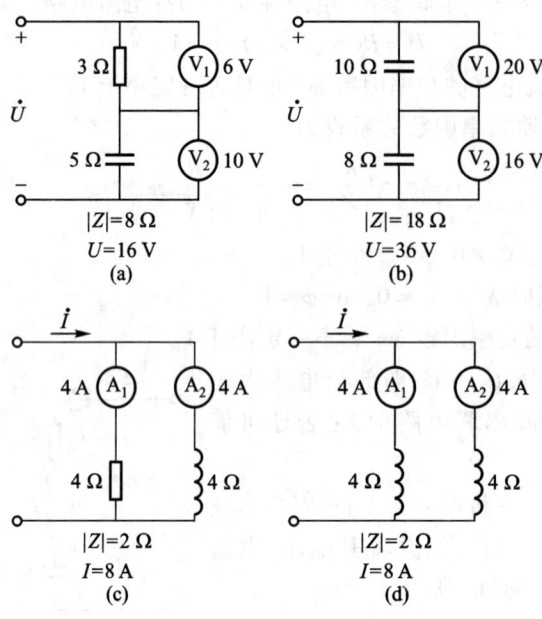

图 4.5.6 练习与思考 4.5.1 的图

解：(1) 在图 4.5.6(a)中，$|Z|=8\ \Omega$，不对，因为电阻元件和电容元件性质不同，电阻 3 Ω 和容抗 5 Ω 不能直接相加。$U=16\ V$，也不对，因为电阻电压和电容电压不同相，电阻电压 6 V 和电容电压 10 V 不能直接相加。

(2) 在图 4.5.6(b)中，$|Z|=18\ \Omega$，对，因为两个电容元件性质相同，容抗 10 Ω 和容抗 8 Ω 可以直接相加。$U=36\ V$，也对，因为两个电容元件电压同相，20 V 和 16 V 可以直接相加。

(3) 在图 4.5.6(c)中，$|Z|=2\ \Omega$，不对，因为电阻元件和电感元件性质不同，$|Z|$不等于 $\frac{4\times 4}{4+4}\ \Omega = 2\ \Omega$。$I=8\ A$，也不对，因为电阻元件和电感元件的两个电流不同相，4 A 和 4 A 不能直接相加。

(4) 在图 4.5.6(d)中，$|Z|=2\ \Omega$，对，因为两个电感元件性质相同，$|Z|$等于 $\frac{4\times 4}{4+4}\ \Omega = 2\ \Omega$。$I=8\ A$，也对，因为两个电感元件的电流同相，4 A 和 4 A 可以直接相加。

4.5.2 计算图 4.5.7 所示两电路的阻抗 Z_{ab}。

解：(1) 图 4.5.7(a)

$$Z_{ab} = \frac{(-j1)(1+j1)}{(-j1)+(1+j1)}\ \Omega = -j(1+j)\ \Omega = (1-j)\ \Omega$$

$$= \sqrt{1^2+1^2}\ \underline{/\arctan\frac{-1}{1}}\ \Omega = \sqrt{2}\underline{/-45°}\ \Omega$$

(2) 图 4.5.7(b)

$$Z_{ab} = 1 + \frac{1 \times (1+j1)}{1+(1+j1)} \,\Omega = 1 + \frac{1+j}{2+j} \,\Omega$$

$$= \frac{2+j+1+j}{2+j} \,\Omega = \frac{3+j2}{2+j} \,\Omega$$

$$= \frac{(3+j2)(2-j)}{(2+j)(2-j)} \,\Omega = \frac{6+j4-j3+2}{4+1} \,\Omega$$

$$= \frac{8+j}{5} \,\Omega = (1.6+j0.2) \,\Omega$$

$$= \sqrt{1.6^2+0.2^2} \,\bigg/\arctan\frac{0.2}{1.6}\, \Omega = 1.61 \,\angle 7.13°\, \Omega$$

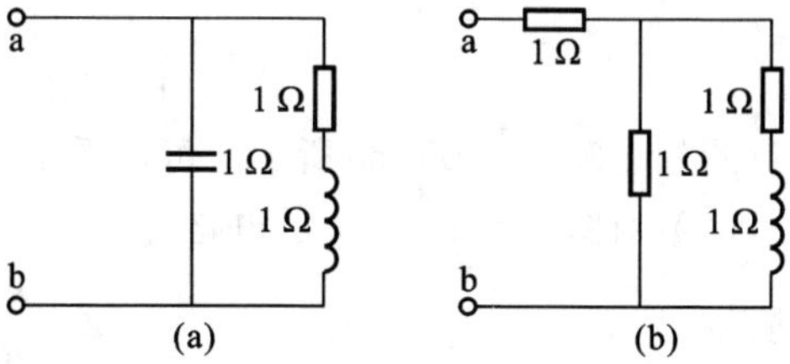

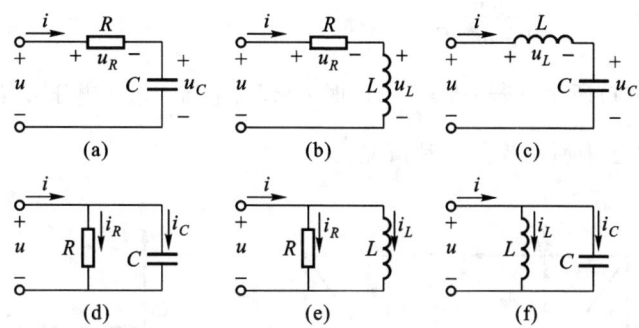

图 4.5.7 练习与思考 4.5.2 的图

4.5.3 电路如图 4.5.8 所示,试求各电路的阻抗,画出相量图,并问电流 i 较电压 u 滞后还是超前?

图 4.5.8 练习与思考 4.5.3 的图

解:(1) 对图 4.5.8(a)所示电路

复阻抗
$$Z = R - j\frac{1}{\omega C} = R + \frac{1}{j\omega C}$$

相量图如题解图 4.09(a)所示。可以看出,电流 i 超前电压 u。

(2) 对图 4.5.8(b)所示电路

复阻抗
$$Z = R + j\omega L$$

相量图如题解图 4.09(b)所示。可以看出,电流 i 滞后电压 u。

(3) 对图 4.5.8(c)所示电路

复阻抗
$$Z = j\omega L - j\frac{1}{\omega C} = j\omega L + \frac{1}{j\omega C}$$

相量图如题解图 4.09(c)所示。若 $\omega L > \frac{1}{\omega C}$,则电流 i 滞后电压 u;若 $\frac{1}{\omega C} > \omega L$,则电流 i 超前电压 u(图中所示为前一种情况)。

(4) 对图 4.5.8(d)所示电路

复阻抗
$$Z = \frac{R\left(-j\frac{1}{\omega C}\right)}{R-j\frac{1}{\omega C}} = \frac{-j\frac{R}{\omega C}}{R+\frac{1}{j\omega C}} = \frac{\frac{R}{j\omega C}}{\frac{1+j\omega CR}{j\omega C}}$$

$$= \frac{R}{1+\mathrm{j}\omega CR}$$

相量图如题解图 4.09(d)所示。可以看出,电流 i 超前电压 u。

(5) 对图 4.5.8(e)所示电路

复阻抗
$$Z = \frac{R(\mathrm{j}\omega L)}{R+\mathrm{j}\omega L} = \frac{\mathrm{j}\omega LR}{R+\mathrm{j}\omega L}$$

相量图如题解图 4.09(e)所示。可以看出,电流 i 滞后电压 u。

(6) 对图 4.5.8(f)所示电路

复阻抗
$$Z = \frac{\mathrm{j}\omega L\left(-\mathrm{j}\dfrac{1}{\omega C}\right)}{\mathrm{j}\omega L - \mathrm{j}\dfrac{1}{\omega C}} = \frac{\mathrm{j}\omega L\dfrac{1}{\mathrm{j}\omega C}}{\mathrm{j}\omega L + \dfrac{1}{\mathrm{j}\omega C}} = \frac{\dfrac{L}{C}}{\dfrac{1-\omega^2 LC}{\mathrm{j}\omega C}}$$

$$= \frac{\mathrm{j}\omega L}{1-\omega^2 LC}$$

相量图如题解图 4.09(f)所示。若 $\omega L > \dfrac{1}{\omega C}$,此时 $I_L < I_C$,电流 i 超前电压 u;若 $\dfrac{1}{\omega C} > \omega L$,此时 $I_C < I_L$,电流 i 滞后电压 u(图中所示为前一种情况)。

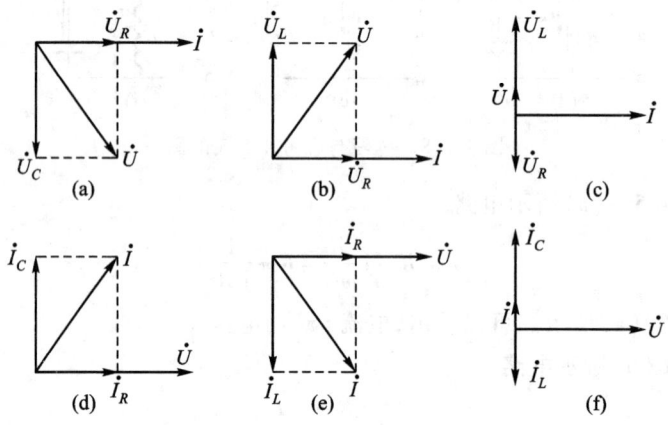

题解图 4.09 练习与思考 4.5.3 的解

4.5.4 在图 4.5.9 所示的电路中,$X_L = X_C = R$,并已知电流表 A_1 的读数为 3 A,试问 A_2 和 A_3 的读数为多少?

解:(1)图 4.5.9 所示电路为 RLC 并联电路,因为 $X_L = X_C = R$,所以各元件中电流的数值相等,即 $I_L = I_C = I_R$,相量图如题解图 4.10 所示。

(2)在相量图上可以看出,电感电流 $\dot{I}_L$ 和电容电流 $\dot{I}_C$ 大小相等,相位相反,所以电流表 A_1 所测量的总电流 I_1 实际上就是电阻电流 I_R,即 $I_R = I_1 = 3$ A。由此推知,I_L 和 I_C 均为 3 A,电流表 A_3 的读数为 3 A。

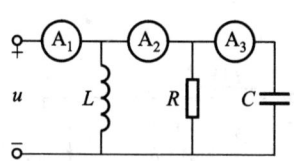

图4.5.9 练习与思考4.5.4的图

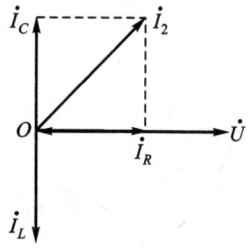

题解图4.10 练习与思考4.5.4的解

(3) 电流表 A_2 所测量的电流是电阻电流 $\dot{I}_R$ 和电容电流 $\dot{I}_C$ 的总和。由相量图可知，$\dot{I}_2 = \dot{I}_R + \dot{I}_C$，其数值为 $3\sqrt{2}$ A，即 A_2 的读数为 $3\sqrt{2}$ A。

4.7.1 图4.7.9(a)中，L 与 C 似乎是并联的，为什么说是串联谐振电路？

解： 在实际应用中，图4.7.9(a)所示电路是无线电接收设备的输入电路，它后面的电路(即箭头1,2所指处)的阻抗很大(高阻抗)。可近似认为箭头所指处是开路的。这样，在信号源 e 的作用下(如图4.7.9(b)等效电路所示)，R(线圈电阻)、L(线圈电感)和 C(调谐电容)就构成了串联电路，在一定条件下，产生串联谐振。

4.7.2 试分析电路发生谐振时能量的消耗和互换情况。

解： 电路发生谐振时，电源供给的能量只消耗在电阻上。

串联谐振时，电感和电容的电压大小相等、相位相反；并联谐振时，电感和电容的电流大小相等、相位相反。当电感释放磁场能量时，电容则储存电场能量；当电感储存磁场能量时，电容则释放电场能量。磁场能量

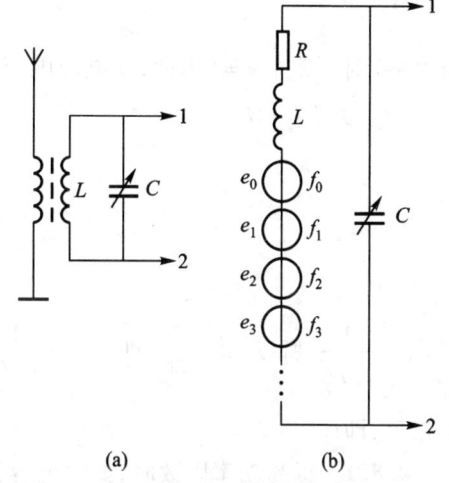

图4.7.9 练习与思考4.7.1的图

与电场能量的增减是交替进行和互相补偿的。电源不再与电感和电容进行能量互换。

4.7.3 试说明当频率低于和高于谐振频率时，RLC 串联电路是电容性还是电感性的。

解： RLC 串联电路的阻抗模和相位差公式为

$$|Z| = \sqrt{R^2 + (X_L - X_C)^2} \qquad \varphi = \arctan\frac{X_L - X_C}{R}$$

感抗 $X_L = \omega L$，容抗 $X_C = \dfrac{1}{\omega C}$，它们与频率 f 的关系曲线如题解图4.11所示。X_L 与频率成正比，X_C 与频率成反比。交点处 $f = f_0$，$X_L = X_C$，$|Z| = R$，$\varphi = 0$，电路发生谐振。

可以看出，当 $f < f_0$ 时，$X_L < X_C$，为电容性；当 $f > f_0$ 时，$X_L > X_C$，为电感性。

4.7.4 在图4.7.12中设线圈的电阻 R 趋于零，试分析发生并联谐振时的情况($|Z_0|$、$\dot{I}_1$、$\dot{I}_C$、$\dot{I}$)。

解： (1) 关于 $|Z_0|$ 和 $\dot{I}$

图4.7.12所示电路谐振时，谐振角频率为

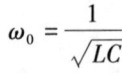

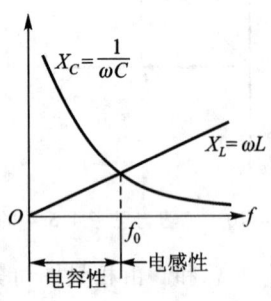

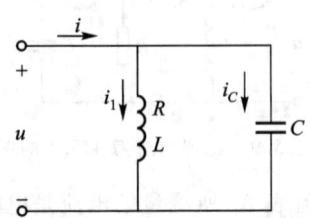

题解图 4.11 练习与思考 4.7.3 的解　　　　图 4.7.12 练习与思考 4.7.4 的图

电路的阻抗模为

$$|Z_0| = \frac{L}{RC}$$

当 $R \to 0$ 时，$|Z_0| \to \infty$，因此，在电源电压 U 一定时，电路总电流 $\dot{I} \to 0$。

（2）关于 $\dot{I}_1$ 和 $\dot{I}_C$

$$I_1 = \frac{U}{\omega_0 L}$$

$$I_C = \frac{U}{\dfrac{1}{\omega_0 C}}$$

因 $\omega_0 = \dfrac{1}{\sqrt{LC}}$，所以 $\omega_0^2 = \dfrac{1}{LC}$，即 $\omega_0 L = \dfrac{1}{\omega_0 C}$，谐振时感抗与容抗相等。由此分析得出：$I_1 = I_C$，但相位相反，即 $\dot{I}_1 = -\dot{I}_C$。

4.8.1 提高功率因数时，如将电容器并联在电源端（输电线始端），是否能取得预期效果？

解：电容器采用此种接法时，只能减少电源的无功电流，提高了电源的功率因数，但连接负载的输电线路（可能很长）电流并无改变，仍然存在原来的功率损耗，因此达不到提高功率因数的预期效果。

4.8.2 功率因数提高后，线路电流减小了，瓦时计的走字速度会慢些（省电）吗？

解：（1）瓦时计是计量电能消耗的仪表，电能消耗越多，瓦时计转得越快。

（2）电能与负载的有功功率成正比。有功功率

$$P = UI\cos\varphi$$

式中 U 的数值一定。

$\cos\varphi$ 提高后，I 减小，但乘积 $I\cos\varphi$ 并不改变，有功功率 P 不变，电能的数值不变。

（3）瓦时计的转速不会变慢。

4.8.3 能否用超前电流来提高功率因数？

解：（1）在供电线路中，存在大量电感性负载，时时刻刻有滞后电流流入供电线路，使得线路总电流滞后于供电电压，造成总功率因数降低。

如果能有超前电流流入供电线路，就可对滞后电流进行一定程度的补偿，提高供电线路的功

率因数。

（2）电容器就是一种能向供电线路提供超前电流的器件。除电容器外，同步补偿机也能向供电线路提供超前电流。同步补偿机是专门用于提高供电线路功率因数的设备（见主教材第250页）。

4.9.1 举出非正弦周期电压或电流的实际例子。

解：非正弦周期电压或电流的例子很多。实际应用中有以下几种：

（1）矩形波电压；

（2）锯齿波电压；

（3）三角波电压；

（4）窄脉冲电压；

（5）半波整流电压；

（6）全波整流电压。

它们的波形图如题解图 4.12(a)、(b)、(c)、(d)、(e) 和 (f) 所示。

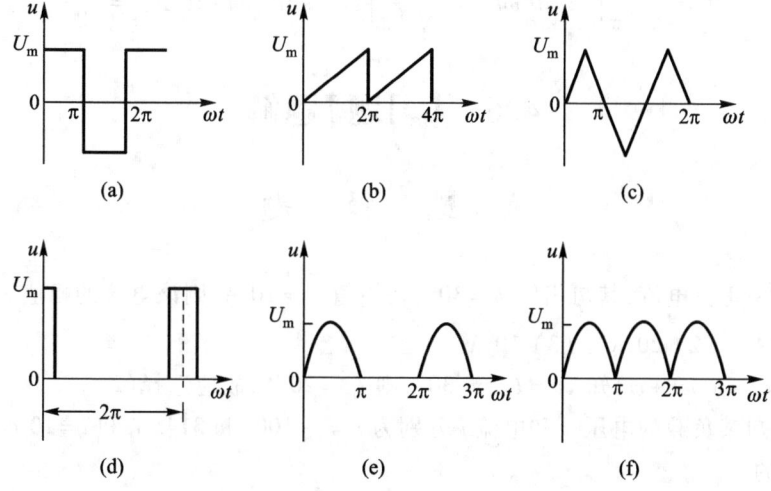

题解图 4.12　练习与思考 4.9.1 的解

4.9.2 设 $u_{BE} = (0.6 + 0.02\sin \omega t)$ V，$u_{CE} = (6 + 3\sin(\omega t - \pi))$ V，试分别用波形图表示，并说明其中两个交流分量的大小和相位关系。

解：（1）u_{BE} 和 u_{CE} 的波形图如题解图 4.13(a)、(b) 所示。

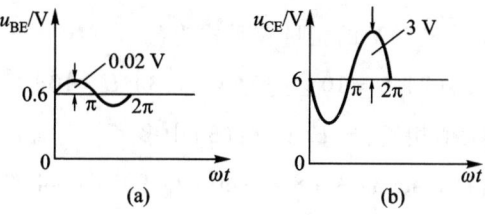

题解图 4.13　练习与思考 4.9.2 的解

（2）u_{BE} 和 u_{CE} 的交流分量之间的关系

① 大小关系

$$\frac{U_{mce}}{U_{mbe}} = \frac{3}{0.02} = 150$$

② 相位关系

由波形图可见,两个交流分量相位相反。

4.9.3 计算图 4.9.3 所示半波整流电压的平均值和有效值。

解：(1) 平均值

$$U_0 = \frac{1}{2\pi}\int_0^\pi u\,\mathrm{d}(\omega t)$$

$$= \frac{1}{2\pi}\int_0^\pi U_m \sin \omega t\,\mathrm{d}(\omega t)$$

$$= \frac{U_m}{\pi}$$

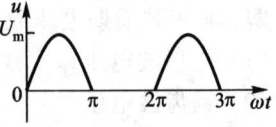

图 4.9.3 练习与思考 4.9.3 的图

(2) 有效值

$$U = \sqrt{\frac{1}{2\pi}\int_0^\pi u^2\,\mathrm{d}(\omega t)} = \sqrt{\frac{1}{2\pi}\int_0^\pi U_m^2 \sin^2(\omega t)\,\mathrm{d}(\omega t)} = \frac{U_m}{2}$$

4.6 【习题】题解

A 选 择 题

4.1.1 有一正弦电流,其初相位 $\psi = 30°$,初始值 $i_0 = 10$ A,则该电流的幅值 I_m 为(　　)。

(1) $10\sqrt{2}$ A　　(2) 20 A　　(3) 10 A

解：由 $i = I_m \sin(\omega t + \psi)$ 知 $10 = I_m \sin 30°$,则 $I_m = 20$ A,故应选择(2)。

4.1.2 已知某负载的电压 u 和电流 i 分别为 $u = -100\sin 314t$ V 和 $i = 10\cos 314t$ A,则该负载为(　　)的。

(1) 电阻性　(2) 电感性　(3) 电容性

解：$u = -100\sin 314t = 100\sin(\pi + 314t)$ V

$i = 10\cos 314t = 10\sin\left(\frac{\pi}{2} + 314t\right)$ A

电流 i 滞后电压 u 90°,该负载为电感性的,故应选择(2)。

4.2.1 $u = 10\sqrt{2}\sin(\omega t - 30°)$ V 的相量表示式为(　　)。

(1) $\dot{U} = 10\sqrt{2}\angle -30°$ V　(2) $\dot{U} = 10\angle -30°$ V　(3) $\dot{U} = 10e^{j(\omega t - 30°)}$ V

解：(1)等式右侧为最大值相量,与 $\dot{U}$ 不符;(3)中多了 $e^{j\omega t}$。故应选择(2)。

4.2.2 $i = i_1 + i_2 + i_3 = 4\sqrt{2}\sin\omega t$ A $+ 8\sqrt{2}\sin(\omega t + 90°)$ A $+ 4\sqrt{2}\sin(\omega t - 90°)$ A,则总电流 i 的相量表示式为(　　)。

(1) $\dot{I} = 4\sqrt{2}\angle 45°$ A　(2) $\dot{I} = 4\sqrt{2}\angle -45°$ A　(3) $\dot{I} = 4\angle 45°$ A

解：$\dot{I} = \dot{I}_1 + \dot{I}_2 + \dot{I}_3 = (4\angle 0° + 8\angle 90° + 4\angle -90°)$ A $= 4\sqrt{2}\angle 45°$ A,故应选择(1)。

4.2.3 $\dot{U} = (\angle 30° + \angle -30° + 2\sqrt{3}\angle 180°)$ V，则总电压 $\dot{U}$ 的三角函数式为(   )。

(1) $u = \sqrt{3}\sin(\omega t + \pi)$ V　　(2) $u = -\sqrt{6}\sin\omega t$ V　　(3) $u = \sqrt{3}\sqrt{2}\sin\omega t$ V

解：因 $\dot{U} = (\cos 30° + j\sin 30°)$ V $+ [\cos(-30°) + j\sin(-30°)]$ V $+ 2\sqrt{3}(\cos 180° + j\sin 180°)$ V

$\qquad = (2\cos 30° - 2\sqrt{3})$ V $= (\sqrt{3} - 2\sqrt{3})$ V $= -\sqrt{3}$ V

则　$u = -\sqrt{3} \cdot \sqrt{2}\sin\omega t$ V

故应选择(2)。

4.3.1 在电感元件的交流电路中，已知 $u = \sqrt{2}U\sin\omega t$，则(   )。

(1) $\dot{I} = \dfrac{\dot{U}}{j\omega L}$　　(2) $\dot{I} = j\dfrac{\dot{U}}{\omega L}$　　(3) $\dot{I} = j\omega L\dot{U}$

解：电感元件上电压与电流 $\dot{U}_L = jX_L\dot{I}_L = j\omega L\dot{I}_L$

$$\dot{I}_L = \dfrac{\dot{U}_L}{j\omega L}$$

故应选择(1)。

4.3.2 在电容元件的交流电路中，已知 $u = \sqrt{2}U\sin\omega t$，则(   )。

(1) $\dot{I} = \dfrac{\dot{U}}{j\omega C}$　　(2) $\dot{I} = j\dfrac{\dot{U}}{\omega C}$　　(3) $\dot{I} = j\omega C\dot{U}$

解：电容元件上电压与电流 $\dot{U}_C = -jX_L\dot{I}_C = -j\dfrac{1}{\omega C}\dot{I}_C = \dfrac{1}{j\omega C}\dot{I}_C$

$$\dot{I}_C = j\omega C\dot{U}$$

故应选择(3)。

4.3.3 有一电感元件，$X_L = 5$ Ω，其上电压 $u = 10\sin(\omega t + 60°)$ V，则通过的电流 i 的相量为(   )。

(1) $\dot{I} = 50\angle 60°$ A　　(2) $\dot{I} = 2\sqrt{2}\angle 150°$ A　　(3) $\dot{I} = \sqrt{2}\angle -30°$ A

解：由 $\dot{U}_L = jX_L\dot{I}_L$ 得　$\dot{I}_L = \dfrac{\dot{U}_L}{jX_L} = \dfrac{\frac{10}{\sqrt{2}}\angle 60°}{5\angle 90°}$ A $= \sqrt{2}\angle -30°$ A

故应选择(3)。

4.4.1 在 RLC 串联电路中，阻抗模(   )。

(1) $|Z| = \dfrac{u}{i}$　　(2) $|Z| = \dfrac{U}{I}$　　(3) $|Z| = \dfrac{\dot{U}}{\dot{I}}$

解：因为 RLC 串联电路，$\dfrac{u}{i}$ 之比没有意义；另外 $\dfrac{\dot{U}}{\dot{I}} = Z$。故应选择(2)。

4.4.2 在 RC 串联电路中，电流的表达式为(   )

(1) $\dot{I} = \dfrac{\dot{U}}{R + jX_C}$　　(2) $\dot{I} = \dfrac{\dot{U}}{R - j\omega C}$　　(3) $I = \dfrac{U}{\sqrt{R^2 + X_C^2}}$

解：RC 串联电路的复阻抗为 $Z = R - jX_C = \sqrt{R^2 + X_C^2} \angle \arctan\left(-\dfrac{X_C}{R}\right)$

$$\dot{I} = \dfrac{\dot{U}}{R - jX_C} = \dfrac{\dot{U}}{R - j\dfrac{1}{\omega C}}, \quad I = \dfrac{U}{\sqrt{R^2 + X_C^2}}$$

故应选择(3)。

4.4.3 在 RLC 串联电路中,已知 $R = 3\ \Omega$, $X_L = 8\ \Omega$, $X_C = 4\ \Omega$,则电路的功率因数 $\cos\varphi$ 等于( )

(1) 0.8   (2) 0.6   (3) $\dfrac{3}{4}$

解：RLC 串联电路的功率因数角 $\varphi = \arctan\dfrac{X_L - X_C}{R} = \arctan\dfrac{8-4}{3} = 53.1°$

$$\cos\varphi = \cos 53.1° = 0.6$$

故应选择(2)。

4.4.4 在 RLC 串联电路中,已知 $R = X_L = X_C = 5\ \Omega$,$\dot{I} = 1\angle 0°$ A,则电路的端电压 $\dot{U}$ 等于( )。

(1) $5\angle 0°$ V   (2) $1\angle 0° \times (5 + j10)$ V   (3) $15\angle 0°$ V

解：由 $R = X_L = X_C$ 知此 RLC 串联电路为纯阻性,电压与电流同相位,故应选择(1)。

4.4.5 在 RLC 串联电路中,调节电容值时,( )。

(1) 电容调大,电路的电容性增强
(2) 电容调小,电路的电感性增强
(3) 电容调小,电路的电容性增强

解：RLC 串联电路的阻抗模 $|Z| = \sqrt{R^2 + (X_L - X_C)^2}$,阻抗角 $\varphi = \arctan\dfrac{X_L - X_C}{R}$,而 $X_C = \dfrac{1}{\omega C}$,当 $C\uparrow$ 时,$X_C\downarrow$,电路的电感性增强;当 $C\downarrow$ 时,$X_C\uparrow$,电路的电容性增强。故应选择(3)。

4.5.1 在图 4.01 中,$I = ($ $), Z = ($ $)$。

(1) 7 A   (2) 1 A   (3) $j(3-4)\ \Omega$ (4) $12\angle 90°\ \Omega$

解：电流 $\dot{I} = \dot{I}_1 + \dot{I}_2$,且 $\dot{I}_1$ 与 $\dot{I}_2$ 反相,故 $I = I_1 - I_2 = (4-3)$ A $= 1$ A

复阻抗 $Z = j\omega L // \dfrac{1}{j\omega C} = \dfrac{j3(-j4)}{j3 + (-j4)}\ \Omega = j12\ \Omega = 12\angle 90°\ \Omega$

故应选择(2)和(4)。

4.5.2 在图 4.02 中,$u = 20\sin(\omega t + 90°)$ V,则 i 等于( )。

(1) $4\sin(\omega t + 90°)$ A
(2) $4\sin\omega t$ A
(3) $4\sqrt{2}\sin(\omega t + 90°)$ A

解：$\dot{U} = \dfrac{20}{\sqrt{2}}\angle 90°$ V

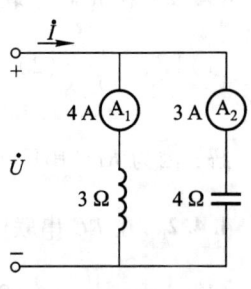

图 4.01 习题 4.5.1 的图

$$\frac{1}{Z} = \frac{1}{R} + \frac{1}{jX_L} + \frac{1}{-jX_C} = \left(\frac{1}{5} - j\frac{1}{4} + j\frac{1}{4}\right) S = \frac{1}{5} S$$

$$\dot{I} = \frac{\dot{U}}{Z} = \frac{20}{\sqrt{2}}\angle 90° \times \frac{1}{5} A = 2\sqrt{2}\angle 90° A$$

$$i = 4\sin(\omega t + 90°) A$$

故应选择(1)。

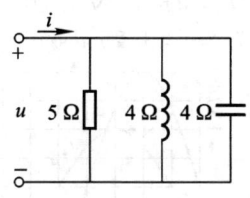
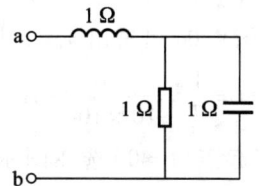

图 4.02　习题 4.5.2 的图　　　图 4.03　习题 4.5.3 的图

4.5.3　图 4.03 所示电路的等效阻抗 Z_{ab} 为(　　)。

(1) $1\ \Omega$　　(2) $\frac{1}{\sqrt{2}}\angle 45°\ \Omega$　　(3) $\frac{\sqrt{2}}{2}\angle -45°\ \Omega$

解：$Z_{ab} = \left[j1 + \frac{1\times(-j1)}{1+(-j1)}\right] \Omega = (0.5 + j0.5)\Omega = \frac{\sqrt{2}}{2}\angle 45°\ \Omega$

故应选择(2)。

4.7.1　在 RLC 串联谐振电路中，增大电阻 R，将使(　　)。
(1) 谐振频率降低
(2) 电流谐振曲线变尖锐
(3) 电流谐振曲线变平坦

解：RLC 串联电路的谐振频率 $f_0 = \frac{\omega_0}{2\pi} = \frac{1}{2\pi\sqrt{LC}}$，与电阻 R 无关；品质因数 $Q = \frac{\omega_0 L}{R} = \frac{1}{\omega_0 CR}$，$R\uparrow$ 将使 $Q\downarrow$，电流谐振曲线变平坦，选择性变差。故应选择(3)。

4.7.2　在 RL 与 C 并联的谐振电路中，增大电阻 R，将使(　　)。
(1) 谐振频率升高
(2) 阻抗谐振曲线变尖锐
(3) 阻抗谐振曲线变平坦

解：RL 与 C 并联电路的谐振频率 $f_0 = \frac{\omega_0}{2\pi} = \frac{1}{2\pi\sqrt{LC}}$，与电阻无关；品质因数 $Q = \frac{\omega_0 L}{R} = \frac{1}{\omega_0 CR}$，$R\uparrow$ 将使 $Q\downarrow$，阻抗模 $|Z_0| = Q\sqrt{\frac{L}{C}}\downarrow$，阻抗谐振曲线变平坦，选择性变差。故应选择(3)。

B 基 本 题

4.2.4 某实验中,在双踪示波器的屏幕上显示出两个同频率正弦电压 u_1 和 u_2 的波形,如图 4.04 所示。

(1) 求电压 u_1 和 u_2 的周期和频率;

(2) 若时间起点($t=0$)选在图示位置,试写出 u_1 和 u_2 的三角函数式,并用相量式表示。

解:(1) 由图 4.04 可看出 u_1、u_2 周期、频率相同。$T_1 = T_2 = T = 1.25 \text{ ms/div} \times 8 \text{ div} = 10 \text{ ms}$

$$f_1 = f_2 = f = \frac{1}{T} = \frac{1}{10 \times 10^{-3}} \text{ Hz} = 100 \text{ Hz}$$

(2) 若时间起点($t=0$)选在图示位置,因 $\omega_1 t = \omega_2 t = \omega t = 2\pi f t = 628\ t, \varphi_1 = 90°, \varphi_2 = 0$

则 $u_1 = 4\sin(\omega_1 t + \varphi_1) = 4\sin(628\ t + 90°)$ V

$u_2 = 2\sin(\omega_2 t + \varphi_2) = 2\sin(628\ t)$ V

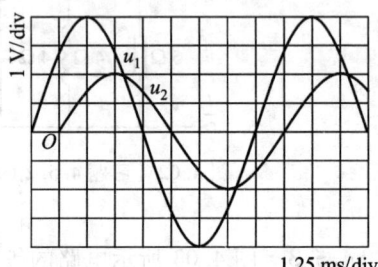

图 4.04 习题 4.2.4 的图

4.2.5 已知正弦量 $\dot{U} = 220\text{e}^{\text{j}30°}$ V 和 $\dot{I} = (-4-\text{j}3)$ A,试分别用三角函数式、正弦波形及相量图表示它们。如 $\dot{I} = (4-\text{j}3)$ A,则又如何?

解:已知电压 $\dot{U}$ 和 $\dot{I}$ 的相量

$$\dot{U} = 220\text{e}^{\text{j}30°} \text{ V} = 220\angle 30° \text{ V}$$

$$\dot{I} = (-4-\text{j}3) \text{ A} = 5\angle -180° + 36.87° \text{ A} = 5\angle -143.13° \text{ A}$$

则对应的三角函数式为

$$u(t) = 220\sqrt{2}\sin(\omega t + 30°) \text{ V}$$

$$i(t) = 5\sqrt{2}\sin(\omega t - 143.13°) \text{ A}$$

对应的正弦波波形图及相量图如题解图 4.14(a)、(b)所示。

当 $\dot{I} = (4-\text{j}3) \text{ A} = 5\angle -36.87°$ A 时,其对应的三角函数式为

$$i(t) = 5\sqrt{2}\sin(\omega t - 36.87°) \text{ A}$$

正弦波形及相量图如题解图 4.14(c)和(b)所示。

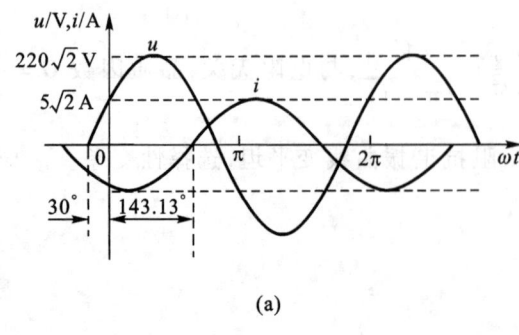

(a)

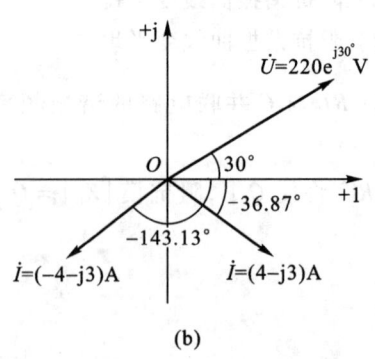

(b)

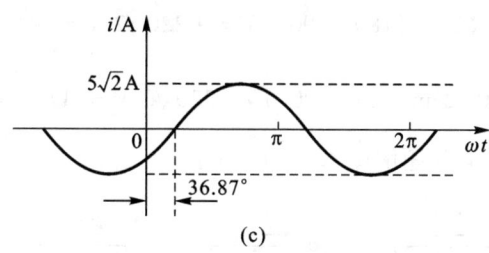

(c)

题解图 4.14 习题 4.2.5 的解

4.3.4 已知通过线圈的电流 $i = 10\sqrt{2}\sin 314t$ A，线圈的电感 $L = 70$ mH（电阻忽略不计），设电源电压 u、电流 i 及感应电动势 e_L 的参考方向如图 4.05 所示，试分别计算在 $t = \dfrac{T}{6}$，$t = \dfrac{T}{4}$ 和 $t = \dfrac{T}{2}$ 瞬间的电流、电压及电动势的大小，并在电路图上标出它们在该瞬间的实际方向，同时用正弦波形表示出三者之间的关系。

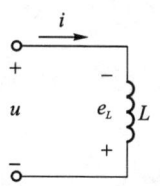

图 4.05 习题 4.3.4 的图

解： 根据图 4.05 中 u、i、e_L 的参考方向

$$u = L\dfrac{di}{dt} = 314 \times 70 \times 10^{-3} \times 10\sqrt{2}\cos 314t = 220\sqrt{2}\sin(314t + 90°) \text{ V}$$

$$e_L = -L\dfrac{di}{dt} = 220\sqrt{2}\sin(314t - 90°) \text{ V}$$

当 $t = \dfrac{T}{6}$ 时，$314t = \dfrac{2\pi}{T} \times \dfrac{T}{6} = \dfrac{\pi}{3} = 60°$，故

$$i\left(\dfrac{T}{6}\right) = 10\sqrt{2}\sin 60° \text{ A} = \left(10\sqrt{2} \times \dfrac{\sqrt{3}}{2}\right) \text{ A} = 5\sqrt{6} \text{ A} = 12.2 \text{ A}$$

$$u\left(\dfrac{T}{6}\right) = 220\sqrt{2}\sin(60° + 90°) \text{ V} = 110\sqrt{2} \text{ V} = 155.6 \text{ V}$$

$$e_L\left(\dfrac{T}{6}\right) = 220\sqrt{2}\sin(60° - 90°) \text{ V} = 220\sqrt{2}\sin(-30°) \text{ V} = -155.6 \text{ V}$$

此瞬间 i、u、e_L 的实际方向如题解图 4.15(a) 所示。

当 $t = \dfrac{T}{4}$ 时，$314t = \dfrac{2\pi}{T} \times \dfrac{T}{4} = \dfrac{\pi}{2} = 90°$，故

$$i\left(\dfrac{T}{4}\right) = 10\sqrt{2}\sin 90° \text{ A} = 10\sqrt{2} \text{ A} = 14.14 \text{ A}$$

$$u\left(\dfrac{T}{4}\right) = 220\sqrt{2}\sin(90° + 90°) \text{ V} = 0$$

$$e_L\left(\dfrac{T}{4}\right) = 220\sqrt{2}\sin(90° - 90°) \text{ V} = 0$$

此瞬间 i、u、e_L 的实际方向如题解图 4.15(b) 所示。

当 $t = \dfrac{T}{2}$ 时，$314t = \dfrac{2\pi}{T} \times \dfrac{T}{2} = \pi = 180°$，故

$$i\left(\dfrac{T}{2}\right) = 10\sqrt{2}\sin 180° \text{ A} = 0$$

$$u\left(\frac{T}{2}\right) = 220\sqrt{2}\sin(180°+90°)\text{ V} = -220\sqrt{2}\text{ V} = -311.1\text{ V}$$

$$e_L\left(\frac{T}{2}\right) = 220\sqrt{2}\sin(180°-90°)\text{ V} = 220\sqrt{2}\text{ V} = 311.1\text{ V}$$

此瞬间 i、u、e_L 的实际方向如题解图 4.15(c) 所示。

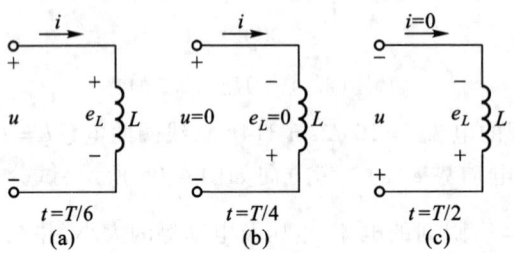

题解图 4.15　习题 4.3.4 的解 1

i、u、e_L 三者之间的正弦波形如题解图 4.16 所示。

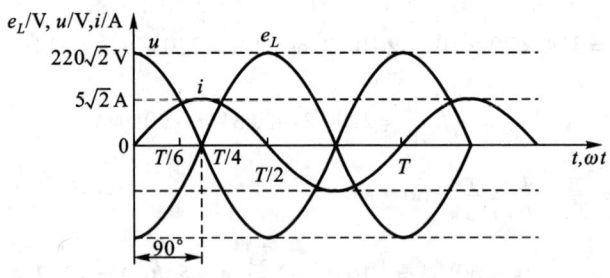

题解图 4.16　习题 4.3.4 的解 2

4.3.5　在电容为 64 μF 的电容器两端加一正弦电压 $u = 220\sqrt{2}\sin 314t$ V，设电压和电流的参考方向如图 4.06 所示，试计算在 $t=\dfrac{T}{6}$，$t=\dfrac{T}{4}$ 和 $t=\dfrac{T}{2}$ 瞬间的电流和电压的大小。

解：根据图 4.06 电容器两端电压 u 和其中电流的参考方向可得

$$i = C\frac{du}{dt} = 314 \times 64 \times 10^{-6} \times 220\sqrt{2}\cos 314t\text{ A}$$

$$= 4.42\sqrt{2}\sin(314t+90°)\text{ A}$$

图 4.06　习题 4.3.5 的图

当 $t=\dfrac{T}{6}$ 时，$314t = 60°$，故

$$i\left(\frac{T}{6}\right) = 4.42\sqrt{2}\sin(60°+90°)\text{ A} = 4.42\sqrt{2}\sin 150°\text{ A} = 3.13\text{ A}$$

$$u\left(\frac{T}{6}\right) = 220\sqrt{2}\sin 60°\text{ V} = 110\sqrt{6}\text{ V} = 269.4\text{ V}$$

当 $t=\dfrac{T}{4}$ 时，$314t = 90°$，则

$$i\left(\frac{T}{4}\right) = 4.42\sqrt{2}\sin(90°+90°)\text{ A} = 0$$

$$u\left(\frac{T}{4}\right) = 220\sqrt{2}\sin 90°\text{ V} = 220\sqrt{2}\text{ V} = 311.1\text{ V}$$

当 $t = \frac{T}{2}$ 时,$314t = 180°$,则

$$i\left(\frac{T}{2}\right) = 4.42\sqrt{2}\sin(180°+90°)\text{ A} = -4.42\sqrt{2}\text{ A} = -6.25\text{ A}$$

$$u\left(\frac{T}{2}\right) = 220\sqrt{2}\sin 180°\text{ V} = 0$$

4.4.6 有一由 R, L, C 元件串联的交流电路,已知 $R = 10\ \Omega, L = \frac{1}{31.4}\text{ H}, C = \frac{10^6}{3\ 140}\ \mu\text{F}$。在电容元件的两端并联一短路开关 S。(1) 当电源电压为 220 V 的直流电压时,试分别计算在短路开关闭合和断开两种情况下电路中的电流 I 及各元件上的电压 U_R, U_L, U_C。(2) 当电源电压为正弦电压 $u = 220\sqrt{2}\sin 314t$ V 时,试分别计算在上述两种情况下电流及各电压的有效值。

解:(1) 电源为 220 V 直流电压 U_- 时[如题解图 4.17(a)所示]

当短路开关 S 闭合时

$$I = \frac{U_-}{R} = \frac{220}{10}\text{ A} = 22\text{ A}$$

$$U_R = IR = 22\times 10\text{ V} = 220\text{ V}$$

$$U_L = 0$$

$$U_C = 0$$

当短路开关 S 断开时

$$I = 0$$

$$U_R = IR = 0$$

$$U_L = 0$$

$$U_C = U_- = 220\text{ V}$$

题解图 4.17 习题 4.4.6 的解

(2) 电源为正弦电压 $u = 220\sqrt{2}\sin 314t$ 时[如题解图 4.17(b)所示]

S 闭合时,电流 I 及各电压的有效值为

$$I = \frac{U_\sim}{\sqrt{R^2 + (\omega L)^2}} = \frac{220}{\sqrt{10^2 + \left(314 \times \frac{1}{31.4}\right)^2}} \text{ A} = 11\sqrt{2} \text{ A} = 15.56 \text{ A}$$

$$U_R = IR = 15.56 \times 10 \text{ V} = 155.6 \text{ V}$$

$$U_L = IX_L = I\omega L = \left(15.56 \times 314 \times \frac{1}{31.4}\right) \text{ V} = 155.6 \text{ V}$$

$$U_C = 0$$

S 断开时,电流 I 及各电压的有效值为

$$I = \frac{U_\sim}{\sqrt{R^2 + \left(\omega L - \frac{1}{\omega C}\right)^2}} = \frac{220}{\sqrt{10^2 + \left(314 \times \frac{1}{31.4} - \frac{1}{314 \times \frac{10^6}{3\,140} \times 10^{-6}}\right)^2}} \text{ A} = \frac{220}{10} \text{ A} = 22 \text{ A}$$

$$U_R = IR = 22 \times 10 \text{ V} = 220 \text{ V}$$

$$U_L = IX_L = I\omega L = \left(22 \times 314 \times \frac{1}{31.4}\right) \text{ V} = 220 \text{ V}$$

$$U_C = IX_C = I\frac{1}{\omega C} = 22 \times \frac{1}{314 \times \frac{10^6}{3\,140} \times 10^{-6}} \text{ V} = 220 \text{ V}$$

4.4.7 有一 CJ0-10 A 交流接触器,其线圈数据为 380 V 30 mA 50 Hz,线圈电阻 1.6 kΩ,试求线圈电感。

解:由已知参数 $U = 380$ V,$I = 30$ mA,$\omega = 314$ rad/s,$R = 1.6$ kΩ,可得此 RL 串联电路的阻抗模

$$\frac{U}{I} = |Z| = \sqrt{R^2 + (\omega L)^2}$$

则

$$L = \sqrt{\frac{\left(\frac{U}{I}\right)^2 - R^2}{\omega^2}} = \sqrt{\frac{\left(\frac{380}{30 \times 10^{-3}}\right)^2 - 160^2}{314}} \text{ H} \approx 40 \text{ H}$$

4.4.8 一个线圈接在 $U = 120$ V 的直流电源上,$I = 20$ A;若接在 $f = 50$ Hz,$U = 220$ V 的交流电源上,则 $I = 28.2$ A。试求线圈的电阻 R 和电感 L。

解:由于接在直流电源上时线圈电感不起作用,故

$$R = \frac{U}{I} = \frac{120}{20} \text{ Ω} = 6 \text{ Ω}$$

当线圈接在 50 Hz 交流电源上时,相当于 RL 串联电路,故线圈阻抗模为

$$|Z| = \sqrt{R^2 + (2\pi f L)^2} = \frac{U}{I} = \frac{220}{28.2} \text{ Ω} = 7.8 \text{ Ω}$$

解之可得 $L = 15.88$ mH

4.4.9 有一 JZ7 型中间继电器,其线圈数据为 380 V 50 Hz,线圈电阻 2 kΩ,线圈电感 43.3 H,试求线圈电流及功率因数。

解:线圈的阻抗为

$$Z = R + j\omega L = (2 \times 10^3 + j314 \times 43.3)\Omega = 13.8 \times 10^3 \angle 81.6° \ \Omega$$

线圈电流

$$I = \frac{U}{|Z|} = \frac{380}{13.8 \times 10^3} \text{ A} = 0.027\ 5 \text{ A} = 27.5 \text{ mA}$$

功率因数

$$\cos \varphi = \cos 81.6° = 0.146$$

4.4.10 日光灯管与镇流器串联接到交流电压上,可看作 R, L 串联电路。如已知某灯管的等效电阻 $R_1 = 280 \ \Omega$,镇流器的电阻和电感分别为 $R_2 = 20 \ \Omega$ 和 $L = 1.65$ H,电源电压 $U = 220$ V,试求电路中的电流和灯管两端与镇流器上的电压。这两个电压加起来是否等于 220 V?电源频率为 50 Hz。

解:由已知可得灯管与镇流器串联电路的总阻抗

$$Z = (R_1 + R_2) + j\omega L = [(280 + 20) + j314 \times 1.65]\Omega = (300 + j518)\Omega = 599 \angle 59.92° \ \Omega$$

电路中的电流

$$I = \frac{U}{|Z|} = \frac{220}{599} \text{ A} = 0.367 \text{ A}$$

灯管两端电压

$$U_1 = IR_1 = 0.367 \times 280 \text{ V} = 102.8 \text{ V}$$

镇流器两端电压

$$U_2 = I\sqrt{R_2^2 + (\omega L)^2} = 0.367 \times \sqrt{20^2 + (314 \times 1.65)^2} \text{ V} = 190.3 \text{ V}$$

$$U_1 + U_2 = (102.8 + 190.3) \text{ V} = 293.1 \text{ V} > 220 \text{ V}$$

电压相量 $\dot{U} = \dot{U}_1 + \dot{U}_2$,但电压有效值 $U \neq U_1 + U_2$。

4.4.11 在图 4.07 所示电路中,已知 $u = 100\sqrt{2} \sin 314t$ V, $i = 5\sqrt{2} \sin 314t$ A, $R = 10 \ \Omega$, $L = 0.032$ H。试求无源网络内等效串联电路的元件参数值,并求整个电路的功率因数、有功功率和无功功率。

解:由于 u、i 同相位(相位差 $\varphi = 0$),因此串联电路处于纯电阻状态,无源网络内等效串联电路应为一电容元件 C,且 $\omega L = \frac{1}{\omega C}$

则

$$C = \frac{1}{\omega^2 L} = \frac{1}{314^2 \times 0.032} \text{ F} = 317 \ \mu\text{F}$$

整个电路的功率因数 $\cos \varphi = 1$

有功功率 $\qquad\qquad\qquad P = UI \cos \varphi = 100 \times 5 \text{ W} = 500 \text{ W}$

无功功率 $\qquad\qquad\qquad Q = UI \sin \varphi = 0$

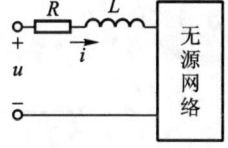

图 4.07 习题 4.4.11 的图

4.4.12 有一 RC 串联电路,电源电压为 u,电阻和电容上的电压分别为 u_R 和 u_C,已知电路阻抗模为 2 000 Ω,频率为 1 000 Hz,并设 u 与 u_C 之间的相位差为 30°,试求 R 和 C,并说明在相位上 u_C 比 u 超前还是滞后。

解:依题设可画相应的电路和电路中电压、电流的相量图,如题解图 4.18(a)、(b)、(c)所示。

由相量图可得

$$U_R = U\cos 60°, \text{即} \quad IR = I|Z|\cos 60°$$
$$U_C = U\sin 60°, \text{即} \quad IX_C = I|Z|\sin 60°$$

故
$$R = |Z|\cos 60° = 2\,000 \times 0.5 \ \Omega = 1\,000 \ \Omega$$
$$X_C = |Z|\sin 60° = 2\,000 \times 0.866 \ \Omega = 1\,732 \ \Omega$$
$$C = \frac{1}{\omega X_C} = \frac{1}{2\pi \times 1\,000 \times 1\,732} \ \text{F} = 0.1 \ \mu\text{F}$$

u_C 滞后于 u 30°。

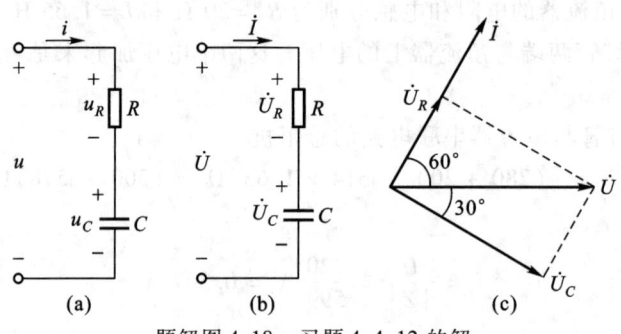

题解图 4.18　习题 4.4.12 的解

4.4.13　图 4.08 所示是一移相电路。如果 $C = 0.01\ \mu\text{F}$，输入电压 $u_1 = \sqrt{2}\sin 6\,280t\ \text{V}$，今欲使输出电压 u_2 在相位上前移 60°，问应配多大的电阻 R？此时输出电压的有效值 U_2 等于多少？

解：根据题意可画出图示电路各电压和电流的相量图，如题解图 4.19 所示。由相量图可得

$$\frac{U_2}{U_C} = \frac{U_R}{U_C} = \frac{IR}{IX_C} = \frac{R}{X_C} = \tan 30°$$

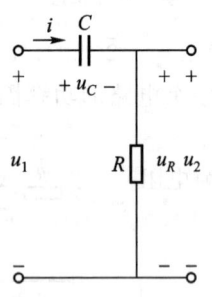
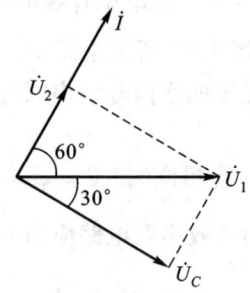

图 4.08　习题 4.4.13 的图　　　　题解图 4.19　习题 4.4.13 的解

则
$$R = \tan 30° X_C = \tan 30° \frac{1}{\omega C} = \left(0.577 \times \frac{1}{6\,280 \times 0.01 \times 10^{-6}}\right) \Omega = 9.19 \ \text{k}\Omega$$
$$U_2 = U_R = U_1 \cos 60° = (1 \times 0.5) \ \text{V} = 0.5 \ \text{V}$$

4.4.14　在图 4.09 所示 R、X_L、X_C 串联电路中，各电压表的读数为多少？

解：图 4.09 电路中，$R = X_L = X_C$，因此 RLC 串联电路处于谐振状态，L 与 C 上电压大小相等，方向相反，整个电路呈电阻性。

$$U_1 = U_2 = U_R = IR = 1 \times 10 \ \text{V} = 10 \ \text{V}$$
$$U_3 = |U_L - U_C| = |IX_L - IX_C| = |1 \times 10 - 1 \times 10| \ \text{V} = 0 \ \text{V}$$

$$U_4 = \sqrt{U_R^2 + U_L^2} = \sqrt{(IR)^2 + (IX_L)^2} = \sqrt{(1\times 10)^2 + (1\times 10)^2}\ \text{V} = 10\sqrt{2}\ \text{V} = 14.1\ \text{V}$$
$$U_5 = U_C = IX_C = 1\times 10\ \text{V} = 10\ \text{V}$$

故 Ⓥ₁ = 10 V, Ⓥ₂ = 10 V, Ⓥ₃ = 0 V, Ⓥ₄ = 14.1 V, Ⓥ₅ = 10 V。

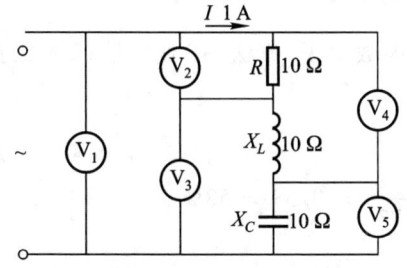

图 4.09　习题 4.4.14 的图

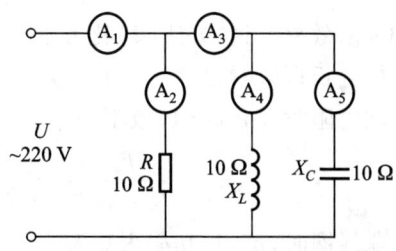

图 4.10　习题 4.4.15 的图

4.4.15　在图 4.10 所示 R、X_L、X_C 并联电路中,各电流表的读数为多少?

解：图 4.10 电路中，$R = X_L = X_C$，因此 RLC 并联电路处于谐振状态，L 与 C 中电流大小相等方向相反，整个电路呈电阻性。

$$I_1 = I_2 = I_R = \frac{U}{R} = \frac{220}{10}\ \text{A} = 22\ \text{A}$$

$$I_3 = |I_L - I_C| = \left|\frac{U}{X_L} - \frac{U}{X_C}\right| = \left|\frac{220}{10} - \frac{220}{10}\right|\ \text{A} = 0\ \text{A}$$

$$I_4 = I_L = \frac{U}{X_L} = \frac{220}{10}\ \text{A} = 22\ \text{A}$$

$$I_5 = I_C = \frac{U}{X_C} = \frac{220}{10}\ \text{A} = 22\ \text{A}$$

故 Ⓐ₁ = 22 A, Ⓐ₂ = 22 A, Ⓐ₃ = 0 A, Ⓐ₄ = 22 A, Ⓐ₅ = 22 A。

4.4.16　有一 220 V/600 W 的电炉,不得不用在 380 V 的电源上。欲使电炉的电压保持在 220 V 的额定值,(1) 应和它串联多大的电阻? 或(2) 应和它串联感抗为多大的电感线圈(其电阻可忽略不计)? (3) 从效率和功率因数上比较上述两法。串联电容器是否也可以?

解：(1) 设电炉的电阻为 R_N,额定电流为 I_N,需串联的电阻为 R',则由题意可得

$$R_N = \frac{U_N^2}{P_N} = \frac{220^2}{600}\ \Omega = 80.67\ \Omega$$

$$I_N = \frac{P_N}{U_N} = 2.73\ \text{A}$$

串联的电阻 R' 应分掉 380 V 电压中的 160 V,以保证电炉电压为 220 V

即
$$\frac{R'}{R_N + R'} \times 380 = 380 - 220$$

则
$$R' = 58.67\ \Omega$$

(2) 设串联电感线圈分压时其感抗为 X_L,则

$$U_\text{总} = \sqrt{U_N^2 + U_L^2}$$

即
$$U_L = \sqrt{U_\text{总}^2 - U_N^2} = \sqrt{380^2 - 220^2}\ \text{V} = 309.8\ \text{V}$$

又因线圈中通过的电流应为电炉的额定工作电流 I_N,则
$$U_L = X_L I_N$$
故
$$X_L = \frac{U_L}{I_N} = \frac{309.8}{2.73}\ \Omega = 113.5\ \Omega$$

(3) 从效率上说,方法(2)比方法(1)要好;从功率因数上说,方法(1)比方法(2)要好。从下式具体分析可以看出:

串联电阻时,$\cos\varphi = 1$,效率为
$$\eta = \frac{P_N}{P_N + R' I_N^2} = \frac{600}{600 + 58.67 \times 2.73^2} = 0.58 = 58\%$$

串联线圈时,$\eta = 1$,功率因数为
$$\cos\varphi = \frac{R_N}{\sqrt{R_N^2 + X_L^2}} = \frac{80.7}{\sqrt{80.7^2 + 113.5^2}} = 0.58$$

从降低能耗角度应采用方法(2),但以功率因数降低为代价。

串联电容也可以,其容抗也应为 113.5 Ω,电容值为 $C = \dfrac{1}{\omega X_C} = \dfrac{1}{314 \times 113.5}\ \text{F} = 28\ \mu\text{F}$,对提高电网功率因数有利。

4.5.4 在图 4.11 所示的各电路图中,除 A_0 和 V_0 外,其余电流表和电压表的读数在图上都已标出(都是正弦量的有效值),试求电流表 A_0 或电压表 V_0 的读数。

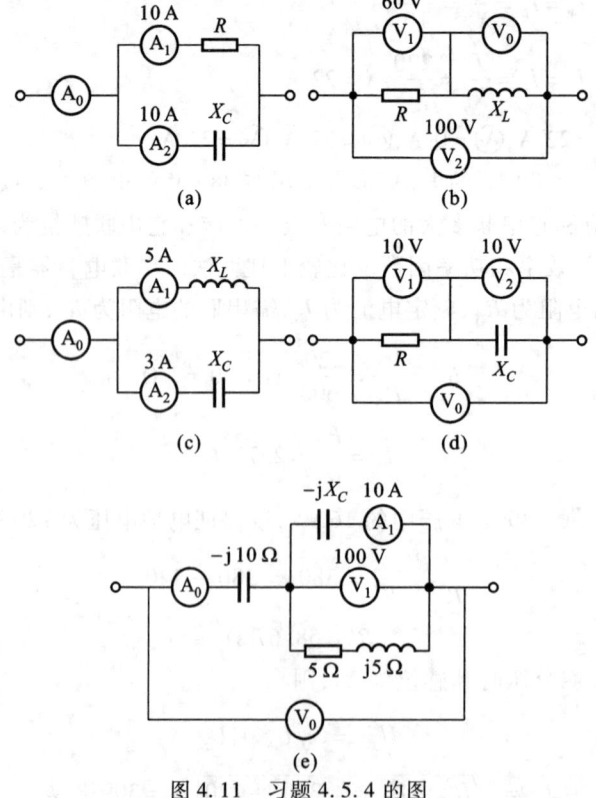

图 4.11 习题 4.5.4 的图

解：根据图 4.11 所示电路可画出各电路电压与电流的相量参考方向及相量图，如题解图 4.20(a)、(b)、(c)、(d)、(e)所示。

由题解图 4.20(a) 知，A_0 读数：$I_0 = \sqrt{I_1^2 + I_2^2} = \sqrt{10^2 + 10^2}$ A $= 10\sqrt{2}$ A $= 14.14$ A

由题解图 4.20(b) 知，V_0 读数：$U_0 = \sqrt{U_2^2 - U_1^2} = \sqrt{100^2 - 60^2}$ V $= 80$ V

由题解图 4.20(c) 知，A_0 读数：$I_0 = |I_1 - I_2| = (5-3)$ A $= 2$ A

由题解图 4.20(d) 知，V_0 读数：$U_0 = \sqrt{U_1^2 + U_2^2} = \sqrt{10^2 + 10^2}$ V $= 10\sqrt{2}$ V $= 14.14$ V

由题解图 4.20(e) 知，$I = \left|\dfrac{\dot{U}_1}{5 + j5}\right| = \dfrac{100}{\sqrt{5^2 + 5^2}}$ A $= 10\sqrt{2}$ A

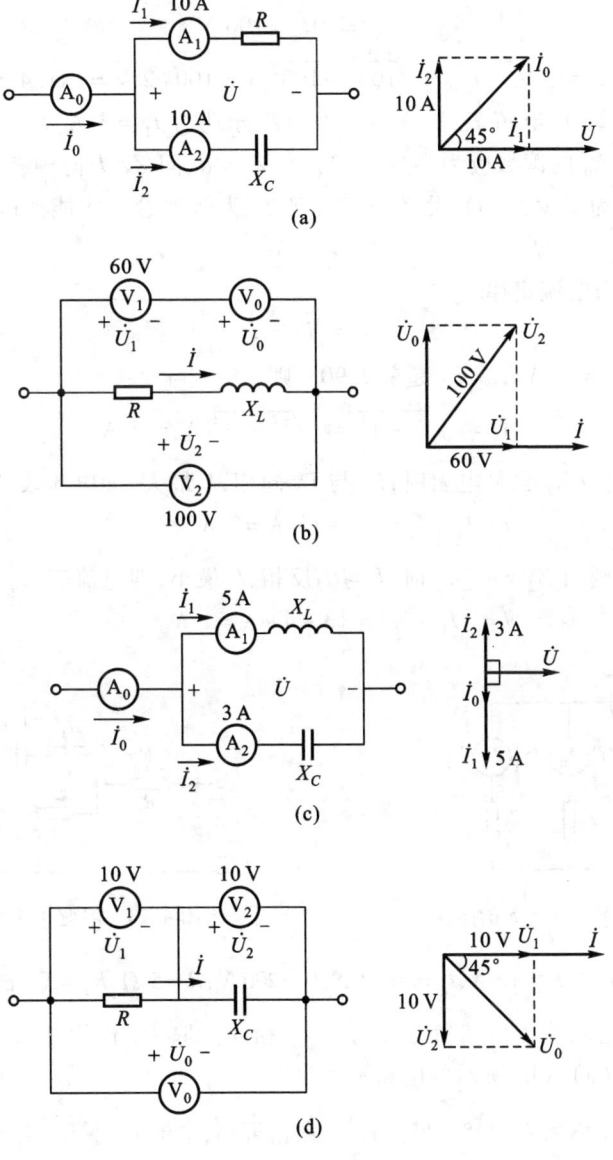

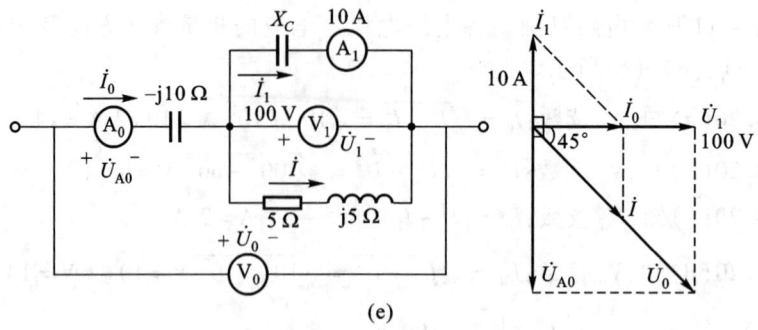

题解图 4.20 习题 4.5.4 的解

A_0 读数：
$$I_0 = \sqrt{I^2 - I_1^2} = \sqrt{(10\sqrt{2})^2 - 10^2} \text{ A} = 10 \text{ A}$$
$$U_{A0} = 10I_0 = 100 \text{ V}$$

V_0 读数：
$$U_0 = \sqrt{U_1^2 + U_{A0}^2} = \sqrt{100^2 + 100^2} \text{ V} = 100\sqrt{2} \text{ V} = 141.4 \text{ V}$$

4.5.5 在图 4.12 中，电流表 A_1 和 A_2 的读数分别为 $I_1 = 3$ A，$I_2 = 4$ A。(1) 设 $Z_1 = R$，$Z_2 = -jX_C$，则电流表 A_0 的读数应为多少？(2) 设 $Z_1 = R$，问 Z_2 为何种参数才能使电流表 A_0 的读数最大？此读数应为多少？(3) 设 $Z_1 = jX_L$，问 Z_2 为何种参数才能使电流表 A_0 的读数最小？此读数应为多少？

解：根据基尔霍夫电流定律
$$\dot{I} = \dot{I}_1 + \dot{I}_2$$

(1) 因 $Z_1 = R$，$Z_2 = -jX_C$，故 $\dot{I}_2$ 超前 $\dot{I}_1$ 90°，则

A_0 读数：
$$I = \sqrt{I_1^2 + I_2^2} = \sqrt{3^2 + 4^2} \text{ A} = 5 \text{ A}$$

(2) 若 $Z_1 = R$，则当 Z_2 也是电阻时，$\dot{I}_1$ 与 $\dot{I}_2$ 同相，$\dot{I}$ 最大，即电流表 A_0 读数最大，为

A_0 读数：
$$I = I_1 + I_2 = (3 + 4) \text{ A} = 7 \text{ A}$$

(3) 若 $Z_1 = jX_L$，则当 $Z_2 = -jX_C$ 时，$\dot{I}_1$ 与 $\dot{I}_2$ 反相，$\dot{I}$ 最小，即电流表 A_0 读数最小，为

A_0 读数：
$$I = |I_1 - I_2| = |3 - 4| \text{ A} = 1 \text{ A}$$

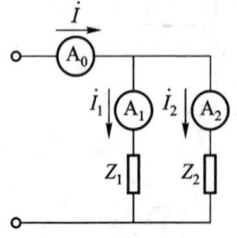

图 4.12 习题 4.5.5 的图

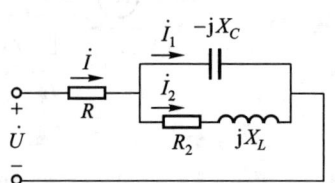

图 4.13 习题 4.5.6 的图

4.5.6 在图 4.13 中，$I_1 = 10$ A，$I_2 = 10\sqrt{2}$ A，$U = 200$ V，$R = 5$ Ω，$R_2 = X_L$，试求 I，X_C，X_L 及 R_2。

解：设电容两端电压为 $\dot{U}_1$，其参考方向与 $\dot{I}_1$ 相同。取 $\dot{U}_1$ 作为参考相量，根据题中已给条件可画出题解图 4.21(a)、(b) 所示的电路和相量图。

由于 $R_2 = X_L$，故 $\dot{I}_2$ 滞后 $\dot{U}_1$ 45°。另由 I_1、I_2 数据可知，电流 $I = \sqrt{I_2^2 - I_1^2} = \sqrt{(10\sqrt{2})^2 - 10^2}$ A =

10 A,且 $\dot{I}$ 与 $\dot{U}_1$ 同相,故 $\dot{U}_R$ 也与 $\dot{U}_1$ 同相。

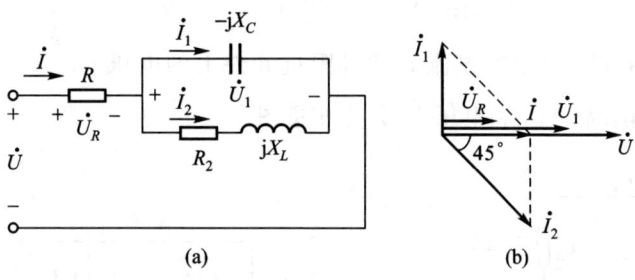

题解图 4.21 习题 4.5.6 的解

由基尔霍夫电压定律,有 $\dot{U} = \dot{U}_R + \dot{U}_1$,故 $\dot{U}$、$\dot{U}_R$、$\dot{U}_1$ 皆同相,则 $U_1 = U - U_R = U - IR = (200 - 10 \times 5)$ V $= 150$ V。

因此
$$X_C = \frac{U_1}{I_1} = \frac{150}{10} \ \Omega = 15 \ \Omega$$

$$\sqrt{R_2^2 + X_L^2} = \frac{U_1}{I_2} = \frac{150}{10\sqrt{2}} \ \Omega = 7.5\sqrt{2} \ \Omega$$

又 $R_2 = X_L$,则
$$R_2 = X_L = 7.5 \ \Omega$$

本题求解的关键在于利用好已知条件画出相量图进行辅助分析。

4.5.7 在图 4.14 中,$I_1 = I_2 = 10$ A,$U = 100$ V,u 与 i 同相,试求 I,R,X_C 及 X_L。

解:设电感和电阻两端电压分别为 $\dot{U}_L$ 和 $\dot{U}_R$,其中 $\dot{U}_R$ 为参考相量,则根据已知数据图 4.14 电路及各电压、电流的相量图如题解图 4.22(a)、(b)所示。

由相量图可知,$\dot{I}_2$ 与 $\dot{U}_R$ 同相,$\dot{I}_1$ 超前 $\dot{U}_R$ 90°,故 $I = \sqrt{I_1^2 + I_2^2} = \sqrt{10^2 + 10^2}$ A $= 10\sqrt{2}$ A $= 14.14$ A,$\dot{I}$ 超前 $\dot{U}_R$ 45°。

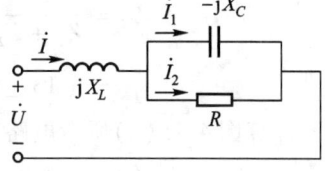

图 4.14 习题 4.5.7 的图

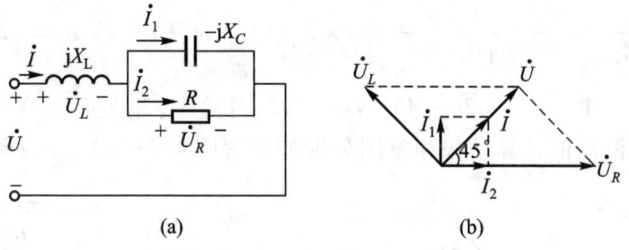

题解图 4.22 习题 4.5.7 的解

又因 $\dot{U}_L$ 超前 $\dot{I}$ 90°,$\dot{U}$ 与 $\dot{I}$ 同相,故 $\dot{U}_L$ 超前 $\dot{U}$ 90°,而 $\dot{U} = \dot{U}_L + \dot{U}_R$,$\dot{U}$、$\dot{U}_L$、$\dot{U}_R$ 构成一直角三角形,故 $U_R = \sqrt{2} U = 100\sqrt{2}$ V,$U_L = U = 100$ V。于是可得

$$R = \frac{U_R}{I_2} = \frac{100\sqrt{2}}{10} \ \Omega = 10\sqrt{2} \ \Omega = 14.14 \ \Omega$$

$$X_C = \frac{U_R}{I_1} = \frac{100\sqrt{2}}{10} \ \Omega = 10\sqrt{2} = 14.14 \ \Omega$$

$$X_L = \frac{U_L}{I} = \frac{100}{10\sqrt{2}}\Omega = \frac{100\sqrt{2}}{20}\Omega = 5\sqrt{2}\ \Omega = 7.07\ \Omega$$

4.5.8 计算图 4.15(a)中的电流 $\dot{I}$ 和各阻抗元件上的电压 $\dot{U}_1$ 与 $\dot{U}_2$，并作相量图；计算图 4.15(b)中各支路电流 $\dot{I}_1$ 与 $\dot{I}_2$ 和电压 $\dot{U}$，并作相量图。

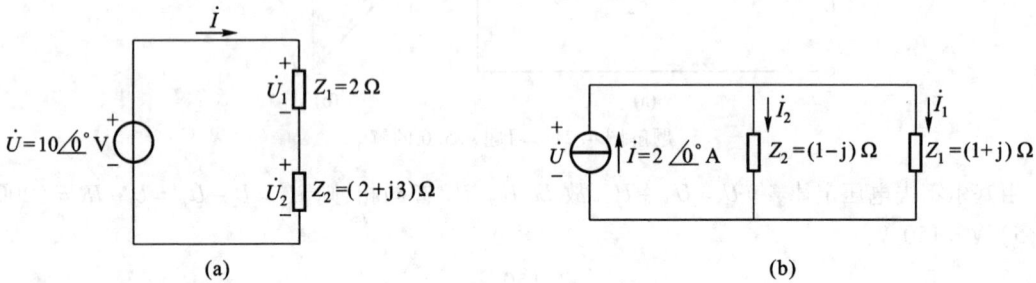

图 4.15 习题 4.5.8 的图

解： 计算图 4.15(a)所示电路

$$\dot{I} = \frac{\dot{U}}{Z_1 + Z_2} = \frac{10\angle 0°}{2 + 2 + j3}\ A = 2\angle -36.9°\ A$$

$$\dot{U}_1 = \frac{Z_1}{Z_1 + Z_2}\dot{U} = \frac{2}{2 + (2 + j3)} \times 10\angle 0°\ V = 4\angle -36.9°\ V$$

$$\dot{U}_2 = \frac{Z_2}{Z_1 + Z_2}\dot{U} = \frac{2 + j3}{2 + (2 + j3)} \times 10\angle 0°\ V$$

$$= \sqrt{13}\angle 56.3° \times 2\angle -36.9°\ V = 7.21\angle 19.4°\ V$$

计算图 4.15(b)所示电路

$$\dot{I}_1 = \frac{Z_2}{Z_1 + Z_2}\dot{I} = \frac{1 - j}{(1 + j) + (1 - j)} \times 2\angle 0°\ A = (1 - j)\ A = \sqrt{2}\angle -45°\ A$$

$$\dot{I}_2 = \frac{Z_1}{Z_1 + Z_2}\dot{I} = \frac{1 + j}{(1 + j) + (1 - j)} \times 2\angle 0°\ A = (1 + j)\ A = \sqrt{2}\angle 45°\ A$$

$$\dot{U} = Z_1\dot{I}_1 = (1 + j) \times \sqrt{2}\angle -45°\ V = (\sqrt{2}\angle 45° \times \sqrt{2}\angle -45°)\ V = 2\angle 0°\ V$$

图 4.15(a)、(b)两图的计算结果相量图分别如题解图 4.23(a)、(b)所示。

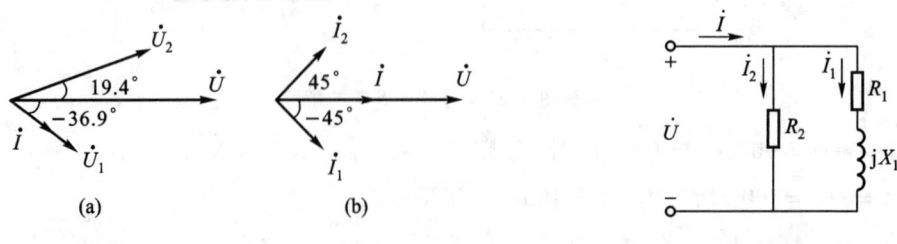

题解图 4.23 习题 4.5.8 的解

图 4.16 习题 4.5.9 的图

4.5.9 在图 4.16 中，已知 $U = 220$ V，$R_1 = 10\ \Omega$，$X_1 = 10\sqrt{3}\ \Omega$，$R_2 = 20\ \Omega$，试求各个电流和平均功率。

解：以 $\dot{U}$ 为参考相量，即 $\dot{U} = U\angle 0°$ V $= 220\angle 0°$ V

则
$$\dot{I}_1 = \frac{\dot{U}}{R_1 + jX_1} = \frac{220\angle 0°}{10 + j10\sqrt{3}} \text{A}$$

$$= \frac{220\angle 0°}{20\angle 60°} \text{A} = 11\angle -60° \text{A}$$

$$\dot{I}_2 = \frac{\dot{U}}{R_2} = \frac{220\angle 0°}{20} \text{A} = 11\angle 0° \text{A}$$

$$\dot{I} = \dot{I}_1 + \dot{I}_2 = (11\angle -60° + 11\angle 0°) \text{A} = 11\sqrt{3}\angle -30° \text{A}$$

$$P = R_1 I_1^2 + R_2 I_2^2 = (10\times 11^2 + 20\times 11^2) \text{W} = 3\ 630 \text{W}$$

P 也可通过下式计算，即
$$P = UI\cos(\varphi_u - \varphi_i)$$
$$= 220 \times 11\sqrt{3} \times \cos(0° - 30°) \text{W}$$
$$= 3\ 630 \text{W}$$

4.5.10 在图 4.17 中，已知 $u = 220\sqrt{2}\sin 314t$ V，$i_1 = 22\sin(314t - 45°)$ A。$i_2 = 11\sqrt{2}\sin(314t + 90°)$ A，试求各仪表读数及电路参数 R，L 和 C。

解：由已知 u、i_1、i_2 可得

$$U = 220 \text{ V}, \quad I_1 = \frac{22}{\sqrt{2}} \text{A} = 11\sqrt{2} \text{A} = 15.6 \text{A}, \quad I_2 = 11 \text{A}$$

根据图 4.17 电路可画出各电压、电流的相量图如题解图 4.24 所示。则由相量图可知

$$\dot{I} = \dot{I}_1 + \dot{I}_2 = (11\sqrt{2}\angle -45° + 11\angle 90°) \text{A}$$

$$= [(11 - j11) + j11] \text{A} = 11\angle 0° \text{A},$$

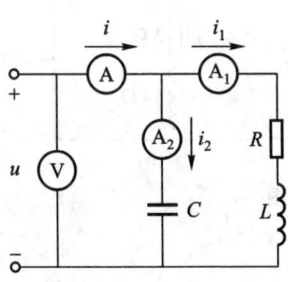

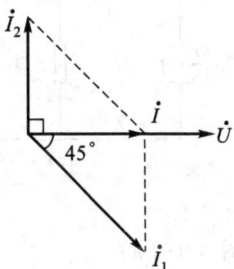

图 4.17 习题 4.5.10 的图　　　　　题解图 4.24 习题 4.5.10 的解

故电压表 V 读数为 220 V，电流表 A_1、A_2、A 的读数分别为 15.6 A、11 A、11 A。

因
$$X_C = \frac{U}{I_2} = \frac{220}{11} \Omega = 20 \Omega$$

所以
$$C = \frac{1}{\omega X_C} = \frac{1}{314 \times 20} \text{F} = 159.2 \text{ μF}$$

又因
$$Z_1 = R + jX_L = \frac{\dot{U}}{\dot{I}_1} = \frac{220\angle 0°}{11\sqrt{2}\angle -45°} \Omega = \left(\frac{20}{\sqrt{2}}\cos 45° + j\frac{20}{\sqrt{2}}\sin 45°\right) \Omega$$

所以   = (10 + j10) Ω

所以 $R = 10\ \Omega, X_L = 10\ \Omega$

故 $L = \dfrac{X_L}{\omega} = \dfrac{10}{314}\ H = 0.031\ 8\ H = 31.8\ mH$

4.5.11 求图 4.18 所示电路的阻抗 Z_{ab}。

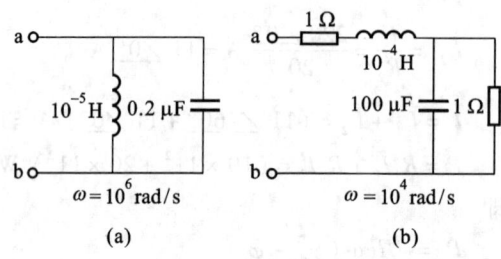

图 4.18   习题 4.5.11 的图

解：对于图 4.18(a)

$$Z_{ab} = \dfrac{1}{\dfrac{1}{j\omega L} + j\omega C} = \dfrac{1}{\dfrac{1}{j10} + j0.2}\ \Omega = \dfrac{1}{j0.1}\ \Omega = -j10\ \Omega = 10\angle -90°\ \Omega$$

对于图 4.18(b)

$$Z_{ab} = (R + j\omega L) + \dfrac{1}{\dfrac{1}{R} + j\omega C} = \left(1 + j1 + \dfrac{1}{1 + j1}\right)\ \Omega = (1.5 + j0.5)\ \Omega = 1.58\angle 18.4°\ \Omega$$

4.5.12 求图 4.19 两图中的电流 $\dot{I}$。

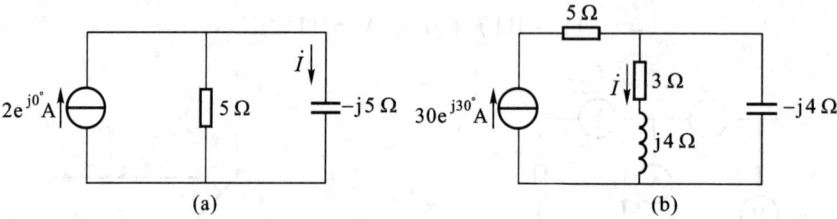

图 4.19   习题 4.5.12 的图

解：对于图 4.19(a)

$$\dot{I} = \dfrac{5}{5 - j5} \times 2e^{j0°}\ A = \dfrac{10\angle 0°}{5\sqrt{2}\angle -45°}\ A = \sqrt{2}\angle 45°\ A$$

对于图 4.19(b)

$$\dot{I} = \dfrac{-j4}{(3 + j4) - j4} \times 30e^{j30°}\ A = \dfrac{120\angle -60°}{3}\ A = 40\angle -60°\ A$$

4.5.13 计算上题中理想电流源两端的电压。

解：对于图 4.19(a)

$$\dot{U} = -j5\dot{I} = -j5 \times \sqrt{2}\angle 45°\ V = 5\sqrt{2}\angle -45°\ V$$

对于图 4.19(b)

$$\dot{U} = 5 \times 30e^{j30°} + (3 + j4)\dot{I}$$
$$= (150 \angle 30° + 5 \angle 53.1° \times 40 \angle -60°) \text{V}$$
$$= 322.4 \angle 8.8° \text{ V}$$

4.5.14 在图 4.20 所示的电路中,已知 $\dot{U}_C = 1 \angle 0°$ V,求 $\dot{U}$。

解:由图 4.20 电路可知

$$\dot{I}_R = \frac{\dot{U}_C}{2} = \frac{1 \angle 0°}{2} \text{ A} = 0.5 \angle 0° \text{ A} = 0.5 \text{ A}$$

$$\dot{I}_C = \frac{\dot{U}_C}{-j2} = \frac{1 \angle 0°}{2 \angle -90°} \text{ A} = 0.5 \angle 90° \text{ A} = j0.5 \text{ A}$$

则

$$\dot{I} = \dot{I}_R + \dot{I}_C = (0.5 + j0.5) \text{ A}$$

$$\dot{U}_1 = (2 + j2)\dot{I} = (2 + j2)(0.5 + j0.5) \text{ V} = j2 \text{ V}$$

所以 $\dot{U} = \dot{U}_1 + \dot{U}_C = (j2 + 1 \angle 0°) \text{V} = (1 + j2) \text{ V} = \sqrt{5} \angle 63.4° \text{ V}$

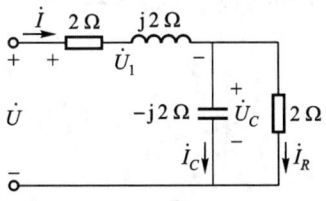

图 4.20 习题 4.5.14 的图

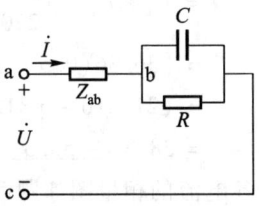

图 4.21 习题 4.5.15 的图

4.5.15 在图 4.21 所示的电路中,已知 $U_{ab} = U_{bc}$,$R = 10$ Ω,$X_C = \frac{1}{\omega C} = 10$ Ω,$Z_{ab} = R + jX_L$。试求 $\dot{U}$ 和 $\dot{I}$ 同相时 Z_{ab} 等于多少?

解:由于

$$Z_{bc} = \frac{R(-jX_C)}{R + (-jX_C)} = \frac{10 \times (-j10)}{10 + (-j10)} \text{ Ω} = (5 - j5) \text{ Ω}$$

则

$$\dot{U} = \dot{U}_{ab} + \dot{U}_{bc}$$
$$= (Z_{ab} + Z_{bc}) \cdot \dot{I}$$
$$= [(R + jX_L) + (5 - j5)]\dot{I} = Z\dot{I}$$

若 $\dot{U}$ 与 $\dot{I}$ 同相,则 $Z = (R+5) + j(X_L - 5)$ 的虚部必须为零,即 $X_L - 5 = 0, X_L = 5$ Ω

又因 $U_{ab} = U_{bc}$

则 $|Z_{ab}| = |Z_{bc}|$

即 $\sqrt{R^2 + X_L^2} = \sqrt{5^2 + (-5)^2}$

解之可得 $R = 5$ Ω

所以 $Z_{ab} = R + jX_L = (5 + j5)$ Ω

4.5.16 某教学楼装有 220 V/40 W 日光灯 100 支和 220 V/40 W 白炽灯 20 个。日光灯的功率因数为 0.5。日光灯管和镇流器串联接到交流电源上可看作 RL 串联电路。

(1) 试求电源向电路提供的电流 $\dot{I}$,并画出电压和各个电流的相量图,设电源电压 $\dot{U} =$

220∠0° V;(2) 若全部照明灯点亮 4 h,共耗电多少 kW·h?

解：(1) 设流过每支日光灯的电流为 I_1,流过 100 支日光灯的总电流为 I'_1;流过每个白炽灯的电流为 I_2;流过 20 个白炽灯的总电流为 I'_2,则

$$I_{1N} = \frac{P_{1N}}{U_{1N}\cos\varphi_1} = \frac{40}{220 \times 0.5} \text{A} = 0.3636 \text{A}$$

$$I'_1 = 100\ I_{1N} = 100 \times \frac{40}{220 \times 0.5} \text{A} = 36.36 \text{A}$$

$$I_{2N} = \frac{P_{2N}}{U_{2N}\cos\varphi_2} = \frac{40}{220} \text{A} = 0.1818 \text{A}$$

$$I'_2 = 20\ I_{2N} = 20 \times \frac{40}{220} \text{A} = 3.636 \text{A}$$

由题解图 4.25(a)可知,电源电压 $\dot{U} = 220\angle 0°$ V 时 $\dot{I}'_1 = 36.36\angle -60°$ A, $\dot{I}'_2 = 3.636\angle 0°$ A,电源向电路提供的电流 $\dot{I}$ 为

$$\dot{I} = \dot{I}'_1 + \dot{I}''_1 = \left[\frac{40}{220 \times 0.5} \times 100(\cos\varphi_1 + j\sin\varphi_1) + \frac{40}{220} \times 20\right] \text{A}$$

$$= [36.36(0.5 - j0.866) + 3.636] \text{A}$$

$$= (21.816 - j31.49) \text{A}$$

$$= 38.3\angle -55.3° \text{A}$$

电源电压与各电流的相量图如题解图 4.25(b)所示。

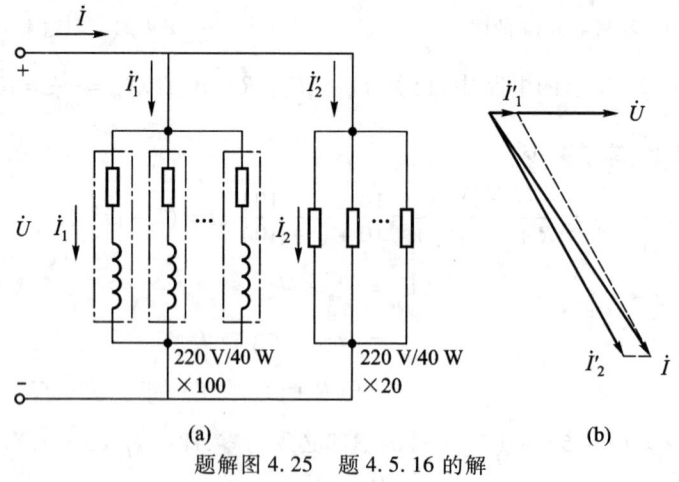

题解图 4.25 题 4.5.16 的解

(2) 若全部照明灯点亮 4 h,则总共耗电量 W_{4h} 为

$$W_{4h} = (40 \times 100 + 40 \times 20) \times 4 = 19\ 200 \text{ W·h} = 19.2 \text{ kW·h}$$

4.5.17 设有 R,L 和 C 元件若干个,每一元件均为 10 Ω。每次选两个元件串联或并联,问如何选择元件和连接方式才能得到:(1) 20 Ω,(2) $10\sqrt{2}$ Ω,(3) $\frac{10}{\sqrt{2}}$ Ω,(4) 5 Ω,(5) 0 Ω,(6) ∞ 的阻抗模?

解：(1) 可选两个电阻串联,或两个电感串联,或两个电容串联。

(2) 可选一个电阻与一个电感串联,或一个电阻与一个电容串联。

(3)可选一个电阻与一个电感并联,或一个电阻与一个电容并联。

(4)可选两个电阻并联,或两个电感并联,或两个电容并联。

(5)可选一个电感与一个电容串联。

(6)可选一个电感与一个电容并联。

*4.6.1 在图 4.22 所示的电路中,已知 $\dot{U} = 100 \angle 0°$ V, $X_C = 500$ Ω, $X_L = 1\,000$ Ω, $R = 2\,000$ Ω,求电流 $\dot{I}$。

解:由于本题只需要求电阻 R 中的电流 I,因此可应用戴维宁定理。电阻 R 以外的电路为一个线性有源二端网络,可以等效为电压源 $\dot{U}_0$ 与等效内阻抗 Z_0 串联的戴维宁等效电路[如题解图 4.26(a)所示]。

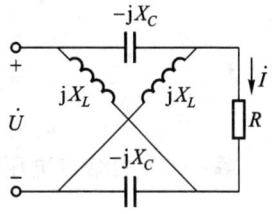

图 4.22 习题 4.6.1 的图

$\dot{U}_0$ 为图 4.22 当 R 断开后有源二端网络的开路电压,可由题解图 4.26(b)求出,即

$$\dot{U}_0 = jX_L \dot{I}_1 - (-jX_C)\dot{I}_2$$

$$= jX_L \left(\frac{\dot{U}}{-jX_C + jX_L} \right) - (-jX_C)\left(\frac{\dot{U}}{jX_L - jX_C} \right)$$

$$= \dot{U}\left(\frac{jX_L}{jX_L - jX_C} - \frac{-jX_C}{jX_L - jX_C} \right)$$

$$= 100 \angle 0° \times \left(\frac{j1\,000}{j1\,000 - j500} - \frac{-j500}{j1\,000 - j500} \right) \text{ V}$$

$$= 300 \angle 0° \text{ V}$$

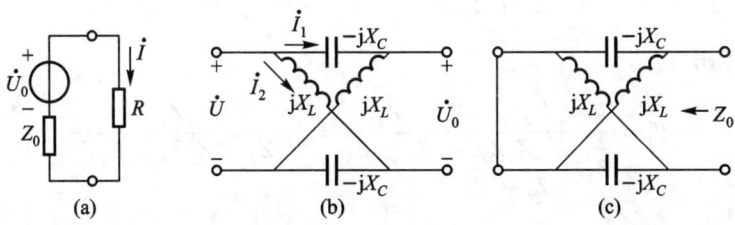

题解图 4.26 习题 4.6.1 的解

Z_0 为图 4.22 当 R 断开后有源二端网络的等效内阻抗,可由题解图 4.26(c)求出,即

$$Z_0 = [(-jX_C) /\!/ jX_L] + [(-jX_C) /\!/ jX_L]$$

$$= 2[(-jX_C) /\!/ jX_L]$$

$$= 2\left(\frac{-jX_C \cdot jX_L}{jX_L - jX_C} \right)$$

$$= 2 \times \frac{(-j500) \times j1\,000}{j1\,000 - j500} \text{ Ω}$$

$$= -j2\,000 \text{ Ω}$$

因此由题解图 4.26(a)所示的戴维宁等效电路,可求出 $\dot{I}$,即

$$\dot{I} = \frac{\dot{U}_0}{Z_0 + R} = \frac{300\angle 0°}{2\,000 - \text{j}2\,000}\text{A} = \frac{300\angle 0°}{2\,000\sqrt{2}\angle -45°}\text{A} = 0.106\angle 45°\text{ A}$$

***4.6.2** 分别用结点电压法和叠加定理计算例 4.6.1 中的电流 I_3。

图 4.6.1 中数据为

$$\dot{U}_1 = 230\angle 0°\text{ V},$$
$$\dot{U}_2 = 227\angle 0°\text{ V},$$
$$Z_1 = (0.1 + \text{j}0.5)\ \Omega$$
$$Z_2 = (0.1 + \text{j}0.5)\ \Omega$$
$$Z_3 = (5 + \text{j}5)\ \Omega$$

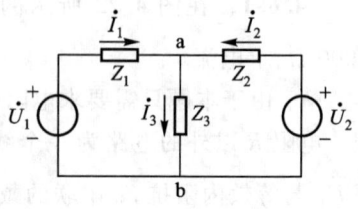

图 4.6.1 习题 4.6.2 的图

解：(1) 用结点电压法

$$\dot{U}_{ab} = \frac{\dfrac{\dot{U}_1}{Z_1} + \dfrac{\dot{U}_2}{Z_2}}{\dfrac{1}{Z_1} + \dfrac{1}{Z_2} + \dfrac{1}{Z_3}} = 222\angle -1.1°\text{ V}$$

$$\dot{I}_3 = \frac{\dot{U}_{ab}}{Z_3} = \frac{222\angle -1.1°}{5 + \text{j}5}\text{A} = 31.4\angle -46.1°\text{ A}$$

(2) 用叠加定理法

当 $\dot{U}_1$ 单独作用时

$$\dot{I}_3' = \frac{\dot{U}_1}{Z_1 + \dfrac{Z_2 Z_3}{Z_2 + Z_3}} \cdot \frac{Z_2}{Z_2 + Z_3} = \frac{\dot{U}_1 Z_2}{Z_1 Z_2 + Z_1 Z_3 + Z_2 Z_3}$$

当 $\dot{U}_2$ 单独作用时

$$\dot{I}_3'' = \frac{\dot{U}_2}{Z_2 + \dfrac{Z_1 Z_3}{Z_1 + Z_3}} \cdot \frac{Z_1}{Z_1 + Z_3} = \frac{\dot{U}_2 Z_1}{Z_1 Z_2 + Z_2 Z_3 + Z_1 Z_3}$$

当 $\dot{U}_1$、$\dot{U}_2$ 共同作用时，由叠加定理可得

$$\dot{I}_3 = \dot{I}_3' + \dot{I}_3'' = \frac{\dot{U}_1 Z_2 + \dot{U}_2 Z_1}{Z_1 Z_2 + Z_2 Z_3 + Z_1 Z_3}$$

由于 $Z_1 = Z_2$

故

$$\dot{I}_3 = \frac{Z_1(\dot{U}_1 + \dot{U}_2)}{Z_1 Z_2 + Z_2 Z_3 + Z_1 Z_3} = \frac{\dot{U}_1 + \dot{U}_2}{Z_2 + Z_3 + \dfrac{Z_2 Z_3}{Z_1}} = \frac{\dot{U}_1 + \dot{U}_2}{Z_2 + 2Z_3}$$

$$= \frac{230\angle 0° + 227\angle 0°}{(0.1 + \text{j}0.5) + 2(5 + \text{j}5)}\text{A} = 31.3\angle -46.1°\text{ A}$$

4.7.3 某收音机输入电路的电感约为 0.3 mH，可变电容器的调节范围为 25～360 pF。试问能否满足收听中波段 535～1 605 kHz 的要求。

解：收音机选台调节实质是通过调节可变电容器的参数值使调谐回路在某一电台频率下发生串联谐振。由串联谐振频率表达式

$$f_0 = \frac{1}{2\pi\sqrt{LC}}$$

可知

当 $C = 360$ pF 时,电路的谐振频率为

$$f_1 = \frac{1}{2\pi\sqrt{0.3 \times 10^{-3} \times 360 \times 10^{-12}}} \text{ Hz} = \frac{10^8}{2\pi\sqrt{1\,080}} \text{ Hz} \approx 484 \text{ kHz} < 535 \text{ kHz}$$

当 $C = 25$ pF 时,电路的谐振频率为

$$f_2 = \frac{1}{2\pi\sqrt{0.3 \times 10^{-3} \times 25 \times 10^{-12}}} = \frac{10^8}{2\pi\sqrt{75}} \text{ Hz} \approx 1\,838 \text{ kHz} > 1\,605 \text{ kHz}$$

故在 25～360 pF 范围内调节 C 时,谐振频率的变化范围是 484～1 838 kHz,完全可以满足收听到中波段 535～1 605 kHz 的要求。

4.7.4 有一 RLC 串联电路,它在电源频率 f 为 500 Hz 时发生谐振。谐振时电流 I 为0.2 A,容抗 X_C 为 314 Ω,并测得电容电压 U_C 为电源电压 U 的 20 倍。试求该电路的电阻 R 和电感 L。

解：题设 RLC 串联电路发生谐振,由谐振时电流 $I_0 = 0.2$ A 知

$$U_C = I_0 X_C = 0.2 \times 314 \text{ V} = 62.8 \text{ V}$$

则

$$U = \frac{U_C}{20} = \frac{62.8}{20} \text{ V} = 3.14 \text{ V}$$

$$R = \frac{U}{I_0} = \frac{3.14}{0.2} \Omega = 15.7 \text{ Ω}$$

又因谐振时

$$\omega_0 L = \frac{1}{\omega_0 C} = X_{C0} = 314 \text{ Ω}$$

故

$$L = \frac{X_{C0}}{\omega_0} = \frac{X_{C0}}{2\pi f_0} = \frac{314}{2\pi \times 500} \text{ H} \approx 0.1 \text{ H}$$

4.7.5 有一 RLC 串联电路,接于频率可调的电源上,电源电压保持在 10 V,当频率增加时,电流从 10 mA(500 Hz)增加到最大值 60 mA(1 000 Hz)。试求：(1) 电阻 R,电感 L 和电容 C 的值；(2) 在谐振时电容器两端的电压 U_C；(3) 谐振时磁场中和电场中所储的最大能量。

解：(1) 频率增加,电流达到最大值的状态为串联谐振状态。

设 $I_0 = 60$ mA, $f_0 = 1\,000$ Hz,另设 $I_1 = 10$ mA, $f_1 = 500$ Hz,则有

$$I_0 = \frac{U}{|Z_0|} = \frac{U}{R}$$

$$R = \frac{U}{I_0} = \frac{10}{0.06} \Omega \approx 166.7 \text{ Ω}$$

又

$$|Z_1| = \sqrt{R^2 + \left(\omega_1 L - \frac{1}{\omega_1 C}\right)^2} = \frac{U_1}{I_1} = \frac{10}{10 \times 10^{-3}} \Omega = 1\,000 \text{ Ω}$$

即

$$\omega_1 L - \frac{1}{\omega_1 C} = \sqrt{|Z_1|^2 - R^2} = \sqrt{1\,000^2 - 166.7^2} \text{ Ω} \approx 986 \text{ Ω}$$

而

$$\omega_1 = 2\pi f_1 = 2\pi \times 500 = 1\,000\pi$$

故 $$1\,000\pi L - \frac{1}{1\,000\pi C} = 986$$

又 $$f_0 = 1\,000 = \frac{1}{2\pi\sqrt{LC}}$$

则联立解之可得: $L = 0.105$ H, $C = 0.242$ μF。

（2）谐振时电容 C 两端电压

$$U_{C0} = I_0 X_C = 0.06 \times \frac{1}{2\pi \times 0.242 \times 10^{-6}} \text{ V} \approx 39.5 \text{ V}$$

（3）谐振时磁场中和电场中所储存的最大能量分别为

$$W_L = \frac{1}{2}LI_{L0}^2 = \frac{1}{2}LI_0^2 = \frac{1}{2} \times 0.105 \times 0.06^2 \text{ J} \approx 1.89 \times 10^{-4} \text{ J}$$

$$W_C = \frac{1}{2}CU_{C0}^2 = \frac{1}{2} \times 0.242 \times 10^{-6} \times 39.5^2 \text{ J} \approx 1.89 \times 10^{-4} \text{ J}$$

4.7.6 在图 4.23 的电路中，$R_1 = 5$ Ω。今调节电容 C 值使并联电路发生谐振，并此时测得：$I_1 = 10$ A，$I_2 = 6$ A，$U_Z = 113$ V，电路总功率 $P = 1\,140$ W。求阻抗 Z。

解：当调节电容 C 使并联电路发生谐振时，电流 i 与 u_{ab} 同相，且为最小值，故可画出 i、i_1、i_2 与 u_{ab} 的相量图，如题解图 4.27 所示。由相量图可得

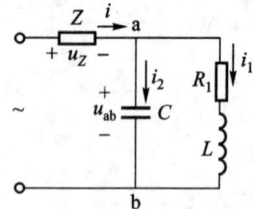

图 4.23　习题 4.7.6 的图

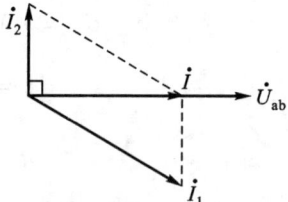

题解图 4.27　习题 4.7.6 的解

$$I = \sqrt{I_1^2 - I_2^2} = \sqrt{10^2 - 6^2} \text{ A} = 8 \text{ A}$$

设　　　　$Z = R + jX$

由题设　　$P = I^2 R + I_1^2 R_1 = 1\,140$ W

故　　$$R = \frac{P - I_1^2 R_1}{I^2} = \frac{1\,140 - 10^2 \times 5}{8^2} \text{ Ω} = 10 \text{ Ω}$$

又因　　$$|Z| = \sqrt{R^2 + X^2} = \frac{U_Z}{I} = \frac{113}{8} \text{ Ω} = 14.13 \text{ Ω}$$

则　　$$X = \pm\sqrt{|Z|^2 - R^2} = \pm\sqrt{14.13^2 - 10^2} \text{ Ω} = \pm 10 \text{ Ω}$$

所以阻抗 $Z = R + jX = (10 \pm j10)$ Ω。

4.7.7 电路如图 4.24 所示，已知 $R = R_1 = R_2 = 10$ Ω，$L = 31.8$ mH，$C = 318$ μF，$f = 50$ Hz，$U = 10$ V，试求并联支路端电压 U_{ab} 及电路的 P, Q, S 及 $\cos\varphi$。

解：由题设知 $\omega = 2\pi f = 2\pi \times 50$ rad/s $= 314$ rad/s，则

感抗　　$X_L = \omega L = 314 \times 31.8 \times 10^{-3}$ Ω $= 10$ Ω

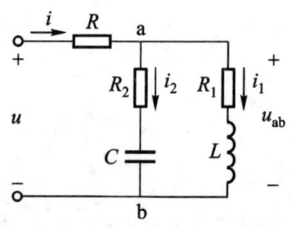

图 4.24　习题 4.7.7 的图

容抗
$$X_C = \frac{1}{\omega C} = \frac{1}{314 \times 318 \times 10^{-6}} \ \Omega = 10 \ \Omega$$

则两并联支路的等效阻抗 Z_{ab} 为

$$Z_{ab} = \frac{(R_1 + jX_L)(R_2 - jX_C)}{(R_1 + jX_L) + (R_2 - jX_C)} = \frac{(10 + j10)(10 - j10)}{(10 + j10) + (10 - j10)} \ V = 10 \angle 0° \ V$$

电路总阻抗

$$Z = R + Z_{ab} = (10 + 10 \angle 0°) \ \Omega = 20 \angle 0° \ \Omega$$

设 $\dot{U} = U \angle 0° = 10 \angle 0°$ V

$$\dot{I} = \frac{\dot{U}}{Z} = \frac{10 \angle 0°}{20 \angle 0°} \ A = 0.5 \angle 0° \ A$$

则

$$U_{ab} = I|Z_{ab}| = (0.5 \times 10) \ V = 5 \ V$$
$$P = UI \cos(\varphi_u - \varphi_i) = 10 \times 0.5 \times \cos(0° - 0°) \ W = 5 \ W$$
$$Q = UI \sin(\varphi_u - \varphi_i) = 10 \times 0.5 \times \sin(0° - 0°) = 0$$
$$S = UI = (10 \times 0.5) \ V \cdot A = 5 \ V \cdot A$$
$$\cos \varphi = \cos(\varphi_u - \varphi_i) = \cos 0° = 1$$

本题也可通过 $Z_{ab} = 10 \angle 0° \ \Omega$ 知,并联电路部分呈纯阻性,且阻值与 R 相等,故

$$U_{ab} = \frac{U}{2} = \frac{10}{2} \ V = 5 \ V$$

并联支路电流

$$I_1 = \frac{U_{ab}}{\sqrt{R_1^2 + X_L^2}} = \frac{5}{\sqrt{10^2 + 10^2}} \ A = \frac{\sqrt{2}}{4} \ A$$

$$I_2 = \frac{U_{ab}}{\sqrt{R_2^2 + X_C^2}} = \frac{5}{\sqrt{10^2 + 10^2}} \ A = \frac{\sqrt{2}}{4} \ A$$

总电流

$$I = \frac{U_{ab}}{|Z_{ab}|} = \frac{5}{10} \ A = 0.5 \ A$$

故

$$P = I_1^2 R_1 + I_2^2 R_2 + I^2 R = \left[\left(\frac{\sqrt{2}}{4}\right)^2 \times 10 + \left(\frac{\sqrt{2}}{4}\right)^2 \times 10 + 0.5^2 \times 10\right] \ W = 5 \ W$$

$$Q = I_1^2 X_L - I_2^2 X_C = \left[\left(\frac{\sqrt{2}}{4}\right)^2 \times 10 - \left(\frac{\sqrt{2}}{4}\right)^2 \times 10\right] \ var = 0$$

$$S' = \sqrt{P^2 + Q^2} = 5 \ V \cdot A$$

$$\cos \varphi = \frac{P}{S'} = \frac{5}{5} = 1$$

4.8.1 今有 40 W 的日光灯一支,使用时灯管与镇流器(可近似地把镇流器看作纯电感)串联在电压为 220 V、频率为 50 Hz 的电源上。已知灯管工作时属于纯电阻负载,灯管两端的电压等于 110 V,试求镇流器的感抗与电感。这时电路的功率因数等于多少?若将功率因数提高到 0.8,问应并联多大电容?

解:由题设知灯管与镇流器的串联电路可看作 RL 串联电路。灯管工作的额定电流

$$I_N = \frac{P_N}{U_N} = \frac{40}{110} \ A \approx 0.364 \ A$$

要保证灯管上电压为 110 V,则电感上电压应为
$$U_L = \sqrt{U^2 - U_N^2} = \sqrt{220^2 - 110^2} \text{ V} \approx 190.5 \text{ V}$$
电感的感抗为
$$X_L = \frac{U_L}{I_N} = \frac{190.5}{0.364} \Omega = 523.4 \Omega$$
电感为
$$L = \frac{X_L}{2\pi f} = \frac{523.4}{2\pi \times 50} \text{ H} \approx 1.67 \text{ H}$$
电路的功率因数为
$$\cos\varphi = \frac{P}{S} = \frac{P}{UI} = \frac{40}{220 \times 0.364} = 0.5$$
若要将功率因数提高到 0.8,则应在灯管与镇流器串联电路两端并联的电容为
$$C = \frac{P}{2\pi f U^2}(\tan\varphi - \tan\varphi')$$
$$= \frac{40}{2\pi \times 50 \times 220^2}[\tan(\arccos 0.5) - \tan(\arccos 0.8)] \text{F}$$
$$= \frac{40}{2\pi \times 50 \times 220^2}(\tan 60° - \tan 36.9°) \text{F}$$
$$= 2.58 \text{ μF}$$

4.8.2 用图 4.25 的电路测得无源线性二端网络 N 的数据如下:$U = 220$ V,$I = 5$ A,$P = 500$ W。又知当与 N 并联一个适当数值的电容 C 后,电流 I 减小,而其他读数不变。试确定该网络的性质(电阻性、电感性或电容性)、等效参数及功率因数。$f = 50$ Hz。

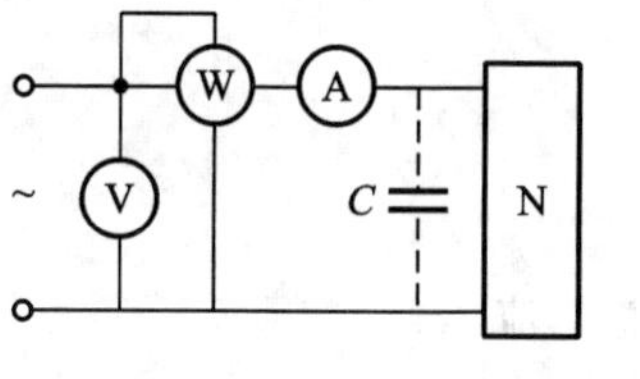

解:由于 N 两端并联适当数值 C 后线路电流 I 减小,而其他读数不变,则可判断该网络为一电感性网络。

由于 $P = UI\cos\varphi = 500$ W,且 $U = 220$ V,$I = 5$ A

故功率因数 $\cos\varphi = \dfrac{P}{UI} = \dfrac{500}{220 \times 5} = 0.454$

图 4.25 习题 4.8.2 的图

网络 N 的阻抗模为
$$|Z| = \frac{U}{I} = \frac{220}{5} \Omega = 44 \Omega$$
故 $Z = |Z|\angle\varphi = R + jX_L = 44\angle\arccos 0.454 \text{ }\Omega = 44\angle 63° \text{ }\Omega = (20 + j39.2) \text{ }\Omega$
所以 $R = 20 \text{ }\Omega, X_L = 39.2 \text{ }\Omega$
则 $L = \dfrac{X_L}{\omega} = \dfrac{39.2}{314} \text{ H} = 0.125 \text{ H}$

4.8.3 在图 4.26 中,$U = 220$ V,$f = 50$ Hz,$R_1 = 10$ Ω,$X_1 = 10\sqrt{3}$ Ω,$R_2 = 5$ Ω,$X_2 = 5\sqrt{3}$ Ω。(1)求电流表的读数 I 和电路功率因数 $\cos\varphi_1$;(2)欲使电路的功率因数提高到 0.866,则需要并联多大电容?(3)并联电容后电流表的读数为

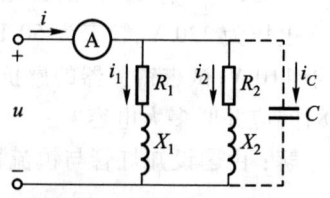

图 4.26 习题 4.8.3 的图

多少?

解:(1) 设 $\dot{U} = 220 \angle 0°$ V

因为
$$Z_1 = R_1 + jX_1 = (10 + j10\sqrt{3}) \ \Omega = 20 \angle 60° \ \Omega$$
$$Z_2 = R_2 + jX_2 = (5 + j5\sqrt{3}) \ \Omega = 10 \angle 60° \ \Omega$$

故
$$\dot{I}_1 = \frac{\dot{U}}{Z_1} = \frac{220 \angle 0°}{20 \angle 60°} \ A = 11 \angle -60° \ A$$

$$\dot{I}_2 = \frac{\dot{U}}{Z_2} = \frac{220 \angle 0°}{10 \angle 60°} \ A = 22 \angle -60° \ A$$

$$\dot{I} = \dot{I}_1 + \dot{I}_2 = (11 \angle -60° + 22 \angle -60°) \ A = 33 \angle -60° \ A$$

即 $\dot{I}$ 滞后 $\dot{U}$ 60°, $\cos \varphi = \cos 60° = 0.5$

电流表读数 I 为 33 A,电路的功率因数为 0.5。

(2) 设并联电容 C 后,电路的功率因数角为 φ',则由题意知
$$\cos \varphi' = 0.866, \quad \varphi' = 30°$$

故
$$C = \frac{P}{2\pi f U^2}(\tan \varphi - \tan \varphi') = \frac{UI\cos \varphi}{2\pi f U^2}(\tan \varphi - \tan \varphi')$$
$$= \frac{220 \times 33 \times 0.5}{2\pi \times 50 \times 220^2}(\tan 60° - \tan 30°) \ F = 275.7 \ \mu F$$

(3) 并联电容 C 前后电路中的有功功率未变,即
$$P = UI \cos \varphi = UI' \cos \varphi'$$

则并联 C 后的线路电流
$$I' = \frac{UI \cos \varphi}{U \cos \varphi'} = \frac{I \cos \varphi}{\cos \varphi'} = \frac{33 \times 0.5}{0.866} \ A = 19.05 \ A$$

即并联电容后电流表读数减小了,为 19.05 A。

4.8.4 在 380 V 50 Hz 的电路中,接有电感性负载,其功率为 20 kW,功率因数为 0.6,试求电流。如果在负载两端并联电容值为 374 μF 的一组电容器,问线路电流和整个电路的功率因数等于多大?

解:由题设可知 $P = UI_L \cos \varphi_L$,若电源电压 $\dot{U} = 380 \angle 0°$ V,则
$$I_L = \frac{P}{U \cos \varphi_L} = \frac{20 \times 10^3}{380 \times 0.6} \ A = 87.72 \ A$$
$$\varphi_L = -53.1°$$
$$\dot{I}_L = 87.72 \angle -53.1° \ A$$

并联 $C = 374$ μF 电容时,其中电流 $\dot{I}_C$ 为
$$\dot{I}_C = \frac{\dot{U}}{X_C} \angle 90° = \frac{\dot{U}}{\frac{1}{\omega C}} \angle 90° = \omega C \dot{U} \angle 90° = 314 \times 374 \times 10^{-6} \times 380 \angle 0 + 90° \ A = 44.6 \angle 90° \ A$$

并联 C 后线路总电流 I 和整个电路的功率因数 $\cos \varphi$ 分别为
$$\dot{I} = \dot{I}_L + \dot{I}_C = (87.72 \angle -53.1° + 44.6 \angle 90°) \ A = 58.5 \angle -25.87° \ A$$

$$\cos\varphi = \cos[0-(-25.87)] = 0.8998 \approx 0.9$$

4.8.5 某照明电源的额定容量为 10 kV·A、额定电压为 220 V、频率为 50 Hz，今接有 40 W/220 V、功率因数为 0.5 的日光灯 120 支。(1) 试问日光灯的总电流是否超过电源的额定电流？(2) 若并联若干电容后将电路功率因数提高到 0.9，试问这时还可接入多少个 40 W/220 V 的白炽灯？

解：(1) 此照明电源的额定电流 I_N 为

$$I_N = \frac{S_N}{U_N} = \frac{10 \times 10^3}{220} \text{ A} = 45.45 \text{ A}$$

每支日光灯的额定电流 $I_{日N}$ 为

$$I_{日N} = \frac{P_{日N}}{U_{日N}\cos\varphi_{日N}} = \frac{40}{220 \times 0.5} \text{ A} = 0.3636 \text{ A}$$

$$I_{日总} = 120 I_{日N} = 0.3636 \times 120 \text{ A} = 43.63 \text{ A} < I_N$$

故未超过电源的额定电流。

(2) 并联若干电容将电路功率因数提高到 0.9 时，则线路电流 I 和电路中的无功功率 Q 分别为

$$I = \frac{\sum P_{日N}}{U_N \cos\varphi} = \frac{40 \times 120}{220 \times 0.9} \text{ A} = 24.24 \text{ A}$$

$$Q = UI\sin\varphi = 220 \times 24.24 \times \sin(\arccos 0.9) \text{ var} = 2324.5 \text{ var}$$

电源能提供的有功功率 P 为

$$P = \sqrt{S_N^2 - Q^2} = \sqrt{(10 \times 10^3)^2 - (2324.5)^2} \text{ W} = 9726 \text{ W}$$

还可接入 40 W/220 V 的白炽灯个数 n 为

$$n = \frac{P - \sum P_{日N}}{P_{日N}} = \frac{9726 - 40 \times 120}{40} = \frac{4926}{40} = 123.15$$

可接 123 个。

4.8.6 某交流电源的额定容量为 10 kV·A、额定电压为 220 V、频率为 50 Hz，接有电感性负载，其功率为 8 kW，功率因数为 0.6。试问：

(1) 负载电流是否超过电源的额定电流？
(2) 欲将电路的功率因数提高到 0.95，需并联多大电容？
(3) 功率因数提高后线路电流多大？
(4) 并联电容后电源还能提供多少有功功率？

解：电源额定电流 $I_N = \dfrac{S_N}{U_N} = \dfrac{10 \times 10^3}{220}$ A $= 45.45$ A

(1) 负载额定电流 $I_{LN} = \dfrac{P_{LN}}{U_N \cos\varphi_{LN}} = \dfrac{8 \times 10^3}{220 \times 0.6}$ A $= 61$ A $< I_N$

未超过电源的额定电流。

(2) 当 $\cos\varphi_{LN} = 0.6$，$\cos\varphi = 0.95$ 时，则 $\varphi_{LN} = 53.13°$，$\varphi = 18.19°$，需并联的电容 C 为

$$C = \frac{P_{LN}}{\omega U^2}(\tan\varphi_{LN} - \tan\varphi)$$

$$= \frac{8 \times 10^3}{314 \times 220^2}(\tan 53.13° - \tan 18.19°) \text{ F}$$
$$= 528.9 \text{ μF}$$

(3) 功率因数提高后的线路电流为
$$I = \frac{P_{LN}}{U\cos\varphi} = \frac{8 \times 10^3}{220 \times 0.95} \text{ A} = 38.28 \text{ A}$$

(4) 并联电容后电路中的无功功率为
$$Q = U_N I \sin\varphi = 220 \times 38.28 \times \sin(\arccos 0.95) \text{ var} = 2\,629.6 \text{ var}$$

并联电容后电源可提供的有功功率为
$$P = \sqrt{S_N^2 - Q^2} = \sqrt{(10 \times 10^3)^2 - 2\,629.6^2} \text{ W} = 9\,648 \text{ W}$$

电源除带原负载外还可提供的有功功率
$$\Delta P = P - P_{LN} = (9\,648 - 8\,000) \text{ W} = 1\,648 \text{ W} = 1.648 \text{ kW}$$

4.9.1 有一电容元件，$C = 0.01$ μF，在其两端加一三角波形的周期电压[图 4.27(b)]，(1) 求电流 i；(2) 作出 i 的波形；(3) 计算 i 的平均值及有效值。

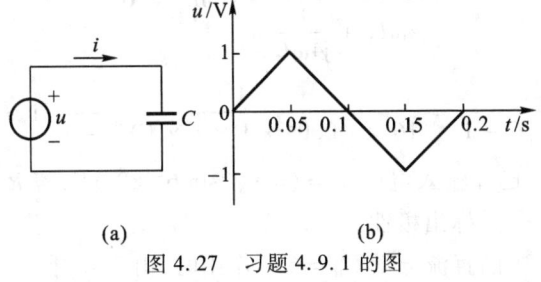

图 4.27 习题 4.9.1 的图

解： (1) 根据电容中电流与其端电压的关系 $i = C\dfrac{du}{dt}$ 及图 4.27(b) 波形可知：

当 $0 \leq t \leq 0.05$ s 时
$$u = 20t \text{ V}, \quad \text{则 } i = 0.01 \times 10^{-6} \frac{d(20t)}{dt} \text{ A} = 0.2 \text{ μA}$$

当 $0.05 \text{ s} \leq t \leq 0.15$ s 时
$$u = (-20t + 2) \text{ V}, \quad \text{则 } i = 0.01 \times 10^{-6} \frac{d(-20t + 2)}{dt} \text{ A} = -0.2 \text{ μA}$$

当 $0.15 \text{ s} \leq t \leq 0.2$ s 时
$$u = (20t - 4) \text{ V}, \quad \text{则 } i = 0.01 \times 10^{-6} \frac{d(20t - 4)}{dt} \text{ A} = 0.2 \text{ μA}$$

(2) i 的波形如题解图 4.28 所示。

(3) 电流 i 的平均值
$$I_0 = \frac{1}{T}\int_0^T i\,dt$$
$$= \frac{1}{0.2}\left(\int_0^{0.05} 0.2\,dt + \int_{0.05}^{0.15}(-0.2)\,dt + \int_{0.15}^{0.2} 0.2\,dt\right) \text{ A} = 0$$

电流 i 的有效值

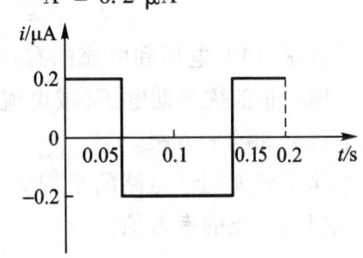

题解图 4.28 习题 4.9.1 的解

$$I = \sqrt{\frac{1}{T}\int_0^T i^2 \mathrm{d}t}$$

$$= \sqrt{\frac{1}{0.2}\left[\int_0^{0.05} 0.2^2 \mathrm{d}t + \int_{0.05}^{0.15}(-0.2)^2 \mathrm{d}t + \int_{0.15}^{0.2} 0.2^2 \mathrm{d}t\right]} \text{ A} = 0.2 \text{ μA}$$

4.9.2 图 4.28 所示的是一滤波电路,要求四次谐波电流能传送至负载电阻 R,而基波电流不能到达负载。如果 $C = 1$ μF,$\omega = 1\,000$ rad/s,求 L_1 和 L_2。

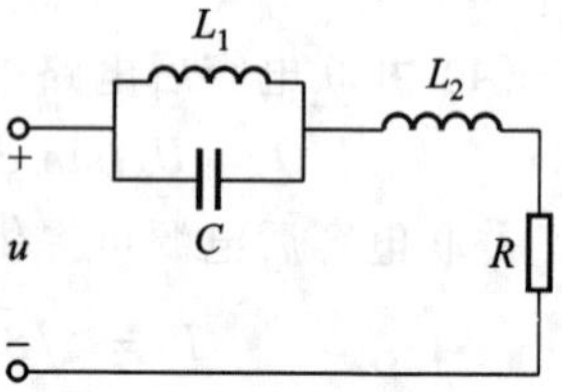

解:若基波电流不能到达负载,则 L_1 与 C 的并联电路应对基波发生并联谐振,即

$$\omega L_1 = \frac{1}{\omega C}$$

则

$$L_1 = \frac{1}{\omega^2 C} = \frac{1}{1\,000^2 \times 1 \times 10^{-6}} \text{ H} = 1 \text{ H}$$

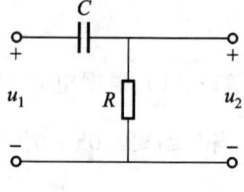

图 4.28 习题 4.9.2 的图

若使四次谐波电流能传送负载,则整个电路应对四次谐波发生串联谐振,即

$$\frac{\mathrm{j}4\omega L_1 \cdot \frac{1}{\mathrm{j}4\omega C}}{\mathrm{j}4\omega L_1 + \frac{1}{\mathrm{j}4\omega C}} + \mathrm{j}4\omega L_2 = 0$$

则

$$L_2 = \frac{L_1}{16\omega^2 L_1 C - 1} = \frac{1}{16 \times 1\,000^2 \times 1 \times 10^{-6} - 1} \text{ H} \approx 66.7 \text{ mH}$$

4.9.3 在图 4.29 中,已知输入电压 $u_1 = (6 + \sqrt{2}\sin 6\,280t)$ V,若 $R \gg X_C$,试求:(1) 输出电压 u_2;(2) 电容器两端电压,并标出极性。

解:(1) 输入电压 u_1 中的直流分量 $U_{10} = 6$ V 作用时,由于 C 开路,故在输出端电压 u_2 中产生的直流分量 $U_{20} = 0$;

输入电压 u_1 中一次谐波分量 $u_{11} = \sqrt{2}\sin 6\,280t$ V 作用时,由于 $R \gg X_C$,故输出电压 u_2 中的一次谐波分量 $u_{21} \approx u_{11} = \sqrt{2}\sin 6\,280t$ V。

故总的输出电压 $u_2 = U_{20} + u_{21} = \sqrt{2}\sin 6\,280t$ V。

图 4.29 习题 4.9.3 的图

(2) 由于 $R \gg X_C$,故电容上的交流压降可忽略不计,则 $u_C = u_1 - u_2 \approx U_{10} = 6$ V,即电容上电压为输入电压的直流分量,体现了电容的隔直作用,其实际方向由左向右。

4.9.4 某电路的电压和电流分别为

$$u = (5 + 14.14\sin \omega t + 7.07\sin 3\omega t) \text{ V}$$
$$i = [10\sin(\omega t - 60°) + 2\sin(3\omega t - 135°)] \text{ A}$$

试求:(1) 电压和电流的有效值;(2) 平均功率。

解:非正弦周期电压(或电流)的有效值等于恒定分量 U_0(或 I_0)及所有谐波电压 U_k(或 I_k)的平方之和的平方根。

非正弦周期性电路的平均功率等于恒定分量及各次谐波分别产生的平均功率之和。

(1) 电压的有效值

$$U = \sqrt{U_0^2 + U_1^2 + U_3^2} = \sqrt{5^2 + \left(\frac{14.14}{\sqrt{2}}\right)^2 + \left(\frac{7.07}{\sqrt{2}}\right)^2} \text{ V} = 12.25 \text{ V}$$

电流的有效值

$$I = \sqrt{I_0^2 + I_1^2 + I_3^2} = \sqrt{0^2 + \left(\frac{10}{\sqrt{2}}\right)^2 + \left(\frac{2}{\sqrt{2}}\right)^2} \text{ A} = 7.21 \text{ A}$$

(2) 平均功率

$$P = U_0 I_0 + U_1 I_1 \cos\varphi_1 + U_3 I_3 \cos\varphi_3$$
$$= \left\{5 \times 0 + \frac{14.14}{\sqrt{2}} \times \frac{10}{\sqrt{2}} \times \cos[0 - (-60°)] + \frac{7.07}{\sqrt{2}} \times \frac{2}{\sqrt{2}} \times \cos[0 - (-135°)]\right\} \text{ W}$$
$$= (0 + 35.35 - 5) \text{ W}$$
$$= 30.35 \text{ W}$$

C 拓 宽 题

4.4.17 图 4.30 所示是一移相电路。已知 $R = 100 \text{ }\Omega$，输入信号频率为 500 Hz。如要求输出电压 u_2 与输入电压 u_1 间的相位差为 45°，试求电容值。同习题 4.4.13 比较，u_2 与 u_1 在相位上(滞后和超前)有何不同？

解：根据题意可画出图示电路各电压和电流的相量图，如题解图 4.29 所示。由相量图可得

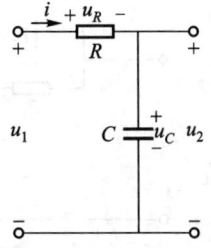
图 4.30 习题 4.4.17 的图

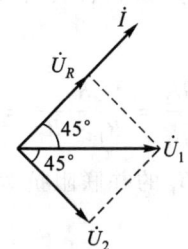
题解图 4.29 习题 4.4.17 的解

$$\frac{U_2}{U_R} = \frac{U_C}{U_R} = \frac{\frac{1}{\omega C}}{R} = \tan 45°$$

则

$$C = \frac{1}{\tan 45°} \cdot \frac{1}{\omega R} = 1 \times \frac{1}{2\pi \times 500 \times 100} \text{ F} = 3.18 \text{ μF}$$

本题和习题 4.4.13 皆为由 RC 元件构成的移相电路。本题输出电压取自于电容两端，u_2 滞后于 u_1；习题 4.4.13 输出电压取自于电阻两端，u_2 超前于 u_1。

4.4.18 图 4.31 所示的是桥式移相电路。当改变电阻 R 时，可改变控制电压 u_g 与电源电压 u 之间的相位差 θ，但电压 u_g 的有效值是不变的，试证明之。图中的 Tr 是一变压器。

解：由图 4.31 电路可得各电压之间的关系

$$u + u_g = u_R \quad 或 \quad u_g = u_R - u$$

$$u = u_g + u_C \quad 或 \quad u_g = u - u_C$$

即
$$2u = u_R + u_C$$

写成相量式
$$\dot{U} + \dot{U}_g = \dot{U}_R \quad 或 \quad \dot{U}_g = \dot{U}_R - \dot{U}$$
$$\dot{U} = \dot{U}_g + \dot{U}_C \quad 或 \quad \dot{U}_g = \dot{U} - \dot{U}_C$$

即
$$2\dot{U} = \dot{U}_R + \dot{U}_C$$

由上述相量式可画出题解图 4.30 所示的相量图。从相量图可以看出,无论 R 怎样改变 $\dot{U}_C$ 始终滞后 $\dot{U}_R$ 90°,且 $\dot{U}_R + \dot{U}_C = 2\dot{U}$,即 $\dot{U}_R$、$\dot{U}_C$、$2\dot{U}$ 三相量构成一个直角电压三角形,$\dot{U}_R$ 的顶点轨迹为一半圆周,$\dot{U}_g$ 的大小始终与 $\dot{U}$ 大小相等,等于半圆周的半径(即电压 u_g 的有效值不变),$\dot{U}_g$ 与 $\dot{U}$ 之间的相位差 θ 随 R 的变化而改变,变化范围为 0° ~ 180°。

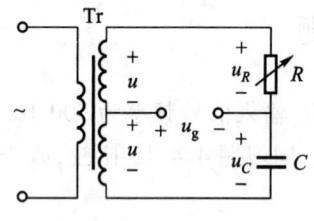

图 4.31 习题 4.4.18 的图

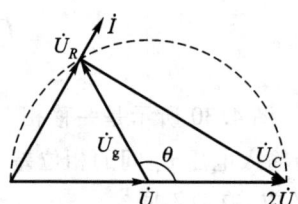

题解图 4.30 习题 4.4.18 的解

*4.6.3 图 4.32 所示的是在电子仪器中常用的电容分压电路。试证明当满足 $R_1 C_1 = R_2 C_2$ 时

$$\frac{\dot{U}_2}{\dot{U}_1} = \frac{R_2}{R_1 + R_2} = \frac{C_1}{C_1 + C_2}$$

解:设 R_1 与 C_1 的并联阻抗为 Z_1,R_2 与 C_2 的并联阻抗为 Z_2,则

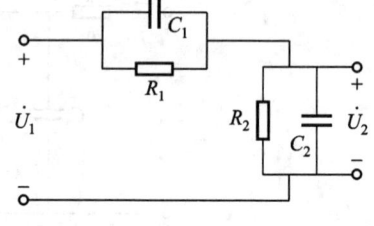

图 4.32 习题 4.6.3 的图

$$Z_1 = R_1 \mathbin{/\!/} \left(-j\frac{1}{\omega C_1}\right) = \frac{R_1\left(-j\dfrac{1}{\omega C_1}\right)}{R_1 + \left(-j\dfrac{1}{\omega C_1}\right)} = \frac{R_1}{j\omega R_1 C_1 + 1}$$

$$Z_2 = R_2 \mathbin{/\!/} \left(-j\frac{1}{\omega C_2}\right) = \frac{R_2\left(-j\dfrac{1}{\omega C_2}\right)}{R_2 + \left(-j\dfrac{1}{\omega C_2}\right)} = \frac{R_2}{j\omega R_2 C_2 + 1}$$

由分压公式可知

$$\frac{\dot{U}_2}{\dot{U}_1} = \frac{Z_2}{Z_1 + Z_2} = \frac{\dfrac{R_2}{j\omega R_2 C_2 + 1}}{\dfrac{R_1}{j\omega R_1 C_1 + 1} + \dfrac{R_2}{j\omega R_2 C_2 + 1}} = \frac{R_2(j\omega R_1 C_1 + 1)}{R_1(j\omega R_2 C_2 + 1) + R_2(j\omega R_1 C_1 + 1)}$$

将已知条件 $R_1 C_1 = R_2 C_2$ 代入上式,得

$$\frac{\dot{U}_2}{\dot{U}_1} = \frac{R_2}{R_1 + R_2}$$

由 $R_1 C_1 = R_2 C_2$ 可得

$$\frac{R_1}{R_2} = \frac{C_2}{C_1}$$

则

$$\frac{R_1 + R_2}{R_2} = \frac{C_1 + C_2}{C_1}$$

故

$$\frac{\dot{U}_2}{\dot{U}_1} = \frac{R_2}{R_1 + R_2} = \frac{C_1}{C_1 + C_2}$$

$\dot{U}_2$ 与 $\dot{U}_1$ 同相,两者之比值仅与 R_1、R_2、C_1、C_2 参数有关,与频率无关。结果得证。

△**4.7.8** 试证明图 4.33(a)所示是一低通滤波电路,图 4.33(b)所示是一高通滤波电路,其中截止频率 $\omega_0 = \dfrac{R}{L}$。

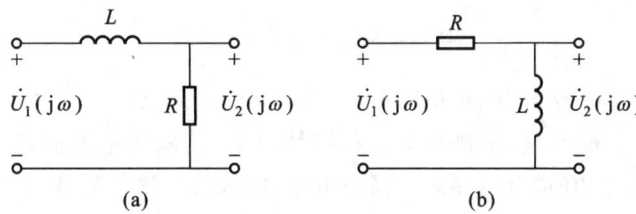

图 4.33 习题 4.7.8 的图

解:图 4.33(a)所示电路的传递函数

$$T(\mathrm{j}\omega) = \frac{\dot{U}_2(\mathrm{j}\omega)}{\dot{U}_1(\mathrm{j}\omega)} = \frac{R}{R + \mathrm{j}\omega L} = \frac{R}{\sqrt{R^2 + (\omega L)^2}} \angle -\arctan\frac{\omega L}{R} = |T(\mathrm{j}\omega)| \angle \varphi(\mathrm{j}\omega)$$

当 $\omega = 0$ 时, $|T(\mathrm{j}\omega)| = 1$, $\varphi(\mathrm{j}\omega) = 0$。

当 $\omega \to \infty$ 时, $|T(\mathrm{j}\omega)| \to 0$, $\varphi(\mathrm{j}\omega) \to -90°$。

当 $\omega = \omega_0 = \dfrac{R}{L}$ 时, $|T(\mathrm{j}\omega)| = \dfrac{1}{\sqrt{2}}$, $\varphi(\mathrm{j}\omega) = -45°$。

题解图 4.31(a)所示是该传递函数的幅频特性和相频特性曲线,由此可见该电路是通频带为 $0 \leqslant \omega \leqslant \omega_0$ 的低通滤波电路。

图 4.21(b)电路的传递函数

$$T(\mathrm{j}\omega) = \frac{\dot{U}_2(\mathrm{j}\omega)}{\dot{U}_1(\mathrm{j}\omega)} = \frac{\mathrm{j}\omega L}{R + \mathrm{j}\omega L} = \frac{(\omega L)^2}{\sqrt{R^2 + (\omega L)^2}} \angle 90° - \arctan\frac{\omega L}{R} = |T(\mathrm{j}\omega)| \angle \varphi(\mathrm{j}\omega)$$

当 $\omega = 0$ 时, $|T(\mathrm{j}\omega)| = 0$, $\varphi(\mathrm{j}\omega) = 90°$。

当 $\omega \to \infty$ 时, $|T(\mathrm{j}\omega)| \to 1$, $\varphi(\mathrm{j}\omega) \to 0°$。

当 $\omega = \omega_0 = \dfrac{R}{L}$ 时, $|T(\mathrm{j}\omega)| = \dfrac{1}{\sqrt{2}}$, $\varphi(\mathrm{j}\omega) = 45°$。

题解图 4.31(b)是该传递函数的幅频特性和相频特性曲线,由此可见该电路是通频带为 $0 \leqslant \omega \leqslant \omega_0$ 的高通滤波电路。

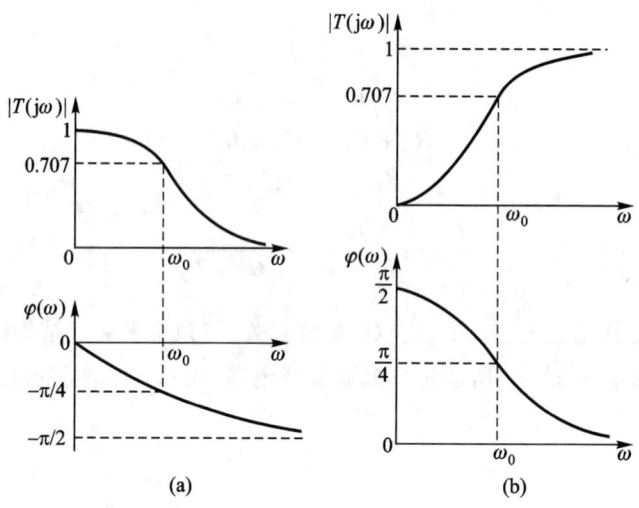

题解图 4.31　习题 4.7.8 的解

△**4.7.9**　交流放大电路的级间 RC 耦合电路如图 4.34 所示,设 $R = 200\ \Omega, C = 50\ \mu F$。(1)求该电路的通频带范围;(2)画出其幅频特性;(3)若减小电容值,对通频带有何影响?

解:图 4.34 所示的 RC 耦合电路为一高通电路,输入信号频率越高,C 上电压降越小。

(1)截止频率 $\omega_0 = \dfrac{1}{RC} = \dfrac{1}{200 \times 50 \times 10^{-6}}\ \text{rad/s} = 100\ \text{rad/s}$

此高通电路的通频带为 $\omega \geqslant \omega_0 (= 100\ \text{rad/s})$。

(2)幅频特性如题解图 4.32 所示。

(3)若减小电容值 C,则截止频率 $\omega_0 \uparrow$,通频带变窄。

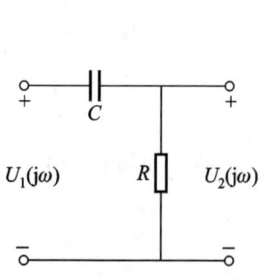

图 4.34　习题 4.7.9 的图

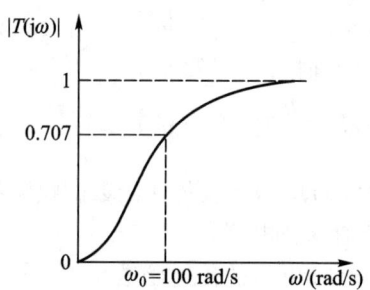

题解图 4.32　习题 4.7.9 的解

4.9.5　有一电容元件,$C = 0.5\ \text{F}$,今通入一三角形的周期电流 i[图 4.35(b)]。(1)求电容元件两端电压 u_C;(2)作出 u_C 的波形;(3)计算 $t = 2.5\ \text{s}$ 时电容元件电场中储存的能量。设 $u_C(0) = 0$。

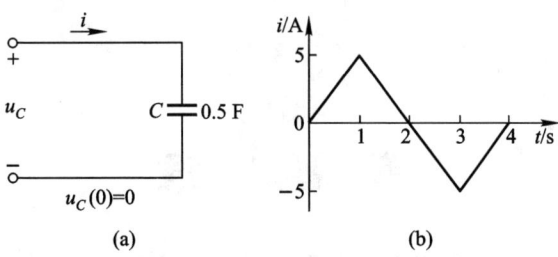

图 4.35 习题 4.9.5 的图

解：(1) 电容两端电压 u_C 与其中电流 i_C 的关系为 $i_C = C\dfrac{du_C}{dt}$

则
$$u_C = \frac{1}{C}\int_0^t i_C \cdot dt$$

因
$$i_C = \begin{cases} 5t & 0 \leq t \leq 1\text{ s} \\ -5t + 10 & 1\text{ s} \leq t \leq 3\text{ s} \\ 5t - 20 & 3\text{ s} \leq t \leq 4\text{ s} \end{cases}$$

故
$$u_C = \frac{1}{C}\int_0^t i_C \cdot dt = \frac{1}{0.5}\int_0^t i_C dt = 2\int_0^t i_C dt$$

$$= \begin{cases} 5t^2 & 0 \leq t \leq 1\text{ s} \\ -5t^2 + 20t - 10 & 1\text{ s} \leq t \leq 3\text{ s} \\ 5t^2 - 40t + 80 & 3\text{ s} \leq t \leq 4\text{ s} \end{cases}$$

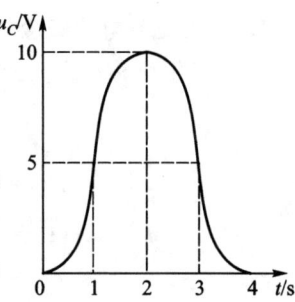

题解图 4.33 习题 4.9.5 的解

(2) u_C 的波形如题解图 4.33 所示。

(3) $t = 2.5$ s 时，$u_{C(2.5)} = (-5 \times 2.5^2 + 20 \times 2.5 - 10)$ V $= 8.75$ V

此时刻电容元件电场中储存的能量为

$$W_C = \frac{1}{2}Cu_{C(2.5)}^2 = \frac{1}{2} \times 0.5 \times 8.75^2 \text{ J} = 19.1 \text{ J}$$

第 5 章

三 相 电 路

本章介绍三相交流电的概念,三相电源的连接,三相负载的连接,以及不同连接之下的电路分析方法和三相功率的计算,是应用三相交流电的基础。

5.1 内容要点与阅读指导

1. 三相交流电的概念

(1) 三相对称电源:三个大小相等、相位差为 120°的正弦交流电压源 u_1、u_2、u_3 组成的电源。

$$\begin{cases} u_1 = U_m \sin \omega t \\ u_2 = U_m \sin (\omega t - 120°) \\ u_3 = U_m \sin (\omega t + 120°) \end{cases} \Rightarrow \begin{cases} \dot{U}_1 = U \angle 0° \\ \dot{U}_2 = U \angle -120° \\ \dot{U}_3 = U \angle 120° \end{cases}$$

$$u_1 + u_2 + u_3 = 0 \quad \Rightarrow \quad \dot{U}_1 + \dot{U}_2 + \dot{U}_3 = 0$$

(2) 三相电源的相序:三相电动势达到最大值的先后顺序。若 1→2→3 为正相序(或正序),则 3→2→1 为负相序(或逆序)。

2. 三相电源的连接

三相电源有星形(Y形)联结和三角形(△形)联结两种方式。

(1) Y形接法:三相电动势末端相连(中性点),始端引出的接法。

可提供三个相线(火线、端线),一个中性线(零线、地线)——三相四线制。

可提供两种电压:相电压 U_P 与线电压 U_L。

相电压 U_P: $\quad \dot{U}_1 = U_P \angle 0°, \dot{U}_2 = U_P \angle -120°, \dot{U}_3 = U_P \angle 120°$

线电压 U_L: $\begin{cases} \dot{U}_{12} = \dot{U}_1 - \dot{U}_2 = \sqrt{3} \dot{U}_1 \angle 30° \\ \dot{U}_{23} = \dot{U}_2 - \dot{U}_3 = \sqrt{3} \dot{U}_2 \angle 30° \\ \dot{U}_{31} = \dot{U}_3 - \dot{U}_1 = \sqrt{3} \dot{U}_3 \angle 30° \end{cases}$

$U_L = \sqrt{3} U_P$,线电压对称且超前对应相电压 30°。

(2) Δ 形接法：三相电动势首尾相连，始端引出的接法。

可提供三个相线——三线三线制。

只可提供一种电压：线电压 = 相电压（$U_L = U_P$）。

线（相）电压 $U_L(U_P)$：
$$\begin{cases} \dot{U}_{12} = U_L \angle 0° = U_P \angle 0° \\ \dot{U}_{23} = U_L \angle -120° = U_P \angle -120° \\ \dot{U}_{31} = U_L \angle 120° = U_P \angle 120° \end{cases}$$

3. 三相负载的连接

三相负载有 Y 形联结和 Δ 形联结两种方式。

(1) Y 形联结：三个单相负载末端连在一起，三个始端引出的接线。分为有中性线（三相四线制 Y 形联结）和无中性线（三相三线制 Y 形联结）两类。

有中性线：线电流 = 相电流（$I_L = I_P$），线相电压皆对称。负载对称时，线（相）电流对称，中性线电流为零，$\dot{I}_N = 0$；负载不对称时，线（相）电流不对称，中性线电流不为零，$\dot{I}_N = \dot{I}_1 + \dot{I}_2 + \dot{I}_3$。

无中性线：线电流 = 相电流（$I_L = I_P$），线电压对称。负载对称时，负载中性点 N′ 与电源中性点 N 之间的电压 $U_{N'N} = 0$，负载相电压对称，线（相）电流对称；负载不对称时，$U_{N'N} \neq 0$，负载相电压不对称，线（相）电流不对称。

$$\dot{U}_{N'N} = \frac{\dfrac{\dot{U}_1}{Z_1} + \dfrac{\dot{U}_2}{Z_2} + \dfrac{\dot{U}_3}{Z_3}}{\dfrac{1}{Z_1} + \dfrac{1}{Z_2} + \dfrac{1}{Z_3}}$$

负载各相电压
$$\dot{U}_{1'N'} = \dot{U}_{1N} - \dot{U}_{N'N}$$
$$\dot{U}_{2'N'} = \dot{U}_{2N} - \dot{U}_{N'N}$$
$$\dot{U}_{3'N'} = \dot{U}_{3N} - \dot{U}_{N'N}$$

各相（线）电流
$$\dot{I}_1 = \frac{\dot{U}_{1'N'}}{Z_1}, \quad \dot{I}_2 = \frac{\dot{U}_{2'N'}}{Z_2}, \quad \dot{I}_3 = \frac{\dot{U}_{3'N'}}{Z_3}$$

中性线的作用：

无中性线且负载不对称时，有的相电压高于负载电压额定值，将损坏用电设备；有的相电压低于负载电压额定值，用电设备不能正常工作。Y 形联结无中性线负载不平衡时中性线不可缺少，不允许在中性线上加装开关和熔断器。

(2) Δ 形联结：三个单相负载首尾相连，三个始端引出的接法，为三相三线制。线电压 = 相电压。

各相负载电流
$$\dot{I}_{12} = \frac{\dot{U}_{12}}{Z_1}, \quad \dot{I}_{23} = \frac{\dot{U}_{23}}{Z_2}, \quad \dot{I}_{31} = \frac{\dot{U}_{31}}{Z_3}$$

各线电流
$$\dot{I}_1 = \dot{I}_{12} - \dot{I}_{31}$$

$$\dot{I}_2 = \dot{I}_{23} - \dot{I}_{12}$$
$$\dot{I}_3 = \dot{I}_{31} - \dot{I}_{23}$$

负载对称时：相电流、线电流对称，且 $I_L = \sqrt{3} I_P$，线电流滞后相应的相电流 30°。

负载不对称时：相电流、线电流皆不对称。

4. 三相功率

三相功率分瞬时功率、有功功率、无功功率、视在功率。

(1) 三相瞬时功率 p：为各相瞬时功率之和。

(2) 三相有功功率 P：为各相有功功率之和。

(3) 三相无功功率 Q：为各相无功功率之和。

(4) 三相视在功率 S：$S = \sqrt{P^2 + Q^2}$

负载对称时：$P = \sqrt{3} U_L I_L \cos\varphi$、$Q = \sqrt{3} U_L I_L \sin\varphi$、$S = \sqrt{3} U_L I_L$，其中 $\cos\varphi$ 为每相负载的功率因数。

5.2 基 本 要 求

1. 了解三相对称电源的基本概念。
2. 掌握三相四线制电路中单相负载及三相负载的连接方法，了解中性线的作用。
3. 掌握相电压与线电压、相电流与线电流在对称和不对称三相电路中的相互关系。
4. 掌握对称和不对称三相电路电压、电流和功率的计算方法，了解不对称三相电路电压、电流和功率的计算方法。

5.3 重点与难点

1. 重点

(1) 三相对称电源线电压与相电压大小与相位的关系。

(2) 三相负载对称的概念及负载的连接方式。

(3) 三相对称负载电路(Y形联结，△形联结)的特点及其分析计算方法。

(4) 三相不对称负载电路(Y形联结，△形联结)的特点及其分析计算方法。

(5) 三相功率的计算方法。

2. 难点

(1) Y形联结不对称负载电路的分析与计算方法。

(2) 三相电路电压、电流相量图的正确绘制。

5.4 知识关联图

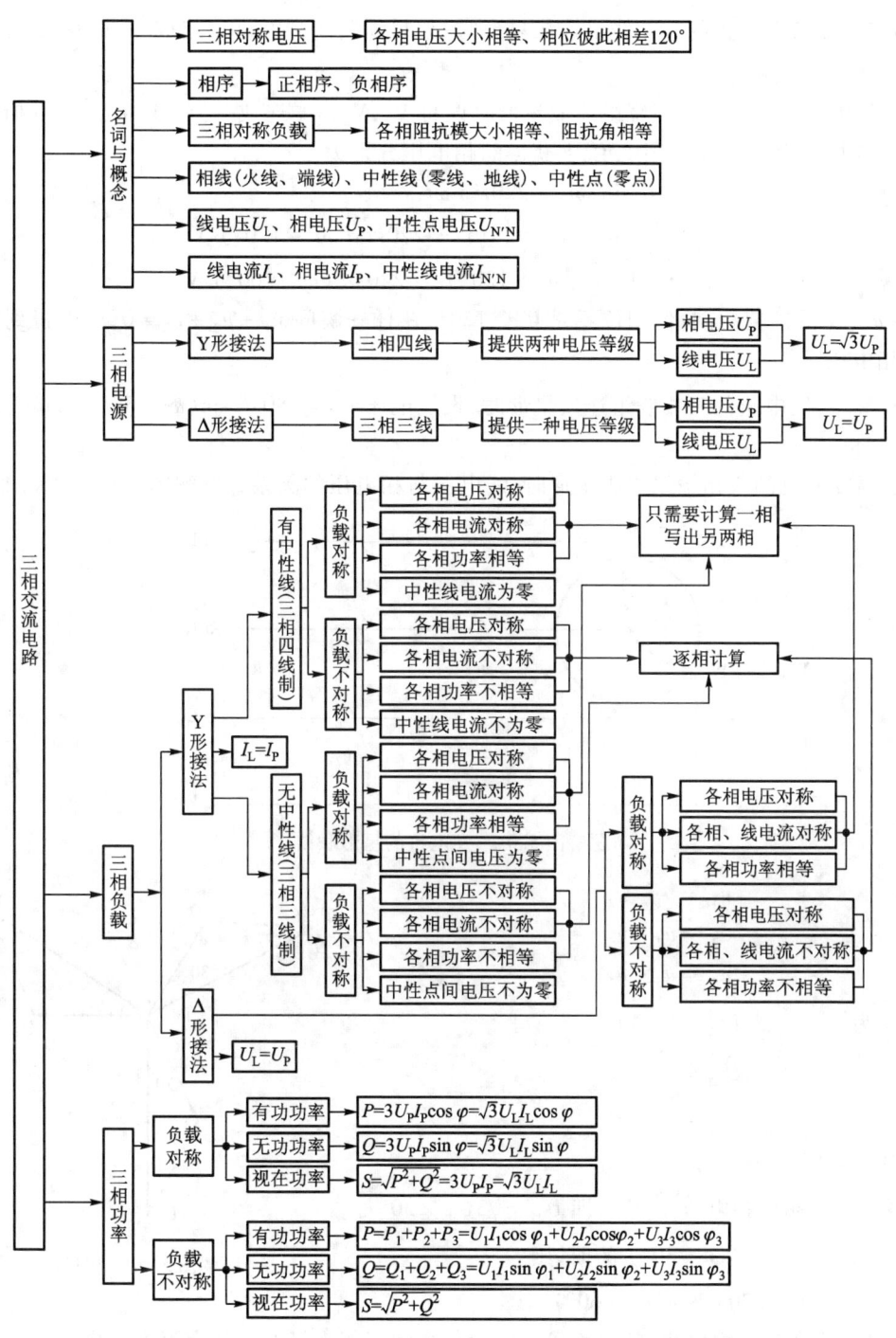

5.5 【练习与思考】题解

5.1.1 欲将发电机的三相绕组连成星形时,如果误将 U_2、V_2、W_2 连成一点(中性点),是否也可以产生对称三相电压?

解:如果将发电机的三相绕组连成星形时误将 U_2、V_2、W_2 连成一点(中性点),L_3 相输出电压与正常连接时相反,即从三个端线上获得的相电压分别为

$$u_1 = U_1 \sin \omega t = 220 \sin \omega t \text{ V}$$
$$u_2 = U_2 \sin(\omega t - 120°) = 220 \sin(\omega t - 120°) \text{ V}$$
$$u_3 = -U_3 \sin(\omega t + 120°) = 220 \sin(\omega t - 60°) \text{ V}$$

显然 u_1、u_2、u_3 虽幅值相同,但相位不是互差 $120°$,在任一瞬间 $u_1 + u_2 + u_3 \neq 0$,所以得到的不是对称三相电压。

5.1.2 当发电机的三相绕组连成星形时,设线电压 $u_{12} = 380\sqrt{2}\sin(\omega t - 30°)$ V,试写出相电压 u_1 的三角函数式。

解:当发电机的三相绕组连成星形时,线电压与相电压的关系如题解图 5.01 所示,即

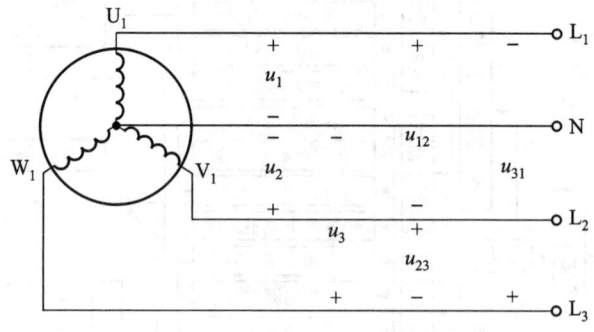

题解图 5.01 发电机的星形联结

$$u_{12} = u_1 - u_2$$
$$u_{23} = u_2 - u_3$$
$$u_{31} = u_3 - u_1$$

相量关系为

$$\dot{U}_{12} = \dot{U}_1 - \dot{U}_2$$
$$\dot{U}_{23} = \dot{U}_2 - \dot{U}_3$$
$$\dot{U}_{31} = \dot{U}_3 - \dot{U}_1$$

相量图如题解图 5.02 所示。

线电压 $\dot{U}_{12}$ 超前相电压 $\dot{U}_1$ $30°$,即 $\dot{U}_{12} = \sqrt{3}\dot{U}_1 \angle 30°$。

当 $u_{12} = 380\sqrt{2}\sin(\omega t - 30°)$ V 时,则

$$u_1 = 220\sqrt{2}\sin(\omega t - 60°) \text{ V}$$

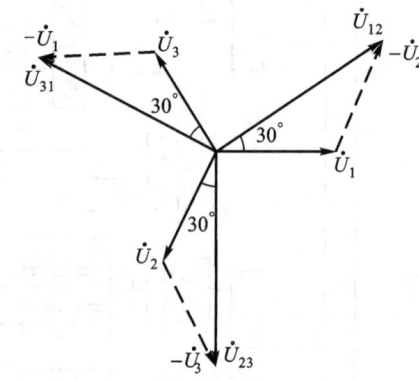

题解图 5.02 相量图

5.2.1 什么是三相负载、单相负载和单相负载的三相连接?三相交流电动机有三根电源线接到电源的 L_1、L_2、L_3 三端,称为三相负载,电灯有两根电源线,为什么不称为两相负载,而称单

相负载?

解:必须使用三相交流电源的负载称为三相负载,有 Y 形联结和 △ 形联结两种连接方式。只需使用单相电源的负载称为单相负载。将单相负载尽量均衡地分别配接到三相电源的三个相上,称为单相负载的三相连接。

因三相交流电动机的三根电源线分别接到电源的 L_1,L_2,L_3 三端,即三个相线上,故称为三相负载;而电灯的两根电源线中只有一根接在电源的相线上,另一根接在中性线上,故称为单相负载。

5.2.2 在图 5.2.1 的电路中,为什么中性线中不接开关,也不接入熔断器?

解:

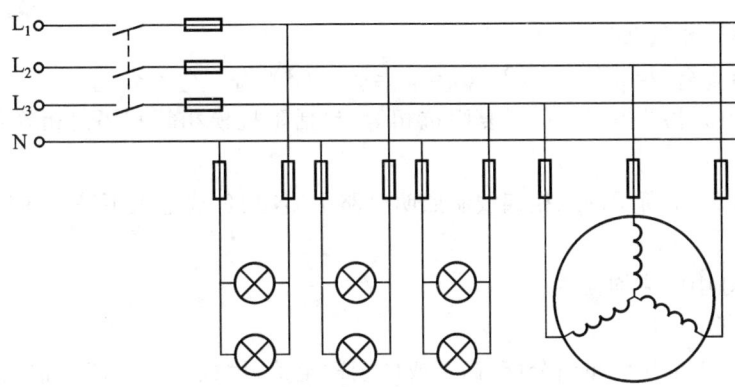

图 5.2.1 电灯与电动机的星形联结

从图中可以看到,电路不仅接有三相对称负载电动机,而且还接有大量电灯或其他单相负载于各相中,它们经常处在不对称的工作状态。如果中性线接有开关或熔断器,一旦由于某种原因开关断开或熔断器熔断,接成 Y 形的各组单相负载上的各相电压将会不对称,有的相电压可能会超过单相负载的额定电压,造成损坏;而有的相电压可能会低于额定电压,使负载不能正常工作。因此中性线中不允许接入开关或熔断器。

5.2.3 有 220 V/100 W 的电灯 66 个,应如何接入线电压为 380 V 的三相四线制电路?求负载在对称情况下的线电流。

解:应将 66 个电灯均匀接到三相中,每相接 22 个(并联),一端接相线,另一端接中性线,以便获得 220 V 额定电压。

因每个电灯的工作电流为 $I_N = \dfrac{P_N}{U_N} = \dfrac{100}{220}$ A,所以线电流 $I_L = 22I_N = 22 \times \dfrac{100}{220}$ A $= 10$ A。

5.2.4 为什么电灯开关一定要接在相线(火线)上?

解:电灯开关一定要接在相线(火线)上,是因为电灯是单相负载,当开关断开时,电灯灯头不带电,以便于安全维修和更换。如果开关接在中性线上,当其断开时,电灯灯头依然带电(因接在相线上),作业时会造成触电事故。

5.2.5 在图 5.2.5 中,三个电流都流向负载,又无中性线可流回电源,请解释之。

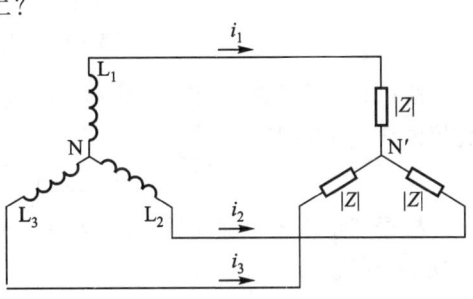

图 5.2.5 练习与思考 5.2.5 的图

解：图中三个电流 i_1、i_2、i_3 都流向负载，此处"流向"指的是三个电流的参考方向。由于 i_1、i_2、i_3 的相位不同，因而在任一瞬间"流入"中性点 N′ 的三个电流 $i_1 + i_2 + i_3 = 0$。

5.6 【习题】题解

A 选 择 题

5.2.1 对称三相负载是指(   )。
(1) $|Z_1| = |Z_2| = |Z_3|$ (2) $\varphi_1 = \varphi_2 = \varphi_3$ (3) $Z_1 = Z_2 = Z_3$

解：对称三相负载是指三相负载复阻抗相等，包括阻抗模相等和辐角相等两个方面。故应选择(3)。

5.2.2 在图 5.01 所示的三相四线制照明电路中，各相负载电阻不等。如果中性线在"×"处断开，后果是(   )。
(1) 各相电灯中电流均为零
(2) 各相电灯中电流不变
(3) 各相电灯上电压将重新分配，高于或低于额定值，因此有的不能正常发光，有的可能烧坏灯丝

解：中性线在"×"处断开后，负载中性点偏移，各相电压不再对称。故应选择(3)。

5.2.3 在图 5.01 中，若中性线未断开，测得 $I_1 = 2\,\text{A}$，$I_2 = 4\,\text{A}$，$I_3 = 4\,\text{A}$，则中性线中电流为(   )。
(1) 10 A   (2) 6 A   (3) 2 A

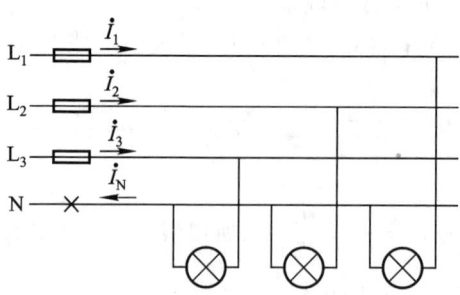

图 5.01 习题 5.2.2、5.2.3 和 5.2.4 的图

解：由于图 5.01 中性线未断开，故负载电压对称，而负载为电灯(电阻性负载)，所以各相电流相位彼此相差 120°。

设 $\dot{I}_1 = 2\underline{/0°}\,\text{A}$，则 $\dot{I}_2 = 4\underline{/-120°}\,\text{A}$，$\dot{I}_3 = 4\underline{/120°}\,\text{A}$

根据基尔霍夫电流定律 $\dot{I}_N = \dot{I}_1 + \dot{I}_2 + \dot{I}_3 = (2\underline{/0°} + 4\underline{/-120°} + 4\underline{/120°})\,\text{A} = 2\underline{/180°}\,\text{A} = -2\,\text{A}$，故应选择(3)。

5.2.4 在上题中,中性线未断开,L_1 相电灯均未点亮,并设 L_1 相相电压 $\dot{U}_1 = 220 \angle 0° \text{V}$,则中性线电流 $\dot{I}_N$ 为( )。

(1) 0 (2) $8 \angle 0° \text{A}$ (3) $-4 \angle 0° \text{A}$

解:图 5.01 的中性线未断开,L_1 相电灯均未点亮,说明 $I_1 = 0$,则 $\dot{I}_N = \dot{I}_1 + \dot{I}_2 + \dot{I}_3 = (0 + 4\angle-120° + 4\angle120°)\text{A} = 4\angle180°\text{A} = -4\angle0°\text{A}$

故应选择(3)。

5.3.1 在图 5.02 所示三相电路中,有两组三相对称负载,均为电阻性。若电压表读数为 380 V,则电流表读数为( )。

(1) 76 A (2) 22 A (3) 44 A

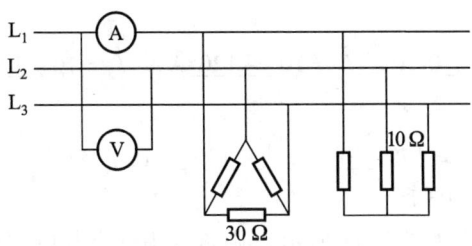

图 5.02 习题 5.3.1 的图

解:可将图 5.02 中对称星形负载变换为另一组对称三角形负载,其每相电阻亦为 30 Ω,两组三角形负载合并后 $R_{12} = 15 \ \Omega$,因 $U_{12} = 380 \text{ V}$,则相电流 $I_{12} = 380/15 \text{ A} = 25.33 \text{ A}$,线电流 $I_1 = \sqrt{3} I_{12} = 43.87 \text{ A}$。故应选择(3)。本题也可将三角形负载变换为星形负载求解。

5.4.1 对称三相电路的有功功率 $P = \sqrt{3} U_L I_L \cos \varphi$,其中 φ 角为( )。

(1) 线电压与线电流之间的相位差

(2) 相电压与相电流之间的相位差

(3) 线电压与相电压之间的相位差

解:应选择(2)。

B 基 本 题

5.2.5 图 5.03 所示的是三相四线制电路,电源线电压 $U_L = 380 \text{ V}$。三个电阻性负载接成星形,其电阻为 $R_1 = 11 \ \Omega, R_2 = R_3 = 22 \ \Omega$。(1)试求负载相电压、相电流及中性线电流,并作出它们的相量图;(2)如无中性线,求负载相电压及中性点电压;(3)如无中性线,当 L_1 相短路时求各相电压和电流,并作出它们的相量图;(4)如无中性线,当 L_3 相断路时求另外两相的电压和电流;(5)在(3),(4)中如有中性线,则又如何?

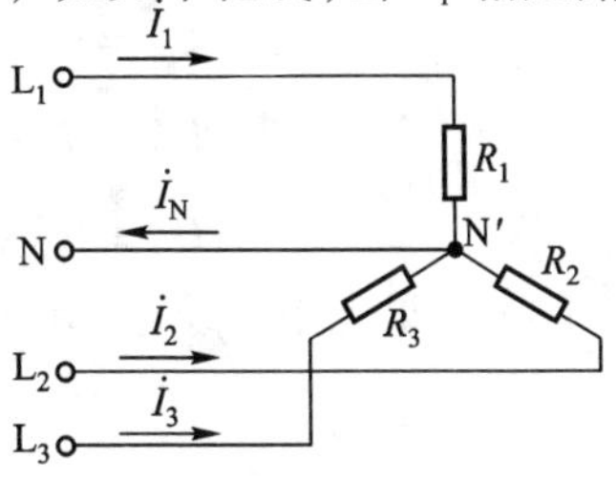

解:(1)因为负载与电源间为三相四线制连接,即有中性线的 Y 形接法,负载各相电压对称,相电压 $U_P = \dfrac{U_L}{\sqrt{3}} = \dfrac{380}{\sqrt{3}} \text{ V} = 220 \text{ V}$

图 5.03 习题 5.2.5 的图

设 $\dot{U}_1$ 为参考相量,则负载各相电压相量为

$$\dot{U}_1 = 220 \angle 0° \text{ V}, \quad \dot{U}_2 = 220 \angle -120° \text{ V}, \quad \dot{U}_3 = 220 \angle 120° \text{ V}$$

各相负载不对称,故各相电流为

$$I_1 = \frac{U_1}{R_1} = \frac{220}{11} \text{ A} = 20 \text{ A}$$

$$I_2 = \frac{U_2}{R_2} = \frac{220}{22} \text{ A} = 10 \text{ A}$$

$$I_3 = \frac{U_3}{R_3} = \frac{220}{22} \text{ A} = 10 \text{ A}$$

各相电流相量为

$$\dot{I}_1 = 20 \angle 0° \text{A}, \quad \dot{I}_2 = 10 \angle -120° \text{A}, \quad \dot{I}_3 = 10 \angle 120° \text{ A},$$

中性线电流为

$$\dot{I}_N = \dot{I}_1 + \dot{I}_2 + \dot{I}_3 = (20 \angle 0° + 10 \angle -120° + 10 \angle 120°) \text{ A} = 10 \angle 0° \text{ A}.$$

电压、电流相量图如题解图 5.03 所示。

(2) 如果无中性线(如题解图 5.04 所示),则负载中性点与电源中性点间电压

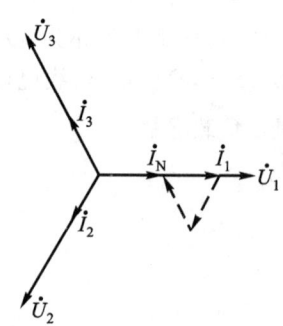
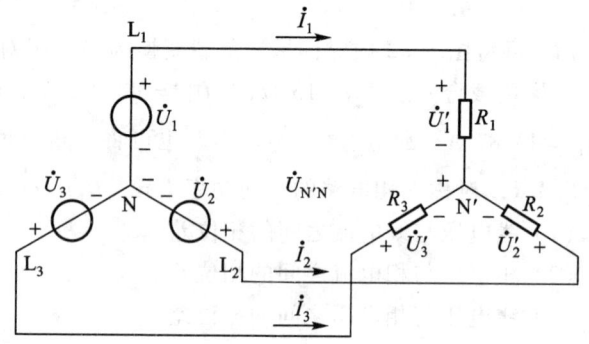

题解图 5.03　习题 5.2.5 的解　　　　　题解图 5.04　习题 5.2.5 的解

$$\dot{U}_{N'N} = \frac{\dfrac{\dot{U}_1}{R_1} + \dfrac{\dot{U}_2}{R_2} + \dfrac{\dot{U}_3}{R_3}}{\dfrac{1}{R_1} + \dfrac{1}{R_2} + \dfrac{1}{R_3}} = \frac{\dfrac{220 \angle 0°}{11} + \dfrac{220 \angle -120°}{22} + \dfrac{220 \angle 120°}{22}}{\dfrac{1}{11} + \dfrac{1}{22} + \dfrac{1}{22}} \text{ V} = 55 \angle 0° \text{ V}$$

此时负载各相电压分别为

$$\dot{U}'_1 = \dot{U}_1 - \dot{U}_{N'N} = (220 \angle 0° - 55 \angle 0°) \text{ V} = 165 \angle 0° \text{ V}$$

$$\dot{U}'_2 = \dot{U}_2 - \dot{U}_{N'N} = (220 \angle -120° - 55 \angle 0°) \text{ V} = 252 \angle -131° \text{ V}$$

$$\dot{U}'_3 = \dot{U}_3 - \dot{U}_{N'N} = (220 \angle 120° - 55 \angle 0°) \text{ V} = 252 \angle 131° \text{ V}$$

(3) 如果无中性线,且 L_1 相短路,则负载各相电压为

$$\dot{U}'_1 = 0$$

$$\dot{U}'_2 = \dot{U}_{21} = -\dot{U}_{12} = -\sqrt{3} \dot{U}_1 \angle 30° = -\sqrt{3} \times 220 \angle +30° \text{ V} = 380 \angle -150° \text{ V}$$

$$\dot{U}'_3 = \dot{U}_{31} = \sqrt{3}\dot{U}_3 \angle 30° = \sqrt{3} \times 220 \angle 120° + 30° \text{ V} = 380 \angle 150° \text{ V}$$

负载各相电流为

$$\dot{I}_2 = \frac{\dot{U}'_2}{R_2} = \frac{380 \angle -150°}{22} \text{ A} = 17.3 \angle -150° \text{ A}$$

$$\dot{I}_3 = \frac{\dot{U}'_3}{R_3} = \frac{380 \angle 150°}{22} \text{ A} = 17.3 \angle 150° \text{ A}$$

$$\dot{I}_1 = -(\dot{I}_2 + \dot{I}_3) = -(17.3 \angle -150° + 17.3 \angle 150°) \text{ A} = 30 \angle 0° \text{ A}$$

相量图如题解图 5.05 所示。

(4) 如果无中性线，且 L_3 相断路，则 R_1、R_2 串联于线电压 $\dot{U}_{12}$ 中，故

$$\dot{I}_1 = -\dot{I}_2 = \frac{\dot{U}_{12}}{R_1 + R_2} = \frac{380 \angle 30°}{11 + 22} \text{ A} = 11.5 \angle 30° \text{ A}$$

$$\dot{U}'_1 = \dot{I}_1 R_1 = 11.5 \angle 30° \times 11 \text{ V} = 127 \angle 30° \text{ V}$$

$$\dot{U}'_2 = \dot{I}_2 R_2 = -11.5 \angle 30° \times 22 \text{ V} = 253 \angle -150° \text{ V}$$

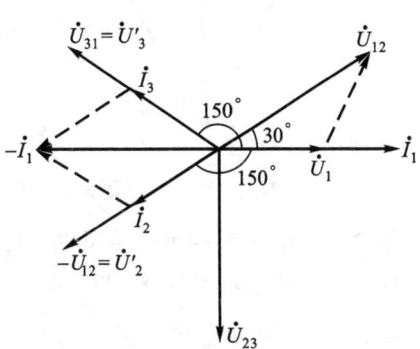

(5) 在(3)中有中性线，L_1 相短路，则 L_1 相熔断器因电流过大而熔断，L_2、L_3 相未受影响，其电流、电压与(1)中相同。

在(4)中有中性线，L_3 相断路，则 L_3 相电流为零，各相电压和 L_1、L_2 相电流与(1)中相同。

题解图 5.05　习题 5.2.5 的解

5.2.6 有一次某楼电灯发生故障，第二层和第三层楼的所有电灯突然都暗淡下来，而第一层楼的电灯亮度未变，试问这是什么原因？这楼的电灯是如何连接的？同时又发现第三层楼的电灯比第二层楼的还要暗，这又是什么原因？画出电路图。

解： 该楼的电灯连接如题解图 5.06 所示。当图中"×"处的中性线断掉时，第一层楼电灯的工作电压未发生变化；而第二层和第三层楼的电灯相当于串联后接在 L_2 相与 L_3 相之间承受线电压 U_{23} 上，每相电灯上的电压都不到 220 V，因此都暗淡下来；而第三层楼的灯比第二层楼更暗些是因为第三层楼开的灯比第二层楼多些，总电阻 $R_3 < R_2$，故第三层楼电灯上的实际电压 U'_3 要小于第二层楼电灯上的电压 U'_2，所以显得更暗些。

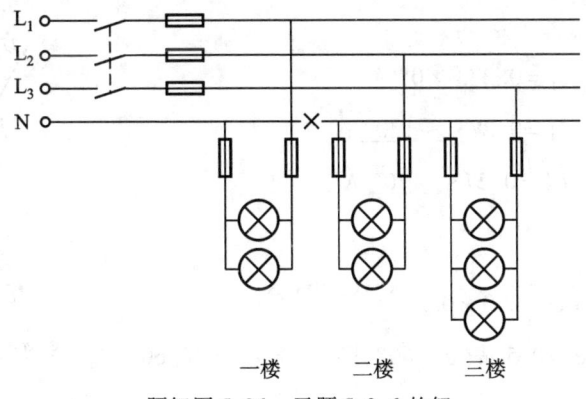

题解图 5.06　习题 5.2.6 的解

5.2.7 有一台三相发电机,其绕组接成星形,每相额定电压为 220 V。在一次试验时,用电压表量得相电压 $U_1 = U_2 = U_3 = 220$ V,而线电压则为 $U_{12} = U_{31} = 220$ V,$U_{23} = 380$ V,试问这种现象是如何造成的?

解: 这是由于 L_1 相绕组接反所致,相量图如题解图 5.07 所示,由图可以看出 $U_{12} = U_{31} = 220$ V,$U_{23} = 380$ V。

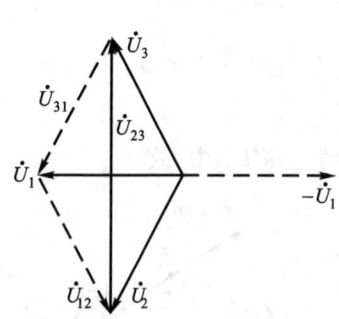

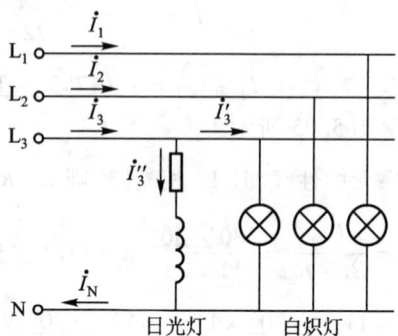

题解图 5.07 习题 5.2.7 的解

图 5.04 习题 5.2.8 的图

5.2.8 在图 5.04 所示的电路中,三相四线制电源电压为 380/200 V,接有对称星形联结的白炽灯负载,其总功率为180 W。此外,在 L_3 相上接有额定电压为 220 V,功率为 40 W,功率因数 $\cos\varphi = 0.5$ 的日光灯一支。试求电流 $\dot{I}_1, \dot{I}_2, \dot{I}_3$ 及 $\dot{I}_N$。设 $\dot{U}_1 = 220\angle 0°$ V。

解: 因负载为 Y 形联结有中性线,且题设 $\dot{U}_1 = 220\angle 0°$ V,故

$$\dot{U}_2 = 220\angle{-120°}\text{ V}$$
$$\dot{U}_3 = 220\angle{120°}\text{ V}$$

每相白炽灯的功率

$$P = \frac{1}{3} \times 180 \text{ W} = 60 \text{ W}$$

每相白炽灯的电流

$$I = \frac{P}{U_P} = \frac{60}{220} \text{ A} = 0.273 \text{ A}$$

故

$$\dot{I}_1 = 0.273\angle 0° \text{ A}$$
$$\dot{I}_2 = 0.273\angle{-120°} \text{ A}$$
$$\dot{I}_3' = 0.273\angle{120°} \text{ A}$$

日光灯中的电流

$$I_3'' = \frac{P_{日光灯}}{U_P\cos\varphi} = \frac{40}{220 \times 0.5} \text{ A} = 0.364 \text{ A}$$

因日光灯功率因数 $\cos\varphi = 0.5$,故 $\varphi = 60°$,即 $\dot{I}_3''$ 滞后于 $\dot{U}_3$ 60°,超

题解图 5.08 习题 5.2.8 的解

前于 $\dot{U}_1$ 60°，如题解图 5.08 所示，由此可得

$$\dot{I}_3'' = 0.364 \angle 60° \text{ A}$$

所以根据 KCL

$$\dot{I}_3 = \dot{I}_3' + \dot{I}_3'' = 0.273 \angle 120° \text{ A} + 0.364 \angle 60° \text{ A} = 0.553 \angle 85.3° \text{ A}$$

中性线电流 $\dot{I}_N = \dot{I}_1 + \dot{I}_2 + \dot{I}_3 = \dot{I}_1 + \dot{I}_2 + \dot{I}_3' + \dot{I}_3'' = \dot{I}_3'' = 0.364 \angle 60° \text{ A}$

5.3.2 在线电压为 380 V 的三相电源上，接两组电阻性对称负载，如图 5.05 所示，试求线路电流 I。

解：方法一： 由于 Y 形联结和 △ 形联结两组电阻性负载皆为对称负载，故对于
Y 形联结负载

$$I_{LY} = I_{PY} = \frac{220}{10} \text{ A} = 22 \text{ A}$$

△ 形联结负载

$$I_{P\Delta} = \frac{380}{38} \text{ A} = 10 \text{ A}, \quad I_{L\Delta} = \sqrt{3} I_{P\Delta} = 10\sqrt{3} \text{ A}$$

设相电压 $\dot{U}_1$ 为参考相量，则 $\dot{U}_{12}$ 超前 $\dot{U}_1$ 30°，$\dot{I}_{LY1}$ 与 $\dot{U}_1$ 同相，$\dot{I}_{P\Delta12}$ 与 $\dot{U}_{12}$ 同相，$\dot{I}_{L\Delta1}$ 滞后于 $\dot{I}_{P\Delta12}$ 30°，故 $\dot{I}_{LY1}$ 与 $\dot{I}_{L\Delta1}$ 同相，如题解图 5.09 所示。

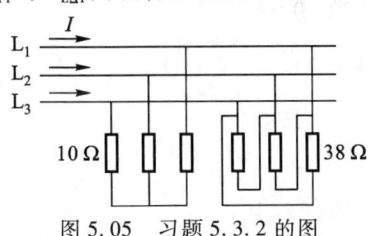

图 5.05 习题 5.3.2 的图

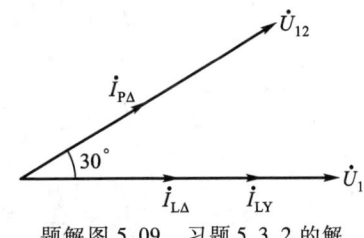

题解图 5.09 习题 5.3.2 的解

所以 $I = I_{LY1} + I_{L\Delta1} = (22 + 10\sqrt{3}) \text{ A} = 39.3 \text{ A}$

方法二： 将图中 △ 形联结的对称电阻负载变换为对应的 Y 形联结等效电路，则星形对称等效电路的每相电阻为 $\frac{38}{3}$ Ω，两组 Y 形联结电阻并联，故可求得线路电流

$$I = \frac{220}{\dfrac{10 \times \dfrac{38}{3}}{10 + \dfrac{38}{3}}} \text{ A} = 39.4 \text{ A}$$

5.4.1 有一三相异步电动机，其绕组接成三角形，接在线电压 $U_L = 380$ V 的电源上，从电源所取用的功率 $P_1 = 11.43$ kW，功率因数 $\cos\varphi = 0.87$，试求电动机的相电流和线电流。

解： 由于负载对称，故 $P_1 = \sqrt{3} U_L I_L \cos\varphi$

则线电流 $I_L = \dfrac{P_1}{\sqrt{3} U_L \cos\varphi} = \dfrac{11.43 \times 10^3}{\sqrt{3} \times 380 \times 0.87} \text{ A} = 19.96 \text{ A}$

相电流
$$I_P = \frac{I_L}{\sqrt{3}} = \frac{19.96}{\sqrt{3}} \text{ A} = 11.52 \text{ A}$$

5.4.2 在图 5.06 中,电源线电压 $U_L = 380$ V。(1) 如果图中各相负载的阻抗模都等于 10 Ω,是否可以说负载是对称的？(2) 试求各相电流,并用电压与电流的相量图计算中性线电流。如果中性线电流的参考方向选得同电路图上所示的方向相反,则结果有何不同？(3) 试求三相平均功率 P。

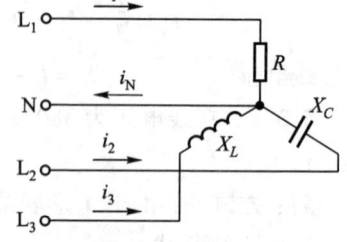

图 5.06 习题 5.4.2 的图

解：(1) 虽然各相负载阻抗的模相等,但各相负载性质不同,阻抗的辐角不同,因此该三相负载不是对称的。

(2) 设相电压 $\dot{U}_1$ 为参考相量,即
$$\dot{U}_1 = U_P \angle 0° = \frac{U_L}{\sqrt{3}} \angle 0° = 220 \angle 0° \text{ V}$$

由于有中性线,故各相电压对称
$$\dot{U}_2 = 220 \angle -120° \text{ V}$$
$$\dot{U}_3 = 220 \angle 120° \text{ V}$$

$$\dot{I}_1 = \frac{\dot{U}_1}{R} = \frac{220 \angle 0°}{10} \text{ A} = 22 \angle 0° \text{ A}$$

所以
$$\dot{I}_2 = \frac{\dot{U}_2}{-jX_C} = \frac{220 \angle -120°}{10 \angle -90°} \text{ A} = 22 \angle -30° \text{ A}$$

$$\dot{I}_3 = \frac{\dot{U}_3}{jX_L} = \frac{220 \angle 120°}{10 \angle 90°} \text{ A} = 22 \angle 30° \text{ A}$$

$$\dot{I}_N = \dot{I}_1 + \dot{I}_2 + \dot{I}_3 = 22 \angle 0° \text{ A} + 22 \angle -30° \text{ A} + 22 \angle 30° \text{ A} = (22 + 22\sqrt{3}) \angle 0° \text{ A} = 60.1 \angle 0° \text{ A}$$

电压、电流的相量图如题解图 5.10 所示。

如果中性线电流的参考方向选得与电路图中相反,则相位将相差 180°,即
$$\dot{I}'_N = -\dot{I}_N = 60.1 \angle 180° \text{ A}$$

(3) 电路中的三相平均功率实际上即为电阻上的功率(因为电感、电容的有功功率为零),即
$$P = U_1 I_1 = 220 \times 22 \text{ W} = 4\,840 \text{ W}$$

5.4.3 在图 5.07 中,对称负载接成三角形,已知电源电压 $U_L = 220$ V,电流表读数 $I_L = 17.3$ A,三相功率 $P = 4.5$ kW,试求：(1) 每相负载的电阻和感抗；(2) 当 $L_1 L_2$ 相断开时,图中各电流表的读数和总功率 P；(3) 当 L_1 线断开时,图中各电流表的读数和总功率 P。

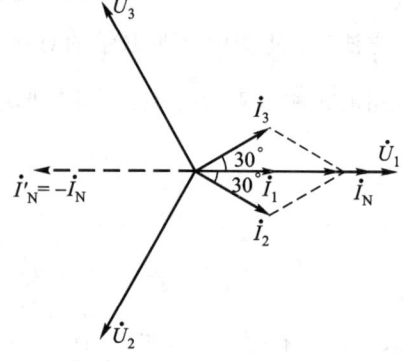

题解图 5.10 习题 5.4.2 的解

解：(1) 由于负载对称,故
$$P = \sqrt{3} U_L I_L \cos\varphi$$

· 170 ·

则 $$\cos\varphi = \frac{P}{\sqrt{3}U_L I_L} = \frac{4.5 \times 10^3}{\sqrt{3} \times 220 \times 17.3} = 0.683$$

每相阻抗的模

$$|Z| = \frac{U_P}{I_P} = \frac{U_L}{I_L/\sqrt{3}} = \frac{220}{17.3/\sqrt{3}}\,\Omega = 22\,\Omega$$

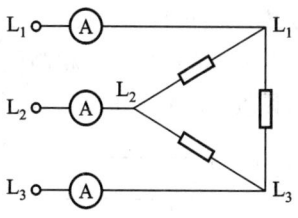

图 5.07　习题 5.4.3 的图

故　$R = |Z|\cos\varphi = (22 \times 0.683)\,\Omega = 15\,\Omega$

$X_L = |Z|\sin\varphi = 22 \times \sin(\arccos 0.683)\,\Omega = 16.1\,\Omega$

（2）当 $L_1 L_2$ 相断开时，Z_{23} 和 Z_{31} 分别承受线电压 $\dot{U}_{23}$ 和 $\dot{U}_{31}$，则

$$I_1 = I_2 = \frac{U_L}{|Z|} = \frac{220}{22}\,A = 10\,A,\quad I_3 = 17.3\,A$$

因其他两相中电压、电流未发生变化，故

$$P = \frac{2}{3} \times 4.5\,kW = 3\,kW$$

（3）当 L_1 线断开时，Z_{12} 与 Z_{31} 串联，承受线电压 $\dot{U}_{23}$，流过二者的电流为 $\frac{U_L}{2|Z|} = \frac{220}{2 \times 22}\,A = 5\,A$，且相位与 Z_{23} 中电流（10 A）相位相同，故各电流表读数为

$$I_1 = 0,\quad I_2 = I_3 = (5 + 10)\,A = 15\,A$$

总功率　$P = I_P^2 R + \left(\frac{1}{2}I_P\right)^2 2R = (10^2 \times 15 + 5^2 \times 2 \times 15)\,W = 2\,250\,W$

5.4.4　在图 5.08 所示电路中，电源线电压 $U_L = 380\,V$，频率 $f = 50\,Hz$，对称电感性负载的功率 $P = 10\,kW$，功率因数 $\cos\varphi_1 = 0.5$。为了将线路功率因数提高到 $\cos\varphi = 0.9$，试问在两图中每相并联的补偿电容器的电容值各为多少？采用哪种（三角形联结或星形联结）方式较好？〔**提示**：每相电容 $C = \dfrac{P(\tan\varphi_1 - \tan\varphi)}{3\omega U^2}$，式中，$P$ 为三相功率（W），U 为每相电容上所加电压。〕

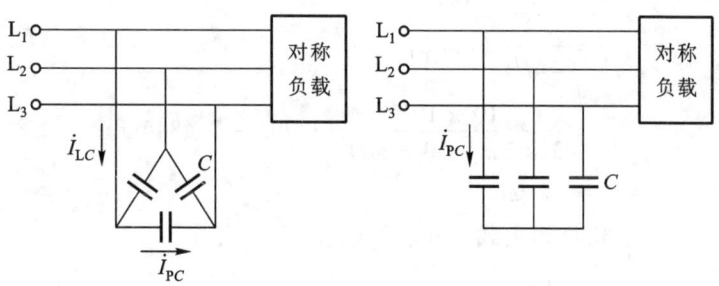

图 5.08　习题 5.4.4 的图

解：（1）由主教材例 4.8.1 可知，在单相供电电路中，为提高电路的功率因数，电感性负载上并联的电容为

$$C = \frac{P}{\omega U^2}(\tan\varphi_1 - \tan\varphi)$$

式中，P 为单相负载的平均功率，U 为电源电压，ω 为电源角频率，φ_1 和 φ 分别为功率因数提高前

后的功率因数角。

（2）在本题中，是三相制供电，为采用以上计算公式，可将图 5.08 所示两个电路，对应画成如题解图 5.11(a)、(b)所示的等效电路。

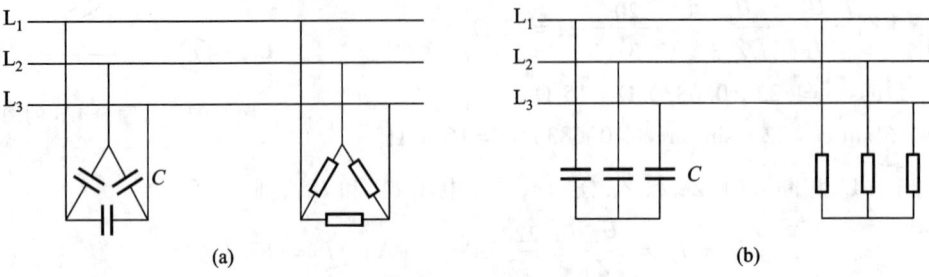

题解图 5.11　习题 5.4.4 的解

在题解图 5.11(a)、(b)中，三相负载每相的平均功率均为

$$P_P = \frac{P}{3} = \frac{10}{3} \text{ kW}$$

它们的相电压则分别为

$$U_P = U_L = 380 \text{ V}$$

$$U_P = \frac{U_L}{\sqrt{3}} = \frac{380}{\sqrt{3}} \text{ V} = 220 \text{ V}$$

另由 $\cos \varphi_1 = 0.5$ 和 $\cos \varphi = 0.9$ 可知

$$\tan \varphi_1 = 1.732 \quad \tan \varphi = 0.484$$

（3）对题解图 5.11(a)所示电路，每相负载上并联的电容为

$$C = \frac{P_P}{\omega U_P^2}(\tan \varphi_1 - \tan \varphi)$$

$$= \frac{\frac{P}{3}}{2\pi f U_P^2}(\tan \varphi_1 - \tan \varphi)$$

$$= \frac{10 \times 10^3}{3 \times 2\pi \times 50 \times 380^2}(1.732 - 0.484) \text{ F}$$

$$\approx 92 \text{ μF}$$

对题解图 5.11(b)所示电路，每相负载上并联的电容为

$$C = \frac{P_P}{\omega U_P^2}(\tan \varphi_1 - \tan \varphi)$$

$$= \frac{\frac{P}{3}}{2\pi f U_P^2}(\tan \varphi_1 - \tan \varphi)$$

$$= \frac{10 \times 10^3}{3 \times 2\pi \times 50 \times 220^2}(1.732 - 0.484) \text{ F}$$

$$\approx 274 \text{ μF}$$

可见,采用前一种电路(电容器为三角形接法)较好,可以显著减少电容器的容量,但电容器的耐压稍高些。

本题也可直接引用提示所给公式计算。

C 拓 宽 题

5.2.9 图5.09是两相异步电动机(见第9章)的电源分相电路,O是铁心线圈的中心抽头。试用相量图说明 $\dot{U}_{23}$ 和 $\dot{U}_{O3}$ 之间相位差为90°。

解:(1)将图5.09所示电路改画成如题解图5.12(a)所示电路。由于铁心线圈的中心抽头具有分压作用,可以看出电压 $\dot{U}_{O3}$ 等于

$$\dot{U}_{O3} = \frac{\dot{U}_{12}}{2} + \dot{U}_{23}$$

(2)在题解图5.12(b)上,按上式取相量和得电压 $\dot{U}_{O3}$。由相量图可知,电压 $\dot{U}_{12}$ 和 $\dot{U}_{O3}$ 之间相位差为90°。

图5.09 习题5.2.9的图

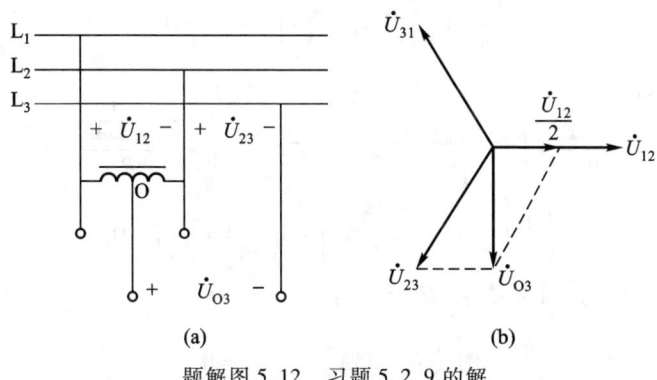

题解图5.12 习题5.2.9的解

5.2.10 图5.10所示是小功率星形对称电阻性负载从单相电源获得三相对称电压的电路。已知每相负载电阻 $R = 10\ \Omega$,电源频率 $f = 50$ Hz,试求所需的 L 和 C 的数值。

解:本题可采用多种分析方法。

方法一:由题意知小功率星形对称电阻性负载所获得的是三相对称电压,即 $\dot{U}_{AO}$、$\dot{U}_{BO}$、$\dot{U}_{CO}$ 三相对称,所以 $\dot{U}_{AB}$、$\dot{U}_{BC}$、$\dot{U}_{CA}$ 亦三相对称。

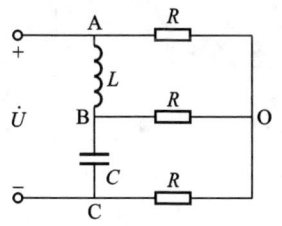

图5.10 习题5.2.10的图

故可得
$$U_{AO} = U_{BO} = U_{CO} = U_P$$
$$U_{AB} = U_{BC} = U_{CA} = U_L = \sqrt{3}\,U_P$$

如果假设
$$\dot{U}_{AO} = U_P \angle 0°\ \text{V}$$
则
$$\dot{U}_{BO} = U_P \angle -120°\ \text{V}$$

$$\dot{U}_{\mathrm{CO}} = U_{\mathrm{P}} \angle 120° \text{ V}$$

$$\dot{U}_{\mathrm{AB}} = \sqrt{3}\dot{U}_{\mathrm{AO}}\angle 30° = \sqrt{3}U_{\mathrm{P}}\angle 30° \text{ V}$$

$$\dot{U}_{\mathrm{BC}} = \sqrt{3}\dot{U}_{\mathrm{BO}}\angle 30° = \sqrt{3}U_{\mathrm{P}}\angle -90° \text{ V}$$

$$\dot{U}_{\mathrm{CA}} = \sqrt{3}\dot{U}_{\mathrm{CO}}\angle 30° = \sqrt{3}U_{\mathrm{P}}\angle 150° \text{ V}$$

由电路可知

$$\dot{I}_{\mathrm{AO}} = \frac{\dot{U}_{\mathrm{AO}}}{R}$$

$$\dot{I}_{\mathrm{BO}} = \frac{\dot{U}_{\mathrm{BO}}}{R} = \frac{\dot{U}_{\mathrm{AB}}}{\mathrm{j}X_L} - \frac{\dot{U}_{\mathrm{BC}}}{-\mathrm{j}X_C}$$

$$\dot{I}_{\mathrm{CO}} = \frac{\dot{U}_{\mathrm{CO}}}{R}$$

根据基尔霍夫电流定律(KCL)

$$\dot{I}_{\mathrm{AO}} + \dot{I}_{\mathrm{BO}} + \dot{I}_{\mathrm{CO}} = 0$$

即

$$\frac{\dot{U}_{\mathrm{AO}}}{R} + \left(\frac{\dot{U}_{\mathrm{AB}}}{\mathrm{j}X_L} - \frac{\dot{U}_{\mathrm{BC}}}{-\mathrm{j}X_C}\right) + \frac{\dot{U}_{\mathrm{CO}}}{R} = 0$$

所以将上面诸式代入,得

$$\frac{U_{\mathrm{P}}\angle 0°}{R} + \left(\frac{\sqrt{3}U_{\mathrm{P}}\angle 30°}{\mathrm{j}X_L} - \frac{\sqrt{3}U_{\mathrm{P}}\angle -90°}{-\mathrm{j}X_C}\right) + \frac{U_{\mathrm{P}}\angle 120°}{R} = 0$$

整理得

$$\left(\frac{1}{2}R - \sqrt{3}X_C + \frac{\sqrt{3}}{2}X_L\right) + \mathrm{j}\left(\frac{-3}{2X_L} + \frac{\sqrt{3}}{2R}\right) = 0$$

复数为零,则其实部、虚部分别为零,故有

$$\begin{cases} \frac{1}{2}R - \sqrt{3}X_C + \frac{\sqrt{3}}{2}X_L = 0 \\ -\frac{3}{2X_L} + \frac{\sqrt{3}}{2R} = 0 \end{cases}$$

解之

$$X_L = 10\sqrt{3} \text{ } \Omega, \quad X_C = 10\sqrt{3} \text{ } \Omega$$

所以

$$L = \frac{X_L}{\omega} = \frac{10\sqrt{3}}{314} \text{ H} = 55.2 \text{ mH}$$

$$C = \frac{1}{\omega X_C} = \frac{1}{314 \times 10\sqrt{3}} \text{ F} = 184 \text{ μF}$$

方法二:将题所给电路中由三个相同的电阻 R 构成的三相星形负载变换成由三个相同的电阻 R' 构成的三相三角形负载,如题解图 5.13 所示。

设 L 与 R' 并联电路的阻抗为 Z_L,C 与 R' 并联电路的阻抗为 Z_C,则

$$Z_L = (\mathrm{j}X_L) \mathbin{/\mkern-6mu/} R' = \mathrm{j}\omega L \mathbin{/\mkern-6mu/} R' = \frac{\mathrm{j}\omega R'L}{R' + \mathrm{j}\omega L}$$

$$Z_C = (-jX_C) /\!/ R' = \frac{1}{j\omega C} /\!/ R' = \frac{R'}{1+j\omega R'C}$$

式中，$R' = 3R$（由 Y – Δ 变换得到）。

由题解图 5.13 可以列出

$$\dot{U}_{AB} = \frac{Z_L}{Z_L + Z_C}\dot{U}$$

$$\dot{U}_{BC} = \frac{Z_C}{Z_L + Z_C}\dot{U}$$

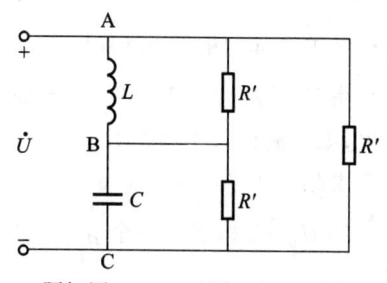

题解图 5.13　习题 5.2.10 的解

由题意可知　$\dot{U}_{AB}$、$\dot{U}_{BC}$、$\dot{U}_{CA}$ 三个电压为三相对称电压，因而 $\dot{U}_{AB}$ 与 $\dot{U}_{BC}$ 幅度相等，相位上 $\dot{U}_{AB}$ 超前 $\dot{U}_{BC}$ 120°，故有

$$\frac{\dot{U}_{AB}}{\dot{U}_{BC}} = \frac{Z_L}{Z_C} = 1\angle 120°$$

将 Z_L 和 Z_C 的表达式代入，可得

$$\frac{j\omega R'L(1+j\omega R'C)}{R'(R'+j\omega L)} = 1\angle 120°$$

整理上式，由幅度和相位条件分别可得以下二式

$$\begin{cases} \omega L = \dfrac{1}{\omega C} \\ 90° + \arctan \omega R'C - \arctan \dfrac{\omega L}{R'} = 120° \end{cases}$$

解之，得

$$\arctan \frac{\omega L}{R'} = 30°$$

因为 $R' = 3R = 30\ \Omega$，$\omega = 314$ rad/s，则可得

$$L = 55.2\ \text{mH}$$
$$C = 184.2\ \mu\text{F}$$

方法三：根据题意，题解图 5.14(a) 中 $\dot{U}_1$、$\dot{U}_2$、$\dot{U}_3$ 是三相对称电压，其相量图如题解图 5.14(b) 所示。

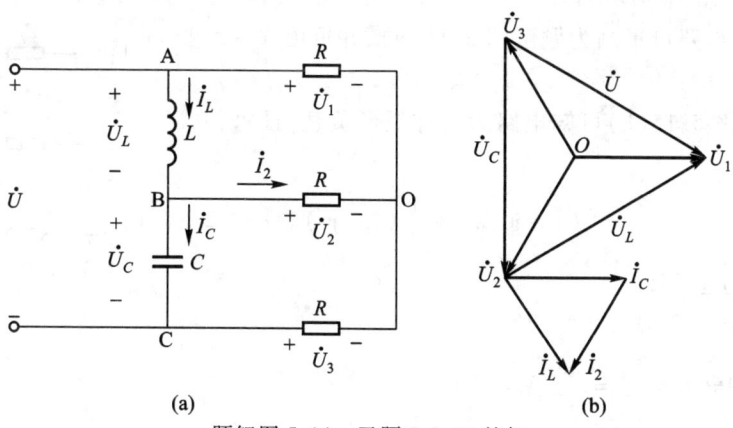

题解图 5.14　习题 5.2.10 的解

由题解图 5.14(a)可得
$$\dot{U}_L = \dot{U}_1 - \dot{U}_2, \quad \dot{U}_C = \dot{U}_2 - \dot{U}_3$$
其相量关系如题解图 5.14(b)所示。

由于 $\dot{I}_L$ 滞后于 $\dot{U}_L$ 90°，$\dot{I}_C$ 超前于 $\dot{U}_C$ 90°，因此可将相量 $\dot{I}_L$ 和 $\dot{I}_C$ 画出，进而 $\dot{I}_2 = \dot{I}_L - \dot{I}_C$ 也可画出，如题解图 5.14 所示。

由相量关系图可以看出：

$\dot{U}$、$\dot{U}_L$、$\dot{U}_C$ 构成了一个等边三角形，$\dot{I}_2$、$\dot{I}_L$、$\dot{I}_C$ 也构成了一个等边三角形，故
$$U = U_L = U_C, \quad I_2 = I_L = I_C$$
所以
$$\frac{U_2}{R} = \frac{U_L}{X_L} = \frac{U_C}{X_C}$$
即
$$\frac{U/\sqrt{3}}{R} = \frac{U_L}{X_L} = \frac{U_C}{X_C}$$
$$\sqrt{3}R = X_L = X_C$$
$$\sqrt{3}R = \omega L = \frac{1}{\omega C}$$
代入已知条件可得
$$\begin{cases} 10\sqrt{3} = 314\,L \\ 10\sqrt{3} = \dfrac{1}{314C} \end{cases}$$
解之
$$L = \frac{10\sqrt{3}}{314}\,\text{H} = 55.2\,\text{mH}$$
$$C = \frac{1}{314 \times 10\sqrt{3}}\,\text{F} \approx 184\,\mu\text{F}$$

5.4.5 在图 5.11 所示电路中，已知电源线电压 $U_L = 380$ V，三角形三相对称负载每相阻抗 $Z = (3 + \text{j}6)\,\Omega$，输电线线路阻抗 $Z_l = (1 + \text{j}0.2)\,\Omega$。试计算：(1) 三相负载的线电流和线电压；(2) 三相电源输出的平均功率。

解：图 5.11 电路可重画为题解图 5.15(a)，并可由 $Y-\Delta$ 变换为题解图 5.15(b)

(1) 由题解图 5.15(b)可知电路为对称星形负载，且每相等效阻抗 Z_Y 为

$Z_Y = Z_l + Z'_Y = Z_l + \dfrac{Z}{3} = [(1 + \text{j}0.2) + \dfrac{1}{3}(3 + \text{j}6)]\,\Omega = (2 + \text{j}2.2)\,\Omega = 2.97\,\angle 47.7°\,\Omega$

即 $|Z_Y| = 2.97\,\Omega, \varphi = 47.7°$。

电源每相电压 $U_P = \dfrac{U_L}{\sqrt{3}} = \dfrac{380}{\sqrt{3}}\,\text{V} = 220\,\text{V}$

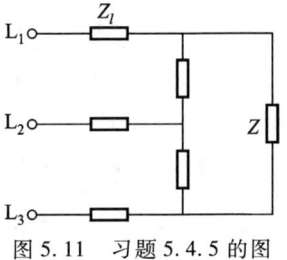

图 5.11 习题 5.4.5 的图

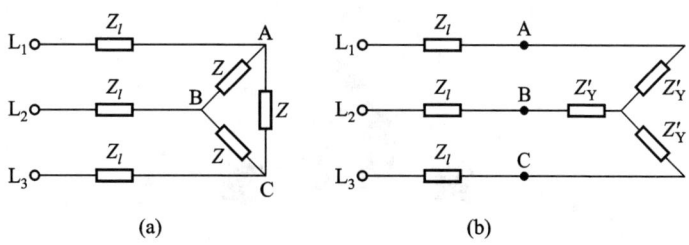

题解图 5.15 习题 5.4.5 的解

则负载的线电流 $I_\mathrm{L} = \dfrac{U_\mathrm{P}}{|Z'_\mathrm{Y}|} = \dfrac{220}{2.97}\mathrm{A} = 74.1\ \mathrm{A}$

负载的线电压 $U'_\mathrm{L} = \sqrt{3}U'_\mathrm{P} = \sqrt{3}I'_\mathrm{P}|Z'_\mathrm{Y}| = \sqrt{3}\times 74.1\times\sqrt{1^2+2^2}\ \mathrm{V} = 287\ \mathrm{V}$

式中,U'_P 和 I'_P 分别为负载 Z'_Y 每相电压和每相电流,$I'_\mathrm{P} = I_\mathrm{L}$。

(2) 三相电源输出的平均功率

$$P = \sqrt{3}U_\mathrm{L}I_\mathrm{L}\cos\varphi = \sqrt{3}\times 380\times 74.1\times\cos 47.7°\ \mathrm{W} = 32.82\ \mathrm{kW}$$

三相负载获得的平均功率

$$P' = 3U'_\mathrm{P}I'_\mathrm{P}\cos\varphi' = 3\times\dfrac{287}{\sqrt{3}}\times 74.1\times\dfrac{1}{\sqrt{1^2+2^2}}\ \mathrm{W} = 16.47\ \mathrm{kW}$$

5.4.6 如果电压相等,输送功率相等,距离相等,线路功率损耗相等,则三相输电线(设负载对称)的用铜量为单相输电线的用铜量的 3/4。试证明之。

证明: 因为输送的功率相等,故有

$$\sqrt{3}U_3 I_3 \cos\varphi = U_1 I_1 \cos\varphi$$

又因电压相等,即 $U_3 = U_1$

即 $I_1 = \sqrt{3}I_3$

再因为线路功率损耗相等,故有

$$3I_3^2 R_3 = 2I_1^2 R_1$$

即 $2I_3^2\rho\dfrac{l}{A_3} = 2I_1^2\rho\dfrac{l}{A_1}$

则 $R_1 = \dfrac{1}{2}R_3$ 或 $A_1 = 2A_3$

由于用铜量与导线体积成正比(假设材料密度相同),即

(用铜量)$_3 \propto 3A_3 l$

(用铜量)$_1 \propto 2A_1 l$

故两者用铜量之比为

$$\dfrac{(用铜量)_3}{(用铜量)_1} = \dfrac{3A_3 l}{2A_1 l} = \dfrac{3A_3}{2A_1} = \dfrac{3}{4}$$

上列各式中,R 为单根输电线的电阻,A 是输电线的横截面积,l 是输电线的长度。

第 6 章

磁路与铁心线圈电路

前5章分析的主要是电路问题,而工程上广泛应用的许多电气设备如变压器、电机、电磁铁等的工作原理既涉及电路问题又涉及磁路问题。本章着重分析磁路理论,并将变压器和电磁铁作为磁路理论的应用实例。

6.1 内容要点与阅读指导

本章是为学习电机和各种电磁元件打基础的。本章中有些内容,如磁场的基本物理量、磁性材料的磁性能以及变压器的部分内容,或多或少已在物理课中学过,在此可以复习自学。在学习本章时,应对相关内容多作联系对比(这也是一种学习方法),例如:磁路与电路、直流励磁铁心线圈电路与交流励磁铁心线圈电路、交流铁心线圈电路与交流空心线圈电路、直流铁心线圈电路与直流空心线圈电路,这样不仅可以了解其相互间的异同,并且容易掌握。

1. 磁场基本物理量及其单位

磁场基本物理量及其单位见表6.1.1。

表 6.1.1 磁场基本物理量及其单位

物理量	表示式	单位
磁通 Φ	$u = \dfrac{d\Phi}{dt}$	$V \cdot s$ 称韦[伯](Wb)
磁感应强度 B	$B = \dfrac{\Phi}{A}$	$\dfrac{V \cdot s}{m^2} = \dfrac{Wb}{m^2}$ 称特[斯拉](T)
磁场强度 H	$H = \dfrac{NI}{l}$	$\dfrac{A}{m}$
磁导率 μ	$\mu = \dfrac{B}{H}$	$\dfrac{V \cdot s/m^2}{A/m} = \dfrac{\Omega \cdot s}{m} = \dfrac{H}{m}$

2. 磁路与电路的比较

在电机、变压器、电磁铁、电磁测量仪表以及其他各种铁磁元件中,不仅有电路的问题,同时还有磁路的问题,两者往往是相关联的,只有同时掌握了电路和磁路的基本理论,才能对上述的各种铁磁元件作全面的分析。

磁路和电路有很多相似之处,两者的对照已列在主教材表6.1.2中。但分析与处理磁路比

电路难得多,例如:

(1) 在处理电路时一般不涉及电场问题,而在处理磁路时离不开磁场的概念。例如在讨论电机时,常常要分析电机磁路的气隙中磁感应强度的分布情况。

(2) 在处理电路时一般可以不考虑漏电流(因为导体的电导率比周围介质的电导率大得多),但在处理磁路时一般都要考虑漏磁通(因为磁路材料的磁导率比周围介质的磁导率大得不太多)。

(3) 磁路的欧姆定律与电路的欧姆定律只是在形式上相似,即

$$\Phi = \frac{F}{R_\mathrm{m}} = \frac{NI}{\dfrac{l}{\mu A}}, \quad I = \frac{E}{R} = \frac{E}{\dfrac{l}{rA}}$$

但由于 μ 不是常数,它随励磁电流而变,所以不能直接应用磁路欧姆定律来计算,它只能用于定性分析。

(4) 在电路中,当 $E = 0$ 时,$I = 0$;但在磁路中,由于有剩磁,当 $F = 0$ 时,$\Phi \neq 0$。

(5) 在电磁关系、电压电流关系以及功率与能量关系等问题上,分析交流铁心线圈电路也比分析交流空心线圈电路复杂得多。

(6) 磁路几个基本物理量(磁感应强度、磁通、磁场强度、磁导率等)的单位也比电路基本物理量的单位复杂,学习时应注意,见表 6.1.1。

3. 磁化曲线

当线圈中有磁性物质存在时(设磁路由相同截面的单一材料构成),磁感应强度 B 与磁场强度 H 不成正比;由于磁通 Φ 与 B 成正比($\Phi = AB$),励磁电流 I 与 H 成正比($NI = Hl$),因此 Φ 与 I 也不成正比。于是由下式

$$\mu = \frac{B}{H}, \quad L = \frac{N\Phi}{I}$$

可见,在存在磁性物质的情况下,磁导率 μ 和线圈的电感 L 都不是常数,它们随线圈中的励磁电流而变,铁心线圈是一个非线性电感元件。这个非线性关系如图 6.1.1 所示,两者是对应的。

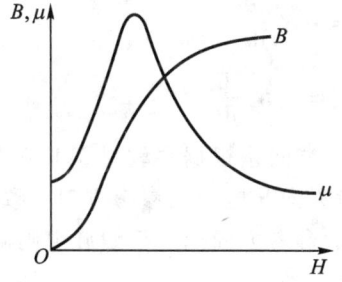
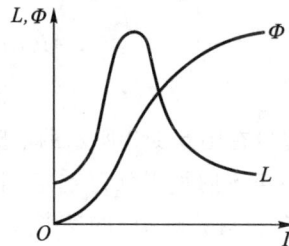

图 6.1.1 两组曲线对照

4. 磁路的基本定律

安培环路定律

$$\oint H \mathrm{d}l = \sum I$$

是确定磁场与电流之间关系的一个基本定律,它是分析与计算磁路的基础,由它可得出下面两个

关系式

$$\Phi = \frac{NI}{\dfrac{l}{\mu A}} = \frac{F}{R_m} \qquad (1)$$

上式与电路的欧姆定律相似,称为磁路的欧姆定律,由于 μ 和 R_m 不是常数,所以不能用此式作定量计算,只能用来定性分析。

$$NI = H_1 l_1 + H_2 l_2 + \cdots = \sum (Hl) \qquad (2)$$

式中,$H_1 l_1, H_2 l_2, \cdots$ 是磁路各段的磁压降,因此从形式上看,此式与电路的基尔霍夫电压定律相似,称为磁路的基尔霍夫定律,它是直接用来计算磁路的。

在本课程中不强调磁路的计算(实际上磁路计算的问题是很复杂的),教材上计算【例6.1.1】和【例6.1.2】两个简单磁路的目的,主要在于了解磁路的分析。从这两个例题中,可以得出下面几个实际结论:

(1) 如果要得到相等的磁感应强度,采用磁导率高的铁心材料,可使线圈的用铜量大为降低。

(2) 如果要得到相等的磁通,在相同励磁电流情况下,采用磁导率高的铁心材料,可使铁心的用铁量大为降低。

(3) 当磁路中含有空气隙时,由于其磁阻较大,要得到相等的磁感应强度,必须增大励磁电流(设线圈匝数一定)。

此外,通过磁路计算,要学会查用主教材图 6.1.5 所示的磁化曲线。

5. 交流铁心线圈电路

交流铁心线圈电路这一节很重要,它是学习交流电机、变压器及各种交流铁磁元件的基础。下面从电磁关系、电压电流关系及功率损耗三个方面来分析交流铁心线圈电路,并与交流非铁心线圈电路(即第 4 章的 RL 交流电路)比较。

(1) 电磁关系。

交流铁心线圈电路中的电磁关系表示如下:

$$u \to i(Ni) \begin{cases} \Phi \to e = -N\dfrac{d\Phi}{dt} \\ \Phi_\sigma \to e_\sigma = -L_\sigma \dfrac{di}{dt} \end{cases}$$

上面各物理量在图 6.1.2 所示的电路图上的参考方向是根据主教材 3.1 节的规定标出的:电源电压 u 的参考方向可以任意选定;电流 i 的参考方向与电压的参考方向一致;磁通势 Ni 所产生的主磁通 Φ 和漏磁通 Φ_σ 的参考方向根据电流的参考方向用右手螺旋定则确定;规定感应电动势 e 和 e_σ 的参考方向与相应磁通的参考方向之间符合右手螺旋定则。因此,e、e_σ 及 i 三者的参考方向一致。

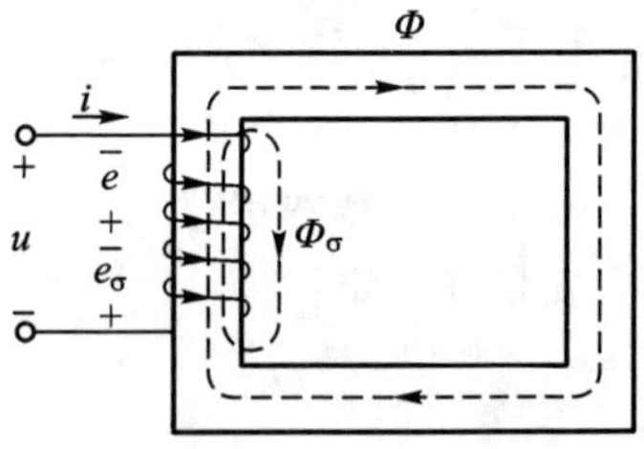

在非铁心线圈电路中,电流 i 与磁通 Φ 之间呈线性关系,如图 6.1.3(a) 所示,线圈的电感 L 为常数。通常电源电压 u 是正弦量,由于 $e = -N\dfrac{d\Phi}{dt}$,而一般 $u \approx -e$,所以磁通 Φ 可以认为也是正弦量。

图 6.1.2 交流铁心线圈

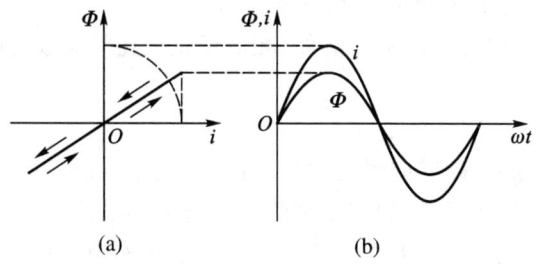

图 6.1.3　交流非铁心线圈电路中 i 与 Φ 的关系

设
$$\Phi = \Phi_m \sin \omega t$$
则从图 6.1.3 得出电流
$$i = I_m \sin \omega t$$
也是正弦量,两者大小成正比,并且是同相的。

在铁心线圈电路中,线圈中通过两个磁通:主磁通 Φ 和漏磁通 Φ_σ。因为 Φ_σ 主要不经过铁心,所以励磁电流 i 与 Φ_σ 之间呈线性关系,铁心线圈的漏磁电感 L_σ 为常数。但 i 与主磁通 Φ 之间不存在线性关系,如图 6.1.4(a) 所示,铁心线圈的主磁电感不是一个常数。设
$$\Phi = \Phi_m \sin \omega t$$

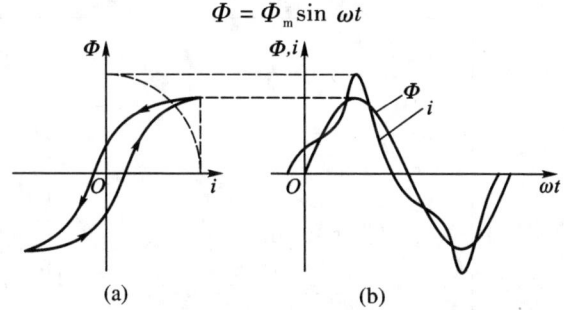

图 6.1.4　交流铁心线圈电路中 i 与 Φ 的关系

则从图 6.1.4(a) 和 (b) 得出电流 i,它和磁通 Φ 的波形不相似,并且是不同相的。

电流 i 虽非正弦量,但在分析计算时可用一等效正弦电流来代替,因而可用相量 $\dot{I}$ 表示。等效条件见主教材【例 4.9.2】。

(2) 电压电流关系。

根据图 6.1.2 所示的交流铁心线圈电路,应用基尔霍夫电压定律可列出电压电流的关系式
$$\dot{U} = R\dot{I} + jX_\sigma \dot{I} + (-\dot{E})$$
对交流非铁心线圈电路而言,其电压电流关系式为
$$\dot{U} = R\dot{I} + jX_L \dot{I}$$

比较两式,前者多出了一个电压分量 $(-\dot{E})$,它是与铁心中磁通 Φ 所产生的电动势 $\dot{E}$ 相平衡的,而 X_σ 与 X_L 是相对应的。

$U \approx E = 4.44 f N \Phi_m$ 这个公式以后常用到,应注意。

(3) 功率损耗。

第一,磁滞损耗和涡流损耗都是由交流引起的,直流铁心线圈是没有这两种损耗的。

第二,从 RI^2 这个功率损耗讲,除作为铜损耗(R 是金属导体的电阻)外,其中的 R 也可以是一个与电路中某种损耗相应的等效电阻。例如,相应于铁损耗的等效电阻为

$$R_0 = \frac{\Delta P_{Fe}}{I^2}$$

第三,铁损耗近于与铁心内磁感应强度的最大值 B_m 的平方成正比,故 B_m 不宜选得过大。

此外,对电路中发生的某些现象,如前面讲的串联谐振和电路的暂态过程等,以及本章讲的剩磁、磁滞和涡流等,有有利的一面,但在另外某些场合下也有有害的一面。对其有害的一面应尽可能地加以限制或避免发生,而对其有利的一面则应充分加以利用。

本节最后还讨论了交流铁心线圈电路的等效电路,把磁路计算问题简化为电路计算问题,等效为一个线性电路来分析与计算。等效电路的参数:线圈电阻 R、漏磁感抗 X_σ、相应于铁心中能量损耗的等效电阻 R_0、相应于铁心中能量储放的等效感抗 X_0。等效条件:在同样电压作用下,功率、电流及各量之间的相位关系保持不变。这里又出现了一个等效概念。"等效"是本课程中常用的一种分析方法。

主教材【练习与思考】题 6.2.1 提出的问题,下面列表 6.1.2 作一比较。

表 6.1.2　四种线圈电路的电流和功率

电路	电流 I	功率 P
直流空心线圈电路	$I = \dfrac{U}{R}$	$P = RI^2$
直流铁心线圈电路	$I = \dfrac{U}{R}$	$P = RI^2$
交流空心线圈电路	$I = \dfrac{U}{\sqrt{R^2 + X_L^2}}$	$P = RI^2$
交流铁心线圈电路	$I = \dfrac{U}{\sqrt{(R+R_0)^2 + (X_\sigma + X_0)^2}}$	$P = RI^2 + \Delta P_{Fe}$

6. 变压器

变压器这一节是在交流铁心线圈电路的基础上来讨论的,其中也有电磁关系、电压电流关系和功率与效率等方面的问题。

(1)首先碰到的是变压器中的电磁关系和主教材图 6.3.2 所示的电路中各物理量的参考方向问题。变压器一次侧的情况和上节交流铁心线圈电路的情况基本上一样。变压器多了一个二次绕组,其中的电动势 e_2 也是由主磁通 Φ 产生的。二次侧接有负载时,由 e_2 产生二次电流 i_2,从而在负载上得出电压 u_2。二次磁通势 $N_2 i_2$ 除和一次磁通势 $N_1 i_1$ 共同作用产生主磁通外,还在二次侧产生漏磁通 $\Phi_{\sigma 2}$。$\Phi_{\sigma 2}$ 也要在二次绕组中感应出漏磁电动势 $e_{\sigma 2}$。

各个磁通的参考方向与相应的电流的参考方向符合右手螺旋定则;各个电动势的参考方向根据相应的磁通的参考方向规定用右手螺旋定则确定。

(2)变压器中的电压电流关系表示在一次侧电压方程

$$\dot{U}_1 = R_1 \dot{I}_1 + jX_1 \dot{I}_1 + (-\dot{E}_1)$$

和二次侧电压方程

$$\dot{E}_2 = R_2 \dot{I}_2 + jX_2 \dot{I}_2 + \dot{U}_2$$

上。这两个方程是根据电压、电流及电动势的参考方向,由基尔霍夫电压定律列出的。式中的 $\dot{E}_1$ 和 $\dot{E}_2$ 虽然都是由主磁通产生的,但两者作用不一样。$\dot{E}_2$ 和 $\dot{U}_1$ 是相对应的,都起电源电压的作用,而 $\dot{E}_1$ 具有阻碍电流变化的物理性质,所以电源电压 $\dot{U}_1$ 必须有一部分 $(-\dot{E}_1)$ 来平衡它。

（3）变压器铭牌上标出的额定容量是多少伏安或千伏安,而不是瓦或千瓦。这是因为变压器输出的有功功率与负载的功率因数有关。在额定电压和额定电流下,当负载的功率因数为 1 时,100 kV·A 的变压器能输出 100 kW 的功率,而当负载的功率因数 $\cos\varphi = 0.5$ 时,则只能输出 50 kW 的功率。

变压器的功率损耗包括铜损耗和铁损耗两部分。相对于额定容量讲,变压器的功率损耗很小,所以效率很高,通常在 95% 以上。值得注意的是,额定负载时效率不是最高,当负载为额定负载的 50% ~ 75% 时,效率最高（见主教材【例 6.3.5】）。

（4）变压器的作用有三个:

电压变换 $\qquad\qquad\qquad \dfrac{U_1}{U_2} \approx \dfrac{E_1}{E_2} = \dfrac{N_1}{N_2}$

电流变换 $\qquad\qquad\qquad \dfrac{I_1}{I_2} \approx \dfrac{N_2}{N_1}$

阻抗变换 $\qquad\qquad\qquad |Z'| = \left(\dfrac{N_1}{N_2}\right)^2 |Z|$

（5）要从 $U_1 \approx E_1 = 4.44fN_1\Phi_m$ 这个式子建立起当 U_1 和 f 不变时 Φ_m 近于常数的概念。就是说,变压器铁心中主磁通的最大值在它空载或有负载时是差不多恒定的。这是一个重要概念,由此得出下面两点:

一是可以写出 $N_1\dot{I}_1 + N_2\dot{I}_2 \approx N_1\dot{I}_0$。这个磁通势式子,在忽略空载电流 I_0 时,即得出一次、二次绕组的电流变换式。

二是可以理解为什么二次绕组电流 I_2 增大时一次绕组电流 I_1 随着增大的道理。

（6）对变压器的外特性应有所了解。因为这是各种电源的共同问题。

（7）在实验时常用到调压器（主教材图 6.3.11）,应了解其调压原理,才能正确使用。譬如,用毕后必须转到零位。

（8）要了解在使用电流互感器时,为什么不允许二次绕组电路断开。

（9）要了解变压器同极性端的意义,知道同极性端后才能正确连接。

7. 电磁铁

这里有两个实际问题:一个是分磁环,在后面讲到的交流接触器上有,要了解其原理;另一个是当交流电磁铁通电后,它的衔铁由于某种原因吸合不上时,线圈中要产生较大电流,可能烧毁线圈。要了解后一问题,首先要理解在吸合过程中,随着气隙的减小,磁阻减小,线圈的电感和感抗增大,因而线圈电流减小这一道理。（为什么磁路的磁阻减小,线圈的电感会增大?另外,在吸合过程中,铁心中磁通的最大值 Φ_m 有何变化?）

此外,要了解直流电磁铁在吸合过程中随着气隙的减小,磁阻、线圈电感、线圈电流及铁心中磁通作何变化。

在构造上也要比较交流电磁铁和直流电磁铁有何异同。

6.2 基本要求

1. 了解磁性材料的磁性能以及磁路中几个基本物理量的意义和单位。
2. 了解分析磁路的基本定律。
3. 理解铁心线圈电路中的电磁关系、电压电流关系以及功率与能量问题,特别要掌握 $U \approx 4.44fN\Phi_m$ 这一关系式。
4. 了解变压器的基本构造、工作原理、铭牌数据、外特性和绕组的同极性端,掌握其电压、电流、阻抗的变换功能。
5. 了解电磁铁的吸力以及交流电磁铁与直流电磁铁的异同。

6.3 重点与难点

1. 重点
(1) 磁性材料的特性。
(2) 磁路的分析方法。
(3) 交流铁心线圈电路。
(4) 变压器的电压变换、电流变换和阻抗变换作用。
(5) 变压器的绕组极性及其同极性端的判别方法。

2. 难点
(1) 交流铁心线圈电路电压与电流的关系。
(2) 交流铁心线圈电路的等效电路。

6.4 知识关联图

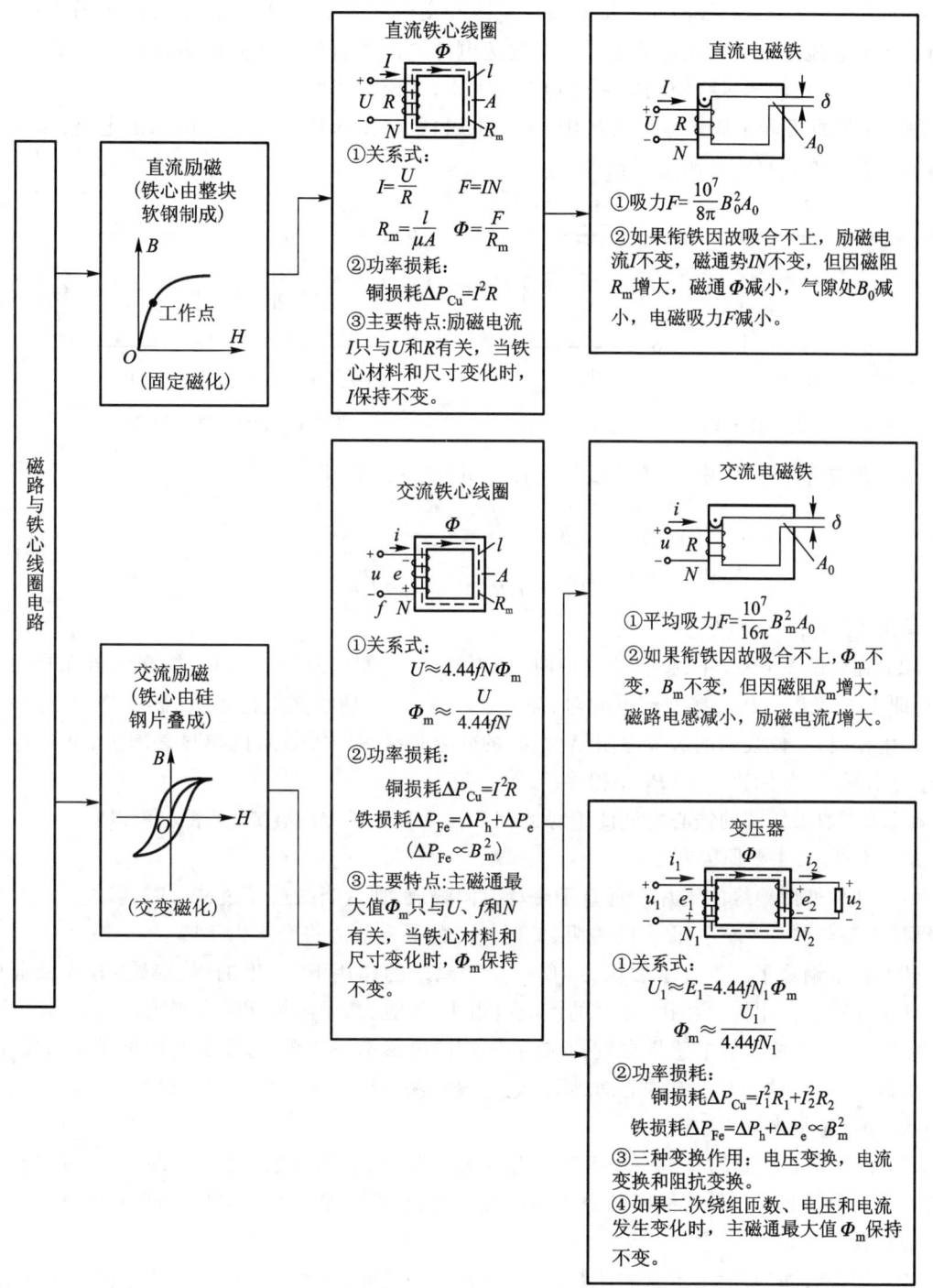

6.5 【练习与思考】题解

6.2.1 将一个空心线圈先后接到直流电源和交流电源上,然后在这个线圈中插入铁心,再接到上述的直流电源和交流电源上。如果交流电源电压的有效值和直流电源电压相等,在上述四种情况下,试比较通过线圈的电流和功率的大小,并说明其理由。

解：按题意可表示成如题解图 6.01(a)、(b) 和题解图 6.02(a)、(b) 所示的电路,图中交流电源电压有效值和直流电源电压相等。

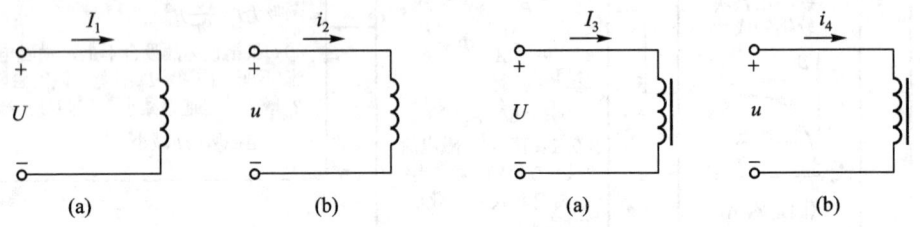

题解图 6.01　空心线圈　　　　　题解图 6.02　铁心线圈

（1）在题解图 6.01 中,设空心线圈电阻为 R,电感为 L,则

$$I_1 = \frac{U}{R} \qquad I_2 = \frac{U}{\sqrt{R^2 + (\omega L)^2}}$$

$$P_1 = I_1^2 R \qquad P_2 = I_2^2 R$$

可以看出 $I_2 < I_1$,$P_2 < P_1$。

（2）在题解图 6.02 中,接直流电源时,插入铁心,线圈电感增大,但对线圈电流和功率没有影响,即 $I_3 = I_1$,$P_3 = P_1$。接交流电源时,插入铁心,一方面使线圈电感增大,感抗增大,另一方面由于产生铁损耗,使线圈的等效电阻增大,总的效果是线圈的等效阻抗模显著增大,电流 I_4 和功率 P_4 显著减小,分别比 I_2 和 P_2 小得多。

6.2.2 如果线圈的铁心由彼此绝缘的钢片在垂直磁场方向叠成,是否也可以?

解：不可以,主要原因有二：

（1）如果彼此绝缘的钢片在垂直于磁场方向叠成,那么当磁通穿过铁心时,就要经过许多个绝缘层（非磁性物质）,产生很大的磁阻,此时铁心的导磁能力将会大大下降。

（2）由于钢片平面垂直于磁场方向,在交变磁通的作用下,产生的涡流就在较大截面内流动。与钢片正常使用情况相比,此时的涡流电阻小,涡流大,涡流损耗随着增大。

6.2.3 空心线圈的电感是常数,而铁心线圈的电感不是常数,为什么?如果线圈的尺寸、形状和匝数相同,有铁心和没有铁心时,哪个电感大?铁心线圈的铁心在达到磁饱和和尚未达到磁饱和状态时,哪个电感大?

解：（1）空心线圈的介质一般为空气等非磁性材料,它们的磁导率 μ_0 为常数,所以空心线圈的电感也为常数。而铁心线圈的介质为铁磁材料,其磁导率 μ 不是常数,所以铁心线圈的电感也不是常数。

（2）如果线圈的尺寸、形状和匝数相同,有铁心的线圈,因铁心被磁化产生很强的附加磁场,所以电感大;没有铁心的线圈,因没有这种附加的磁场,所以电感小。

(3) 铁心线圈的铁心被磁化后,当达到磁饱和状态时,其磁导率 μ 的数值下降,电感减小。显然,铁心尚未达到磁饱和状态时,电感大。

6.2.4 分别举例说明剩磁和涡流的有利一面和有害一面。

解：永久磁铁、永磁式扬声器、磁电式仪表和永磁式直流电机等都是剩磁应用的实例,反映了剩磁有利的一面。而有些场合,剩磁则带来麻烦。例如轴承在磨床上加工后会产生剩磁,这是人们不希望的,必须设法去掉。

同样,涡流也有利有弊。涡流可用于金属冶炼加工,利用涡流原理还可制造仪器(例如电度表等)。而交流电机和电器工作时铁心中产生的涡流,则增加功率损耗,也影响电机电器的工作性能。

6.2.5 铁心线圈中通过直流,是否有铁损耗？

解：铁损耗包括磁滞损耗和涡流损耗两种,它们均由磁通的交变而引起。当铁心线圈通过直流电流时,磁通不发生交变,所以没有铁损耗。

6.3.1 有一空载变压器,一次侧加额定电压 220 V,并测得一次绕组电阻 $R_1 = 10\ \Omega$,试问一次电流是否等于 22 A？

解：变压器不仅有电压变换作用,也具有电流变换作用,一次、二次电流的关系是 $I_1 \approx \dfrac{I_2}{K}$（$K$ 为变比）,空载变压器二次电流 $I_2 = 0$,所以一次电流 $I_1 \approx 0$（此时一次侧只有数值很小的空载励磁电流,用来产生主磁通）。

算式 $I_1 = \dfrac{U_1}{R_1} = \dfrac{220}{10}$ A = 22 A,不正确,不能用此式计算变压器一次电流。

6.3.2 如果变压器一次绕组的匝数增加一倍,而所加电压不变,试问励磁电流将有何变化？

解：由式 $U_1 \approx 4.44 f N_1 \Phi_m$ 可知,当电压 U_1 不变时,一次绕组匝数 N_1 若增加一倍,主磁通最大值 Φ_m 则减半,此时变压器一次绕组的励磁电流将随着减小。

6.3.3 有一台电压为 220/110 V 的变压器,$N_1 = 2\,000$,$N_2 = 1\,000$。有人想省些铜线,将匝数减为 400 和 200,是否也可以？

解：将 N_1 由 2 000 匝减为 400 匝,根据公式 $U_1 \approx 4.44 f N_1 \Phi_m$,因为 U_1 不变,可知 $N_1 \downarrow\downarrow$,$\Phi_m \uparrow\uparrow$,磁路将处于严重的磁饱和状态,励磁电流 $\uparrow\uparrow$。由于 $\Phi_m \uparrow\uparrow$,$B_m \uparrow\uparrow$,铁损耗 $\Delta P_{Fe} \propto B_m^2$,$\Delta P_{Fe} \uparrow\uparrow$,将烧毁变压器。所以 $N_1 = 400$,$N_2 = 200$ 不可以。

6.3.4 变压器的额定电压为 220/110 V,如果不慎将低压绕组接到 220 V 电源上,试问励磁电流有何变化？后果如何？

解：该变压器高压绕组 $U_1 \approx 4.44 f N_1 \Phi_m$,绕组匝数之比为 $N_1/N_2 = U_1/U_2 = 220/110 = 2$。如果不慎将低压绕组误接到 220 V 电源上,由式 $U_1 \approx 4.44 f N_2 \Phi_m$ 可以看出,因为 N_2 是 N_1 的一半,所以 Φ_m 增大一倍,铁心达到磁饱和状态,励磁电流和铁损耗大大增加,变压器将被烧毁。

6.3.5 变压器铭牌上标出的额定容量是"千伏安",而不是"千瓦",为什么？额定容量是指什么？

解：变压器的额定容量是指其额定视在功率 $S_N = U_N I_N$,单位用千伏安（kV·A）表示。变压器工作时向负载提供的有功功率 $P = UI\cos\varphi$ 则用千瓦（kW）表示。有功功率的数值可大可小,由负载的需要及其功率因数决定,它不能表示变压器的额定容量。额定视在功率 $S_N = U_N \cdot I_N$ 是个定值,它表示该变压器向负载提供电压定额（U_N）和电流定额（I_N）的综合能力（S_N）,标在变压器的铭牌上,是变压器的主要技术数据之一。

6.3.6 某变压器的额定频率为 60 Hz,用于 50 Hz 的交流电路中,能否正常工作?试问主磁通 Φ_m、励磁电流 I_0、铁损耗 ΔP_{Fe}、铜损耗 ΔP_{Cu} 及空载时二次电压 U_{20} 等各量与原来额定工作时比较有无变化?设电源电压不变。

解:(1) 由公式 $U_1 \approx 4.44 f N_1 \Phi_m$ 可知,若频率 f 降低,电源电压 U_1 不变,则主磁通 Φ_m 将增大,励磁电流 I_0 也将增大。

(2) 铁损耗 $\Delta P_{Fe} \propto B_m^2 \propto \Phi_m^2$,由于 Φ_m 增大,所以 ΔP_{Fe} 将增大。

(3) 铜损耗 ΔP_{Cu} 主要取决于变压器一次、二次绕组的工作电流,励磁电流 I_0 的增加,会使 ΔP_{Cu} 略有增加。

(4) 因为电源电压 U_1 和匝数比不变,所以二次侧空载电压 U_{20} 不变。

综上所述,额定频率为 60 Hz 的变压器,用于 50 Hz 的交流电路中,不能正常工作。

6.3.7 用测流钳测量单相电流时,如把两根线同时钳入,测流钳上的电流表有何读数?

解:测量单相电流时,如果测流钳同时钳入两根电源线,电流一进一出,产生的磁通互相抵消,测流钳电流表的读数为零。

6.3.8 用测流钳测量三相对称电流(有效值为 5 A),当钳入一根线、两根线及三根线时,试问电流表的读数分别为多少?

解:用测流钳测量上述三相对称电流时,当钳入一根线、二根线和三根线时,测流钳电流表的读数分别为:5 A、5 A(因两个电流相位差为120°,其相量和的模仍为 5 A)和 0 A(因三个电流的相量和为零)。

6.3.9 如错误地把电源电压 220 V 接到调压器的 4,5 两端(图 6.3.11),试分析会出现什么问题。

解:这种错误是不允许的,因为会导致严重的后果。有以下几种可能的情况:

(1) 如果调压器滑动触头 a 原先处于绕组的最下端,此时在 4 和 5 两端加上 220 电压。随着滑动触头 a 向 4 端的移动,变压器的该段绕组匝数越来越少,流过的电流就会越来越大,绕组随时有被烧毁的可能,最终造成电源短路。

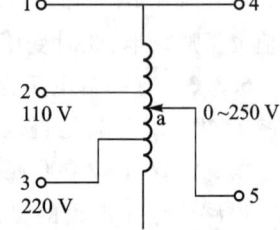

图 6.3.11　调压器

(2) 如果调压器滑动触头 a 原先处于 110 V 抽头附近,此时在 4 和 5 两端加上 220 V 电压。显然,该段绕组将立即被烧毁。

(3) 如果调压器滑动触头 a 原先处于零位(4 端),此时在 4 和 5 两端加上 220 V 电压。显然,电源将被短路。同时,调压器接线端 4 和滑动触头 a 被烧坏。

6.3.10 调压器用毕后为什么必须转到零位?

解:调压器用毕后把它的手柄转到零位,这是正确的做法,也是良好的操作习惯。否则,未把调压器转到零位,就留下了不安全的隐患。这是因为,此后当自己或他人再次使用这台调压器时,一次侧接上电源电压 220 V,二次侧就可能输出数值较高的电压(最高为 250 V),在没有思想准备的情况下,将危及人身和设备的安全。

6.4.1 在电压相等(交流电压指有效值)的情况下,如果把一个直流电磁铁接到交流上使用,或者把一个交流电磁铁接到直流上使用,将会发生什么后果?

解：直流电磁铁只能用于直流电源,在直流电压作用下,励磁电流的大小只与线圈电阻有关(线圈电感对直流电流无影响)。交流电磁铁只用于交流电源,在交流电压作用下,励磁电流的大小不仅与线圈电阻有关,还与线圈电感产生的感抗有关。所以,直流电磁铁和交流电磁铁的电源不能混用,原因是：

（1）如果把直流电磁铁接到交流电源上,线圈电感的感抗与电阻共同对电流产生影响,使励磁电流和磁通显著减小,电磁力也随着显著减小,结果是电磁铁吸合不上,不能正常工作。

（2）如果把交流电磁铁接到直流电源上,线圈电感对直流电流无影响,只有线圈电阻(数值很小)对电流产生影响,使励磁电流很大,近于短路,后果是线圈被烧毁。

6.4.2 交流电磁铁在吸合过程中气隙减小,试问磁路磁阻、线圈电感、线圈电流、铁心中磁通的最大值以及吸力(平均值)将作何变化(增大、减小、不变或近于不变)？

解：各物理量的变化是：

（1）气隙减小→气隙的磁阻减小→全磁路的总磁阻减小→导磁能力增强→线圈电感增大→线圈阻抗增大→线圈电流减小。

（2）由公式 $U \approx 4.44 fN\Phi_m$ 可知,因为 U、f 和 N 不变,所以磁通最大值 Φ_m 基本不变。

（3）在电磁吸力公式 $F = \dfrac{10^7}{16\pi} B_m^2 A_0$ 中,B_m 基本不变(因为 Φ_m 基本不变),A_0 是气隙截面积,在电磁铁吸合过程中,可认为 A_0 为定值(忽略气隙磁场的边缘效应),所以电磁吸力 F 也基本不变。

以上各物理量的变化情况见题解表 6.01。

题解表 6.01 练习与思考 6.4.2 的表

物理量	气隙长度	磁路磁阻	线圈电感	线圈电流	磁通最大值	电磁吸力
变化情况	减小	减小	增大	减小	基本不变	基本不变

6.4.3 直流电磁铁在吸合过程中气隙减小,试问磁路磁阻、线圈电感、线圈电流、铁心中磁通以及吸力将作何变化？

解：各物理量的变化是：

（1）气隙减小→气隙的磁阻减小→全磁路的总磁阻减小,导磁能力增强→线圈电感增大。

（2）由公式 $I = \dfrac{U}{R}$ 可知,因为 U 不变,线圈电阻 R 的大小又与气隙长度无关,所以在气隙减小过程中,线圈电流 I 不变,磁通势 IN 不变。

（3）在磁通势 IN 不变的情况下,由于磁路磁阻的减小,铁心中磁通和气隙中磁通 Φ_0 增大,气隙磁通密度 B_0 也增大。在吸力公式 $F = \dfrac{10^7}{8\pi} B_0^2 A_0$ 中,若忽略气隙磁场的边缘效应,气隙截面积 A_0 为定值。可以看出,在气隙减小的过程中,吸力 F 增大了。

以上各物理量的变化情况见题解表 6.02。

题解表 6.02 练习与思考 6.4.3 的表

物理量	气隙长度	磁路磁阻	线圈电感	线圈电流	铁心中磁通	电磁吸力
变化情况	减小	减小	增大	不变	增大	增大

6.4.4 有一交流电磁铁,其匝数为 N,交流电源电压的有效值为 U,频率为 f,分析以下几种情况下吸力 F 如何变化?设铁心磁通不饱和。

(1) 电压 U 减小,f 和 N 不变;

(2) 频率 f 增加,U 和 N 不变;

(3) 匝数 N 减少,U 和 f 不变。

解:交流电磁铁的吸力公式为 $F = \dfrac{10^7}{16\pi} B_m^2 A_0$,吸力 F 与磁通密度 B_m^2 成正比。几种情况下的吸力 F,分析如下。

(1) 电压 U 减小,f 与 N 不变:在 $U \approx 4.44 f N \Phi_m$ 关系式中,因为 f 和 N 不变,所以若 U 减小,则 Φ_m 也减小,$B_m = \dfrac{\Phi_m}{A_0}$ 也减小,故吸力 F 减小。

(2) 频率 f 增加,U 和 N 不变:在 $U \approx 4.44 f N \Phi_m$ 关系式中,因为 U 和 N 不变,所以若 f 增加,则 Φ_m 减小,B_m 减小,故吸力 F 减小。

(3) 匝数 N 减少,U 和 f 不变:在 $U \approx 4.44 f N \Phi_m$ 关系式中,因为 U 和 f 不变,所以若 N 减少,则 Φ_m 增大,B_m 增大,故吸力 F 增大。

6.4.5 额定电压为 380 V 的交流接触器,误接到 220 V 的交流电源上,试问吸合时磁通 Φ_m(或 B_m)、电磁吸力 F、铁损耗 ΔP_{Fe} 及线圈电流 I 有何变化?反过来,将 220 V 的交流接触器误接到 380 V 的交流电源上,则又如何?

解:交流接触器是交流电磁铁的一种类型。

(1) 额定电压为 380 V 的交流接触器误接到 220 V 交流电源上,由式 $U \approx 4.44 f N \Phi_m$ 可知,U 减小 $\sqrt{3}$ 倍,Φ_m 减小 $\sqrt{3}$ 倍,电磁吸力 $F = \dfrac{10^7}{16\pi} B_m^2 A_0 = \dfrac{10^7}{16\pi} \cdot \dfrac{\Phi_m^2}{A_0}$ 减小更多,致使接触器的衔铁吸合不上。因 Φ_m 和 B_m 减小很多,故铁损耗 ΔP_{Fe} 减小很多(ΔP_{Fe} 与 B_m^2 成正比)。线圈电流 I 的变化,应从两个方面考虑:一方面,因 U 和 Φ_m 显著减小,线圈电流 I 显著减小;另一方面,因衔铁吸合不上,气隙大,磁阻大,电感和感抗减小,电流 I 的数值就要相对增大。总的结果是,一减一增,线圈电流 I 变化不是太大。

(2) 反过来,将额定电压为 220 V 的交流接触器误接到 380 V 的交流电源上,由式 $U \approx 4.44 f N \Phi_m$ 可知,U 增大 $\sqrt{3}$ 倍,Φ_m 增大 $\sqrt{3}$ 倍,电磁吸力 $F = \dfrac{10^7}{16\pi} \cdot \dfrac{\Phi_m^2}{A_0}$ 增大很多,产生过大机械冲击。而且,铁损耗 ΔP_{Fe} 和线圈电流 I 也显著增大,接触器将被烧坏。

6.6 【习题】题解

A 选 择 题

6.1.1 磁感应强度的单位是( )。

(1) 韦[伯](Wb)　(2) 特[斯拉](T)　(3) 伏秒(V·s)

解：伏秒(V·s)通常称为韦[伯](Wb)，是磁通 Φ 的单位。磁感应强度 B 的单位是特[斯拉](T)，所以答案应为(2)。

6.1.2 磁性物质的磁导率 μ 不是常数，因此(　　)。

(1) B 与 H 不成正比　　(2) Φ 与 B 不成正比　　(3) Φ 与 I 成正比

解：由磁性材料的磁化曲线 $B=f(H)$ 可以看出，B 和 H 是非线性关系，即 B 与 H 不成正比，比例系数 $\mu=\dfrac{B}{H}$ 不是常数，所以答案应为(1)。

6.2.1 在直流空心线圈中置入铁心后，如在同一电压作用下，则电流 I(　　)，磁通 Φ(　　)，电感 L(　　)及功率 P(　　)。

电流：(1) 增大　(2) 减小　(3) 不变
磁通：(1) 增大　(2) 减小　(3) 不变
电感：(1) 增大　(2) 减小　(3) 不变
功率：(1) 增大　(2) 减小　(3) 不变

解：(1) 电流：在直流电压 U 作用下，线圈电流 $I=\dfrac{U}{R}$，电流 I 只与线圈电阻 R 有关，置入铁心后，电流 I 不变。答案应为(3)。

(2) 磁通：电流 I 虽然不变，但置入铁心后，磁路的磁阻减小，磁通增大。答案应为(1)。

(3) 电感：置入铁心后，磁阻减小，导磁能力增强，磁通增大，电感增大。答案应为(1)。

(4) 功率：因为是直流励磁，线圈只有铜损耗 $\Delta P_{Cu}=I^2R$，即使置入铁心，也无铁损耗。答案应为(3)。

6.2.2 铁心线圈中的铁心到达磁饱和时，则线圈电感 L(　　)。

(1) 增大　(2) 减小　(3) 不变

解：铁心达到磁饱和时，磁导率 μ 下降，磁路的磁阻增大，磁通减小，电感 L 减小。答案应为(2)。

6.2.3 在交流铁心线圈中，如将铁心截面积减小，其他条件不变，则磁通势(　　)。

(1) 增大　(2) 减小　(3) 不变

解：若将铁心截面积减小(其他条件不变)，则磁路的磁阻增大，铁心线圈的电感减小，感抗也减小。于是线圈电流增大，磁通势(Ni)增大。答案应为(1)。

6.2.4 交流铁心线圈的匝数固定，当电源频率不变时，则铁心中主磁通的最大值基本上决定于(　　)。

(1) 磁路结构　(2) 线圈阻抗　(3) 电源电压

解：由公式 $U\approx 4.44fN\Phi_m$ 可以看出：交流铁心线圈的匝数 N 固定且频率 f 不变时，则铁心中主磁通的最大值 Φ_m 基本上决定于电源电压 U。答案应为(3)。

6.2.5 为了减小涡流损耗，交流铁心线圈中的铁心由钢片(　　)叠成。

(1) 垂直磁场方向　(2) 顺着磁场方向　(3) 任意

解：为了减小涡流损耗，交流铁心线圈中的铁心由钢片顺着磁场方向叠成。答案应为(2)。

6.2.6 两个交流铁心线圈除了匝数($N_1>N_2$)不同外，其他参数都相同。如将它们接在同一交流电源上，则两者主磁通的最大值 Φ_{m1}(　　)Φ_{m2}。

(1) >　(2) <　(3) =

解：两个交流铁心线圈对应以下两个关系式：
$$U \approx 4.44 f N_1 \Phi_{m1}$$
$$U \approx 4.44 f N_2 \Phi_{m2}$$
两者电压相同(均为 U)，频率相同(均为 f)，所以
$$N_1 \Phi_{m1} = N_2 \Phi_{m2}$$
因 $N_1 > N_2$，故 $\Phi_{m1} < \Phi_{m2}$。答案应为(2)。

6.3.1 当变压器的负载增加后,则(   )。
(1) 铁心中主磁通 Φ_m 增大
(2) 二次电流 I_2 增大,一次电流 I_1 不变
(3) 一次电流 I_1 和二次电流 I_2 同时增大

解：变压器负载增加后,二次电流 I_2 增大,而一次电流 I_1 也相应增大,以抵偿二次绕组电流对主磁通的影响,维持主磁通最大值近于不变。答案应为(3)。

6.3.2 50 Hz 的变压器用于 25 Hz 时,则(   )。
(1) Φ_m 近于不变 (2) 一次电压 U_1 降低 (3) 可能烧坏绕组

解：由关系式 $U_1 \approx 4.44 f N_1 \Phi_m$ 可知,50 Hz 的变压器用于 25 Hz 时(U_1 和 N_1 不变),频率 f 减半,则使主磁通最大值 Φ_m 加倍(未考虑磁路饱和)。于是,磁感应强度最大值 B_m 大大增加,铁损耗 ΔP_{Fe} 显著增大,变压器有被烧坏的可能。答案应为(3)。

6.4.1 交流电磁铁在吸合过程中气隙减小,则磁路磁阻(   ),铁心中磁通 Φ_m(   ),线圈电感(   ),线圈感抗(   ),线圈电流(   ),吸力平均值(   )。

磁阻:(1) 增大 (2) 减小 (3) 不变
磁通:(1) 增大 (2) 减小 (3) 近于不变
电感:(1) 增大 (2) 减小 (3) 不变
感抗:(1) 增大 (2) 减小 (3) 不变
电流:(1) 增大 (2) 减小 (3) 不变
吸力:(1) 增大 (2) 减小 (3) 近于不变

解：选择答案如下。
(1) 磁路磁阻:气隙减小,则磁路磁阻减小。答案应为(2)。
(2) 铁心中磁通 Φ_m:由式 $U \approx 4.44 f N \Phi_m$ 可知,Φ_m 只与 U、f 和 N 有关,在交流电磁铁的吸合过程中,Φ_m 保持基本不变。答案应为(3)。
(3) 线圈电感:气隙减小,磁阻减小,线圈电感增大。答案应为(1)。
(4) 线圈感抗:因电感增大,所以线圈感抗也增大。答案应为(1)。
(5) 线圈电流:因感抗增大,所以线圈电流减小。答案应为(2)。
(6) 吸力平均值:因 Φ_m 基本不变,所以 B_m 基本不变,而吸力平均值公式 $F = \dfrac{10^7}{16\pi} B_m^2 A_0$,$F$ 与 B_m^2 成正比,所以吸力 F 近于不变。答案应为(3)。

6.4.2 直流电磁铁在吸合过程中气隙减小,则磁路磁阻(   ),铁心中磁通(   ),线圈电感(   ),线圈电流(   ),吸力(   )。

磁阻:(1) 增大 (2) 减小 (3) 不变

磁通:(1) 增大　(2) 减小　(3) 不变

电感:(1) 增大　(2) 减小　(3) 不变

电流:(1) 增大　(2) 减小　(3) 不变

吸力:(1) 增大　(2) 减小　(3) 不变

解：选择答案如下(顺序有所变化)。

(1) 磁路磁阻：气隙减小，则磁路磁阻减小。答案应为(2)。

(2) 线圈电流：在直流电磁铁中，线圈电流 $I = \dfrac{U}{R}$，与气隙的变化无关，线圈电流不变。答案应为(3)。

(3) 铁心中磁通：电流 I 不变，磁通势 NI 不变。因磁阻减小，故磁通增大(根据磁路的欧姆定律)。答案应为(1)。

(4) 线圈电感：气隙减小，磁阻减小，磁路导磁能力增大，电感增大。答案应为(1)。

(5) 吸力：$F = \dfrac{10^7}{8\pi} B_0^2 A_0$，因为磁通增大，所以 B_0 增大，气隙截面积 A_0 可认为是定值(忽略气隙磁场的边缘效应)，直流电磁铁在吸合过程中，随着气隙的减小，电磁力 F 增大。答案应为(1)。

B 基 本 题

6.1.3　有一线圈，其匝数 $N = 1\,000$，绕在由铸钢制成的闭合铁心上，铁心的截面积 $A_{\text{Fe}} = 20 \text{ cm}^2$，铁心的平均长度 $l_{\text{Fe}} = 50 \text{ cm}$。如要在铁心中产生磁通 $\Phi = 0.002 \text{ Wb}$，试问线圈中应通入多大直流电流？

解：(1) 这是一个均匀磁路，如题解图 6.03 所示，磁感应强度为

$$B = \frac{\Phi}{A_{\text{Fe}}} = \frac{0.002}{20 \times 10^{-4}} = 1 \text{ T}$$

(2) 查铸钢的磁化曲线，磁场强度为

$$H \approx 0.7 \times 10^3 \text{ A/m}$$

(3) 励磁电流

$$I = \frac{H \cdot l_{\text{Fe}}}{N} = \frac{0.7 \times 10^3 \times 50 \times 10^{-2}}{1\,000} \text{ A} = 0.35 \text{ A}$$

6.1.4　如果上题的铁心中含有一长度为 $\delta = 0.2 \text{ cm}$ 的空气隙(与铁心柱垂直)，由于空气隙较短，磁通的边缘扩散可忽略不计，试问线圈中的电流必须多大才可使铁心中的磁感应强度保持上题中的数值？

解：(1) 因为磁感应强度 B 与上题相同，即 $B = 1 \text{ T}$，忽略边缘效应，气隙中的 $B_0 \approx B = 1 \text{ T}$。

(2) 全磁路的磁压降为

$$\begin{aligned}
\sum Hl &= Hl_{\text{Fe}} + H_0 \delta \\
&= Hl_{\text{Fe}} + \frac{B_0}{\mu_0} \delta \\
&= \left[0.7 \times 10^3 \times (50 - 0.2) \times 10^{-2} + \frac{1}{4\pi \times 10^{-7}} \times 0.2 \times 10^{-2} \right] \text{A}
\end{aligned}$$

$$= (348.6 + 1\,592.4)\text{ A}$$
$$= 1\,941\text{ A}$$

(3) 励磁电流

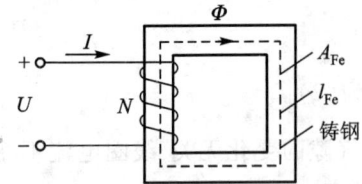
题解图 6.03　习题 6.1.3 的解

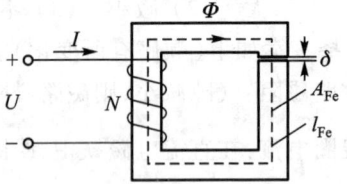
题解图 6.04　习题 6.1.4 的解

$$I = \frac{\sum Hl}{N} = \frac{1\,941}{1\,000}\text{ A} = 1.94\text{ A}$$

6.1.5 在题 6.1.3 中,如将线圈中的电流调到 2.5 A,试求铁心中的磁通。

解：(1) 计算 H

因为 $IN = Hl_{Fe}$,所以

$$H = \frac{IN}{l_{Fe}} = \frac{2.5 \times 1\,000}{50 \times 10^{-2}}\text{ A/m} = 5\,000\text{ A/m}$$

(2) 计算 B

查铸钢 $B - H$ 曲线,得 $B \approx 1.58$ T

(3) 计算 Φ

铁心中的磁通为

$$\Phi = BA_{Fe} = 1.58 \times 20 \times 10^{-4}\text{ Wb} = 0.003\,2\text{ Wb}$$

6.1.6 有一铁心线圈,试分析铁心中的磁感应强度、线圈中的电流和铜损耗 RI^2 在下列几种情况下将如何变化:

(1) 直流励磁——铁心截面积加倍,线圈的电阻和匝数以及电源电压保持不变;

(2) 交流励磁——同(1);

(3) 直流励磁——线圈匝数加倍,线圈的电阻及电源电压保持不变;

(4) 交流励磁——同(3);

(5) 交流励磁——电流频率减半,电源电压的大小保持不变;

(6) 交流励磁——频率和电源电压的大小减半。

假设在上述各种情况下工作点在磁化曲线的直线段。在交流励磁的情况下,设电源电压与感应电动势在数值上近于相等,且忽略磁滞和涡流。铁心是闭合的,截面均匀。

解：本题 6 种情况中的直流励磁和交流励磁,分别如题解图 6.05 和题解图 6.06 所示,具体分析如下。

(1) 直流励磁

在题解图 6.05 所示磁路中,A 加倍,R、N 和 U 不变。可以看出:$I = \dfrac{U}{R}$ 不变→铜损耗 $\Delta P_{Cu} = I^2R$ 不变。A 加倍→磁阻 R_m 减半 → $\Phi = \dfrac{IN}{R_m}$ 加倍 → $B = \dfrac{\Phi}{A}$ 不变。

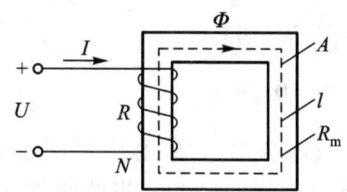
题解图 6.05　直流励磁

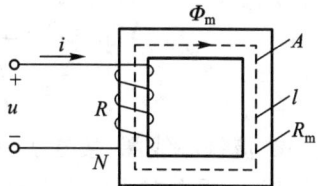
题解图 6.06　交流励磁

（2）交流励磁

在题解图 6.06 所示磁路中，A 加倍，R、N 和 U 不变。由式 $U \approx 4.44 f N \Phi_m$ 可知，A 加倍，f、N 和 U 不变，Φ_m 不变。Φ_m 不变 → $B_m = \dfrac{\Phi_m}{A}$ 减半 → H_m 减半（曲线直线段）→ $H_m l = I_m N$ → I_m 减半 → I 减半 → $\Delta P_{Cu} = I^2 R$ 减至原先的四分之一。

（3）直流励磁

在题解图 6.05 所示磁路中，N 加倍，R 和 U 不变。可以看出：$I = \dfrac{U}{R}$ 不变 → $\Delta P_{Cu} = I^2 R$ 不变。$\Phi = \dfrac{IN}{R_m}$ 加倍（R_m 不变）→ $B = \dfrac{\Phi}{A}$ 加倍。

（4）交流励磁

在题解图 6.06 所示磁路中，N 加倍，R 和 U 不变。由式 $U \approx 4.44 f N \Phi_m$ 可知，N 加倍，Φ_m 减半，B_m 减半，H_m 减半（曲线直线段）。因为 $H_m l = I_m N$ → $I_m = \dfrac{H_m l}{N}$ 减小至原先的 $\dfrac{1}{4}$ → I 减小至原先的 $\dfrac{1}{4}$ → $\Delta P_{Cu} = I^2 R$ 减小至原先的 $\dfrac{1}{16}$。

（5）交流励磁

磁路如题解图 6.06 所示。电源频率 f 减半，电源电压 U 保持不变。由式 $U \approx 4.44 f N \Phi_m$ 可知，f 减半 → Φ_m 加倍 → B_m 加倍 → H_m 加倍 → $H_m l = I_m N$ → I_m 加倍 → I 加倍 → $\Delta P_{Cu} = I^2 R$ 增大至原先的 4 倍。

（6）交流励磁

磁路如题解图 6.06 所示。电源频率 f 和电源电压 U 均减半。由式 $U \approx 4.44 f N \Phi_m$ 可知，f 和 U 同时减半，Φ_m 不变，B_m、H_m、I_m 和 I 均不变，ΔP_{Cu} 不变。

6.2.7　为了求出铁心线圈的铁损耗，先将它接在直流电源上，从而测得线圈的电阻为 $1.75\ \Omega$；然后接在交流电源上，测得电压 $U = 120\ \mathrm{V}$，功率 $P = 70\ \mathrm{W}$，电流 $I = 2\ \mathrm{A}$，试求铁损耗和线圈的功率因数。

解： 本题电路如题解图 6.07 所示。

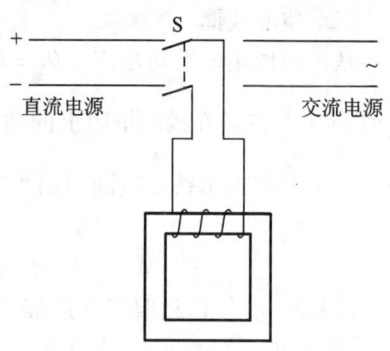
题解图 6.07　习题 6.2.7 的解

(1) 接直流电源：测得线圈电阻 $R = 1.75\ \Omega$。

(2) 接交流电源：测得功率 $P = 70\ \mathrm{W}$，是铜损耗和铁损耗的总和，其中

195

铜损耗 $\Delta P_{Cu} = I^2 R = 2^2 \times 1.75 \text{ W} = 7 \text{ W}$

铁损耗 $\Delta P_{Fe} = P - \Delta P_{Cu} = (70 - 7) \text{ W} = 63 \text{ W}$

线圈功率因数 $\cos\varphi = \dfrac{P}{UI} = \dfrac{70}{120 \times 2} \text{ W} = 0.29$

6.2.8 有一交流铁心线圈，接在 $f = 50$ Hz 的正弦电源上，在铁心中得到磁通的最大值为 $\Phi_m = 2.25 \times 10^{-3}$ Wb。现在在此铁心上再绕一个线圈，其匝数为 200。当此线圈开路时，求其两端电压。

解：铁心线圈电路如题解图 6.08 所示。后加的绕组开路电压为

$$U_{20} = 4.44 f N_2 \Phi_m$$
$$= (4.44 \times 50 \times 200 \times 2.25 \times 10^{-3}) \text{ V}$$
$$\approx 100 \text{ V}$$

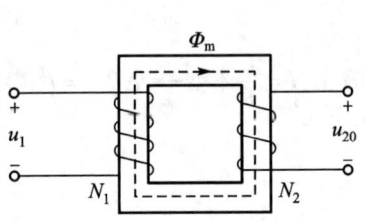

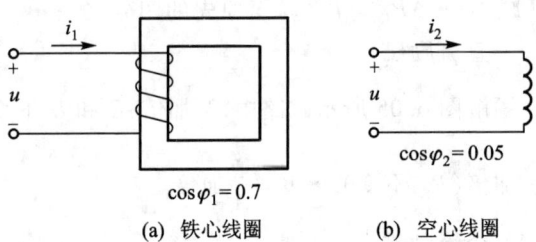

题解图 6.08 习题 6.2.8 的解   题解图 6.09 习题 6.2.9 的解

6.2.9 将一铁心线圈接于电压 $U = 100$ V，频率 $f = 50$ Hz 的正弦电源上，其电流 $I_1 = 5$ A，$\cos\varphi_1 = 0.7$。若将此线圈中的铁心抽出，再接于上述电源上，则线圈中电流 $I_2 = 10$ A，$\cos\varphi_2 = 0.05$。试求此线圈在具有铁心时的铜损耗和铁损耗。

解：本题电路如题解图 6.09(a)、(b)所示。

（1）铁心线圈

从电源取用的有功功率 $P_1 = UI_1 \cos\varphi_1 = (100 \times 5 \times 0.7) \text{ W} = 350 \text{ W}$

P_1 即为铁心线圈的全部功率损耗，包括铜损耗和铁损耗。

（2）空心线圈

从电源取用的有功功率 $P_2 = UI_2 \cos\varphi_2 = (100 \times 10 \times 0.05) \text{ W} = 50 \text{ W}$

P_2 实际上是消耗在线圈电阻上的功率，由此可计算出线圈电阻 $R = \dfrac{P_2}{I_2^2} = \dfrac{50}{10^2} \text{ Ω} = 0.5 \text{ Ω}$

（3）分别求出铁心线圈的铜损耗和铁损耗

$$\Delta P_{Cu} = I_1^2 R = (5^2 \times 0.5) \text{ W} = 12.5 \text{ W}$$
$$\Delta P_{Fe} = P_1 - \Delta P_{Cu} = (350 - 12.5) \text{ W} = 337.5 \text{ W}$$

6.3.3 有一单相照明变压器，容量为 10 kV·A，电压为 3 300/220 V。今欲在二次绕组接上 60 W/220 V 的白炽灯，如果要变压器在额定情况下运行，这种电灯可接多少个？并求一次、二次绕组的额定电流。

解：（1）白炽灯 $\cos\varphi = 1$，变压器额定运行时，电灯消耗的总功率应等于变压器的额定容量。设可接灯数为 n，则

$$60n = S_N$$
$$n = \frac{S_N}{60} = \frac{10 \times 10^3}{60} \approx 166 \text{ 个}$$

（2）一次、二次绕组的额定电流为

$$I_{1N} = \frac{S_N}{U_{1N}} = \frac{10 \times 10^3}{3\ 300} \text{A} \approx 3.03 \text{ A}$$

$$I_{2N} = \frac{S_N}{U_{2N}} = \frac{10 \times 10^3}{220} \text{A} \approx 45.45 \text{ A}$$

6.3.4 有一台单相变压器，额定容量为 10 kV·A，二次侧额定电压为 220 V，要求变压器在额定负载下运行。

（1）二次侧能接 220 V/60 W 的白炽灯多少个？

（2）若改接 220 V/40 W，功率因数为 0.44 的日光灯，可接多少支？

设每灯镇流器的损耗为 8 W。

解：（1）二次侧能接白炽灯的灯数

因白炽灯的 $\cos\varphi = 1$，故额定容量 $S_N = 10$ kV·A 可以全部成为有功功率 $P_N = 10$ kW。

$$\text{白炽灯数} = \frac{10 \times 10^3}{60} = 166(\text{个})$$

（2）二次侧能接日光灯的灯数

因日光灯电路的 $\cos\varphi = 0.44$，故只有 0.44 倍的额定容量成为有功功率，$P = 10 \times 0.44$ kW。每支日光灯消耗 40 W，镇流器消耗 8 W。

$$\text{日光灯数} = \frac{10 \times 10^3 \times 0.44}{40 + 8} \approx 91(\text{支})$$

6.3.5 有一台额定容量为 50 kV·A，额定电压为 3 300/220 V 的变压器，试求当二次侧达到额定电流、输出功率为 39 kW、功率因数为 0.8（滞后）时的电压 U_2。

解：变压器二次侧输出功率为

$$P_2 = U_2 I_{2N} \cos\varphi_2$$

式中，$P_2 = 39$ kW，$\cos\varphi_2 = 0.8$ $I_{2N} = \frac{S_N}{U_{2N}} = \frac{50 \times 10^3}{220}$ A $= 227.3$ A

所求电压

$$U_2 = \frac{P_2}{I_{2N} \cdot \cos\varphi_2} = \frac{39 \times 10^3}{227.3 \times 0.8} \text{V} = 214.5 \text{ V}$$

6.3.6 有一台 100 kV·A、10 kV/0.4 kV 的单相变压器，在额定负载下运行，已知铜损耗为 2 270 W，铁损耗为 546 W，负载功率因数为 0.8。试求满载时变压器的效率。

解：满载时变压器的效率为

$$\eta = \frac{P_2}{P_2 + \Delta P_{Fe} + \Delta P_{Cu}} = \frac{S_N \cdot \cos\varphi_2}{S \cdot \cos\varphi_2 + \Delta P_{Fe} + \Delta P_{Cu}}$$
$$= \frac{100 \times 10^3 \times 0.8}{100 \times 10^3 \times 0.8 + 546 + 2\ 270} \approx 96.6\%$$

6.3.7 SJL 型三相变压器的铭牌数据如下:$S_N = 180 \text{ kV} \cdot \text{A}$,$U_{1N} = 10 \text{ kV}$,$U_{2N} = 400 \text{ V}$,$f = 50 \text{ Hz}$,$Y/Y_0$ 联结。已知每匝线圈感应电动势为 5.133 V,铁心截面积为 160 cm²。试求:(1)一次、二次绕组每相匝数;(2)变比;(3)一次、二次绕组的额定电流;(4)铁心中磁感应强度 B_m。

解:变压器 Y/Y_0 联结如题解图 6.10 所示。

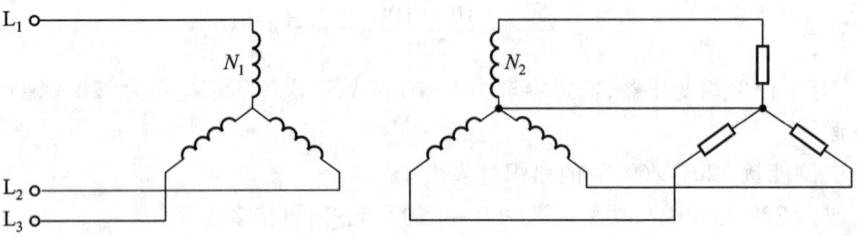

题解图 6.10 习题 6.3.7 的解

(1)一次、二次绕组的每相匝数

一次、二次绕组的额定相电压为

$$U_{1P} = \frac{U_{1N}}{\sqrt{3}} = \frac{10 \times 10^3}{\sqrt{3}} \text{ V} = 5\,774 \text{ V}$$

$$U_{2P} = \frac{U_{2N}}{\sqrt{3}} = \frac{400}{\sqrt{3}} \text{ V} = 231 \text{ V}$$

所以,一次、二次绕组每相匝数为

$$N_1 = \frac{U_{1P}}{5.133} = \frac{5\,774}{5.133} = 1\,125 \text{ 匝}$$

$$N_2 = \frac{U_{2P}}{5.133} = \frac{231}{5.133} = 45 \text{ 匝}$$

(2)变比

$$K = \frac{N_1}{N_2} = \frac{1\,125}{45} = 25$$

(3)一次、二次绕组的额定电流

$$I_{1N} = \frac{S_N}{\sqrt{3}\,U_{1N}} = \frac{180 \times 10^3}{\sqrt{3} \times 10 \times 10^3} \text{ A} = 10.39 \text{ A}$$

$$I_{2N} = \frac{S_N}{\sqrt{3}\,U_{2N}} = \frac{180 \times 10^3}{\sqrt{3} \times 400} \text{ A} = 259.8 \text{ A}$$

(4)铁心中的磁感应强度 B_m

因为

$$E = 4.44 f N \Phi_m = 4.44 f N A B_m$$

$$B_m = \frac{E}{4.44 f N A}$$

当 $N = 1$ 时,$\qquad\qquad\qquad E = 5.133 \text{ V}$

所以
$$B_m = \frac{5.133}{4.44 \times 50 \times 1 \times 160 \times 10^{-4}} \text{ T} = 1.45 \text{ T}$$

6.3.8 在图 6.3.7 中,将 $R_L = 8 \ \Omega$ 的扬声器接在输出变压器的二次绕组,已知 $N_1 = 300$, $N_2 = 100$,信号源电动势 $E = 6 \text{ V}$,内阻 $R_0 = 100 \ \Omega$,试求信号源输出的功率。

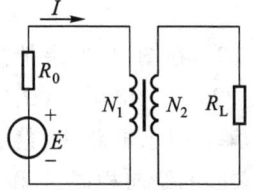

图 6.3.7 习题 6.3.8 的图

解:(1)负载 R_L 反映到一次侧的等效电阻为
$$R'_L = \left(\frac{N_1}{N_2}\right)^2 R_L$$
$$= \left(\frac{300}{100}\right)^2 \times 8 \ \Omega = 72 \ \Omega$$

(2)信号源输出功率为
$$P_L = \left(\frac{E}{R_0 + R'_L}\right)^2 R'_L = \left(\frac{6}{100 + 72}\right)^2 \times 72 \text{ W} = 87.6 \text{ mW}$$

6.3.9 在图 6.01 中,输出变压器的二次绕组有抽头,以便接 8 Ω 或 3.5 Ω 的扬声器,两者都能达到阻抗匹配。试求二次绕组两部分匝数之比 $\frac{N_2}{N_3}$。

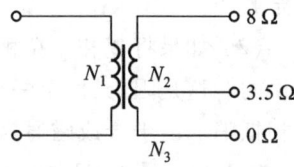

图 6.01 习题 6.3.9 的图

解:(1)8 Ω 扬声器匹配时
$$R'_L = \left(\frac{N_1}{N_2 + N_3}\right)^2 \times 8$$

(2)3.5 Ω 扬声器匹配时
$$R'_L = \left(\frac{N_1}{N_3}\right)^2 \times 3.5$$

(3)建立等式
$$\left(\frac{N_1}{N_2 + N_3}\right)^2 \times 8 = \left(\frac{N_1}{N_3}\right)^2 \times 3.5$$

$$\frac{8}{(N_2 + N_3)^2} = \frac{3.5}{N_3^2}$$

$$\frac{8}{\left(\frac{N_2 + N_3}{N_3}\right)^2} = 3.5$$

$$\frac{8}{\left(\frac{N_2}{N_3} + 1\right)^2} = 3.5$$

$$3.5 \left(\frac{N_2}{N_3} + 1\right)^2 = 8$$

$$\frac{N_2}{N_3} = \sqrt{\frac{8}{3.5}} - 1 \approx \frac{1}{2}$$

6.3.10 图 6.02 所示的变压器有两个相同的一次绕组,每个绕组的额定电压为 110 V。二次绕组的电压为 6.3 V。

(1)试问当电源电压在 220 V 和 110 V 两种情况下,一次绕组的四个接线端应如何正确连接?在这两种情况下,二次绕组两端电压及其中电流有无改变?每个一次绕组中的电流有无改变?(设负载一定。)

(2)在图中,如果把接线端 2 和 4 相连,而把 1 和 3 接在 220 V 的电源上,试分析这时将发生什么情况。

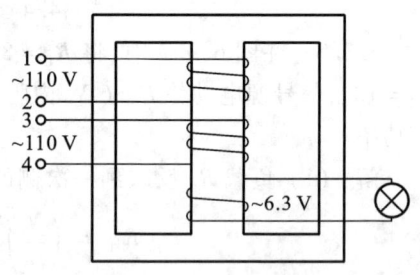

图 6.02 习题 6.3.10 的图

解:图示电路中,绕在同一铁心柱上的两个一次绕组,它们的绕向相同,1 和 3 两端是同极性端,2 和 4 两端也是同极性端。变压器绕组的接线端是有极性的。

(1)当电源电压为 220 V 时,应首先将 2 和 3 端接到一起,然后再将 1 和 4 端分别接到 220 V 电源的两根电源线上(两个一次绕组串联)。

当电源电压为 110 V 时,应首先将 1 和 3 端接到一起,2 和 4 端接到一起,然后再接到 110 V 电源的两根电源线上(两个一次绕组并联)。

在这两种情况下,两个一次绕组上所加电压均为 110 V,产生的磁通方向相同,互相加强。二次绕组的两端电压及其中电流相同,无改变。每个一次绕组中的电流也无改变(设负载一定)。

(2)如果将 2 和 4 端相连,而把 1 和 3 端接到 220 V 电源上,则造成电源短路。此种接法是错误的。这是因为:两个一次绕组由于极性接错,产生的磁通方向相反,互相抵消,感应电动势也互相抵消。由于合成磁通为零,感抗为零,产生很大的电流,两个一次绕组将被烧毁。

6.3.11 图 6.03 所示的是一电源变压器,一次绕组有 550 匝,接 220 V 电压。二次绕组有两个:一个电压 36 V,负载 36 W;一个电压 12 V,负载 24 W。两个都是纯电阻负载。试求一次电流 I_1 和两个二次绕组的匝数。

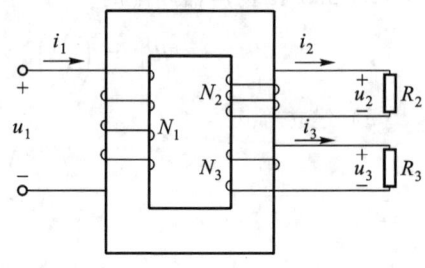

图 6.03 习题 6.3.11 的图

解:(1)两个二次绕组的匝数

因为　　$\dfrac{U_1}{U_2} = \dfrac{N_1}{N_2}$　　$\dfrac{U_1}{U_3} = \dfrac{N_1}{N_3}$

所以　　$N_2 = \dfrac{U_2 N_1}{U_1} = \dfrac{36 \times 550}{220} = 90$ 匝

$N_3 = \dfrac{U_3 N_1}{U_1} = \dfrac{12 \times 550}{220} = 30$ 匝

(2)两个二次绕组的电流

$$I_2 = \dfrac{P_2}{U_2} = \dfrac{36}{36} \text{ A} = 1 \text{ A}$$

$$I_3 = \dfrac{P_3}{U_3} = \dfrac{24}{12} \text{ A} = 2 \text{ A}$$

(3)一次绕组的电流

因为是电阻性负载,所以

$$I_1 N_1 = I_2 N_2 + I_3 N_3$$

$$I_1 = \frac{I_2 N_2 + I_3 N_3}{N_1}$$
$$= \frac{1 \times 90 + 2 \times 30}{550} \text{ A}$$
$$\approx 0.273 \text{ A}$$

6.3.12 图 6.04 所示是一个有三个二次绕组的电源变压器,试问能得出多少种输出电压?

解:将三个绕组单独使用或按不同极性予以串联,可获得多种输出电压(因为三个二次绕组电压大小不同,所以不能并联输出)。

(1) 三个二次绕组单独使用,可输出三种电压:1 V、3 V 和 9 V。

(2) 两个二次绕组顺向串联,可输出三种电压:

(1+3)V = 4 V　(1+9)V = 10 V　(3+9)V = 12 V

(3) 两个二次绕组反向串联,可输出三种电压:

(3-1)V = 2 V　(9-1)V = 8 V　(9-3)V = 6 V

(4) 两个二次绕组顺向串联后,再和余下的一个二次绕组反向串联,可输出三种电压:

(9+3-1)V = 11 V　(9+1-3)V = 7 V　(9-(1+3))V = 5 V

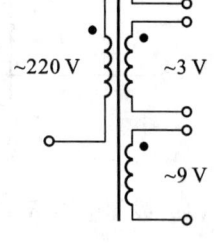

图 6.04　习题 6.3.12 的图

(5) 三个二次绕组顺向串联,可输出一种电压:

(1+3+9)V = 13 V

综上所述,由三个二次绕组可获得从 1 V 至 13 V 共 13 种输出电压。

6.3.13 某电源变压器各绕组的极性以及额定电压和额定电流如图 6.05 所示,二次绕组应如何连接能获得以下各种输出?

(1) 24 V/1 A;(2) 12 V/2 A;(3) 32 V/0.5 A;(4) 8 V/0.5 A

解:为获得上述各种输出,变压器二次绕组的连接方法如下。将图 6.05 所示变压器二次绕组的每对接线端分别标以 1 和 2,3 和 4,5 和 6。

(1) 输出 24 V/1 A

将两个 12 V/1 A 绕组根据"·"标顺向串联(1-2-3-4)。

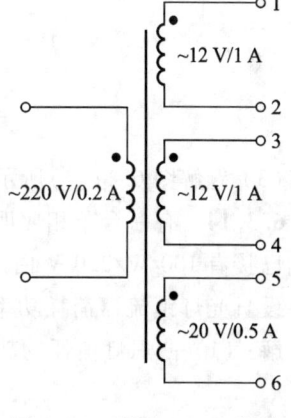

图 6.05　习题 6.3.13 的图

(2) 输出 12 V/2 A

将两个 12 V/1 A 绕组根据"·"标对应并联(1-3 相连并延长引线,2-4 相连并延长引线)。

(3) 输出 32 V/0.5 A

将 12 V/1 A 和 20 V/0.5 A 两个绕组根据"·"标顺向串联(3-4-5-6)。

(4) 输出 8 V/0.5 A

将 12 V/1 A 和 20 V/0.5 A 两个绕组根据"·"标反向串联(3-4-6-5)。

201

C 拓 宽 题

*6.2.10 在习题 6.2.9 中,试求铁心线圈等效电路的参数($R, X_\sigma = 0, R_0$ 及 X_0)。

解：习题 6.2.9 的铁心线圈及其等效电路如题解图 6.11 所示。

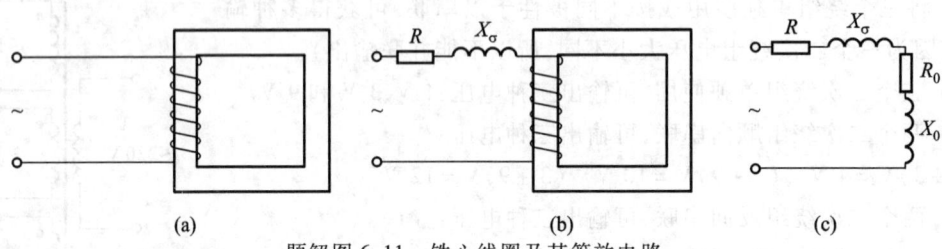

题解图 6.11 铁心线圈及其等效电路

(1) 线圈电阻 R 和漏磁感抗 X_σ

$$R = 0.5\ \Omega\ (在习题 6.2.9 中已求出)$$

$$X_\sigma = 0\ (漏磁很小,可忽略不计)$$

(2) 理想铁心线圈的等效电阻 R_0 和等效感抗 X_0

$$R_0 = \frac{\Delta P_{Fe}}{I_1^2} = \frac{337.5}{5^2}\ \Omega = 13.5\ \Omega$$

$$X_0 = \frac{Q}{I_1^2} = \frac{UI_1 \sin\varphi_1}{I_1^2} = \frac{UI_1 \sin(\arccos 0.7)}{I_1^2}$$

$$= \frac{100 \times 5 \sin(\arccos 0.7)}{5^2}\ \Omega = 14.3\ \Omega$$

(3) 题解图 6.11(c) 所示即为该铁心线圈的等效电路,R, X_σ, R_0 和 X_0 为其等效参数。

6.3.14 有一台单相照明变压器,额定容量为 10 kV·A,二次侧额定电压为 220 V,今在二次侧已接有 100 W/220 V 白炽灯 50 个,试问尚可接 40 W/220 V、电流为 0.41 A 的日光灯多少支？设日光灯镇流器消耗功率为 8 W。

解：(1) 白炽灯消耗的功率为

$$P_1 = 100 \times 50\ W = 5\ kW$$

变压器剩余 5 kV·A 的容量。

(2) 尚能接日光灯的灯数

日光灯电路的视在功率与平均功率为

$$S_2 = U_2 I_2 = 220 \times 0.41\ V \cdot A = 90.2\ V \cdot A$$

$$P_2 = (40 + 8)\ W = 48\ W$$

日光灯电路的功率因数为

$$\cos\varphi_2 = \frac{P_2}{S_2} = \frac{48}{90.2} = 0.53$$

能接日光灯数

$$n = \frac{5 \times 10^3 \times 0.53}{48} \approx 55(支)$$

6.4.3 试说明在吸合过程中,交流电磁铁的吸力基本不变,而直流电磁铁的吸力与气隙 δ 的平方成反比。[提示:根据式(6.2.5)和式(6.1.3)分析]

解:交流电磁铁和直流电磁铁在吸合过程中,它们的气隙磁通和吸力的变化情况是完全不同的。

(1) 交流电磁铁

由式 $U \approx 4.44fN\Phi_m$ 可知,在电磁铁的衔铁吸合过程中,主磁通最大值 Φ_m 和磁通密度最大值 B_m 基本不变(因为在吸合过程中 U、f、N 均不变)。

又由式 $F = \frac{10^7}{16\pi}B_m^2 A_0 = \frac{10^7}{16\pi}\left(\frac{\Phi_m}{A_0}\right)^2 A_0 = \frac{10^7}{16\pi} \cdot \frac{\Phi_m^2}{A_0}$ 可知,吸力 F 也基本不变(因为在衔铁吸合中,气隙截面积 A_0 可认为基本不变)。

(2) 直流电磁铁

由式 $I = \frac{U}{R}$ 可知,线圈电流 I 只与电源电压 U 和线圈电阻 R 有关,而与气隙大小无关,故 I 不变,磁通势 $F = NI$ 也不变。

根据磁路欧姆定律 $\Phi = \frac{F}{R_m}$,在衔铁吸合过程中,随着气隙 δ 的减小,磁阻 R_m 减小,在磁通势 F 不变的情况下,磁通 Φ 增大。

R_m 是全磁路的总磁阻,$R_m = R_{m1} + R_{m\delta}$。式中,$R_{m1}$ 是铁心磁阻,$R_{m\delta}$ 是气隙磁阻($R_{m\delta}$ 的大小与气隙长度 δ 成正比)。两者相比,$R_{m\delta} \gg R_{m1}$,所以 $R_m \approx R_{m\delta} \propto \delta$。

根据直流电磁铁吸力公式 $F = \frac{10^7}{8\pi}B_0^2 A_0 = \frac{10^7}{8\pi}\left(\frac{\Phi_0}{A_0}\right)^2 A_0 = \frac{10^7}{8\pi} \cdot \frac{\Phi_0^2}{A_0}$ 可知,吸力 F 与气隙磁通 Φ_0 的平方成正比。而 Φ_0 就是磁路的磁通 Φ,因为 $\Phi^2 = \left(\frac{F}{R_m}\right)^2 = \left(\frac{NI}{R_m}\right)^2 \propto \left(\frac{1}{R_{m\delta}}\right)^2 \propto \left(\frac{1}{\delta}\right)^2 = \frac{1}{\delta^2}$。

所以,直流电磁铁的吸力 F 与气隙 δ 的平方成反比。

6.4.4 有一交流接触器 CJ0-10A,其线圈电压为 380 V,匝数为 8 750 匝,导线直径为 0.09 mm。今要用在 220 V 的电源上,问应如何改装?即计算线圈匝数和换用直径为多少毫米的导线。[提示:(1)改装前后吸力不变,磁通最大值 Φ_m 应该保持不变;(2) Φ_m 保持不变,改装前后磁通势应该相等;(3)电流与导线截面积成正比。]

解:按题意要求,将原用于 380 V 的交流接触器改装为用于 220 V 的交流接触器,仍采用原铁心(其材料和尺寸不变),只改装线圈。

(1) 改装后线圈的匝数

由吸力公式 $F = \frac{10^7}{16\pi}B_m^2 A_0$($A_0$ 为铁心气隙的截面积)可知,为使吸力 F 不变,须使 B_m 和 Φ_m 不变。

改装前

$$\Phi_m \approx \frac{U_1}{4.44fN_1}$$

改装后

$$\Phi_m \approx \frac{U_2}{4.44fN_2}$$

所以

$$\frac{U_1}{4.44fN_1} = \frac{U_2}{4.44fN_2}$$

$$\frac{U_1}{N_1} = \frac{U_2}{N_2}$$

$$N_2 = \frac{U_2}{U_1}N_1 = \frac{220}{380} \times 8\,750 = 5\,066(匝)$$

(2) 改装后线圈的线径

改装前后,线圈的磁通势应相等,即 $I_1N_1 = I_2N_2$,式中的 I_1 和 I_2 可以分别用导线的电流密度 J(单位面积所通的电流值)和导线的截面积 A 的乘积表示。于是,有以下各关系式

$$I_1 = J_1A_1 = J_1\pi\left(\frac{d_1}{2}\right)^2 = \frac{\pi J_1 d_1^2}{4}$$

$$I_2 = J_2A_2 = J_2\pi\left(\frac{d_2}{2}\right)^2 = \frac{\pi J_2 d_2^2}{4}$$

式中,d_1 和 d_2 分别为改装前后所用导线的线径。因为磁通势相等,即

$$\frac{\pi J_1 d_1^2}{4} \cdot N_1 = \frac{\pi J_2 d_2^2}{4} \cdot N_2$$

改装前后所用导线的电流密度 J_1 和 J_2 近似相等,故有

$$d_1^2 N_1 = d_2^2 N_2$$

$$d_2^2 = \frac{N_1}{N_2}d_1^2$$

所以改装后线圈的线径为

$$d_2 = \sqrt{\frac{N_1}{N_2}} \cdot d_1 = \sqrt{\frac{8\,750}{5\,066}} \times 0.09 \text{ mm} \approx 0.12 \text{ mm}$$

第 7 章

交流电动机

交流电动机的类型有三相异步电动机、单相异步电动机和同步电动机。本章研究的重点是三相异步电动机的转动原理、机械特性和使用问题(起动、反转、调速、制动以及铭牌数据等)。

7.1 内容要点与阅读指导

三相异步电动机在生产上应用极为广泛,是本课程的重要内容之一,主教材主要从原理、特性和使用三个方面来讨论。

1. 三相异步电动机的构造

学生对三相异步电动机的基本构造是不知道的,甚至没有见到过这种电动机,不知为何物。如果不联系实物,只听课或看书,有些问题是难于理解和接受的。所以必须看模型、实物或通过 CAI 课件获得感性认识。

电动机的构造是复杂的,要把复杂问题简单化,把三相异步电动机的定子和转子用原理图表示,如主教材图 7.2.3 ~ 图 7.2.6 所示。要懂得这些原理图中的大圆圈和小圆圈代表什么,要和电动机的具体构造联系上。另外,分析电动机的电路,也是用电路模型来表示的,如主教材图 7.3.1 等。

定子铁心中放置对称三相绕组 U_1U_2、V_1V_2、W_1W_2;U_1、V_1、W_1 为始端,U_2、V_2、W_2 为末端。星形联结时,三个末端连在一起,三个始端接三相电源;三角形联结时,始末端相连(得到三个连接端),连成闭合的三角形,三个连接端接三相电源。注意,始末端不能接反。另外,三相异步电动机有不同的磁极数(极对数为 p):两个极的,如每相定子绕组一个线圈,绕组的始端之间相差 120°空间角,如主教材图 7.2.3 所示;四个极的,如每相绕组有两个线圈串联,绕组的始端之间相差 60°空间角,如主教材图 7.2.5 所示。同理,如果是 $2p$ 个极(即 p 对极)的三相异步电动机,绕组的始端之间应相差 $\dfrac{120°}{p}$ 空间角。

笼型的转子绕组用导条做成笼形,易于识别。绕线型的转子绕组也是三相的,连接成星形,每相始端连接在三个固定在转轴上的铜滑环上,也易于识别。

2. 三相异步电动机的转动原理

首先要了解将三相异步电动机接上三相电源后,转子为什么会转动。转子转动的物理过程如下：

定子三相绕组通入三相电流后产生旋转磁场——→旋转磁场切割转子导条时便在其中感应出电动势和电流(电动势的方向由右手定则确定)——→转子电流与旋转磁场相互作用而产生电磁转矩(电磁力的方向由左手定则确定)——→电磁转矩使转子转动。

这里要提出两个问题。

（1）旋转磁场。

旋转磁场是由定子绕组三相电流共同产生的合成磁场，它在空间旋转着，磁场的磁通通过定子铁心、转子铁心和两者之间的空气隙而闭合。根据三相电流的参考方向和电流的波形图，要求会画出主教材图 7.2.3~图 7.2.6 所示的旋转磁场。

旋转磁场有转向、极数和转速三个问题。旋转磁场的转动方向与通入绕组的三相电流的相序有关(三相电源有相序，电动机本身没有相序)；旋转磁场的极数与三相绕组的安排布置有关，如上所述；旋转磁场的转速 $n_0 = \dfrac{60f_1}{p}$ 与电流频率和极对数有关，见主教材表 7.2.1。

实际上三相异步电动机中的旋转磁场是由定子电流和转子电流共同产生的。定子绕组中通入三相电流后要产生旋转磁场，其实转子绕组中感应出电流后，三相转子电流(绕线型)或多相转子电流(笼型)也要产生旋转磁场。转子旋转磁场和定子旋转磁场是按同一方向[①]、以同一转速在空间旋转，两者是相对静止的(见习题 7.4.9)，而其磁通又通过同一磁路，所以可将两者合成一个旋转磁场。这与变压器中的情况相似(变压器铁心中的主磁通是由一次绕组磁通势和二次绕组磁通势共同产生的)。

此外，从上面分析可知，转子旋转磁场与定子旋转磁场必须具有相同的磁极对数 p，才能得出两者相对静止的结论。为此，绕线型转子绕组必须与定子绕组安排得一样，使两者旋转磁场的极数相同。而对笼型转子来说，转子导条中的电流在不同极数下能自动改变分布(图 7.1.1)，使转子旋转磁场与定子旋转磁场自动相适应，保持两者极数相同(图中，设转子电流与电动势同相)。

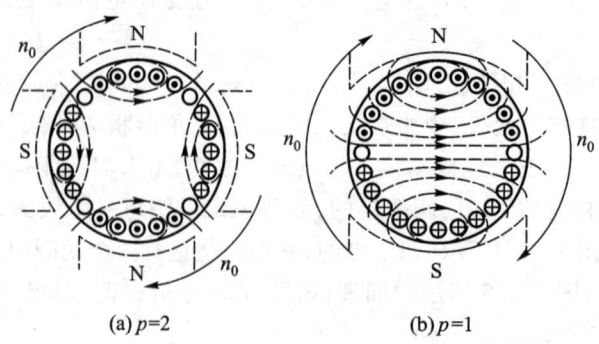

(a) $p=2$ (b) $p=1$

图 7.1.1 笼型电动机的转子旋转磁场与定子旋转磁场相适应，两者极数相同

[①] 因为转子电动势或电流的相序 U_1—V_1—W_1 是与定子旋转磁场的旋转方向一致的，而转子旋转磁场的旋转方向是顺转子电流的相序的，所以转子旋转磁场和定子旋转磁场是按同一方向在空间旋转着。

（2）转差率。

转差率

$$s = \frac{n_0 - n}{n_0}$$

是异步电动机的一个很重要的物理量,在分析电动机的转子电路、机械特性和运行情况时都要用到,对它应很好地理解。

电动机转子的转速 n 总是比旋转磁场的转速 n_0 要低些,这样才能保证转子的旋转。但两者很相近。例如某异步电动机的额定转速为 1 470 r/min,则磁场的转速必定为 1 500 r/min,是 4 个极的。

由上式可得出

$$n = (1 - s)n_0$$

当 $n = 0$ 时,$s = 1$;$n = n_0$ 时,$s = 0$。

3. 三相异步电动机的定子电路与转子电路

图 7.1.2 所示是三相异步电动机的每相电路图。

（1）三相异步电动机的定子绕组相当于变压器的一次绕组,两者电路的电压方程也是相当的,即

$$\dot{U}_1 = R_1 \dot{I}_1 + jX_1 \dot{I}_1 + (-\dot{E}_1) \approx -\dot{E}_1$$

上式是对每相电路讲的。

（2）三相异步电动机的转子绕组相当于变压器的二次绕组。但两者有不同之处:后者是带负载的,静止的,电动势的频率与一次绕组相同;前者是短接的,转动的,电动势的频率

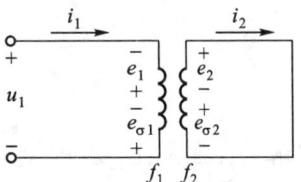

图 7.1.2 三相异步电动机的每相电路图

f_2 与定子绕组电动势的频率 f_1(即为电源频率)不相等。电动机转子每相电路的电压方程为

$$\dot{E}_2 = R_2 \dot{I}_2 + jX_2 \dot{I}_2$$

与变压器二次绕组电路的电压方程不一样,少了 $\dot{U}_2$ 一项(因为转子绕组一般是短接的)。

必须注意到,因为转子在转动,转子电路的各个物理量与转速 n 即与转差率 s 有关

$$f_2 = sf_1$$
$$E_2 = sE_{20}$$
$$X_2 = sX_{20}$$
$$I_2 = \frac{sE_{20}}{\sqrt{R_2^2 + (sX_{20})^2}}$$
$$\cos \varphi_2 = \frac{R_2}{\sqrt{R_2^2 + (sX_{20})^2}}$$

特别要注意主教材图 7.3.2 所示的 I_2 和 $\cos \varphi_2$ 与转差率 s 的关系曲线。

关于笼型转子绕组的相数和其中电流是如何流的,学生们常问及,今说明如下。图 7.1.3 所示是一个笼型转子的展开图,有 12 根导条,即导条数 $Z_2 = 12$。旋转磁场是两个极的,其磁感应强度在空气隙中按正弦规律分布,磁场相对于转子的转速 $n_2 = sn_0$。磁场切割导条,其中产生的电动势与所在处的磁感应强度 B 成正比,各导条中感应电动势的方向和大小如图中实箭头所

示,其中电流经过端环而闭合,如图中虚线所示。每根导条中感应电动势的大小随时间按正弦规律变化。由于笼型转子的 Z_2 根导条是均匀地分布在转子圆周上,在两个极的情况下,各导条中电动势或电流的相位各不相同。这样,笼型转子就构成一个 Z_2 相的对称绕组。

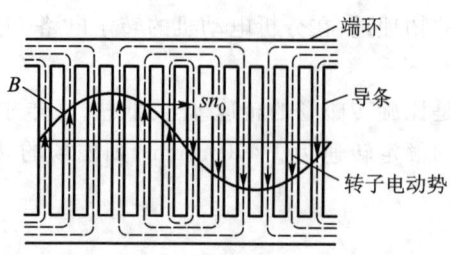

图 7.1.3 笼型转子绕组中的电动势和电流

4. 三相异步电动机的转矩与机械特性

(1) 转矩公式

$$T = K_T \Phi I_2 \cos \varphi_2$$

$$T = K \frac{s R_2 U_1^2}{R_2^2 + (s X_{20})^2}$$

要了解 I_2, $\cos \varphi_2$, U_1 及 R_2 对转矩的影响。

(2) 由转矩公式 $T = K_T \Phi I_2 \cos \varphi_2$ 和主教材图 7.3.2 所示的 $I_2 = f(s)$ 与 $\cos \varphi_2 = f(s)$ 两条曲线得 $T = f(s)$ 特性曲线,并由此转换为机械特性曲线 $n = f(T)$,如主教材图 7.4.2 所示。从机械特性曲线上看到一般负载工作在 ab 段是稳定的,并且当负载变化时,电动机的转速变化不大,这说明三相异步电动机具有硬的机械特性。

在机械特性曲线上要注意额定转矩、最大转矩和起动转矩。额定转矩时的工作点大约在 ab 段的中间部分,额定转差率约为 1% ~ 9%。

(3) 由最大转矩公式 $T_{max} = K \frac{U_1^2}{2 X_{20}}$ 和相应的转差率公式 $s_m = \frac{R_2}{X_{20}}$ 可见,T_{max} 与 U_1 有关,而与 R_2 无关,但 s_m 与 R_2 有关,这表示在主教材图 7.4.3 和图 7.4.4 上。此外,还要理解过载系数 λ 的意义。

(4) 由起动转矩公式 $T_{st} = K \frac{R_2 U_1^2}{R_2^2 + X_{20}^2}$ 可见,它与 U_1 和 R_2 有关,这也表示在主教材图 7.4.3 和图 7.4.4 上。当电压 U_1 降低时,T_{st} 减小。当转子电阻 R_2 适当增大时,T_{st} 也会增大。由上两式可推出,当 $R_2 = X_{20}$ 时,$T_{st} = T_{max}$,$s_m = 1$。但继续增大 R_2 时,T_{st} 就要随着减小,这时 $s_m > 1$。

(5) 能应用公式 $T = 9\,550 \frac{P_2}{n}$ 进行计算,式中 P_2 是电动机的功率,指的是轴上输出的机械功率,不是输入的电功率。注意:式中 P_2 的单位是 kW。

5. 负载、电压、频率的变化对三相异步电动机的转速和电流的影响

分析这一实际问题可应用一式两图,即式(7.1.1)、图 7.1.4 和图 7.1.5。

$$U_1 \approx 4.44 f_1 N_1 \Phi_m \tag{7.1.1}$$

(1) 负载增加,转速降低,电流增大。

由图 7.1.5 可见,当保持电动机额定电压 U_N 一定,负载转矩由 T_1 增加到 T_2 时,工作点由 b 移至 d,转速 n 略有降低。由图 7.1.4 可见,n 降低,s 增高,转子电流 I_2 因而增大,定子电流 I_1 也随着增大。

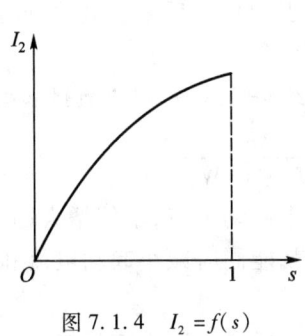

图 7.1.4 $I_2 = f(s)$

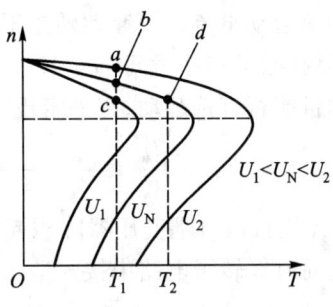

图 7.1.5 $n = f(T)$

(2) 电压降低,转速降低,电流增大。

当保持负载转矩 T_1 一定,电压由 U_N 降低到 U_1 时,工作点由 b 移至 c,转速降低,电流增大。

(3) 电压升高时的情况。

如果电压较额定电压升高不多,铁心中磁通增大不多,尚未到达饱和区。这时,在一定负载转矩 T_1 下,电压由 U_N 升高到 U_2 时,工作点由 b 移至 a,转速升高,电流减小。

如果电压 U_2 较额定电压 U_N 高出较多,由式(7.1.1)可知,磁通将增大而进入磁饱和区,致使励磁电流大大增大,电流大于额定电流,使绕组过热。同时,铁损耗也增大,引起铁心过热。

(4) 频率降低,转速降低,电流增大。

设电动机在额定频率 50 Hz 下运行,其额定转速为 1 470 r/min。当负载转矩和电源电压不变,而频率降低为 48 Hz 时,则电动机的转速和电流变化如何?

① 当电源频率为 50 Hz 时,额定转差率

$$s = \frac{1\,500 - 1\,470}{1\,500} = 0.02$$

根据公式

$$T = K\frac{sR_2U_1^2}{R_2^2 + (sX_{20})^2} \approx K\frac{sR_2U_1^2}{R_2^2}$$

在上式中,电动机额定状态运行时,s 很小,$R_2 \gg sX_{20}$,可以看出,当 T 与 U_1 不变时,s 的数值变化不大,近似计算时,可以认为基本不变。

② 当电源频率降低为 48 Hz 时,电动机的同步转速

$$n_0 = \frac{60f_1}{p} = \frac{60 \times 48}{2} \text{ r/min} = 1\,440 \text{ r/min}$$

这时,该电动机的转速近似计算为

$$n \approx (1 - s)n_0 = (1 - 0.02) \times 1\,440 \text{ r/min} = 1\,411 \text{ r/min}$$

而由式 $U_1 \approx 4.44f_1N_1\Phi$ 可知,f_1 降低(U_1 和 N_1 不变)会引起旋转磁场的磁通量 Φ 的增加,

故转子电流和定子电流增大。

6. 三相异步电动机的起动、反转、调速和制动

要求了解三相异步电动机的起动、反转、调速和制动的基本原理和基本方法,而以起动与反转为重点。

(1) 要理解起动电流大而起动转矩不大的原因,以及引起什么后果。电动机起动有一个过程,我们指的是在起动初始瞬间($n=0, s=1$)的电流和转矩。

一台电动机能否直接起动,有一定规定。能满足以下经验公式者,可以直接起动。

$$\frac{I_{st}}{I_N} \leq \frac{3}{4} + \frac{电源容量(kV \cdot A)}{4 \times 起动电动机的功率(kW)}$$

采用 Y-Δ 换接或自耦变压器降压起动时,都只能减小起动电流,不能增大起动转矩;而绕线型电动机起动时在转子电路中接入适当的起动电阻后,就能同时减小起动电流和增大起动转矩。

(2) 电动机转动的方向和磁场旋转的方向是相同的,而后者与通入定子绕组的三相电流的相序有关。因此,只要改变电流通入的相序(就是将同三相电源连接的三根导线中的任意两根的一端对调位置),旋转磁场和电动机的转动方向就能改变。

(3) 对笼型电动机的调速,一直采用变极调速(看懂主教材图 7.6.2 所示的调速方法),但这种调速是有级的。近十多年来,大力研究笼型电动机的无级变频调速,并已得到广泛采用。变频调速器的电子电路将在下册作简单介绍。

绕线转子电动机是改变转子电路中的调速电阻来进行调速的(实质上是改变转差率的调速方法),可获得平滑调速。

(4) 电动机的制动,就是要产生一个与转动方向相反的制动转矩。主要了解能耗制动和反接制动的原理,至于它们的控制线路,将在第 10 章讨论。

7. 三相异步电动机的铭牌数据

本节对正确和合理使用电动机具有实际意义。必须要看懂铭牌数据,了解各个数据的意义,根据三相绕组的始末端能正确连接成星形或三角形。此外,从经济意义上讲,必须了解电动机的工作特性曲线和正确选择电动机的容量,防止"大马拉小车",并力求缩短空载时间,以提高效率和功率因数。

铭牌上的电动机额定功率是指在额定运行时输出的机械功率 P_2,不是输入的电功率

$$P_1 = \sqrt{3} U_L I_L \cos \varphi$$

两者之比是电动机的效率,即

$$\eta = \frac{P_2}{P_1}$$

三相异步电动机中的损耗有定子绕组和转子绕组的铜损耗、定子铁心的铁损耗(转子铁心的铁损耗常忽略不计,因为转子电流的频率 f_2 是很低的)及机械损耗等。

8. 单相异步电动机

单相异步电动机中的磁场是交变脉动磁场,它不能自行起动。为此,在起动时可采用电容分相式起动绕组(或其他方法)而得出两相电流,从而产生两相旋转磁场,使电动机的转子转动起来。当转速接近额定转速时,起动绕组自行切除(也有不断开起动绕组的单相异步电动机)。

9. 同步电动机

（1）同步电动机不能自行起动，通常采用异步起动法。

（2）同步电动机的转速恒定，不随负载而变，也不能调节。

（3）同步电动机的另一重要特性是：改变励磁电流可使电动机运行于电感性、电容性或电阻性三种状态。为了提高电网的功率因数，常使同步电动机运行于电容性状态。

7.2 基 本 要 求

1. 了解三相异步电动机的基本构造、转动原理和机械特性，掌握起动和反转的方法，了解调速和制动的方法。

2. 理解三相异步电动机的铭牌数据的意义。

3. 了解单相异步电动机的构造、原理和用途。

7.3 重点与难点

1. 重点

（1）三相异步电动机的转动原理。

（2）三相异步电动机的机械特性。

（3）三相异步电动机的起动。

2. 难点

（1）三相异步电动机定子和转子电路分析。

（2）三相异步电动机的机械特性。

（3）三相异步电动机的起动。

7.4 知识关联图

下面是三相异步电动机的知识关联图，其中包含两个主要部分。

（1）主线：三相电源→定子→旋转磁场→转子→输出转矩→输出功率。

（2）使用：起动，反转，调速和制动。

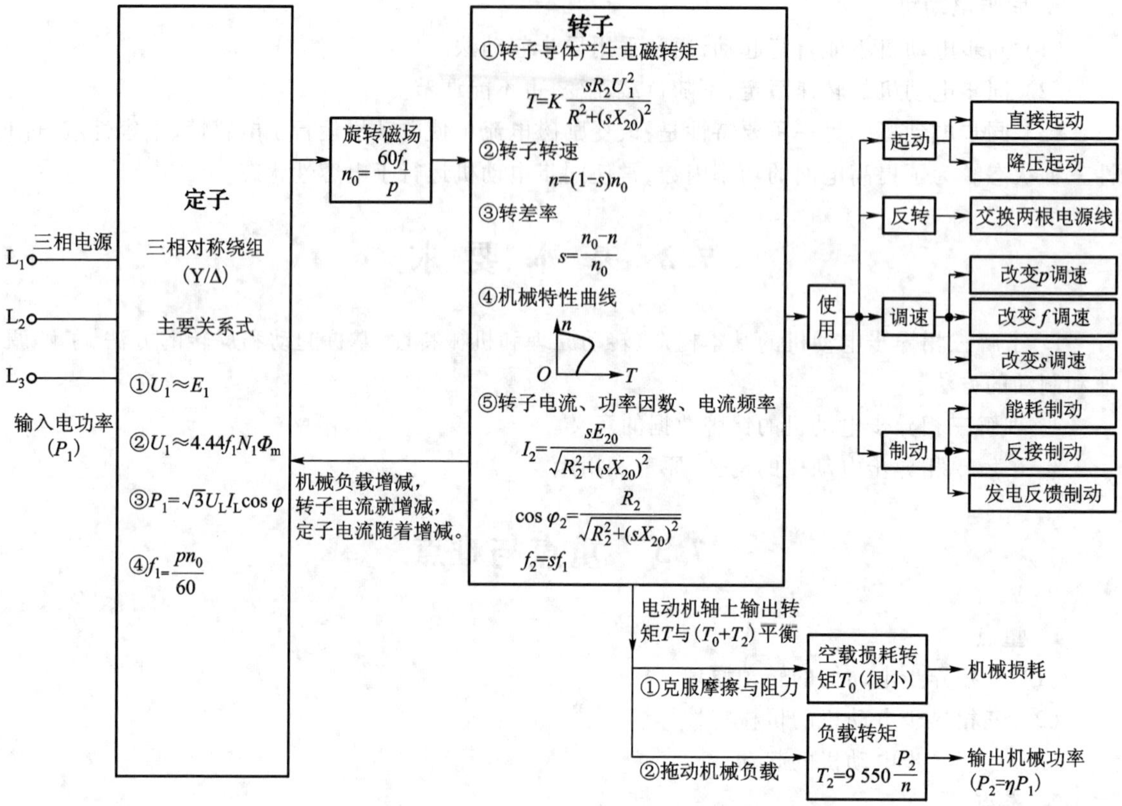

7.5 【练习与思考】题解

7.2.1 在图 7.2.3(c)中, $\omega t = 90°$, $i_1 = +I_m$, 旋转磁场轴线的方向恰好与 U_1 相绕组的轴线一致。继续画出 $\omega t = 210°$ 和 $\omega t = 330°$ 时的旋转磁场, 这时旋转磁场轴线的方向是否分别恰好与 V_1 相绕组和 W_1 相绕组的轴线一致? 如果一致, 这说明旋转磁场的转向与通入绕组的三相电流的相序有关。

解：(1) 为分析方便重新画出图 7.2.2(a)和(b)。

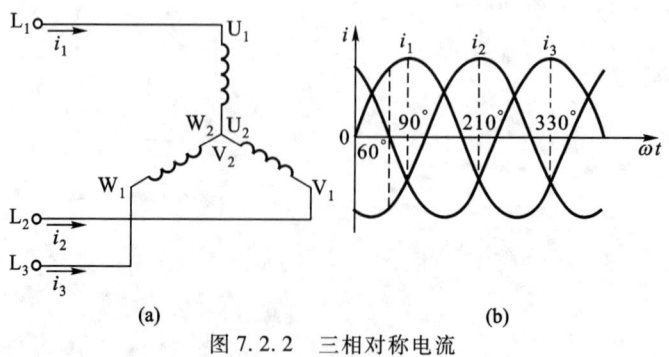

图 7.2.2 三相对称电流

(2)当 $\omega t = 90°,210°$ 和 $330°$ 时三相电流产生的旋转磁场分别如题解图 7.01(a)、(b)和(c)所示(210°和 330°时的旋转磁场画法与 90°时的画法相同)。可以看出,$\omega t = 210°$ 和 $\omega t = 330°$ 时旋转磁场轴线方向恰好也与 V_1 相绕组和 W_1 相绕组的轴线方向一致。

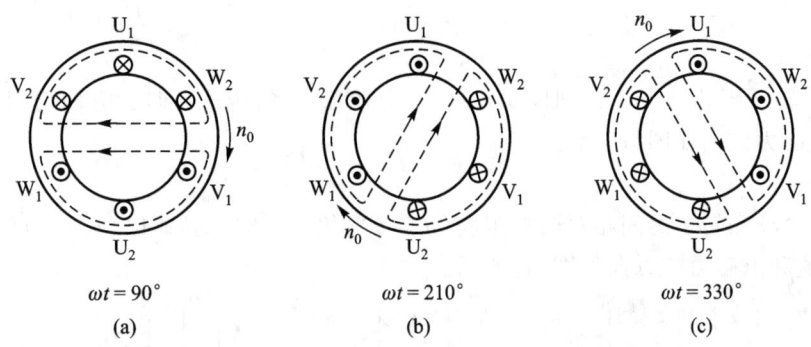

题解图 7.01 练习与思考 7.2.1 的解

(3)可以得出结论:当三相电流按 i_1、i_2 和 i_3 相序变化时,形成的旋转磁场的轴线也按绕组 U_1、V_1 和 W_1 的顺序旋转。

7.2.2 什么是三相电源的相序?就三相异步电动机本身而言,有无相序?

解:(1)三相电源的三个电压在相位上彼此相差 120°,三相电压出现正幅值(或负幅值,或相应零值,或相应的某相等值)的顺序,称为三相电源的相序。在图 7.2.2 中,三相电源的相序是 $L_1 \rightarrow L_2 \rightarrow L_3$。

(2)三相异步电动机本身没有相序,但其三相绕组在空间位置上有一定顺序,用符号 U_1U_2、V_1V_2 和 W_1W_2 表示。当其绕组顺序与三相电源相序一致时,电动机正转;当其绕组顺序与三相电源相序不一致时,电动机则反转。

7.2.3 在图 7.2.8 中,试分析在 $n_0 > n, n_0 < n, n_0 = n, n_0 = 0, n = 0$①及 $n_0 < 0$ 几种情况时,转子线圈两有效边中电流和电磁力的方向。

解:在图 7.2.8 中,旋转磁场和转子之间存在相对运动。当使用右手定则判别转子线圈两有效边导体中感应电流的方向时,要以转子导体切割磁感线为出发点。本题 6 种情况的分析结果如题解图 7.02 所示。

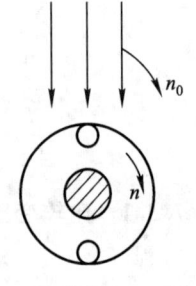

图 7.2.8 练习与思考 7.2.3 的图

(1)$n_0 > n$

此时把磁极看成不动,相当于转子导体以 $(n_0 - n)$ 的转速逆时针方向切割磁感线。使用右手定则判定转子感应电流方向,使用左手定则判定电磁力方向,如图(a)所示。

(2)$n_0 < n$

此时转子导体以 $(n - n_0)$ 的转速切割磁感线,转子感应电流方向和电磁力方向,如图(b)所示。

(3)$n_0 = n$

此时转子导体和旋转磁场之间无相对运动,不产生转子电流和电磁力,两者均为零,如图

---

① 转子被卡住。

(c)所示。

(4) $n_0 = 0$

此时旋转磁场静止不动,转子导体以 n 的转速切割磁感线,感应电流方向和电磁力方向如图(d)所示。

(5) $n = 0$

$n = 0$ 表示转子因故被卡住,此时相当于转子导体以 n_0 的转速逆时针方向切割磁感线,转子电流方向和电磁力方向如图(e)所示。

(6) $n_0 < 0$

此时旋转磁场和转子之间相对转速很高$(n_0 + n)$,相当于转子导体以$(n_0 + n)$的转速切割磁感线,感应电流和电磁力的方向如图(f)所示。

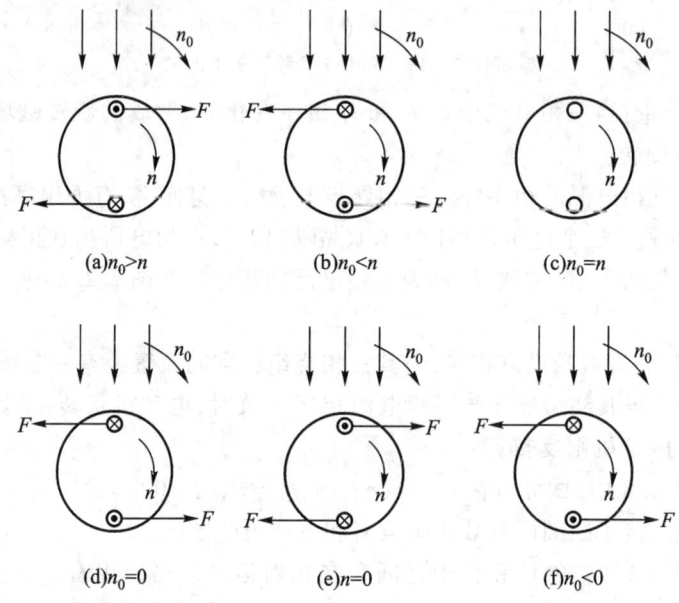

题解图 7.02　练习与思考 7.2.3 的解

7.3.1 比较变压器的一次、二次电路和三相异步电动机的定子、转子电路的各个物理量及电压方程。

解： 三相异步电动机在结构和电磁关系上与变压器有很大的相似性。

(1) 三相异步电动机定子每相电路与变压器一次电路的电压方程相同：

三相异步电动机　　　　　　$\dot{U}_1 = R_1 \dot{I}_1 + jX_1 \dot{I}_1 + (-\dot{E}_1)$

变压器　　　　　　　　　　$\dot{U}_1 = R_1 \dot{I}_1 + jX_1 \dot{I}_1 + (-\dot{E}_1)$

式中,R_1 和 X_1 分别为它们的绕组电阻和漏磁感抗,$\dot{E}_1$ 为它们的主磁电动势。因为 R_1 和 X_1 数值较小,如果忽略两者的影响,可写出共同的关系式

$$\dot{U}_1 \approx -\dot{E}_1 \text{ 和 } U_1 \approx E_1$$

三相异步电动机和变压器还有一对相似的电磁关系式,常用于分析和计算磁路问题,即

三相异步电动机　　　　　　　　$U_1 \approx 4.44 f_1 N_1 \Phi$

变压器 $$U_1 \approx 4.44fN_1\Phi_m$$

(2) 三相异步电动机转子每相电路与变压器二次电路略有不同:三相异步电动机转子电路通常是短路工作的,而变压器二次电路是带负载工作的。因此它们的电压方程也略有不同。

三相异步电动机 $$\dot{E}_2 = R_2\dot{I}_2 + jX_2\dot{I}_2$$

变压器 $$\dot{E}_2 = R_2\dot{I}_2 + jX_2\dot{I}_2 + \dot{U}_2$$

式中,R_2 和 X_2 分别为它们绕组的电阻和漏磁感抗。三相异步电动机转子电路和变压器二次电路也有一对相似的电磁关系式,即

三相异步电动机 $$E_2 = 4.44f_2N_2\Phi$$

变压器 $$E_2 = 4.44fN_2\Phi_m$$

7.3.2 在三相异步电动机起动初始瞬间,即 $s=1$ 时,为什么转子电流 I_2 大,而转子电路的功率因数 $\cos\varphi_2$ 小?

解:三相异步电动机起动时,$n=0$,旋转磁场以最高相对转速 $\Delta n = n_0 - n = n_0$ 切割转子导体,转子感应电动势最大,转子电流 I_2 也最大。转子电路功率因数为

$$\cos\varphi_2 = \frac{R_2}{\sqrt{R_2^2 + X_2^2}} = \frac{R_2}{\sqrt{R_2^2 + (sX_{20})^2}}$$

起动时 $s=1$(最大),转子感抗 $X_2 = sX_{20}$ 最大,所以 $\cos\varphi_2$ 数值很小。

7.3.3 Y280M-2 型三相异步电动机的额定数据如下:90 kW,2 970 r/min,50 Hz。试求额定转差率和转子电流的频率。

解:(1) 额定转差率

由额定转速 $n_N = 2\,970$ r/min 可知同步转速 $n_0 = 3\,000$ r/min,所以额定转差率为

$$s_N = \frac{n_0 - n_N}{n_0} = \frac{3\,000 - 2\,970}{3\,000} = 1\%$$

(2) 转子电流频率

$$f_2 = s_N f_1 = 0.01 \times 50 \text{ Hz} = 0.5 \text{ Hz}$$

7.3.4 某人在检修三相异步电动机时,将转子抽掉,而在定子绕组上加三相额定电压,这会产生什么后果?

解:正常工作时,三相异步电动机定子铁心和转子铁心之间有很小的空气隙,转子铁心是定子磁路的一部分。修理时,若将转子抽掉,原是转子铁心的地方也变成了空气隙,这就使空气隙大大加长,磁路磁阻大大增加,绕组感抗大大减小,而此时如果在定子绕组上加三相额定电压,将产生很大的电流,定子三相绕组被烧毁。

7.3.5 频率为 60 Hz 的三相异步电动机,若接在 50 Hz 的电源上使用,将会发生何种现象?

解:(1) 由式 $n_0 = \frac{60f_1}{p}$ 可知,f_1 下降,n_0 和 n 降低。

(2) 由式 $U_1 \approx 4.44f_1N_1\Phi$ 可知,f_1 下降,Φ 增大,铁损耗增大,励磁电流增大,电动机发热。

7.4.1 三相异步电动机在一定的负载转矩下运行时,如电源电压降低,电动机的转矩、电流及转速有无变化?

解:(1) 三相异步电动机的机械特性曲线如题解图 7.03 所示,负载转矩为 T_L。当电源电压为 U_1 时,机械特性曲线为①,工作点为 a 点。如果电源电压 U_1 下降为 U_1',则机械特性曲线为

②,工作点为 a' 点。

(2)由于负载转矩 T_L 一定,电源电压降低,转速下降,由 n 变为 n'。但电动机的转矩不变,与负载转矩保持平衡。

(3)转速下降,转差率 s 增大,转子电流 $I_2 = \dfrac{sE_{20}}{\sqrt{R_2^2 + (sX_{20})^2}}$,$E_2 = sE_{20}$ 增大,转子电流 I_2 增大(式中分子分母均有 s,但分子中的 s 影响大),定子电流随着增大。

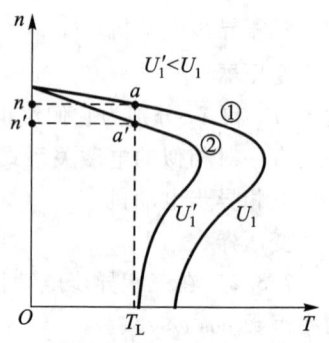

题解图 7.03　练习与思考 7.4.1 的解

7.4.2 三相异步电动机在正常运行时,如果转子突然被卡住而不能转动,试问这时电动机的电流有何改变?对电动机有何影响?

解:三相异步电动机在正常运行时,转速 n 很高,转差率 s 很小,定子电流和转子电流的数值均在正常范围内。如果转子被突然卡住而不能转动,此时 $n = 0$,$s = 1$,转子导体被旋转磁场以 n_0 转速切割,转子电流和定子电流都很大,如不立即切断电源,电动机将被烧毁。

7.4.3 为什么三相异步电动机不在最大转矩 T_{max} 处或接近最大转矩处运行?

解:三相异步电动机的最大转矩 T_{max} 又称为临界转矩,从机械特性曲线上看,它是三相异步电动机稳定运行区和不稳定运行区的分界点。电动机在稳定运行区运行时,$T < T_{max}$,负载转矩增加一些或减小一些,电动机均能自动适应并调整工作点,稳定运行。如果电动机运行在临界点 T_{max} 处(或接近 T_{max} 处),情况就不一样了:一旦负载转矩稍有增加,使 $T > T_{max}$,电动机转速就会稍有下降,工作点将下滑,进入不稳定运行区,转速的减小又会使转矩进一步减小。如此下去,电动机将迅速停转。

7.4.4 某三相异步电动机的额定转速为 1 460 r/min。当负载转矩为额定转矩的一半时,电动机的转速约为多少?

解:(1)三相异步电动机的机械特性曲线如题解图 7.04 所示。在其纵轴上,"1"处表示同步转速 $n_0 = 1\,500$ r/min,"3"处表示额定转速 $n_N = 1\,460$ r/min,"2"处表示半载时的转速 n。

(2)由于三相异步电动机机械特性曲线是硬特性,图示工作区域可近似地看成直线。在 12345 所表示的三角形中,半载转速

$$n \approx n_N + \dfrac{n_0 - n_N}{2}$$
$$= (1\,460 + \dfrac{1\,500 - 1\,460}{2}) \text{r/min}$$
$$= 1\,480 \text{ r/min}$$

7.4.5 三相笼型异步电动机在额定状态附近运行,当(1)负载增大;(2)电压升高;(3)频率增高时,试分别说明其转速和电流作何变化。

解:(1)负载增大

机械特性曲线如题解图 7.05 所示,a 点是额定工作点,

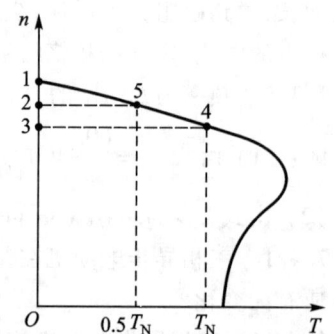

题解图 7.04　练习与思考 7.4.4 的解

转矩为 T_N,转速为 n_N。当负载增大时,$T' > T_N$,其工作点为 a',可见此时转速降低,$n' < n_N$,转差率 s 增大,$E_2 = sE_{20}$ 增大,转子电流和定子电流增大。

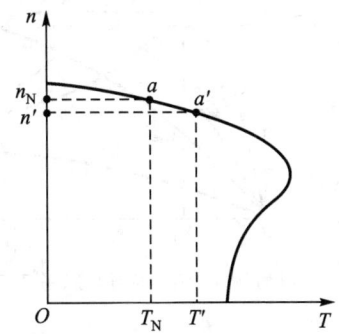

题解图 7.05　练习与思考 7.4.5 的解 1

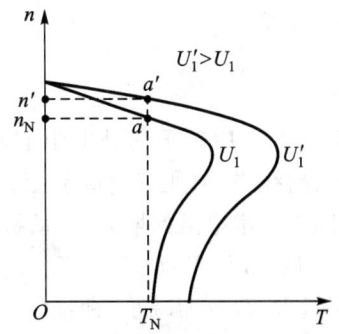

题解图 7.06　练习与思考 7.4.5 的解 2

(2) 电压升高

机械特性曲线如题解图 7.06 所示,电压为 U_1 时,工作点为 a,转矩为 T_N,转速为 n_N。当电压由 U_1 升高为 U_1' 时,工作点为 a',此时转速升高,$n' > n_N$。

另由式 $U_1 \approx 4.44 f_1 N_1 \Phi$ 可知,电压 U_1 升高,磁通 Φ 将增大,定子绕组励磁电流增大。

(3) 频率增高

① 由式 $n_0 = \dfrac{60 f_1}{p}$ 可知,f_1 增高,n_0 增大,机械特性曲线上移(仍为硬特性)。因为电动机原先运行在额定状态附近,可认为负载转矩基本不变。机械特性曲线上移后,工作点也随着上移。所以 f_1 增高,n_0 增高,n 随着增高,但转差率 s 基本不变。

② 由式 $U_1 \approx 4.44 f_1 N_1 \Phi$ 可知,因 U_1 不变,f_1 增高,磁通 Φ 将减小。

③ 由式 $T = K_T \Phi I_2 \cos \varphi_2$ 可知,T 不变,转子电路功率因数 $\cos \varphi_2 = \dfrac{R_2}{\sqrt{R_2^2 + (sX_{20})^2}}$ 基本不变 (因 s 基本不变),Φ 的减小,引起 I_2 增大,I_1 随着增大。

总之,频率增高时,电动机转速升高,电流增大,电动机过载运行。

7.5.1　三相异步电动机在满载和空载下起动时,起动电流和起动转矩是否一样?

解:(1) 三相异步电动机的起动电流 I_{st} 和起动转矩 T_{st} 是电动机自身固有的技术数据,与外负载无关。所以,对同一台电动机而言,无论是满载起动还是空载起动,起动电流是一样的,起动转矩也是一样的。当然,满载起动时,由于负载比空载起动时重,转子加速较慢,起动过程所需时间较长。

(2) 从另一角度看,对同一台三相异步电动机而言,无论是满载起动还是空载起动,起动瞬间都是 $n = 0$,$s = 1$,转子电流都是 $I_2 = \dfrac{sE_{20}}{\sqrt{R_2^2 + (sX_{20})^2}}$,所以两种情况的起动电流是一样的,起动转矩也是一样的。

7.5.2　绕线转子电动机采用转子串电阻起动时,所串电阻愈大,起动转矩是否也愈大?

解: 题解图 7.07 中的曲线①是绕线转子三相异步电动机转子未串外电阻时的 $T = f(s)$ 曲线,图中最大转矩

$$T_{\max} = K \frac{U_1^2}{2X_{20}}$$

$T_{\max}$ 对应的转差率

$$s_m = \frac{R_2}{X_{20}}$$

绕线转子电动机采用转子串外电阻起动时,随着所串电阻值的增大,曲线右移(但 $T_{\max}$ 值不变)。可以看出,在一定范围内,随着所串电阻的增大,电动机的起动转矩 T_{st} 增大(曲线②),最大时可达到 $T_{st} = T_{\max}$(曲线③);但是,如果所串电阻过大,T_{st} 反而减小(曲线④)。所以,不是所串电阻愈大,起动转矩也愈大。

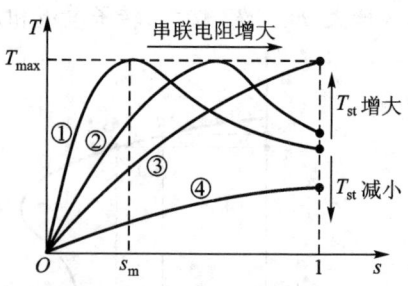

题解图 7.07　练习与思考 7.5.2 的解

7.8.1 电动机的额定功率是指输出机械功率,还是输入电功率?额定电压是指线电压,还是相电压?额定电流是指定子绕组的线电流,还是相电流?功率因数 $\cos\varphi$ 的 φ 角是定子相电流与相电压间的相位差,还是线电流与线电压间的相位差?

解:电动机的额定功率是指输出机械功率。额定电压是指线电压。额定电流是指定子绕组的线电流。功率因数 $\cos\varphi$ 的 φ 角是定子绕组相电流与相电压的相位差。

7.8.2 有些三相异步电动机有 380/220 V 两种额定电压,定子绕组可以接成星形,也可以接成三角形。试问在什么情况下采用这种或那种连接方法?采用这两种连接法时,电动机的额定值(功率、相电压、线电压、相电流、线电流、效率、功率因数、转速等)有无改变?

解:(1)两种额定电压对应两种接法。当现场电源电压为 380 V 时,定子绕组接成星形;当现场电源电压为 220 V 时,定子绕组接成三角形。这样,不论接成星形还是三角形,均能保证定子绕组的相电压为 220 V。

(2)采用这两种接法时,电动机的额定功率、额定转速、相电压、相电流、效率和功率因数均无改变。但电动机的额定线电压不同,额定线电流也不同:星形接法时,线电压是三角形接法的 $\sqrt{3}$ 倍;三角形接法时,线电流是星形接法的 $\sqrt{3}$ 倍。

7.8.3 在电源电压不变的情况下,如果电动机的三角形联结误接成星形联结,或者星形联结误接成三角形联结,其后果如何?

解:(1)在电源电压不变的情况下,如果电动机的三角形联结误接成星形联结,电动机定子绕组的相电压则降低 $\sqrt{3}$ 倍。转矩与电压的平方成正比,所以,此时转矩只有正常情况的 $\frac{1}{3}$,电动机不能正常工作。

(2)如果电动机的星形联结误接成三角形联结,电动机定子绕组相电压增大 $\sqrt{3}$ 倍,磁通也增大 $\sqrt{3}$ 倍。结果是:磁路饱和,电流大大增加,铁损耗剧增,烧毁电动机。

7.8.4 Y3-112M-4 型三相异步电动机的技术数据如下:

4 kW	380 V	△形联结
1 440 r/min	$\cos\varphi = 0.82$	$\eta = 84.2\%$
$T_{st}/T_N = 2.3$	$I_{st}/I_N = 7.0$	$T_{\max}/T_N = 2.3$
50 Hz		

· 218 ·

试求:(1)额定转差率 s_N;(2)额定电流 I_N;(3)起动电流 I_{st};(4)额定转矩 T_N;(5)起动转矩 T_{st};(6)最大转矩 T_{max};(7)额定输入功率 P_1。

解:(1)额定转差率

由额定转速 $n_N = 1440$ r/min 可知同步转速 $n_0 = 1500$ r/min,所以

$$s_N = \frac{n_0 - n_N}{n_N} = \frac{1500 - 1440}{1500} = 0.04$$

(2)额定电流

$$I_N = \frac{P_N}{\sqrt{3} U_N \eta \cos\varphi} = \frac{4 \times 10^3}{\sqrt{3} \times 380 \times 0.842 \times 0.82} \text{ A}$$
$$= 8.8 \text{ A}$$

(3)起动电流

$$I_{st} = 7 I_N = 7 \times 8.8 \text{ A} = 61.6 \text{ A}$$

(4)额定转矩

$$T_N = 9550 \frac{P_N}{n_N} = 9550 \frac{4}{1440} \text{ N} \cdot \text{m} = 26.53 \text{ N} \cdot \text{m}$$

(5)起动转矩

$$T_{st} = 2.3 T_N = 2.3 \times 26.53 \text{ N} \cdot \text{m} = 61.02 \text{ N} \cdot \text{m}$$

(6)最大转矩

$$T_{max} = 2.3 T_N = 2.3 \times 26.53 \text{ N} \cdot \text{m} = 61.02 \text{ N} \cdot \text{m}$$

(7)额定输入功率

$$P_1 = \frac{P_N}{\eta} = \frac{4}{0.842} = 4.75 \text{ kW}$$

7.6 【习题】题解

A 选 择 题

7.2.1 三相异步电动机转子的转速总是(　　)。

(1)与旋转磁场的转速相等

(2)与旋转磁场的转速无关

(3)低于旋转磁场的转速

解:三相异步电动机的旋转磁场和转子之间存在相对运动,转子的转速低于旋转磁场的转速。答案应为(3)。

7.2.2 某一 50 Hz 的三相异步电动机的额定转速为 2890 r/min,则其转差率为(　　)。

(1)3.7%　(2)0.038　(3)2.5%

解:(1)50 Hz 的三相异步电动机的额定转速 $n_N = 2890$ r/min,那么它的同步转速必为 $n_0 = 3000$ r/min(据主教材表 7.2.1)。

(2)转差率

$$s_N = \frac{n_0 - n_N}{n_0} \times 100\% = \frac{3\,000 - 2\,890}{3\,000} = 3.7\%$$

答案应为(1)。

7.2.3 有一 60 Hz 的三相异步电动机,其额定转速为 1 720 r/min,则其额定转差率为( )。

(1) 4.4%　(2) 4.6%　(3) 0.053

解:(1) 根据公式 $n_0 = \frac{60f_1}{p} = \frac{60 \times 60}{p} = \frac{3\,600}{p}$(r/min)判断,该电动机的磁极对数 $p = 2$(不可能是 1 或 3),所以其 $n_0 = 1\,800$ r/min。

(2) 转差率 $s_N = \frac{n_0 - n_N}{n_0} = \frac{1\,800 - 1\,720}{1\,800} = 0.044$

答案应为(1)。

7.2.4 在图 7.01 所示的三相笼型异步电动机中,( )与图(a)的转子转向相同。

(1) 图(b)　(2) 图(c)　(3) 图(d)

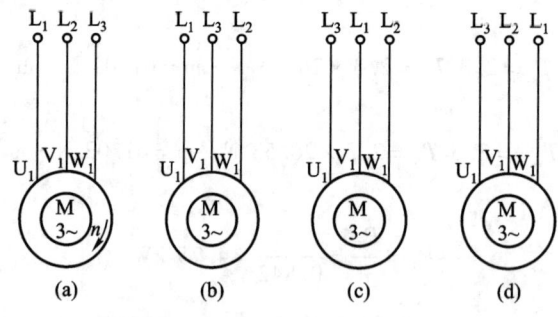

图 7.01　习题 7.2.4 的图

解:(1) 由图 7.01 各图可见,三相异步电动机定子绕组接法相同,如果通入的三相电流相序是相同的,则其转子的转动方向相同。

(2) 三相电流的波形图如题解图 7.08 所示。对照图 7.01 和题解图 7.08,可以看出:图(a)的三相电流的相序为 i_1,i_2,i_3;图(c)的三相电流的相序为 i_3,i_1,i_2。两者都是顺相序(其余两图不是),所以转子的转向相同。答案应为(2)。

7.3.1 某三相异步电动机在额定运行时的转速为 1 440 r/min,电源频率为 50 Hz,此时转子电流的频率为( )。

(1) 50 Hz　(2) 48 Hz　(3) 2 Hz

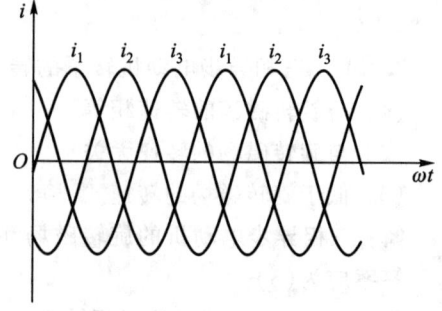

题解图 7.08　习题 7.2.4 的解

解:(1) 该电动机的同步转速应为 $n_0 = 1\,500$ r/min,额定转差率 $s_N = \frac{n_0 - n_N}{n_0} = \frac{1\,500 - 1\,440}{1\,500} = 0.04$

(2) 转子电流频率为 $f_2 = s_N f_1 = 0.04 \times 50$ Hz $= 2$ Hz

答案应为(3)。

7.3.2 三相异步电动机的转速 n 愈高,则转子电流 I_2（　　）,转子功率因数 $\cos\varphi_2$（　　）。

I_2：(1) 愈大　　(2) 愈小　　(3) 不变

$\cos\varphi_2$：(1) 愈大　　(2) 愈小　　(3) 不变

解：三相异步电动机转子电流 I_2 和转子功率因数 $\cos\varphi_2$ 的表达式分别为

$$I_2 = \frac{sE_{20}}{\sqrt{R_2^2 + (sX_{20})^2}} \qquad \cos\varphi_2 = \frac{R_2}{\sqrt{R_2^2 + (sX_{20})^2}}$$

转速 n 愈高,转差率 s 愈小,$(sX_{20})^2$ 愈小,$I_2 \approx \dfrac{sE_{20}}{R_2}$ 愈小（$E_{20} \approx 4.44 f_1 N_2 \Phi$ 为定值）,并接近于零;

$\cos\varphi_2 = \dfrac{R_2}{\sqrt{R_2^2 + (sX_{20})^2}}$ 愈大,并接近于 1。

I_2 答案应为(2);$\cos\varphi_2$ 答案应为(1)。

7.4.1 三相异步电动机在额定电压下运行时,如果负载转矩增加,则转速（　　）,电流（　　）。

转速：(1) 增高　　(2) 降低　　(3) 不变

电流：(1) 增大　　(2) 减小　　(3) 不变

解：此题的分析如题解图 7.09 所示。电动机在额定电压 U_N 下运行时,工作点为 a_1,负载转矩为 T_1,转速为 n_1。如果负载转矩增加为 T_2,则工作点移至 a_2,此时转速下降为 n_2,电动机的相对转速 $\Delta n = n_0 - n_2$ 增大,故电流增大。

转速的答案应为(2);电流的答案应为(1)。

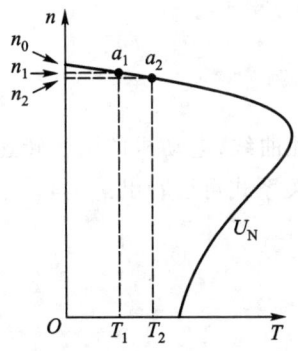

题解图 7.09　习题 7.4.1 的解

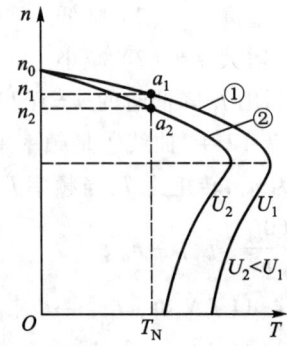

题解图 7.10　习题 7.4.2 的解

7.4.2 三相异步电动机在额定负载转矩下运行时,如果电压降低,则转速（　　）,电流（　　）。

转速：(1) 增高　　(2) 降低　　(3) 不变

电流：(1) 增大　　(2) 减小　　(3) 不变

解：三相异步电动机在额定负载转矩 T_N 下运行时,其机械特性曲线如题解图 7.10 所示（曲线①）,工作点为 a_1,转速为 n_1。如果电压降低（曲线②,$U_2 < U_1$）,机械特性曲线则向左侧移动,工作点 a_2 向下移动,转速降低为 n_2。

由于转速降低,电动机的相对转速 $\Delta n = n_0 - n_2$ 增大,电流增大。

答案应为：转速(2);电流(1)。

7.4.3 三相异步电动机在额定状态下运行时,如果电源电压略有增高,则转速(　　),电流(　　)。

转速:(1) 增高　　(2) 降低　　(3) 不变

电流:(1) 增大　　(2) 减小　　(3) 不变

解:三相异步电动机在额定状态下运行且电源电压 U 略有增高时的机械特性曲线如题解图 7.11 所示。① 为电压增高前的曲线,工作点为 a_1;② 为电压增高后的曲线,工作点为 a_2。可以看出:电源电压略有增高,则转速也略有增高,电流则略有减小。

答案应为:转速(1);电流(2)。

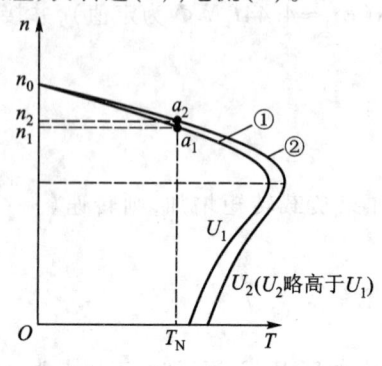

题解图 7.11　习题 7.4.3 的解

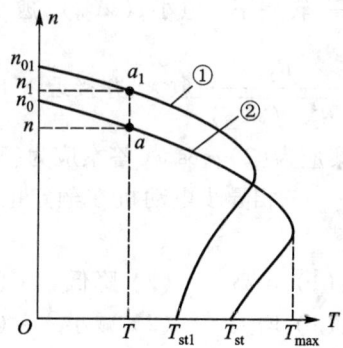

题解图 7.12　习题 7.4.4 的解

7.4.4 三相异步电动机在正常运行时,如果电源频率降低(例如从 50 Hz 降到 48 Hz),则转速(　　),电流(　　)。

转速:(1) 增高　　(2) 降低　　(3) 不变

电流:(1) 增大　　(2) 减小　　(3) 不变

解:(1) 画出 f_1 降低时的 $n=f(T)$ 曲线。

在题解图 7.12 中,曲线①是频率未降低时的机械特性曲线,电动机的同步转速为 n_{01},工作点为 a_1,转速为 n_1,转矩为 T,当频率 f_1 降低时,运用以下关系式可以看出:

(a) $n_0 = \dfrac{60f_1}{p}$　　$f_1 \downarrow \to n_0 \downarrow$

(b) $U_1 \approx 4.44 f_1 N_1 \varPhi$　　$f_1 \downarrow \to \varPhi \uparrow$

(c) $T_{st} = K \dfrac{R_2 U_1^2}{R_2^2 + X_{20}^2}$　　$X_{20} = 2\pi f_1 L_{\sigma 2}$　　$f_1 \downarrow \to X_{20} \downarrow \to T_{st} \uparrow$

(d) $T_{max} = K \dfrac{U_1^2}{2X_{20}}$　　$X_{20} \downarrow \to T_{max} \uparrow$

在电源频率 f_1 下降时,电动机的负载转矩不变。根据 $n_0 \downarrow$,$T_{st} \uparrow$,$T_{max} \uparrow$,大致画出 f_1 降低时的 $n=f(T)$ 曲线②,如题解图 7.12 所示。

(2) 分析新画出的 $n=f(T)$ 曲线

新画出的曲线②表明,工作点是 a,负载转矩为 T,转速 n 降低了($n<n_1$),而相对转速 $\Delta n = n_0 - n$,变化不大,但旋转磁场的磁通量 $\varPhi$ 却增大了。因此转子电流增大,定子电流也增大。

答案应为:转速降低(2),电流增大(1)。

7.4.5 三相异步电动机在额定状态下运行时,如果电源频率升高,则转速(　　),电流(　　)。

转速:(1) 增高　　(2) 降低　　(3) 不变

电流:(1) 增大　　(2) 减小　　(3) 不变

解:分析方法与过程和上题类似。

答案应为:转速增高(1),电流减小(2)。

7.4.6 三相异步电动机在正常运行中如果有一根电源线断开,则(　　)。

(1) 电动机立即停转　(2) 电流立即减小　(3) 电流大大增大

解:三相异步电动机在正常运行中(轴上带有额定机械负载),如果断了一根电源线,就成为三相异步电动机的单相运行,此时电动机仍能继续转动,只是电流比原先正常工作时超过很多。

答案应为(3)。

7.4.7 三相异步电动机的转矩 T 与定子每相电源电压 U_1(　　)。

(1) 成正比　(2) 平方成比例　(3) 无关

解:三相异步电动机转矩 T 与定子每相电压 U_1 的关系式为 $T = K \dfrac{sR_2 U_1^2}{R_2^2 + (sX_{20})^2}$,$T$ 与 U_1 的平方成正比。

答案应为(2)。

7.5.1 三相异步电动机的起动转矩 T_{st} 与转子每相电阻 R_2 有关,R_2 愈大时,则 T_{st}(　　)。

(1) 愈大　　(2) 愈小　　(3) 不一定

解:题解图 7.13 所示是三相异步电动机对应于不同转子电阻 R_2 的机械特性曲线 $n = f(T)$。一般情况下,当转子电阻 R_2 适当增大时,会使起动转矩 T_{st} 增大;如果转子电阻 R_2 过大,反而使起动转矩 T_{st} 减小,如图中第四条曲线所示。

答案应为(3)。

7.5.2 三相异步电动机在满载时起动的起动电流与空载时起动的起动电流相比,(　　)。

(1) 前者大　　(2) 前者小　　(3) 两者相等

解:三相异步电动机无论是在满载时还是在空载时起动,都是从 $n = 0$ 开始起动,相对转速 $\Delta n = n_0 - n = n_0$ 是两者的共同条件,所以两种情况下的起动电流 I_{st} 相等。

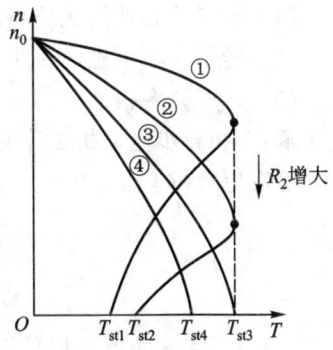

题解图 7.13　习题 7.5.1 的解

答案应为(3)。

7.5.3 三相异步电动机的起动电流(　　)。

(1) 与起动时的电源电压成正比

(2) 与负载大小有关,负载越大,起动电流越大

(3) 与电网容量有关,容量越大,起动电流越小

解:三相异步电动机的转子电流

$$I_2 = \frac{sE_{20}}{\sqrt{R_2^2 + (sX_{20})^2}}$$

起动时 $n = 0$,$s = 1$

$$I_2 = \frac{E_{20}}{\sqrt{R_2^2 + X_{20}^2}}$$

$E_{20} = 4.44 f_1 N_2 \Phi$,而 $\Phi \approx \dfrac{U_1}{4.44 f_1 N_1} \propto U_1$,即 $I_2 \propto E_{20} \propto \Phi \propto U_1$。所以,三相异步电动机的起动电流与电源电压成正比。

答案应为(1)。

7.8.1 三相异步电动机铭牌上所标的功率是指它在额定运行时( )。

(1)视在功率　　　(2)输入电功率　　　(3)轴上输出的机械功率

解:三相异步电动机铭牌上所标的功率(单位为 kW)是指它在额定运行时,转轴上输出的机械功率。此功率等于电动机定子的输入功率乘以电动机的效率。

答案应为(3)。

7.8.2 三相异步电动机功率因数 $\cos\varphi$ 的 φ 角是指在额定负载下( )。

(1)定子线电压与线电流之间的相位差

(2)定子相电压与相电流之间的相位差

(3)转子相电压与相电流之间的相位差

解:三相异步电动机功率因数 $\cos\varphi$ 中的 φ 角是指定子相电压与相电流之间的相位差。

答案应为(2)。

7.8.3 三相异步电动机的转子铁损耗很小,这是因为( )。

(1)转子铁心选用优质材料

(2)转子铁心中磁通很小

(3)转子频率很低

解:三相异步电动机工作时,转子电流频率 $f_2 = sf_1$,f_2 很低(只有几赫),所以铁损耗很小。

答案应为(3)。

B 基 本 题

7.3.3 有一四极三相异步电动机,额定转速 $n_N = 1\,440$ r/min,转子每相电阻 $R_2 = 0.02\ \Omega$,感抗 $X_{20} = 0.08\ \Omega$,转子电动势 $E_{20} = 20$ V,电源频率 $f_1 = 50$ Hz。试求该电动机起动时及在额定转速运行时的转子电流 I_2。

解:(1)起动时的转子电流

$$I_2 = \frac{sE_{20}}{\sqrt{R_2^2 + (sX_{20})^2}} = \frac{1 \times 20}{\sqrt{0.02^2 + (1 \times 0.08)^2}}\ \text{A} = 243\ \text{A}$$

(2)额定转速运行时的转子电流

$$I_2 = \frac{s_N E_{20}}{\sqrt{R_2^2 + (s_N X_{20})^2}}$$

式中 $$s_N = \frac{n_0 - n_N}{n_0} = \frac{1\ 500 - 1\ 440}{1\ 500} = 0.04$$

所以 $$I_2 = \frac{0.04 \times 20}{\sqrt{0.02^2 + (0.04 \times 0.08)^2}} \text{ A} = 39.5 \text{ A}$$

7.3.4 有一台50 Hz,1 425 r/min,四极的三相异步电动机,转子电阻 $R_2 = 0.02$ Ω,感抗 $X_{20} = 0.08$ Ω,$E_1/E_{20} = 10$,当 $E_1 = 200$ V 时,试求:(1)电动机起动初始瞬间($n=0, s=1$)转子每相电路的电动势 E_{20}、电流 I_{20} 和功率因数 $\cos \varphi_{20}$;(2)额定转速时的 E_2,I_2 和 $\cos \varphi_2$。比较在上述两种情况下转子电路的各个物理量(电动势、频率、感抗、电流及功率因数)的大小。

解:(1)起动瞬间的转子电路 E_{20}、I_{20} 和 $\cos \varphi_{20}$

$$E_{20} = \frac{E_1}{10} = \frac{200}{10} \text{ V} = 20 \text{ V}$$

$$I_{20} = \frac{sE_{20}}{\sqrt{R_2^2 + (sX_{20})^2}} = \frac{1 \times 20}{\sqrt{0.02^2 + (1 \times 0.08)^2}} \text{ A} = 243 \text{ A}$$

$$\cos \varphi_2 = \frac{R_2}{\sqrt{R_2^2 + (sX_{20})^2}} = \frac{0.02}{\sqrt{0.02^2 + (1 \times 0.08)^2}} = 0.24$$

(2)额定转速时的转子电路 E_2、I_2 和 $\cos \varphi_2$

$$E_2 = s_N E_{20}$$

式中 $$s_N = \frac{n_0 - n_N}{n_0} = \frac{1\ 500 - 1\ 425}{1\ 500} = 0.05$$

所以 $$E_2 = (0.05 \times 20) \text{ V} = 1 \text{ V}$$

$$I_2 = \frac{s_N E_{20}}{\sqrt{R_2^2 + (s_N X_{20})^2}} = \frac{0.05 \times 20}{\sqrt{0.02^2 + (0.05 \times 0.08)^2}} \text{ A} = 49 \text{ A}$$

$$\cos \varphi_2 = \frac{R_2}{\sqrt{R_2^2 + (s_N X_{20})^2}} = \frac{0.02}{\sqrt{0.02^2 + (0.05 \times 0.08)^2}} = 0.98$$

(3)比较

转子电流频率 $f_2 = sf_1$,起动时 $f_2 = f_1 = 50$ Hz,额定转速时 $f_2 = s_N f_1 = 0.05 \times 50$ Hz $= 2.5$ Hz。感抗 X_2、电动势 E_2、电流 I_2 和功率因数 $\cos \varphi_2$ 都是转差率的函数,起动瞬间和额定运行时,这些物理量的大小差别很大,见题解表7.01。

题解表7.01 习题7.3.4的表

物理量	f_2	X_2	E_2	I_2	$\cos \varphi_2$
起动时	大	大	大	大	小
额定运行时	小	小	小	小	大

7.4.8 已知Y100L1-4型异步电动机的某些额定技术数据如下:

   2.2 kW   380 V   Y形联结
   1 420 r/min $\cos \varphi = 0.82$ $\eta = 81\%$

试计算:(1)相电流和线电流的额定值及额定负载时的转矩;(2)额定转差率及额定负载

时的转子电流频率。设电源频率为 50 Hz。

解：(1) 相电流和线电流的额定值及额定转矩

因为定子绕组是星形联结,所以相电流和线电流的额定值相等,即

$$I_N = \frac{P_N}{\sqrt{3}U_N \eta \cos\varphi} = \frac{2.2 \times 10^3}{\sqrt{3} \times 380 \times 0.81 \times 0.82} \text{ A} \approx 5.03 \text{ A}$$

额定转矩
$$T_N = 9\,550 \frac{P_N}{n_N} = 9\,550 \frac{2.2}{1\,420} \text{ N·m} \approx 14.8 \text{ N·m}$$

(2) 额定转差率和额定负载时转子电流频率

$$s_N = \frac{n_0 - n_N}{n_0} = \frac{1\,500 - 1\,420}{1\,500} = 0.053$$

$$f_2 = s_N f_1 = 0.053 \times 50 \text{ Hz} = 2.67 \text{ Hz}$$

7.4.9 有台三相异步电动机,其额定转速为 1 470 r/min,电源频率为 50 Hz。在(a) 起动瞬间,(b) 转子转速为同步转速的 $\frac{2}{3}$ 时,(c) 转差率为 0.02 时三种情况下,试求:(1) 定子旋转磁场对定子的转速;(2) 定子旋转磁场对转子的转速;(3) 转子旋转磁场对转子的转速(**提示**: $n_2 = \frac{60f_2}{p} = sn_0$);(4) 转子旋转磁场对定子的转速;(5) 转子旋转磁场对定子旋转磁场的转速。

解:该电动机的同步转速为 $n_0 = 1\,500$ r/min,磁极对数为 $p = 2$。讨论的三种情况是:

(a) 起动瞬间 $n = 0, s = 1$

(b) 转子转速 $n = \frac{2}{3}n_0 = 1\,000$ r/min, $s = \frac{1\,500 - 1\,000}{1\,500} = 0.33$ 瞬间

(c) 转差率 $s = 0.02, n = (1 - 0.02) \times 1\,500$ r/min $= 1\,470$ r/min 瞬间

(1) 定子旋转磁场对定子的转速

定子绕组固定在定子上,定子绕组产生的定子旋转磁场对定子的转速为

$$n_0 = \frac{60f_1}{p} = \frac{60 \times 50}{2} \text{ r/min} = 1\,500 \text{ r/min}$$

(a)、(b) 和 (c) 三种情况下,定子旋转磁场对定子的转速均为 $n_0 = 1\,500$ r/min。

(2) 定子旋转磁场对转子的转速

定子旋转磁场对转子的转速,实际上就是相对转速

$$\Delta n = n_0 - n$$

(a) $\Delta n = n_0 - n = (1\,500 - 0)$ r/min $= 1\,500$ r/min

(b) $\Delta n = n_0 - n = (1\,500 - 1\,000)$ r/min $= 500$ r/min

(c) $\Delta n = n_0 - n = (1\,500 - 1\,470)$ r/min $= 30$ r/min

(3) 转子旋转磁场对转子的转速

转子绕组固定在转子上,转子绕组产生的转子旋转磁场对转子的转速为

$$n_2 = \frac{60f_2}{p} = \frac{60sf_1}{p} = sn_0$$

(a) $n_2 = sn_0 = 1 \times 1\,500$ r/min $= 1\,500$ r/min

(b) $n_2 = sn_0 = \dfrac{1\,500 - 1\,000}{1\,500} \times 1\,500 \text{ r/min} = 500 \text{ r/min}$

(c) $n_2 = sn_0 = 0.02 \times 1\,500 \text{ r/min} = 30 \text{ r/min}$

(4) 转子旋转磁场对定子的转速

转子旋转磁场对转子的转速为 n_2,而转子自身又以 n 的转速(对定子)旋转,所以转子旋转磁场对定子的转速为

$$n_2 + n = sn_0 + n = sn_0 + (1-s)n_0 = n_0$$

(a)、(b)和(c)三种情况下,转子旋转磁场对定子的转速均为 $n_0 = 1\,500$ r/min。

(5) 转子旋转磁场对定子旋转磁场的转速

由(4)可知转子旋转磁场对定子的转速为 $n_2 + n$,由(1)可知定子旋转磁场对定子的转速为 n_0,所以转子旋转磁场对定子旋转磁场的转速为

$$(n_2 + n) - n_0 = sn_0 - n_0 + n = sn_0 - n_0 + (1-s)n_0 = 0$$

(a)、(b)和(c)三种情况下,转子旋转磁场对定子旋转磁场的转速均为零。

7.4.10 有 Y112M-2 型和 Y160M1-8 型异步电动机各一台,额定功率都是 4 kW,但前者额定转速为 2 890 r/min,后者为 720 r/min。试比较它们的额定转矩,并由此说明电动机的极数、转速及转矩三者之间的大小关系。

解:(1) 两台电动机的极数和同步转速

由型号的尾数可以看出两台电动机的极数和同步转速分别为两极、3 000 r/min 和八极、750 r/min。

(2) 两台电动机的额定转矩

$$T_{1N} = 9\,550 \dfrac{P_N}{n_N} = 9\,550 \dfrac{4}{2\,890} \text{ N} \cdot \text{m} = 13.2 \text{ N} \cdot \text{m}$$

$$T_{2N} = 9\,550 \dfrac{P_N}{n_N} = 9\,550 \dfrac{4}{720} \text{ N} \cdot \text{m} = 53.1 \text{ N} \cdot \text{m}$$

(3) 比较

电动机的磁极数愈多,则转速愈低;在同样额定功率的情况下,额定转速愈低,额定转矩愈大。

7.4.11 已知 Y132S-4 型三相异步电动机的额定技术数据如下:

功率	转速	电压	效率	功率因数	I_{st}/I_N	T_{st}/T_N	T_{max}/T_N
5.5 kW	1 440 r/min	380 V	85.5%	0.84	7	2	2.2

电源频率为 50 Hz。试求额定状态下的转差率 s_N、电流 I_N 和转矩 T_N,以及起动电流 I_{st}、起动转矩 T_{st}、最大转矩 T_{max}。

解:(1) s_N、I_N 和 T_N

$$s_N = \dfrac{n_0 - n_N}{n_0} = \dfrac{1\,500 - 1\,440}{1\,500} = 0.04$$

$$I_N = \dfrac{P_N}{\sqrt{3}\,U_N \eta \cos\varphi} = \dfrac{5.5 \times 10^3}{\sqrt{3} \times 380 \times 0.855 \times 0.84} \text{ A} = 11.65 \text{ A}$$

$$T_N = 9\,550\frac{P_N}{n_N} = 9\,550\frac{5.5}{1\,440}\,\text{N}\cdot\text{m} = 36.48\,\text{N}\cdot\text{m}$$

（2）I_{st}、T_{st} 和 T_{max}

$$I_{st} = 7I_N = 7\times 11.65\,\text{A} = 81.55\,\text{A}$$
$$T_{st} = 2T_N = 2\times 36.48\,\text{N}\cdot\text{m} = 72.96\,\text{N}\cdot\text{m}$$
$$T_{max} = 2.2T_N = 2.2\times 36.48\,\text{N}\cdot\text{m} = 80.26\,\text{N}\cdot\text{m}$$

7.4.12　(1) 试大致画出习题 7.4.11 中电动机的机械特性曲线 $n = f(T)$；(2) 当电动机在额定状态下运行时，电源电压短时间降低，最低允许降到多少伏？

解：(1) 习题 7.4.11 中电动机的机械特性曲线 $n = f(T)$ 如题解图 7.14 所示。

(2) 当电动机在额定状态工作时，若电源电压短时下降，最低允许降至

$$380(1-5\%)\,\text{V} = 361\,\text{V}$$

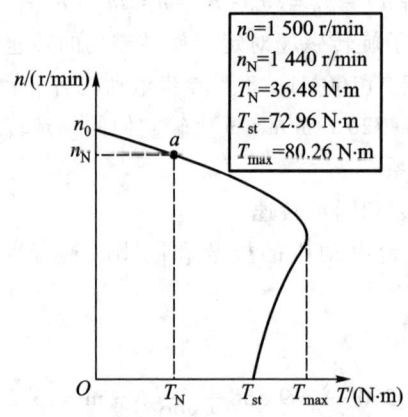

题解图 7.14　习题 7.4.12 的解

7.4.13　某四极三相异步电动机的额定功率为 30 kW，额定电压为 380 V，三角形联结，频率为 50 Hz。在额定负载下运行时，其转差率为 0.02，效率为 90%，线电流为 57.5 A，试求：(1) 转子旋转磁场对转子的转速；(2) 额定转矩；(3) 电动机的功率因数。

解：四极电动机，$p = 2$，$n_0 = 1\,500\,\text{r/min}$，$n_N = (1-s_N)n_0 = (1-0.02)\times 1\,500 = 1\,470\,\text{r/min}$。

（1）转子旋转磁场对转子的转速

转子绕组固定在转子上，转子绕组产生的转子旋转磁场对转子的转速为

$$n_2 = \frac{60f_2}{p} = \frac{60s_Nf_1}{p} = s_Nn_0$$
$$= 0.02\times 1\,500\,\text{r/min} = 30\,\text{r/min}$$

（2）额定转矩

$$T_N = 9\,550\frac{P_N}{n_N} = 9\,550\frac{30}{1\,470}\,\text{N}\cdot\text{m} = 195\,\text{N}\cdot\text{m}$$

（3）功率因数

$$\cos\varphi = \frac{P_N}{\sqrt{3}U_NI_N\eta} = \frac{30\times 10^3}{\sqrt{3}\times 380\times 57.5\times 0.9} = 0.88$$

7.5.4 习题 7.4.13 中电动机的 $T_{st}/T_N = 1.2$，$I_{st}/I_N = 7$，试求：(1) 用 Y-Δ 换接起动时的起动电流和起动转矩；(2) 当负载转矩为额定转矩的 60% 和 25% 时，电动机能否起动？

解：上题电动机的 $I_N = 57.5$ A，$T_N = 195$ N·m

(1) Y-Δ 起动时的起动电流和起动转矩

直接起动时

$$I_{st} = 7I_N = 7 \times 57.5 \text{ A} = 402.5 \text{ A}$$

$$T_{st} = 1.2 T_N = 1.2 \times 195 \text{ N·m} = 234 \text{ N·m}$$

采用 Y-Δ 起动时

$$I_{stY} = \frac{1}{3} I_{st} = \frac{1}{3} \times 402.5 \text{ A} = 134.2 \text{ A}$$

$$T_{stY} = \frac{1}{3} T_{st} = \frac{1}{3} \times 234 \text{ N·m} = 78 \text{ N·m}$$

(2) 负载转矩为 T_N 的 60% 时

$$\frac{T_{stY}}{0.6 T_N} = \frac{78}{0.6 \times 195} = \frac{78}{117} < 1 \quad \text{电动机不能起动}$$

负载转矩为 T_N 的 25% 时

$$\frac{T_{stY}}{0.25 T_N} = \frac{78}{0.25 \times 195} = \frac{78}{48.75} > 1 \quad \text{电动机可以起动}$$

7.5.5 在习题 7.4.13 中，如果采用自耦变压器降压起动，而使电动机的起动转矩为额定转矩的 85%，试求：(1) 自耦变压器的变比；(2) 电动机的起动电流和线路上的起动电流各为多少？

解：电动机的自耦变压器降压起动电路如题解图 7.15 所示。直接将电源电压 U 加在电动机定子绕组上满压起动时，起动转矩和起动电流分别为 T_{st} 和 I_{st}（见习题 7.4.13 和习题 7.5.4 的计算：$T_N = 195$ N·m，$T_{st} = 234$ N·m，$I_N = 57.5$ A，$I_{st} = 402.5$ A）。若电源电压经自耦变压器将较低的二次电压 U' 加在定子绕组上降压起动时，起动转矩和起动电流分别为 T'_{st}（由本题知 $T'_{st} = 0.85 T_N$）和 I'_{st}。

(1) 自耦变压器的变比 K

因转矩与电压的平方成正比，可以写出下式

$$\frac{T_{st}}{T'_{st}} = \frac{U^2}{(U')^2} = \frac{U^2}{\left(\dfrac{U}{K}\right)^2} = K^2$$

$$K = \sqrt{\frac{T_{st}}{T'_{st}}} = \sqrt{\frac{T_{st}}{0.85 T_N}} = \sqrt{\frac{234}{0.85 \times 195}} = 1.19$$

(2) 电动机的起动电流 I'_{st} 和电源线路上的起动电流 I''_{st}

① 降压起动使电动机的起动电流 I'_{st} 减小，与满压下起动时的起动电流 I_{st} 的关系式为

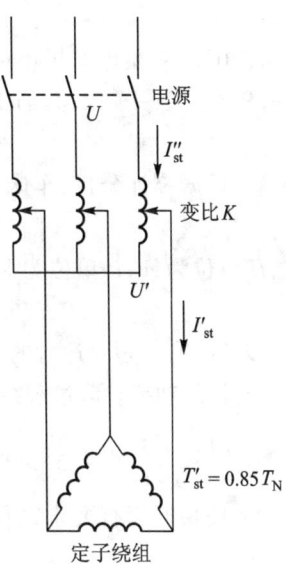

题解图 7.15　习题 7.5.5 的解

$$\frac{I_{st}}{I'_{st}} = \frac{U}{U'} = \frac{U}{\frac{U}{K}} = K$$

所以 $I'_{st} = \frac{I_{st}}{K} = \frac{402.5}{1.19}$ A $= 338.2$ A

② I'_{st} 也是变压器二次电流,二次电流减小,一次电流 I''_{st} 随着减小。因为

$$\frac{I''_{st}}{I'_{st}} = \frac{1}{K}$$

所以 $I''_{st} = \frac{I'_{st}}{K} = \frac{338.2}{1.19}$ A $= 284.2$ A

7.5.6 （1）Y180L-4 型三相异步电动机,22 kW,$I_{st}/I_N = 7$；

（2）Y250M-4 型三相异步电动机,55 kW,$I_{st}/I_N = 7$。
若电源变压器容量为 560 kV·A,试问上列两电动机能否直接起动？

解：能否直接起动,根据公式判定。公式是

$$\frac{I_{st}}{I_N} \leqslant \frac{3}{4} + \frac{电源容量(kV \cdot A)}{4 \times 电动机功率(kW)}$$

（1）Y180L-4 型电动机

$$\frac{3}{4} + \frac{560}{4 \times 22} = 7.11 > \frac{I_{st}}{I_N} = 7$$

所以 Y180L-4 型电动机可以在该电源上直接起动。

（2）Y250M-4 型电动机

$$\frac{3}{4} + \frac{560}{4 \times 55} = 3.3 < \frac{I_{st}}{I_N} = 7$$

所以 Y250M-4 型电动机不可以在该电源上直接起动(电源容量不够)。

7.9.1 某一车床,其加工工件的最大直径为 600 mm,用统计分析法计算主轴电动机的功率。

解：根据统计分析,车床的功率为

$$P = 36.5 \, D^{1.54}$$

式中,D 单位为 m,P 单位为 kW

$$P = 36.5 \times 0.6^{1.54} \text{ kW} = 36.5 \times 0.46 \text{ kW} = 16.62 \text{ kW}$$

7.9.2 有一短时运行的三相异步电动机,折算到轴上的转矩为 130 N·m,转速为 730 r/min,试求电动机的功率。取过载系数 $\lambda = 2$。

解：（1）由公式 $T = 9\,550 \frac{P_2}{n}$,所选电动机的功率应为 $P_2 = \frac{nT}{9\,550}$。

（2）按短时运行要求,所选电动机的功率应为

$$P = \frac{P_2}{\lambda} = \frac{nT}{9\,550\,\lambda} = \frac{730 \times 130}{9\,550 \times 2} \text{ kW} = 4.97 \text{ kW}$$

7.9.3 有一台三相异步电动机在轻载下运行,已知输入功率 $P_1 = 20$ kW,$\cos \varphi = 0.6$。今接入三角形联结的补偿电容(图 7.02),使其功率因数达到 0.8。又已知电源线电压为 380 V,频率

为 50 Hz。试求：(1) 补偿电容器的无功功率；(2) 每相电容 C。

解：(1) 补偿电容器的无功功率

在题解图 7.16(a)、(b)所示功率三角形中，Q 和 Q' 分别为补偿前后电路的无功功率

$$Q = P_1 \tan \varphi \qquad Q' = P_1 \tan \varphi'$$

电容器补偿的无功功率为

$$\begin{aligned}
Q_C &= Q - Q' \\
&= P_1(\tan \varphi - \tan \varphi') \\
&= 20[\tan(\arccos 0.6) - \tan(\arccos 0.8)] \text{ kvar} \\
&= 20(\tan 53.1° - \tan 36.9°) \text{ kvar} \\
&= 20 \times 0.583 \text{ kvar} \\
&= 11.7 \text{ kvar}
\end{aligned}$$

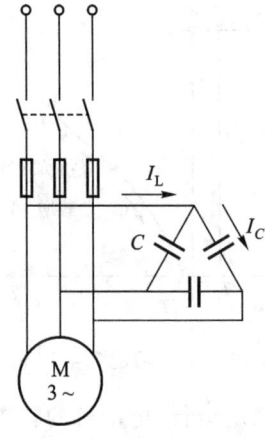

图 7.02　习题 7.9.3 的图

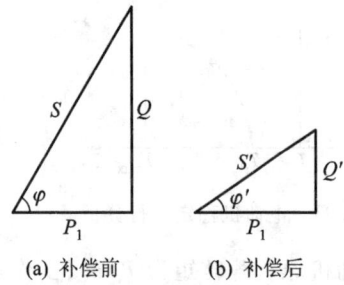

(a) 补偿前　　(b) 补偿后

题解图 7.16　习题 7.9.3 的解

(2) 每相电容 C

三相电容器组补偿的无功功率还可表示为

$$Q_C = 3\frac{U^2}{X_C} = \frac{3U^2}{\frac{1}{2\pi f C}} = 6\pi f C U^2$$

所以

$$C = \frac{Q_C}{6\pi f U^2} = \frac{11.7 \times 10^3}{6\pi \times 50 \times 380^2} \text{ F} = 86 \text{ μF}$$

C　拓　宽　题

7.1.1　一般电动机的空气隙为 0.2~1.0 mm，大型电动机为 1.0~1.5 mm。试分析空气隙过大或过小对电动机的运行有何影响。

解：电动机的空气隙是定子铁心和转子铁心之间的气隙。空气隙大些有利于转子的转动，但气隙过大会增加磁路的磁阻，使励磁电流增大，加大电动机的空载损耗。如果气隙过小，转子转动时会产生"擦膛"现象，从而使转速降低，电流增大，且有较大的噪声。

7.4.14 三相异步电动机能否稳定运行,主要看在运行中受到干扰后能否自动恢复到原来的平衡状态;或者负载变化时能否自动达到一个新的平衡状态。在图 7.03 中,试分析:(1) 电动机原在负载转矩 T_C 下稳定运行,其工作点在图中所示机械特性曲线 abc 段的 b 点,问在负载转矩增大和减小两种情况下电动机能否稳定运行,工作点和转速有何变化?(2) 假设电动机原在 cde 段的 d 点运行,当由于某种原因,负载略有增大和减小时电动机能否稳定运行,最终电动机是否会停止运行?还是能稳定运行?

解:(1)机械特性曲线的 abc 段

这一段曲线是三相异步电动机的稳定运行区,当负载转矩增大和减小时,电动机能自行调整工作点和转速,稳定运行,如题图 7.17 所示(为便于观看,abc 段曲线画的倾斜一些)。其稳定运行的原理,分析如下。

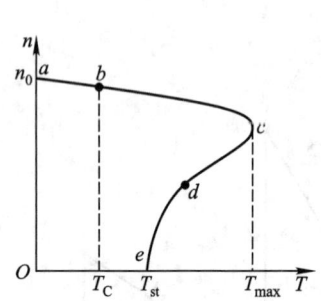

图 7.03 电动机稳定运行分析

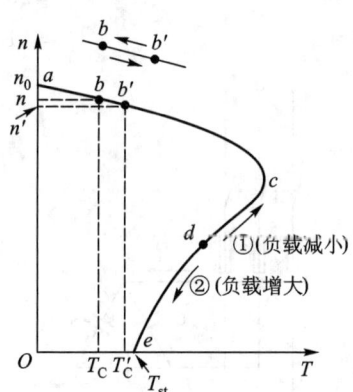

题解图 7.17 习题 7.4.14 的解

例如,电动机原负载转矩为 T_C 时,工作点为 b,电动机稳定运行,电动机的转矩 T 与负载转矩 T_C 平衡($T = T_C$),电动机转速为 n。此时,如果负载转矩增大为 T_C',电动机轴上的负载大了,因带不动负载($T_C' > T$)而沿曲线减速,减速过程中,电动机转矩增大,至工作点 b',电动机转矩 T' 才与负载转矩 T_C' 平衡($T' = T_C'$),稳定运行,此时电动机转速为 n'。

如果负载转矩又由 T_C' 恢复至原负载转矩 T_C,电动机因轴上负载小了而沿曲线增速,在增速过程中,电动机转矩减小,回到原工作点 b,重新稳定运行,转速仍为原先转速 n。

(2)机械特性曲线的 cde 段

这一段曲线是三相异步电动机的不稳定运行区。假设电动机已在 d 点稳定运行。① 若电动机轴上的负载转矩减小,电动机将沿曲线上行加速,如题解图 7.17 中箭头①所示。在加速过程中,电动机转矩变大,继续加速,经过 c 点进入稳定工作区。② 若电动机轴上的负载转矩增大,电动机将沿曲线下行减速,如题解图 7.17 中箭头②所示。在减速过程中,电动机转矩变小,继续减速,直至停转。因此,在 d 点稳定运行的假设是不能成立的,cde 段曲线是三相异步电动机的不稳定运行区。

c 点是稳定运行区和不稳定运行区之间的临界点。

7.5.7 试从机械特性曲线分析三相异步电动机空载起动的过程,最后在何处稳定运行?

解:题解图 7.18 所示是三相异步电动机空载起动的机械特性曲线。电动机的空载起动是指电动机轴上不带负载的起动,即负载转矩为零,而电动机的起动转矩 $T_{st} > 0$。于是,电动机立即加速,沿 $n = f(T)$ 曲线上行,迅速进入稳定运行区,继续加速,量后在 b_0 点稳定运行,这一状态称为电动机的空载运行状态。空载运行时电动机的转速很高,接近于电动机的同步转速 n_0;电动机的转矩 T_0 很小,用于克服机械摩擦和空气阻力。

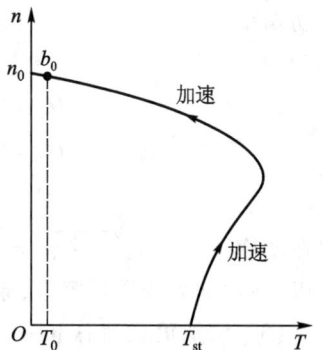

题解图 7.18　习题 7.5.7 的解

7.5.8　某工厂的电源容量为 560 kV·A,一皮带运输机采用三相笼型异步电动机拖动,其技术数据为:40 kW,△形联结,$I_{st}/I_N = 7$,$T_{st}/T_N = 1.8$。今要求带 $0.8\ T_N$ 的负载起动,试问应采用什么方法(直接起动、Y - △ 换接起动、自耦降压起动)起动?

解:方案确定如下。

(1) 是否可直接起动?

$$\frac{3}{4} + \frac{电源容量(kV \cdot A)}{4 \times 电动机功率(kW)}$$

$$= \frac{3}{4} + \frac{560}{4 \times 40} = 4.25 < \frac{I_{st}}{I_N} = 7 \quad 不能直接起动$$

(2) 是否可 Y - △ 换接起动?

该电动机工作时,是 △ 形联结,原则上可以采用 Y - △ 换接起动,适用于空载和轻载起动的场合。本题中的电动机,其原先的起动转矩为 $T_{st} = 1.8\ T_N$。若将其采用 Y - △ 换接起动,起动转矩则为 $T'_{st} = \frac{1}{3} T_{st} = 0.6\ T_N$。现在要求带着 $0.8 T_N$ 的负载起动,$T'_{st} = 0.6\ T_N < 0.8\ T_N$,所以不能起动,此法也不可行。

(3) 自耦降压起动是可行的方法。

7.7.1　当三相异步电动机下放重物时,会不会因重力加速度急剧下落而造成危险?

解:重物不会急剧下落,也不会造成危险。因为重物下落时拖动转子转速加快,$n > n_0$,重物将受到制动力的作用而等速下降。此时电动机转入发电机运行状态,将重物的位能转换为电能反馈到供电网里。

7.10.1　某工厂负载为 850 kW,功率因数为 0.6(滞后),由 1 600 kV·A 变压器供电。现添加 400 kW 功率的负载,由同步电动机拖动,其功率因数为 0.8(超前),问是否需要加大变压器容量? 这时将工厂的功率因数提高到多少?

解:(1) 在题解图 7.19 中,图(a)是工厂原负载的功率三角形(电感性),图(b)是现添加的由同步电动机拖动的负载的功率三角形(电容性),图(c)是总电路的功率三角形(电感性)。

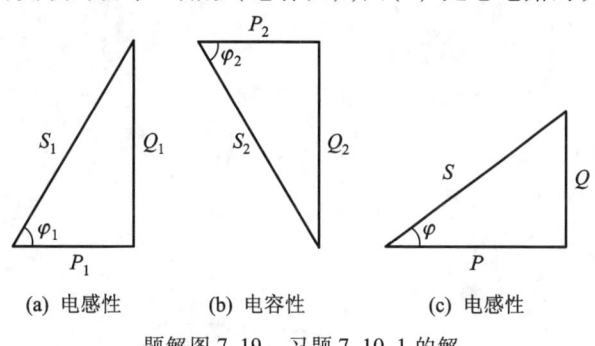

题解图 7.19　习题 7.10.1 的解

· 233 ·

（2）是否需要加大供电变压器的容量？

有功功率 $P = P_1 + P_2 = (850 + 400) \text{ kW} = 1\,250 \text{ kW}$

无功功率 $Q = Q_1 - Q_2$

$Q_1 = P_1 \tan \varphi_1 = 850 \tan(\arccos 0.6) \text{ kvar} = 1\,133 \text{ kvar}$

$Q_2 = P_2 \tan \varphi_2 = 400 \tan(\arccos 0.8) \text{ kvar} = 300 \text{ kvar}$

$Q = (1\,133 - 300) \text{ kvar} = 833 \text{ kvar}$

视在功率 $S = \sqrt{P^2 + Q^2} = \sqrt{1\,250^2 + 833^2} \text{ kV·A} = 1\,502 \text{ kV·A} < 1\,600 \text{ kV·A}$

所以，不用加大变压器容量，原变压器仍可使用。

（3）增加负载后总电路的功率因数

$$\cos \varphi = \frac{P}{S} = \frac{1\,250}{1\,502} = 0.83$$

同步电动机的投入，提高了该厂的功率因数，由 0.6 提高到 0.83，该工厂的电力使用经济合理。

第 8 章 直流电动机

直流电动机的结构比交流电动机复杂,但它具有优良的调速性能和较大的起动转矩。因此,对调速要求较高的生产机械以及需要较大的起动转矩的生产机械就要采用直流电动机来拖动。

8.1 内容要点与阅读指导

1. 直流电机的构造和基本工作原理

（1）旋转电机总是分为定子和转子两个基本部分。直流电机的磁极安装在定子上,一般用直流励磁,小型直流电机也有用永久磁铁作为磁极的(前者称为励磁式,后者称为永磁式)。转子又称为电枢,是产生感应电动势的部分。在转轴上装有换向器,它是直流电机的构造特征,易于识别。

（2）首先从主教材图 8.2.1 和图 8.2.2 分析换向器的作用。直流电机作发电机运行时,换向器的作用在于将电枢绕组内的交变电动势换成电刷之间的极性不变的电动势；作电动机运行时,它的作用是当线圈的有效边从 N 极(或 S 极)下转到 S 极(或 N 极)下时改变其中电流的方向,使 N 极下有效边中的电流总是一个方向,S 极下有效边中的电流总是另一个方向,这样才能使两个有效边上受到的电磁力的方向不变,而且产生同一方向的转矩。

（3）要理解发电机和电动机的电动势和电磁转矩的作用是相反的。从主教材图 8.2.1 应用左手定则可以看出发电机的电磁转矩是个阻转矩；从主教材图 8.2.2 应用右手定则可以看出电动机的电动势是个反电动势。

（4）$E = K_E \Phi n$ 和 $T = K_T \Phi I_a$ 是两个基本公式,后面常用到。

（5）电机等速运行时,驱动转矩和阻转矩是平衡的,学习任何旋转电机时,都要有这个概念。在直流发电机中,原动机的转矩 T_1 是驱动转矩,而电磁转矩 T 和空载损耗转矩 T_0 是阻转矩,两者平衡,即 $T_1 = T + T_0$。在直流电动机中,电磁转矩 T 是驱动转矩,而机械负载转矩 T_2 和空载损耗转矩 T_0(T_0 数值很小)是阻转矩,两者平衡,即 $T = T_2 + T_0 \approx T_2$。

（6）直流电动机的转速、电动势、电流及电磁转矩能自动调整,以适应负载的变化,保持新的转矩平衡。例如,当负载转矩 T_2 增大时：

$$T_2 \uparrow \longrightarrow n \downarrow \longrightarrow E \downarrow \longrightarrow I_a \uparrow$$
$$T \uparrow \longleftarrow$$

T 的增大,保持了电动机电磁转矩与机械负载转矩的平衡。

2. 直流电动机

直流电动机有其特点,应用较广;而直流发电机作为电源将逐渐被电子整流电源所取代。直流电动机按励磁方式分为他励、并励、串励和复励四种。本书只讲他励和并励两种,而这两种也只是接法上的不同,它们的特性是一样的。

(1) 要结合并励直流电动机的接线图掌握其电压与电流的关系式

$$U = E + R_a I_a \quad I = I_a + I_f$$

(2) 要掌握并励电动机的机械特性曲线,其表示式为

$$n = \frac{U - R_a I_a}{K_E \Phi} = \frac{U}{K_E \Phi} - \frac{R_a}{K_E K_T \Phi^2} T = n_0 - \Delta n$$

由于 R_a 很小,在负载变化时,转速变化不大,因此它是硬的机械特性。

(3) 要比较并励电动机和三相异步电动机的起动性能,两者起动电流大的原因是不一样的;同时,由于并励电动机的转矩正比于电枢电流,因此它的起动转矩也是大的。

特别要注意,直流电动机在起动或工作时,励磁电路一定要接通,不能断开。

(4) 并励和他励直流电动机在调速性能上有其独特的优点,能够无级调速,并且调速后的机械特性还是比较硬的,稳定性也较好。通常采用调磁和调压两种调速方法,后者用于他励电动机,因为它的电枢电压和励磁电压是分开的,可以在保持励磁电流不变的情况下单独改变电枢电压。

两种调速方法的依据是下列公式

$$n = \frac{U - R_a I_a}{K_E \Phi}$$

设调速前后电枢电流保持额定值,由式可见,减小磁通 Φ 可使转速 n 升高,降低电枢电压 U 可使转速 n 降低。

关于改变磁通的调速是恒功率调速,今说明如下。当保持电枢电压 U 不变,而将磁通从额定值 Φ_N 减小到 Φ 时,则转速从额定值 n_N 升高到 n,从上式可见(I_a 保持额定值),两者成反比,即

$$\frac{\Phi}{\Phi_N} = \frac{n_N}{n}, \quad \Phi = \frac{\Phi_N n_N}{n}$$

而转矩为

$$T = K_T \Phi I_a = \frac{K_T \Phi_N I_a n_N}{n} = \frac{T_N n_N}{n}$$

输出功率为

$$P_2 = \frac{Tn}{9\,550} = \frac{T_N n_N n}{9\,550 n} = \frac{T_N n_N}{9\,550} = P_{2N}$$

可见,这种调磁调速法是在恒定功率(等于额定输出功率 P_{2N})和可变转矩下实现的,转矩与转速成反比。例如车床切削得越深,转矩越大,容许的切削速度就越低,电动机的转速也就越慢,而切削功率基本上不变。

改变电枢电压的调速是恒转矩调速。因为磁通不变,设电枢电流保持额定值,于是得

$$T = K_T \Phi_N I_a = T_N$$

可见,这种调压调速法是在恒定转矩(等于额定输出转矩 T_N)和可变功率下实现的,功率与转速成正比。例如对机床进给机构的调速是属于恒定转矩的情况。

8.2 基本要求

1. 了解直流电机的基本构造和基本工作原理。
2. 掌握他励和并励电动机的电压与电流的关系式、接线图、机械特性以及起动、反转和调速的基本原理和基本方法。

8.3 重点与难点

1. 重点
(1)直流电机的基本工作原理。
(2)直流电动机的机械特性。
(3)并励电动机的起动、反转与调速。

2. 难点
(1)直流电机的换向原理。
(2)直流电机的转矩平衡关系。

8.4 知识关联图

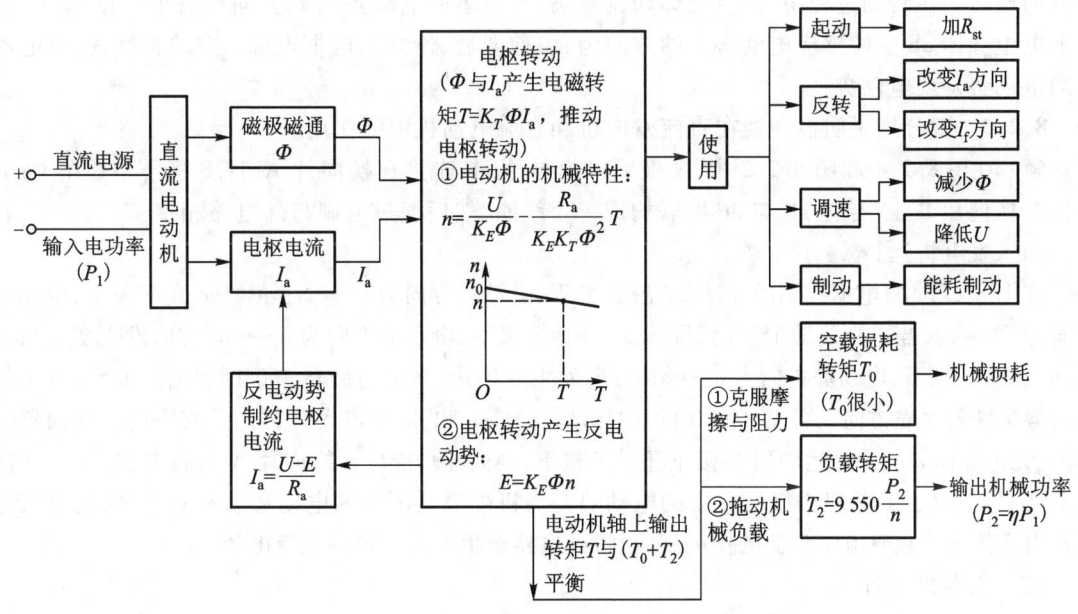

8.5 【练习与思考】题解

8.2.1 试用图8.2.1和图8.2.2的原理图来说明：为什么发电机的电磁转矩是阻转矩？为什么电动机的电动势是反电动势？

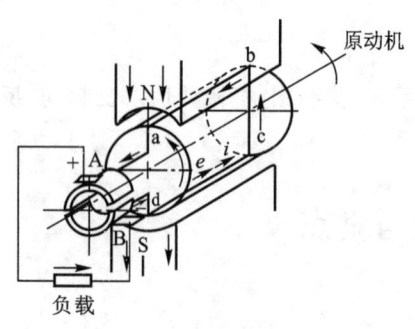
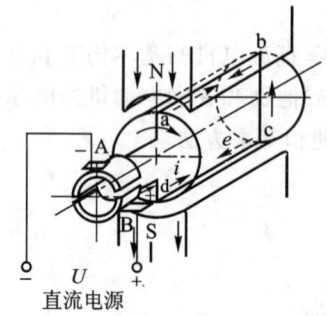

图8.2.1 直流发电机的工作原理图　　图8.2.2 直流电动机的工作原理图

解：(1) 在图8.2.1所示直流发电机工作原理图中，磁极磁通方向由N至S，电枢由原动机拖动逆时针方向旋转，电枢导体切割磁场，产生感应电动势 e 和感应电流 i，其方向由右手定则确定，如图中所示。电枢电流 i 在磁场中受电磁力的作用，电磁力的方向由左手定则判定。以N极下电枢导体 ab 受力为例，可以看出，其受力方向为：由左向右(电磁力 F 的方向图中未画出)，恰好与电枢的旋转方向相反(原动机的推动作用受到阻碍)，所以发电机中电磁力所形成的电磁转矩是阻转矩。

(2) 在图8.2.2所示直流电动机工作原理图中，磁极磁通方向由N至S，N极下电枢导体 ab 中的电流是在直流电源(电压为 U)作用下产生的，其方向由后向前，根据左手定则，电动机顺时针方向旋转。在转动过程中，电枢导体切割磁场，产生感应电动势 e，其方向由右手定则判定。N极下电枢导体 ab 中的感应电动势 e 的方向为：由前向后，恰好与电枢电源 i 方向相反，所以电动机的电动势是反电动势。

8.2.2 试分别说明换向器在直流发电机和直流电动机中的作用。

解：在图8.2.1和图8.2.2中，N极下电枢导体 ab 连接在换向片 A 上，S极下电枢导体 dc 连接在换向片 B 上，导体 ab 与 dc 串联构成一个线圈，然后通过电刷与外电路相接。

(1) 发电机运行。

在图8.2.1中，电枢线圈的导体 ab 在 N 极下，电动势方向为 b → a；导体 dc 在 S 极下，电动势方向为 d → c。当电枢旋转180°时，导体 ab 到达 S 极下，电动势方向为 a → b(方向发生变化)；导体 dc 到达 N 极下，电动势方向为 c → d(方向发生变化)。当电枢旋转360°时，导体 ab 和 dc 中的电动势又恢复原先方向。可见，随着电枢的转动，导体 ab 和 dc 中电动势方向是交变的。换向器的作用：无论导体 ab 和 dc 运动到 N 极下还是 S 极下，换向器均能保证换向片 A 为高电位(+)，换向片 B 为低电位(-)，把机内极性交变的电动势变为机外极性不变的电动势。只有这样，发电机才能发出直流电。在直流电动势的作用下，通过外电路产生方向一定的直流电流。

(2) 电动机运行。

在图8.2.2中，外部直流电源加在换向器的换向片 A 和 B 之间(B 为 +，A 为 -)，电流经换向器流入机内电枢导体中。导体 ab 在 N 极下,电流方向为 b → a;导体 dc 在 S 极下,电流方向为 d → c。当电枢旋转180°时,导体 ab 到达 S 极下,电流方向为 a → b(方向发生变化);导体 dc 到达 N 极下,电流方向为 c → d(方向发生变化)。当电枢旋转360°时,导体 ab 和 dc 中电流又恢复原先方向。可见,随着电枢的转动,导体 ab 和 dc 中的电流方向是交变的。换向器的作用:把机外直流电源提供的极性不变的直流电流变为机内极性交变的电枢电流。只有这样,电动机才可以获得方向不变的电磁力和电磁转矩,电动机才能转动。

8.4.1 在使用并励电动机时,发现转向不对,如将接到电源的两根线对调一下,能否改变转动方向?

解:按本题提出的方法,不能改变并励电动机的转动方向。由公式 $T = K_T \Phi I_a$ 可知,要改变电动机的转动方向,只能在改变磁通 Φ 的方向或电枢电流 I_a 的方向两种方法中选取一种。如果将接到电源的两根线对调一下,实际上是将 Φ 和 I_a 的方向都同时改变了,转矩 T 的方向未变,所以电动机的转动方向不会改变。

8.4.2 分析直流电动机和三相异步电动机起动电流大的原因,两者是否相同?

解:直流电动机和三相异步电动机,起动电流大是它们的共同特点,但产生的原因却是完全不同的。直流电动机起动电流大的原因是:起动时 $n = 0$,反电动势 $E = K_E \Phi n = 0$,起动电流 $I_{ast} = \dfrac{U - E}{R_a} = \dfrac{U}{R_a}$,因电枢电阻 R_a 很小,所以起动电流大。三相异步电动机起动电流大的原因是:起动时 $n = 0$,旋转磁场以最高相对转速 $\Delta n = n_0 - n = n_0$ 切割转子导体,转子产生的感应电动势 E_2 大,所以电动机的起动电流大。

8.4.3 采用降低电源电压的方法来降低并励电动机的起动电流,是否也可以?

解:不可以。并励电动机的电枢绕组是和励磁绕组并联在一起的,降低电源电压,虽然把电枢电压减小了,但同时也把励磁电压减小了,这是不允许的。按要求,并励电动机起动时,必须保证它的励磁绕组是在额定励磁电压下的满励磁。

8.5.1 对并励电动机能否改变电源电压来进行调速?

解:改变电源电压 U,只能是降低电压 U(若升高则超过额定值)。但是,降低电压 U 则把电枢电压和励磁电压同时都降低了。U 降低,I_f 减小,Φ 也减小,由公式

$$n = \frac{U}{K_E \Phi} - \frac{R_a}{K_E K_T \Phi^2} T$$

可知 $n_0 = \dfrac{U}{K_E \Phi}$ 基本不变。当负载转矩 T 不变时,转速降 $\Delta n = \dfrac{R_a}{K_E K_T \Phi^2} T$ 增大。所以,不仅不能调速,反而使机械特性曲线变软。

8.5.2 比较并励电动机和三相异步电动机的调速性能。

解:在调速性能方面,并励电动机优越于三相异步电动机。

(1)并励电动机主要采用改变磁通 Φ 的方法进行无级调速。这种调速方法,设备简单、经济,调速幅度大,可获得平滑的硬特性。

如果将电动机的并励式接法改为他励式接法,还可采用改变电源电压 U 的方法进行调速,也可获得幅度大特性硬的无级平滑的调速。

(2)三相异步电动机主要采用变频调速。这种调速方法也能进行无级调速,但使用的变频

设备技术复杂、价格高,投资较大。

三相异步电动机还可采用改变磁极对数 p 和改变转差率 s 两种方法进行调速。前者为有级调速,可制成多速电动机,但电动机绕组接线较复杂,体积大,成本高;后者虽然也能获得无级平滑调速,但特性软,且耗能大。

8.6 【习题】题解

8.1.1 如何从电动机结构的外貌上来区别直流电动机、同步电动机、笼型异步电动机和绕线转子异步电动机?

解:(1) 看电动机外壳上的铭牌。

电动机铭牌上都标有电动机的名称和型号,一看便知。

(2) 看电动机外壳上的电源接线盒。

上述的三大类电动机,其中直流电动机的电源接线最为简单。若只有两根电源线,则为并励电动机;若有四根电源线,则为他励电动机。

三相异步电动机电源接线较为复杂,笼型电动机有六根定子绕组接线(可接成 Y 形或 △ 形);绕线转子异步电动机除六根定子绕组接线外,还有三根转子绕组接线。

三相同步电动机定子与三相异步电动机定子一样,也有六根接线(可接成 Y 形或 △ 形),此外还有两根转子绕组接线(用于直流励磁)。

(3) 看有无换向器和滑环。

电动机一般都有通风罩。打开通风罩,如果看到了换向器,这一定是直流电动机(换向器是直流电动机的构造特征)。如果看到了三个滑环,这一定是三相绕线转子异步电动机(三个滑环是绕线转子异步电动机的构造特征)。如果看到两个滑环,这一定是三相同步电动机(同步电动机转子上有直流励磁绕组,通过两个滑环与外部直流励磁电源相通)。

8.3.1 他励电动机在下列条件下其转速、电枢电流及电动势是否改变?

(1) 励磁电流和负载转矩不变,电枢电压降低。

(2) 电枢电压和负载转矩不变,励磁电流减小。

(3) 电枢电压和励磁电流不变,负载转矩减小。

(4) 电枢电压、励磁电流和负载转矩不变,与电枢串联一个适当阻值的电阻 R'_a。

解:(1) 励磁电流和负载转矩不变,电枢电压降低。

他励电动机电路如题解图 8.01 所示。因励磁电流 I_f 不变,所以磁通 Φ 不变。因电枢电压 U 降低,所以理想空载转速 $n_0 = \dfrac{U}{K_E\Phi}$ 降低,转速 n 降低,反电动势 $E = K_E\Phi n$ 减小。因转矩 $T = K_T\Phi I_a$,T 与负载转矩平衡,负载不变 T 也不变,所以电枢电流 I_a 不变。

(2) 电枢电压和负载转矩不变,励磁电流减小。

电路如题解图 8.02 所示。因励磁电流 I_f 减小,所以磁通 Φ 也减小。理想空载转速 $n_0 = \dfrac{U}{K_E\Phi}$,因 U 不变,Φ 减小,n_0 升高,转速 n 升高。转矩 $T = K_T\Phi I_a$,T 不变,Φ 减小,所以电枢电流 I_a 增大。反电动势 $E = U - I_a R_a$,因 U 不变,I_a 增大,所以 E 减小。

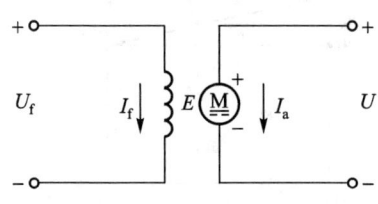
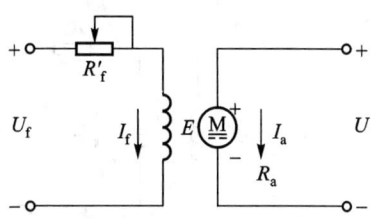

题解图 8.01　习题 8.3.1 的解　　　　题解图 8.02　习题 8.3.1 的解

(3) 电枢电压和励磁电流不变，负载转矩减小。

① 因 I_f 不变，Φ 也不变；U 和 Φ 都不变，故 $n_0 = \dfrac{U}{K_E \Phi}$ 不变。

② 负载转矩 T_L 减小，与之平衡的电动机转矩 T 也减小。而 $n = n_0 - \dfrac{R_a}{K_E K_T \Phi^2} T$，故 n 升高。

③ 因 $E = K_E \Phi n$，Φ 不变，n 升高，故 E 增大；因 $I_a = \dfrac{U-E}{R_a}$，U 不变，E 增大，故 I_a 减小。

(4) 电枢电压、励磁电流和负载转矩不变，与电枢串联一个适当阻值的电阻 R'_a。

电路如题解图 8.03 所示。励磁电流 I_f 不变，磁通 Φ 不变。$T = K_T \Phi I_a$，负载转矩不变，电动机转矩 T 不变（与其平衡），所以电枢电流 I_a 不变。在电枢回路中

$$I_a = \dfrac{U-E}{R_a + R'_a} \qquad E = U - I_a(R_a + R'_a)$$

I_a 不变，U 不变，R'_a 使反电动势 E 减小。$E = K_E \Phi n$，E 减小，Φ 不变，所以转速 n 降低。

综上所述，在 (1) ~ (4) 条件下，n、I_a、E 的变化见题解表 8.01。

题解表 8.01　n、I_a、E 的变化

条件	转速 n	电枢电流 I_a	电动势 E
(1)	降低	不变	减小
(2)	升高	增大	减小
(3)	升高	减小	增大
(4)	降低	不变	减小

8.3.2　一台直流电动机的额定转速为 3 000 r/min，如果电枢电压和励磁电流均为额定值时，试问该电动机是否允许在转速为 2 500 r/min 下长期运行？为什么？

解：直流电动机（他励式和并励式）的机械特性曲线如题解图 8.04 所示，额定工作点为 a，此时转速为 $n_N = 3\,000$ r/min，转矩为 T_N。如果该电动机运行在 $n_1 = 2\,500$ r/min，其转矩为 T_1，工作点为 b。由图可见，由于 $n_1 < n_N$，必有 $T_1 > T_N$，而且，机械特性曲线是硬特性（较平坦），所以 T_1 比 T_N 大很多，电动机严重过载，不允许长期运行。

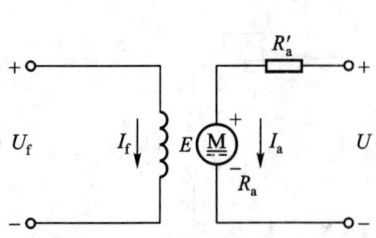

题解图 8.03 习题 8.3.1 的解

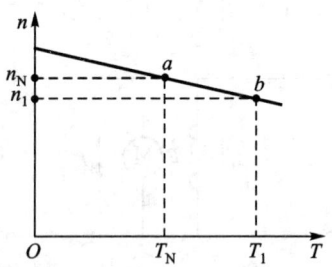

题解图 8.04 习题 8.3.2 的解

8.3.3 有一 Z2 – 32 型他励电动机,其额定数据如下:$P_2 = 2.2$ kW,$U = U_f = 110$ V,$n = 1\,500$ r/min,$\eta = 0.8$,并已知 $R_a = 0.4$ Ω,$R_f = 82.7$ Ω。试求:(1)额定电枢电流;(2)额定励磁电流;(3)励磁功率;(4)额定转矩;(5)额定电流时的反电动势。

解:电路如题解图 8.05 所示。(1)额定电枢电流

额定电枢输入功率

$$P_1 = \frac{P_2}{\eta} = \frac{2.2}{0.8} \text{ kW} = 2.75 \text{ kW}$$

额定电枢电流

$$I_{aN} = \frac{P_1}{U} = \frac{2.75 \times 10^3}{110} \text{ A} = 25 \text{ A}$$

(2)额定励磁电流

$$I_{fN} = \frac{U_f}{R_f} = \frac{110}{82.7} \text{ A} = 1.33 \text{ A}$$

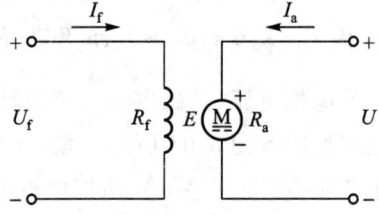

题解图 8.05 习题 8.3.3 的解

(3)励磁功率

$$P_f = U_f I_f = 110 \times 1.33 \text{ W} = 146.3 \text{ W}$$

(4)额定转矩

$$T_N = 9\,550 \frac{P_2}{n_N} = 9\,550 \frac{2.2}{1\,500} \text{ N·m} = 14 \text{ N·m}$$

(5)额定电流时的反电动势

$$E = U - I_{aN} R_a = (110 - 25 \times 0.4) \text{ V} = 100 \text{ V}$$

8.4.1 对习题 8.3.3 中的电动机,试求:(1)起动初始瞬间的起动电流;(2)如果使起动电流不超过额定电流的 2 倍,求起动电阻,并问起动转矩为多少?

解:(1)起动初始瞬间的起动电流

$$I_{ast} = \frac{U}{R_a} = \frac{110}{0.4} \text{ A} = 275 \text{ A}$$

(2)起动电阻

$$R_{st} = \frac{U}{I_{ast}} - R_a$$

$$= \frac{U}{2I_{aN}} - R_a$$

$$= \left(\frac{110}{2\times 25} - 0.4\right) \Omega$$
$$= 1.8\ \Omega$$

起动转矩

因为 $T = K_T \Phi I_a$,起动时为满励磁,Φ 不变,所以 T 与 I_a 成正比。串联 R_{st} 起动时 $I_{ast} = 2I_{aN}$,所以起动转矩 T_{st} 也为额定转矩 T_N 的 2 倍,即

$$T_{st} = 2T_N = 2 \times 14\ \text{N·m} = 28\ \text{N·m}$$

8.5.1 对习题 8.3.3 中的电动机,如果保持额定转矩不变,试求用下列两种方法调速时的转速:(1)磁通不变,电枢电压降低 20%;(2)磁通和电枢电压不变,与电枢串联一个 1.6 Ω 的电阻;(3)作出习题 8.3.3 额定运行时以及本题(1)、(2)两种情况时的机械特性曲线,并作一比较。

解:(1)根据公式 $T = K_T \Phi I_a$,磁通不变,负载转矩保持不变,即使电枢电压下降 20%,电枢电流 I_a 也不变,即 $I_a = I_{aN} = 25$ A。降低电枢电压调速时,设降压前后电动机的转速分别为 n_N 和 n,反电动势分别为 E_N 和 E,则有关系式

$$\begin{cases} E_N = K_E \Phi n_N \\ E_N = U_N - I_{aN} R_a \end{cases} \text{和} \begin{cases} E = K_E \Phi n \\ E = U - I_a R_a \end{cases}$$

$$\frac{E}{E_N} = \frac{n}{n_N} = \frac{U - I_a R_a}{U_N - I_{aN} R_a}$$

$$n = \frac{U - I_a R_a}{U_N - I_{aN} R_a} n_N = \frac{0.8 U_N - I_{aN} R_a}{U_N - I_{aN} R_a} n_N = \frac{0.8 \times 110 - 25 \times 0.4}{110 - 25 \times 0.4} \times 1\ 500\ \text{r/min}$$

$$= 1\ 170\ \text{r/min}$$

(2)$T = K_T \Phi I_a$,由于磁通不变,转矩不变,所以即使电枢电路串联一个电阻,电枢电流 I_a 也不变,即 $I_a = I_{aN} = 25$ A。设串联电阻前后电动机的转速分别为 n_N 和 n,反电动势分别为 E_N 和 E,也有类似的关系式

$$\begin{cases} E_N = K_E \Phi n_N \\ E_N = U_N - I_{aN} R_a \end{cases} \text{和} \begin{cases} E = K_E \Phi n \\ E = U_N - I_{aN}(R_a + R'_a) \end{cases}$$

$$\frac{E}{E_N} = \frac{n}{n_N} = \frac{U_N - I_{aN}(R_a + R'_a)}{U_N - I_{aN} R_a}$$

$$n = \frac{U_N - I_{aN}(R_a + R'_a)}{U_N - I_{aN} R_a} n_N$$

$$= \frac{110 - 25(0.4 + 1.6)}{110 - 25 \times 0.4} \times 1\ 500\ \text{r/min}$$

$$= 900\ \text{r/min}$$

(3)机械特性及其比较

① 习题 8.3.3,电动机额定状态运行时的机械特性:

因为

$$n = \frac{E}{K_E \Phi} = \frac{U - I_{aN} R_a}{K_E \Phi} = \frac{110 - 25 \times 0.4}{K_E \Phi}$$

即

$$1\ 500 = \frac{110 - 25 \times 0.4}{K_E \Phi} \quad K_E \Phi = \frac{1}{15}$$

而

$$n_0 = \frac{U}{K_E \Phi} = \frac{110}{\frac{1}{15}} \text{r/min} = 1\ 650 \text{ r/min}$$

此时的机械特性 $n = f(T)$ 可由 $n_0 = 1\ 650$ r/min, $n_N = 1\ 500$ r/min 和 $T_N = 14$ N·m 三个数据画出,如题解图 8.06 所示。

② 本题(1)、(2)两种情况时的机械特性:

(a) 前一种情况,即磁通不变、电枢电压降低 20%、负载转矩不变。

$$n_0 = \frac{U}{K_E \Phi} = \frac{110 \times 0.8}{\frac{1}{15}} \text{r/min} = 1\ 320 \text{ r/min}$$

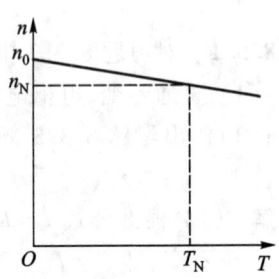

题解图 8.06 习题 8.3.3 的机械特性

而

$$n = 1\ 170 \text{ r/min} \quad T_N = 14 \text{ N·m}$$

机械特性如题解图 8.07 所示。

(b) 后一种情况,即磁通和电枢电压不变,电枢串联 1.6 Ω 电阻,负载转矩不变。

$n_0 = \frac{U}{K_E \Phi}$,因为 Φ 和 U 不变,故 n_0 仍为 1 650 r/min,而串联电阻后的电动机转速

$$n = 900 \text{ r/min}$$

转矩

$$T_N = 14 \text{ N·m}$$

机械特性如题解图 8.08 所示。

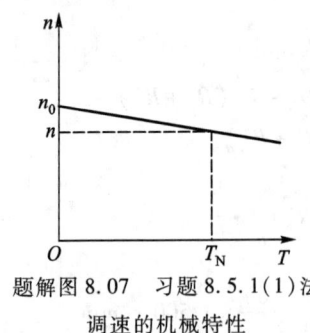

题解图 8.07 习题 8.5.1(1)法
调速的机械特性

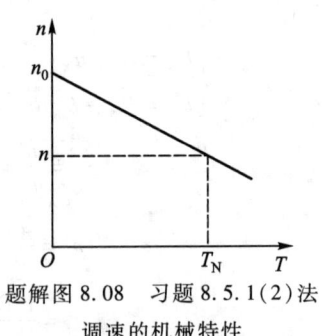

题解图 8.08 习题 8.5.1(2)法
调速的机械特性

机械特性比较:

(1) 他励电动机的机械特性较平坦(硬特性)。

(2) 他励电动机降低电枢电压调速时,n_0 降低了,但 $\Delta n = \frac{R_a}{K_E K_T \Phi^2} T$ 没有改变,机械特性仍然比较平坦(硬特性)。

(3) 他励电动机电枢电路串联电阻时,$n_0 = \frac{U}{K_E \Phi}$ 没有改变,但 $\Delta n = \frac{R_a}{K_E K_T \Phi^2} T$ 增大很多(电枢

电路中不仅有 R_a,还串有比 R_a 更大的 1.6 Ω 的电阻),故机械特性明显向下倾斜,特性变软。

8.5.2 对习题 8.3.3 中的电动机,允许削弱磁场调到最高转速 3 000 r/min,试求当保持电枢电流为额定值的条件下,电动机调到最高转速后的电磁转矩。

解：本题可用两种方法分析计算。

方法一：(1) 设本题电动机在额定转速 $n_N = 1\,500$ r/min 时,其反电动势为 E_N；削弱磁场调速达到 $n' = 3\,000$ r/min 时,其反电动势为 E',则有如下关系式

$$\begin{cases} E_N = K_E \Phi n_N \\ E' = K_E \Phi' n' \end{cases} \text{和} \begin{cases} E_N = U - I_{aN} R_a \\ E' = U - I'_a R_a \end{cases}$$

因调速时电枢电流保持为额定值,即 $I'_a = I_{aN}$,所以 $E' = E_N$,且有等式

$$\frac{\Phi'}{\Phi} = \frac{n_N}{n'}$$

(2) 采用削弱磁场调速时,因 $\Phi' < \Phi$,可认为磁路工作在线性区。设最高转速时的电磁转矩为 T',又有关系式

$$\frac{T'}{T_N} = \frac{K_T \Phi' I'_a}{K_T \Phi I_{aN}} = \frac{\Phi'}{\Phi} = \frac{n_N}{n'}$$

所以

$$T' = \frac{n_N}{n'} T_N = \frac{1\,500}{3\,000} \times 14 \text{ N·m} = 7 \text{ N·m}$$

方法二：由题解图 8.09 可以看出,削弱磁场调速时,电枢电流 I_a 保持额定值不变,实际上,就是电枢输入功率 $P_{aN} = UI_{aN}$ 不变,输出机械功率 P_2 也不变。调速前后电动机的转矩分别为

$$T_N = 9\,550 \frac{P_2}{n_N} \text{ 和 } T' = 9\,550 \frac{P_2}{n'}$$

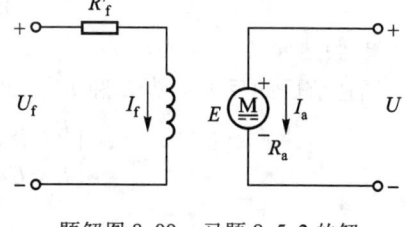

题解图 8.09　习题 8.5.2 的解

所以

$$\frac{T'}{T_N} = \frac{n_N}{n'}$$

$$T' = \frac{n_N}{n'} T_N = \frac{1\,500}{3\,000} \times 14 \text{ N·m} = 7 \text{ N·m}$$

8.5.3 有一台并励电动机,其额定数据如下: $P_2 = 10$ kW, $U = 220$ V, $I = 53.8$ A, $n = 1\,500$ r/min；并已知 $R_a = 0.4$ Ω, $R_f = 193$ Ω。今在励磁电路串联励磁调节电阻 $R'_f = 50$ Ω,采用调磁调速。(1) 如保持额定转矩不变,试求转速 n,电枢电流 I_a 及输出功率 P_2；(2) 如保持额定电枢电流不变,试求转速 n,转矩 T 及输出功率 P_2。

解：调磁调速的并励电动机电路如题解图 8.10 所示。

(1) 负载转矩保持不变,求 n、I_a 和 P_2

因为并励电动机的调磁调速是减小磁通调速,可近似认为磁路是线性的,磁通与励磁电流成正比。调磁前的励磁电流为

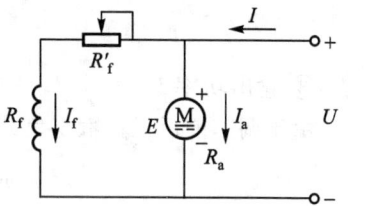

题解图 8.10　习题 8.5.3 的解

$$I_f = \frac{U}{R_f} = \frac{220}{193} \text{ A} = 1.14 \text{ A}$$

串入励磁调节电阻 R'_f 后的励磁电流为

$$I'_f = \frac{U}{R_f + R'_f} = \frac{220}{193 + 50} \text{ A} = 0.905 \text{ A}$$

设 Φ 和 Φ' 分别为调磁前后的磁通,则有

$$\frac{\Phi'}{\Phi} = \frac{I'_f}{I_f} = \frac{0.905}{1.14} = 0.794$$

可见,调磁电流 I'_f 和调磁磁通 Φ' 均下降到调磁前的 79.4%。以下开始计算调速后的电枢电流、转速和输出功率。

① 电枢电流 I_a。

调速前的电枢电流为

$$I_{aN} = I - I_f = (53.8 - 1.14) \text{ A} = 52.66 \text{ A}$$

调速前后保持额定负载不变,即

$$T_N = K_T \Phi I_{aN} \qquad T_N = K_T \Phi' I_a$$

所以
$$\Phi' I_a = \Phi I_{aN}$$

$$\frac{I_{aN}}{I_a} = \frac{\Phi'}{\Phi} = 0.794$$

$$I_a = \frac{I_{aN}}{0.794} = \frac{52.66}{0.794} \text{ A} = 66.32 \text{ A}$$

② 转速 n

调速前后的反电动势 E 和 E' 有如下关系式

$$\begin{cases} E = K_E \Phi n_N \\ E = U - I_{aN} R_a \end{cases} \text{ 和 } \begin{cases} E' = K_E \Phi' n \\ E' = U - I_a R_a \end{cases}$$

于是
$$\frac{E'}{E} = \frac{K_E \Phi' n}{K_E \Phi n_N} = \frac{U - I_a R_a}{U - I_{aN} R_a}$$

$$\frac{\Phi'}{\Phi} \cdot \frac{n}{n_N} = \frac{U - I_a R_a}{U - I_{aN} R_a}$$

所以
$$n = \frac{U - I_a R_a}{U - I_{aN} R_a} \cdot n_N \bigg/ \frac{\Phi'}{\Phi}$$

$$= \left(\frac{220 - 66.32 \times 0.4}{220 - 52.66 \times 0.4} \times 1\,500 / 0.794 \right) \text{ r/min}$$

$$= 1\,837 \text{ r/min}$$

③ 输出功率 P_2

由于调速前后保持额定负载转矩不变,即

$$T_N = 9\,550 \frac{P_{2N}}{n_N} \qquad T_N = 9\,550 \frac{P_2}{n}$$

所以
$$\frac{P_{2N}}{n_N} = \frac{P_2}{n}$$

于是
$$P_2 = \frac{n}{n_N} \cdot P_{2N} = \frac{1\,837}{1\,500} \times 10 \text{ kW} = 12.25 \text{ kW}$$

（2）额定电枢电流保持不变，求 n、T 和 P_2。

① 转速 n

调速前后的反电动势可表示为
$$E = U - I_{aN} R_a \qquad E' = U - I_{aN} R_a$$

因电枢电流相等，$E = E'$。还可写出反电动势的另一关系式
$$E = K_E \Phi n_N \qquad E' = K_E \Phi' n$$

显然
$$\Phi' n = \Phi n_N$$
$$\frac{n_N}{n} = \frac{\Phi'}{\Phi} = 0.794$$

所以
$$n = \frac{n_N}{0.794} = \frac{1\,500}{0.794} \text{ r/min} = 1\,889 \text{ r/min}$$

② 转矩 T

因额定电枢电流保持不变，调速前后的转矩为
$$T_N = K_T \Phi I_{aN} \qquad T = K_T \Phi' I_{aN}$$

所以
$$\frac{T}{T_N} = \frac{\Phi'}{\Phi} = 0.794$$

$$T = 0.794 T_N = 0.794 \times 9\,550 \frac{P_{2N}}{n_N}$$
$$= 0.794 \times 9\,550 \times \frac{10}{1\,500} \text{ N} \cdot \text{m} = 50.55 \text{ N} \cdot \text{m}$$

③ 输出功率 P_2

调速后，转速、转矩和输出功率的关系是
$$T = 9\,550 \frac{P_2}{n}$$

所以
$$P_2 = \frac{nT}{9\,550} = \frac{1\,889 \times 50.55}{9\,550} \text{ kW} \approx 9.99 \text{ kW}$$
$$\approx 10 \text{ kW} = P_{2N}$$

由本题以上计算可得两点结论：

（1）如果保持额定转矩不变，调磁调速将使电枢电流增大，输出功率增大，电动机过载。

（2）如果保持额定电枢电流不变，调磁调速将使电动机转矩减小，但输出功率不变。

8.5.4 对习题 8.5.3 中的电动机，若由于负载减小，转速升高到 1 600 r/min，试求这时的输入电流 I。设磁通保持不变。

解：电路如题解图 8.11 所示（励磁电路没有励磁调节电阻）。由于磁通保持不变，负载减小前后，反电动势有如下关系式

$$\begin{cases} E = K_E \Phi n_N \\ E' = K_E \Phi n \end{cases} \text{和} \begin{cases} E = U - I_{aN} R_a \\ E' = U - I_a R_a \end{cases}$$

$$\frac{E}{E'} = \frac{n_N}{n} = \frac{U - I_{aN} R_a}{U - I_a R_a}$$

在上题中,$U = 220$ V,$n_N = 1\ 500$ r/min,$I_{aN} = 52.66$ A,$I_f = 1.14$ A,$R_a = 0.4\ \Omega$,将数据代入上式中

$$\frac{1\ 500}{1\ 600} = \frac{220 - 52.66 \times 0.4}{220 - I_a \times 0.4}$$

题解图 8.11 习题 8.5.4 的解

得 $I_a = 19.5$ A

输入电流 $I = I_a + I_f = (19.5 + 1.14)$ A $= 20.64$ A

8.5.5 图 8.01 所示是并励电动机能耗制动的接线图。所谓能耗制动,就是在电动机停车时将它的电枢从电源断开而接到一个大小适当的电阻 R 上,励磁不变。试分析制动原理。

解:在图 8.01 中,电动机正常工作时,电枢绕组接在电源上,与励磁绕组并联,其磁通 Φ、电枢电流 I_a、电磁力 F 以及电动机的转动方向如题解图 8.12(a)所示。电动机需要制动时,将它的电枢绕组从电源上断开,接到电阻 R 上。此时,电枢因具有动能和惯性仍继续在原方向上转动,电枢导体便切割磁场(励磁绕组还接在电源上,磁通 Φ 不变),产生感应电动势和感应电流,其方向用右手定则确定;感应电流在磁场中又受到电磁力 F'的作用,其方向用左手定则确定,如题解图 8.12(b)所示。由图可见,电磁力 F'与电动机的转动方向相反,是制动力,产生制动转矩,使电动机迅速停止转动。

在制动过程中,电动机进入发电机状态,它将电枢的动能转化为电能,消耗在电阻 R 上(再转化为热能)。动能消耗完毕,制动力 F'为零,制动转矩也为零,电动机转动停止,所以这种制动方式称为能耗制动。

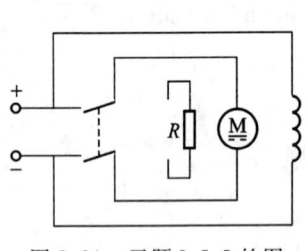

图 8.01 习题 8.5.5 的图

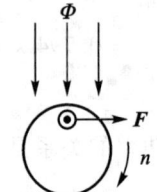
(a) 工作时 (电动机状态)

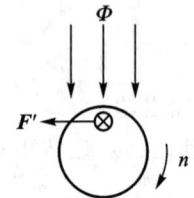
(b) 制动时 (发电机状态)

题解图 8.12 习题 8.5.5 的解

8.5.6 试对三相笼型电动机与并励直流电动机在运行(起动、调速、反转、制动)以及适用场所进行比较。

解:三相笼型电动机是交流电动机中最常用的电动机;并励电动机是直流电动机中最常用的电动机。

(1) 三相笼型电动机

① 该电动机起动电流大,起动转矩小。一般采用降压起动(例如 Y - △ 换接起动),可降低起动电流,同时起动转矩也降低了。

② 该电动机采用变频调速、变极调速和变转差率调速。

③ 该电动机通过交换两根电源线的方法实现反转。

④ 该电动机常采用能耗制动、反接制动和发电反馈制动。

三相笼型电动机的应用场所：各种普通生产机械，通风机和水泵等，特别适宜于空载起动和轻载起动的机械设备。

（2）并励直流电动机

① 该电动机起动电流大，起动转矩也大。通过在电枢电路中串联起动电阻 R_{st} 的措施可以降低起动电流和起动转矩。

② 该电动机调速性能优越，主要采用调磁和调压的办法进行调速。

③ 该电动机通过改变电枢电流 I_a 的方向或改变磁通 Φ 的方向（两种方法中的一种），来实现电动机的反转。

④ 该电动机常采用能耗制动。

并励直流电动机的应用场所：对电动机的调速功能要求高的生产机械和要求电动机有较大起动转矩的机械设备。

第 9 章

控制电机

> 控制电机是指用于自动控制的电机,它们具有动作灵敏、精度高、重量轻、体积小等特点,主要任务是转换和传递控制信号。本章只讨论两种控制电机:伺服电机和步进电机。伺服电机是将电压信号转换为转矩和转速,步进电机是将脉冲信号转换为角位移或线位移。

9.1 内容要点与阅读指导

1. 伺服电机

伺服电机有交流和直流两种,在自动控制系统中它将电压信号转换为转矩和转速以驱动控制对象。当信号电压的大小和极性(或相位)发生变化时,电动机的转速和转动方向将非常灵敏和准确地跟着变化。

(1) 交流伺服电机的转动原理和单相异步电动机电容分相起动的情况相似。励磁绕组串联电容器的目的是为了使励磁电流 $\dot{I}_1$ 在相位上超前于控制绕组的电流 $\dot{I}_2$ 近 90°,这就是两相电流。而定子上的这两个绕组在空间相差 90°,于是产生两相旋转磁场,和主教材图 7.11.2 及图 7.11.3 是一样的。在旋转磁场作用下,笼型转子便转动起来。电动机的转速和转向受控制电压 $\dot{U}_2$ 的控制。但当 $U_2 = 0$ 时,它立即停转(是我们所要求的)。

在本章中,每讲一种控制电机,就要联系一种实际应用。主教材图 9.1.4 是交流伺服电机应用于自动平衡电位计电路的一例。要看懂这个原理图,还要和它的闭环控制方框图联系上,以建立自动调节的概念。

(2) 直流伺服电机的基本构造与特性和他励电动机是一样的,通常采用电枢控制,即改变电枢电压 U_2 来控制电动机的转速和转向;当 $U_2 = 0$ 时,电动机立即停转。

2. 步进电机

步进电机是一种利用电磁铁的作用原理将电脉冲信号转换为角位移或线位移的电机,每给一个脉冲信号,电动机就转过一个角度或前进一步。每相绕组是通过脉冲分配器按一定规律轮流通电,这种轮流通电每循环一次所包含的通电状态数称为"拍数"。每次都是一相通电的,称为单拍,如单三拍;每次都是两相通电的称为双拍,如双三拍;还有一种是混合的,如主教材上介绍的六拍。

单三拍:三相绕组按 $U_1 \to V_1 \to W_1 \to U_1 \cdots$ 顺序通电。

双三拍:三相绕组按 $U_1,V_1 \rightarrow V_1,W_1 \rightarrow W_1,U_1 \rightarrow U_1,V_1\cdots$ 顺序通电。

六　拍:三相绕组按 $U_1 \rightarrow U_1,V_1 \rightarrow V_1 \rightarrow V_1,W_1 \rightarrow W_1 \rightarrow W_1,U_1 \rightarrow U_1\cdots$ 顺序通电。

绕组分别由直流轮流供电,并不是由三相交流供电。

步进电机每一步的转角,称为步距角,即

$$\theta = \frac{360°}{Z_r m}$$

式中,Z_r 是转子齿数;m 是运行拍数。设 $Z_r = 40$,在单三拍或双三拍运行时,步距角

$$\theta = \frac{360°}{40 \times 3} = 3°$$

在六拍时,则

$$\theta = \frac{360°}{40 \times 6} = 1.5°$$

由于脉冲分配的不同,一台步进电机可有两个步距角,如 3°/1.5°、1.5°/0.75°等。

主教材上介绍的是 U_1,V_1,W_1 三相的,步进电机也可做成五相、六相等相数。

反应式步进电机除能进行角度控制外,也能进行速度控制。角度控制时,角位移与输入脉冲数成正比。速度控制时,它的速度与脉冲频率成正比。

9.2　基本要求

1. 了解伺服电机、步进电机的基本构造和转动原理。
2. 了解伺服电机、步进电机的特性和在自动控制系统中的作用。

9.3　重点与难点

1. 重点

(1) 交流伺服电机的基本结构与工作原理。

(2) 直流伺服电机的基本结构与工作原理。

(3) 步进电机的基本结构与工作原理。

2. 难点

(1) 交流伺服电机的电容分相、两相旋转磁场以及其幅值控制、相位控制和幅相控制。

(2) 反应式步进电机的单三拍、六拍及双三拍的通电原理。

9.4 知识关联图

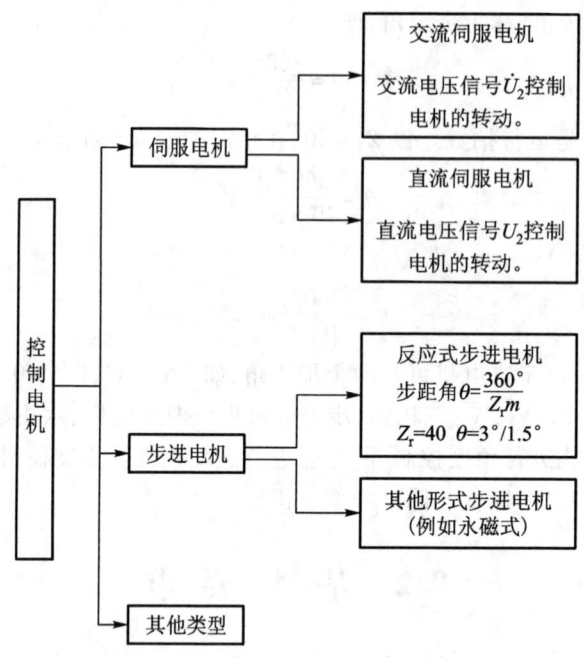

9.5 【习题】题解

9.1.1 电动机的单相绕组通入直流电流,单相绕组通入交流电流及两相绕组通入两相交流电流各产生什么磁场?

解:(1) 单相绕组通入直流电流,产生磁通大小和方向均不变化的恒定磁场。

(2) 单相绕组通入交流电流,产生磁通大小和方向都随时间变化的单相脉动磁场。单相脉动磁场不旋转。

(3) 两相绕组通入两相交流电流,产生两相旋转磁场。

9.1.2 改变交流伺服电机的转动方向的方法有哪些?

解:第一种方法:改变控制绕组的极性(或将控制电压反相)。第二种方法:改变励磁绕组的极性。

9.1.3 交流伺服电机(一对极)的两相绕组通入 400 Hz 的两相对称交流电流时产生旋转磁场,(1) 试求旋转磁场的转速 n_0;(2) 若转子转速 $n=18\,000$ r/min,试问转子导条切割磁场的速度是多少? 转差率 s 和转子电流的频率 f_2 各为多少? 若由于负载加大,转子转速下降为 $n=12\,000$ r/min,试求这时的转差率和转子电流的频率。(3) 若转子转向与定子旋转磁场的方向相反时的转子转速 $n=18\,000$ r/min,试问这时转差率和转子电流频率各为多少? 电磁转矩 T 的大小和方向是否与(2)中 $n=18\,000$ r/min 时一样?

解:(1) 旋转磁场的转速

$$n_0 = \frac{60f_1}{p} = \frac{60 \times 400}{1} \text{ r/min} = 24\,000 \text{ r/min}$$

（2）$n = 18\,000$ r/min 时，所求各物理量为

① 转子导条切割磁场的速度

$$\Delta n = n_0 - n = (24\,000 - 18\,000) \text{ r/min} = 6\,000 \text{ r/min}$$

② 转差率

$$s = \frac{n_0 - n}{n_0} = \frac{6\,000}{24\,000} = 0.25$$

③ 转子电流频率

$$f_2 = sf_1 = (0.25 \times 400) \text{ Hz} = 100 \text{ Hz}$$

④ 负载加大，转速下降为 $n = 12\,000$ r/min 时的 s 和 f_2

$$s = \frac{n_0 - n}{n_0} = \frac{24\,000 - 12\,000}{24\,000} = 0.5$$

$$f_2 = sf_1 = (0.5 \times 400) \text{ Hz} = 200 \text{ Hz}$$

（3）若转子以相反转速 $n = 18\,000$ r/min 旋转时的各物理量

① 转差率和转子电流频率

$$s = \frac{n_0 - (-n)}{n_0} = \frac{24\,000 - (-18\,000)}{24\,000} = 1.75$$

$$f_2 = sf_1 = 1.75 \times 400 \text{ Hz} = 700 \text{ Hz}$$

② 电磁转矩的大小和方向是否与（2）相同？

题解图 9.01(a)所示是（2）时的运行情况，旋转磁场的转速 $n_0 = 24\,000$ r/min，转子正向转速 $n = 18\,000$ r/min。此时的电磁力 F 是驱动力，产生驱动转矩。

题解图 9.01(b)所示是（3）时的运行情况，旋转磁场的转速 $n_0 = 24\,000$ r/min，转子反向转速 $n = 18\,000$ r/min。此时的电磁力 F' 的方向与转子转动方向相反，是制动力，产生制动转矩。

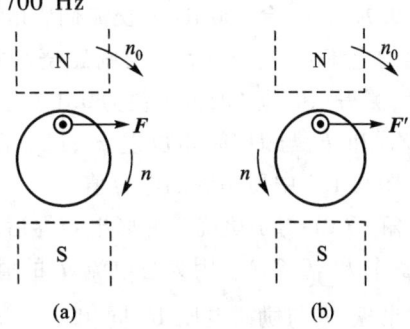

题解图 9.01 习题 9.1.3 的解

由题解图 9.01(a)和(b)可见，两种情况下电磁转矩方向是相同的，但两种情况下转差率不同，所以转矩大小不相等。

9.1.4 在图 9.1.2 中，要保证励磁电压 $\dot{U}_1$ 较电源电压 $\dot{U}$ 超前 90°，试证明所需电容值为

$$C = \frac{\sin \varphi_1}{2\pi f |Z_1|}$$

式中，$|Z_1|$ 为励磁绕组的阻抗模，φ_1 为励磁电流 $\dot{I}_1$ 与励磁电压 $\dot{U}_1$ 间的相位差。$|Z_1|$ 和 φ_1 通常是在 $n = 0$ 时通过实验测得的。

解： 由图 9.1.2(b)所示相量图可以看出，因为 $\dot{U}_1$ 超前 $\dot{U}$ 90°，$\dot{I}_1$ 超前 $\dot{U}_C$ 90°，所以相量 $\dot{U}$ 和 $\dot{U}_C$ 的夹角也为 φ_1，于是

$$U_1 = U_C \sin \varphi_1 = I_1 X_C \sin \varphi_1$$

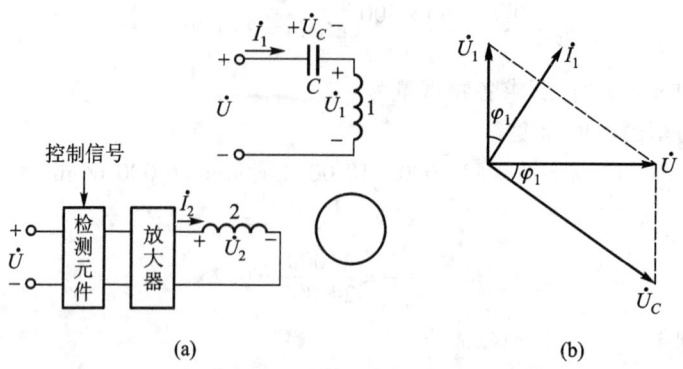

图 9.1.2 习题 9.1.4 的图

$$= \frac{U_1}{|Z_1|} \cdot \frac{1}{\omega C} \cdot \sin \varphi_1$$

$$1 = \frac{1}{|Z_1|\omega C}\sin \varphi_1$$

即

$$1 = \frac{\sin \varphi_1}{2\pi f C |Z_1|}$$

所以

$$C = \frac{\sin \varphi_1}{2\pi f |Z_1|}$$

9.1.5 一台 400 Hz 的交流伺服电机,当励磁电压 $U_1 = 110$ V,控制电压 $U_2 = 0$ 时,测得励磁绕组的电流 $I_1 = 0.2$ A。若与励磁绕组并联一适当电容值的电容器后,测得总电流 I 的最小值为 0.1 A。(1) 试求励磁绕组的阻抗模 $|Z_1|$ 和 $\dot{I}_1$ 与 $\dot{U}_1$ 间相位差 φ_1;(2) 保证 $\dot{U}_1$ 较 $\dot{U}$ 超前 90°,试计算图 9.1.2 中所串联的电容值。

解:(1) 与励磁绕组并联电容器后,相量图如题解图 9.02 所示,图中 $I_1 = 0.2$ A。因为总电流 $\dot{I}$ 的值为最小,所以此时必发生并联谐振,$\dot{I}$ 与励磁电压 $\dot{U}_1$ 同相。

励磁绕组的阻抗模与功率因数为

$$|Z_1| = \frac{U_1}{I_1} = \frac{110}{0.2} \Omega = 550 \ \Omega$$

$$\cos \varphi_1 = \frac{I}{I_1} = \frac{0.1}{0.2} = 0.5$$

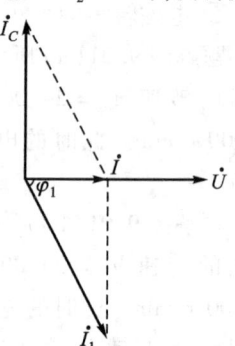

题解图 9.02 习题 9.1.5 的解

$\dot{I}_1$ 与 $\dot{U}_1$ 的相位差为

$$\varphi_1 = \arccos 0.5 = 60°$$

(2) 引用习题 9.1.4 中公式,所需串联的电容值为

$$C = \frac{\sin \varphi_1}{2\pi f |Z_1|} = \frac{\sin 60°}{2\pi \times 400 \times 550} \text{ F} = 0.627 \ \mu\text{F}$$

9.1.6 当直流伺服电机的励磁电压 U_1 和控制电压(电枢电压)U_2 不变时,如将负载转矩减小,试问这时电枢电流 I_2,电磁转矩 T 和转速 n 将怎样变化?

解：如将负载转矩 T_2 减小，则伺服电机转矩 $T > T_2$，电机加速，n 升高，反电动势 $E = K_E \Phi n$ 增大（因励磁电压 U_1 不变，Φ 不变），电枢电流 $I_2 = \dfrac{U_2 - E}{R_a}$ 减小（因控制电压 U_2 不变），转矩 $T = K_T \Phi I_2$ 减小，于是达到新的平衡 $T = T_2$，电机便在较高的转速下运行。

9.1.7 保持直流伺服电机的励磁电压一定。（1）当电枢电压 $U_2 = 50$ V 时，理想空载转速 $n_0 = 3\,000$ r/min；当 $U_2 = 100$ V 时，n_0 等于多少？（2）已知电机的阻转矩 $T_C = T_0 + T_2 = 150$ g·cm，且不随转速大小而变。当电枢电压 $U_2 = 50$ V 时，转速 $n = 1\,500$ r/min，试问当 $U_2 = 100$ V 时，n 等于多少？

解：（1）$U_2 = 100$ V 时理想空载转速 n_0

理想空载转速

$$n_0 = \frac{U_2}{K_E \Phi}$$

本题中励磁电压一定，磁通 Φ 一定，n_0 与 U_2 成正比。$U_2 = 50$ V 时，$n_0 = 3\,000$ r/min，所以 $U_2 = 100$ V 时，$n_0 = 2 \times 3\,000$ r/min $= 6\,000$ r/min。

（2）阻转矩 $T_C = 150$ g·cm 保持不变，当 $U_2 = 100$ V 时的转速 n

$$n = \frac{U_2}{K_E \Phi} - \frac{R_a}{K_E K_T \Phi^2} T$$

$$= n_0 - \Delta n$$

因 T_C 不变，T 不变，$\dfrac{R_a}{K_E K_T \Phi^2} T$ 也不变。依题意

U_2 为 50 V 时 $1\,500 = 3\,000 - \Delta n$

U_2 为 100 V 时 $n = 6\,000 - \Delta n$

两式相减 $n - 1\,500 = 6\,000 - 3\,000$

所以 $n = (3\,000 + 1\,500)$ r/min

                      $= 4\,500$ r/min

9.2.1 什么是步进电机的步距角？一台步进电机可以有两个步距角，例如 3°/1.5°，这是什么意思？什么是单三拍、六拍和双三拍？

解：（1）步进电机，每输入一个电脉冲信号，转子就转动一步。步距角就是转子每转动一步的机械转角。

（2）步进电机的磁极绕组通电时，由于绕组电路的接法不同，其工作方式有：单三拍、六拍和双三拍。

（3）步进电机的步距角公式为

$$\theta = \frac{360°}{Z_r m}$$

一般步进电机的转子齿数 $Z_r = 40$，当运行拍数 $m = 3$ 时，$\theta = \dfrac{360°}{40 \times 3} = 3°$；当 $m = 6$ 时，$\theta = \dfrac{360°}{40 \times 6} = 1.5°$。所以一台步进电机可以有两个步距角 3°/1.5°。

第 10 章
继电接触器控制系统

> 继电接触器控制系统是指采用继电器、接触器及按钮等控制电器来实现对电动机或其他电气设备的接通或断开等操作的自动控制系统。
> 本章主要介绍常用控制电器的功能和原理、常用控制电路以及常用保护方法。

10.1 内容要点与阅读指导

1. 常用控制电器

控制电器是对电机和生产设备进行控制和保护的电工设备或元件,一般分为手控电器和自控电器两大类。前者靠人力手控操作而动作,后者靠控制条件(信号或参数)变化而自动动作。

(1) 手控电器。

常用的有闸刀开关、组合开关(又称转换开关)、按钮等。

① 闸刀开关:是开关中最简单最常用的一种,通常在电流不大的线路里可直接用于接通或切断电源。按极数不同,分为单极(单刀)、双极(双刀)和三极(三刀)三种,一般额定电压在 500 V 以内,额定电流在 60 A 以内。安装时电源线应接在静刀座上。切断较大电流负载时应注意避免被产生的电弧烧伤。

② 组合开关:是一种通过手柄旋转作用进行通断控制的刀开关。一般有彼此绝缘的多对动触片和静触片,旋转手柄一定角度,可使一些触片接通,另一些触片断开,因而可同时分别接通或切断相应的电路。常用来作为电源引入开关,也可用来对小容量电动机进行直接起动和停止控制。一般分单极、双极、三极和四极几种,额定持续电流在 100 A 以内,额定电压在 500 V 以内。

③ 按钮:是一种"发令"电器,常用来接通或断开控制电路(其中电流很小),以控制电动机或其他电气设备的运行。其中有动触点和静触点。未按动时原本就接通、按动后断开的触点称为动断触点或常闭触点;未按动时原本断开、按动后接通的触点称为动合触点或常开触点。同时具有一对动合触点和一对动断触点的按钮称为复合按钮。选用时有触点额定电流和额定电压两个主要指标。

(2) 自控电器。

常用的有接触器、中间继电器、时间继电器、热继电器、熔断器、空气断路器(自动空气开关)和行程开关等。

① 接触器:是利用电磁铁线圈通电后产生的电磁吸力带动触点接通或断开的电器。常用于接通或断开电动机或其他设备的主电路。主要由电磁铁和触点两个主要部分构成。其中触点包括主触点(动合型,通过电流较大,接于主电路)和辅助触点(动合或动断型,通过电流较小,接于控制电路);依照电磁铁励磁电压交、直流性质的不同分为交流型和直流型两类。选用时应注意主触点和辅助触点的额定电流、线圈电压以及触点数量等。

② 中间继电器:结构与原理与接触器相同,电磁系统较小,触点较多。通常用于中间传递信号或同时把信号传给数个有关的控制元件以控制多个电路,也可直接用来控制小容量电动机或其他电气执行元件。选用时主要考虑交流或直流型、电压等级、触点(动合和动断)数量及触点的电流容量。

③ 时间继电器:是一种能延缓触点接通或断开的电器,由电磁铁吸引线圈、触点系统和触点延时机构组成。分为通电延时式和断电延时式两类(对应触点见题解表10.01)。结构有空气式、电磁式、电子式等。主要技术指标有线圈额定电压、触点电流容量、触点数量和种类、延时调节时间等。其各种触点常用于对时间有要求的控制电路中。

④ 热继电器:是利用电流的热效应而动作的电器,主要由热元件、动断触点和复位机构组成。热元件接在电动机主电路中,当其中持续流过的电流超过容许值一定时间后,双金属片变形导致串联在控制电路中的动断触点断开,使接触器线圈断电,从而断开电动机的主电路,实现过载保护。其主要技术数据为整定电流,按所控制的电动机额定电流选择,并可通过自身的"整定电流调节装置"调节。

⑤ 熔断器:是最简便而有效的短路保护电器,当发生短路或严重过载时,其中的熔丝或熔片应立即熔断。有管式、插式和螺旋式等不同类型。主要技术数据为额定熔断电流。选择方法一般为确定额定熔断电流 I_{NFU}。

(a) 照明负载: $I_{\text{NFU}} \geq \sum$ 同一支线上所有电灯工作电流

(b) 电动机: 单台电动机不频繁起动时 $I_{\text{NFU}} \geq \dfrac{\text{电动机起动电流}}{2.5}$

单台电动机频繁起动时 $I_{\text{NFU}} \geq \dfrac{\text{电动机起动电流}}{1.6 \sim 2}$

多台电动机合用时 $I_{\text{NFU}} \geq (1.5 \sim 2.5) \times$ 容量最大的电动机的额定电流 + 其余电动机的额定电流之和

⑥ 空气断路器(自动空气开关):是一种能实现短路、过载和失压保护的多功能低压保护电器。它通过手动操作机构闭合,当发生严重过载或短路故障,以及电压严重下降或断电时,主触点自动断开。主要用于电源的接通和分断。按极数可分为单极、双极、三极和四极,额定电流容量可在 4~5 000 A 之间依照负载需要的分断能力来选择。

⑦ 行程开关(限位开关):结构类似于按钮,有一副动合触点和一副动断触点,靠运动部件机械力碰压而动作。常用于行程和限位控制电路。

2. 常用控制线路

常用控制线路是构成各种应用电路的基础,分为常用主电路和常用控制电路。

(1) 常用主电路

① 直接起动主电路:通过接触器三相主触点的闭合将三相交流电源加到电动机三相定子绕组上,电动机通电转动。主电路中一般包括三极刀开关(或组合开关)、熔断器、接触器主触点、热继电器的热元件、电动机三相定子绕组。小功率电动机可直接起动。

② 正反转主电路：组成部分与直接起动主电路相同，不同的是接有两组接触器的主触点——一组用于将电源以正相序加给电动机定子绕组，实现正向转动；另一组用于将电源以负相序加给电动机定子绕组，实现反向转动。两组通过调换主触点任意一侧的两根接线完成换相。两组主触点由各自的接触器线圈的通电和断电来控制其开闭。在任一瞬间两组主触点不能同时闭合，否则将造成电源短路。

③ Y-Δ换接起动主电路：用于定子绕组工作时为Δ形接法的较大功率电动机的起动，比直接起动主电路多两组接触器主触点——一组闭合时将定子绕组接成Y形接法，进行降压起动；另一组闭合时将定子绕组换接成Δ形接法，进行正常工作。两组主触点闭合与断开有先后次序和时间间隔，不允许同时闭合。

(2) 常用控制电路

① 直接起动控制电路：包括起、停按钮，接触器线圈，热继电器动断触点，接触器自锁触点。用于完成对接触器线圈的通电、断电控制，是最基本的控制电路。

② 正反转控制电路：对正、反转两个接触器线圈进行通电和断电控制。在正、反转直接起动控制电路基础上双向对方回路中串联本回路起动按钮的动断触点和接触器的动断触点以实现机械互锁和电气互锁，保证正、反两接触器线圈不能同时通电。

③ 时间控制电路：通过时间继电器各类触点的延时动作实现对不同控制电路的接通或断开的延时控制。通电延时或断电延时，动合触点或动断触点的选择要根据具体控制要求进行。

④ 行程控制电路：依靠行程开关触点的动合或动断实现对控制电路接通或断开的控制，常与正反转控制电路相结合。

⑤ 顺序控制电路：通过接触器和其他继电器辅助动合、动断触点的适当连接实现不同控制电路或控制元件通断的先后次序控制。

3．常用控制保护

(1) 短路保护：通过熔断器熔断或空气断路器跳开动作实现当线路中有短路故障时自动切断电源与电路连接的作用。

(2) 过载保护：通过热继电器或空气断路器实现线路长时间流过过载电流时自动切断电源与电路的连接。

(3) 零压保护：通过接触器自锁触点或空气断路器实现电源断电后恢复送电时，线路需重新按起动按钮或重新合闸才能工作的功能。

(4) 联锁保护：通过机械触点（按钮或行程开关）或电气触点（接触器或继电器）实现对某些控制电路通电、断电的制约。

常用电机与电器的电气图形符号列于题解表 10.01 中。

题解表 10.01　常用电机、电器的图形符号

名称	电气图形符号	名称	电气图形符号
三相笼型异步电动机	$\overset{M}{3\sim}$	三相绕线转子异步电动机	$\overset{M}{3\sim}$

续表

名称		电气图形符号	名称		电气图形符号
直流电动机			接触器吸引线圈 继电器吸引线圈		
单相变压器			接触器主触点		
开关	三极		接触器 继电器	接触器辅助触点 继电器触点	动合触点
					动断触点
	两极			时间继电器触点	动合延时闭合
					动合延时断开
	单极				动断延时闭合
					动断延时断开
熔断器			行程开关	动合触点	
信号灯				动断触点	
按钮	动合触点 (常开触点)		热继电器	热元件	
	动断触点 (常闭触点)			动断触点	

10.2 基本要求

1. 了解常用控制电器的基本结构、工作原理、控制作用以及电路符号。
2. 掌握三相异步电动机的直接起动控制、正反转控制、时间控制、行程控制等基本控制电路。
3. 掌握自锁和互锁的概念、作用和应用方法。
4. 掌握短路保护、过载保护、零压(失压)保护的作用和实现方法。
5. 理解点动、Y-Δ换接起动、能耗制动等应用电路的控制方法。
6. 能够分析和读懂简单继电接触器控制电路,理解控制过程。
7. 能够根据功能要求设计和绘制简单的控制电路,并具有一定的选择控制电器的能力。

10.3 重点与难点

1. 重点

(1) 常用控制电器工作原理、控制作用、电路符号。

(2) 自锁与互锁的作用与应用方法。

(3) 常用基本控制电路——三相异步电动机的直接起动和正反转控制、时间控制、行程控制、顺序控制电路。

(4) 三种基本保护——短路、过载、零压(失压)保护的作用与实现方法。

2. 难点

(1) 时间继电器的正确使用和时间控制。

(2) 较复杂的顺序控制过程的电路实现。

(3) Y-△换接起动控制。

10.4 知识关联图

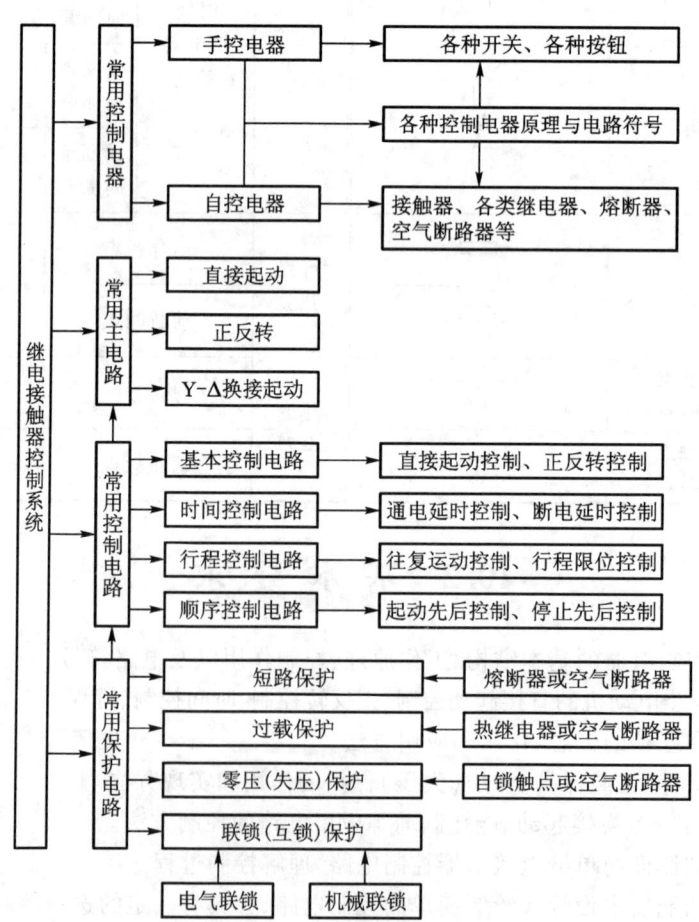

10.5 【练习与思考】题解

10.2.1 为什么热继电器不能做短路保护？为什么在三相主电路中只用两个(当然用三个也可以)热元件就可以保护电动机？

解： 由热继电器的结构和工作原理可知,它是利用电流的热效应而工作的。当接于主电路的热元件中流过的电流超过容许值并经过一定的时间后(热惯性),不同线膨胀系数的双金属片受热弯曲变形使扣板脱钩,从而使其动断触点(串联于控制电路中)断开,接触器线圈断电,电动机主电路断开,从而实现过载保护。由于热继电器具有热惯性,电动机起动或短时间过载时,它不会动作,可以避免电动机的不必要停车。当电动机发生短路故障时,短路电流在很短的时间内达到很大数值,要求迅速切断电源以保护电动机。但这么短的时间内热元件的热积累还不足以使双金属片变形来带动触点动作。所以热继电器不能满足电路发生短路故障时瞬间立即断电的要求,因而不能用于短路保护。

热继电器有两相结构和三相结构。对于两相结构,其两个热元件分别串联在主电路的任意两相中,当电动机过载或任意一相中的熔断器熔断后作单相运行时,有两个或至少一个热元件中通有电流,电动机因此可以得到过载保护。为了更可靠地保护电动机,热继电器做成三相结构,即将三个热元件分别串联在各相中,每一个热元件中都通有电流。

10.2.2 什么是零压保护？用闸刀开关起动和停止电动机时有无零压保护？

解： 所谓零压(或失压)保护是指当电源断电或电压严重降低时,接触器的线圈失电,电磁铁释放使主触点断开,电动机自动从电源切除停转。并且当电源重新恢复供电或电源电压恢复正常时,如果不重新按起动按钮,则电动机不能自行起动(因用于自锁的动合触点已断开)。

如果未采用继电接触器控制而是直接用闸刀开关或组合开关进行手动起停控制时,则没有零压保护功能。由于在停电时没有及时断开开关,当电源电压恢复时,电动机会自行起动,容易造成事故。

10.2.3 试画出能在两处用按钮起动和停止电动机的控制电路。

解： 设 SB_{11} 和 SB_{21}、SB_{12} 和 SB_{22} 分别为安装在甲、乙两地的停车按钮和起动按钮,则两地起停控制电路如题解图 10.01 所示。

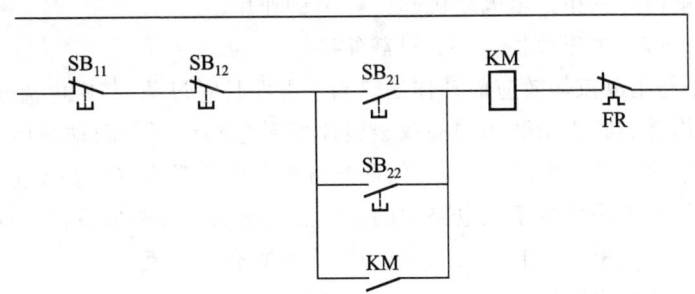

题解图 10.01　练习与思考 10.2.3 的解

10.2.4 在 220 V 的控制电路中,能否将两个 110 V 的继电器线圈串联使用？

解： 不能。因为两个接触器的额定电压虽然同为 110 V,但它们的线圈阻抗不会完全相等,如果其中一个先动作,它的线圈阻抗急剧增大,将使电路中的电流减小很多,不足以使另一个继电器动作。

10.5.1 通电延时与断电延时有什么区别？时间继电器的四种延时触点(表10.6.2)是如何动作的？

解：通电延时是指当时间继电器线圈通电时,其触点(动合或动断)延时动作；断电延时是指当时间继电器线圈断电时,其触点(动合或动断)延时动作。时间继电器的四种延时触点动作见题解表10.02。

题解表10.02 练习与思考10.5.1的表

时间继电器 触点性质	时间继电器 触点名称	时间继电器 触点符号	时间继电器 触点动作过程
通电延时	动合延时闭合触点		当线圈通电时,延迟一定时间后闭合 当线圈断电时,立即断开
通电延时	动断延时断开触点		当线圈通电时,延迟一定时间后断开 当线圈断电时,立即闭合
断电延时	动合延时断开触点		当线圈通电时,立即闭合 当线圈断电时,延迟一定时间后断开
断电延时	动断延时闭合触点		当线圈通电时,立即断开 当线圈断电时,延迟一定时间后闭合

10.6 【习题】题解

A 选 择 题

10.1.1 热继电器对三相异步电动机起(　　)的作用。
（1）短路保护　（2）欠压保护　（3）过载保护

解：热继电器是利用电流热效应而动作的。当主电路长时过载,其中电流超过容许值一定时间后才使热继电器内部热膨胀系数不同的双金属片变形弯曲从而带动动断触点断开,切断主电路。电路发生短路事故时要求电路立即断开,而热继电器由于具有热惯性不能立即动作,故不能用作短路保护。欠压保护是靠接于主电路中的主触点失电后断开来实现的。应该选择(3)。

10.1.2 选择一台三相异步电动机的熔丝时,熔丝的额定电流(　　)。
（1）等于电动机的额定电流
（2）等于电动机的起动电流
（3）大致等于（电动机的起动电流）/2.5

解：用于电动机短路保护的熔丝选择一般按照

$$熔丝电流 \geq \frac{电动机起动电流}{2.5}$$

故应选择(3)。

10.2.1 在图10.01中,图( )是正确的。图中:SB_1是停止按钮;SB_2是起动按钮。

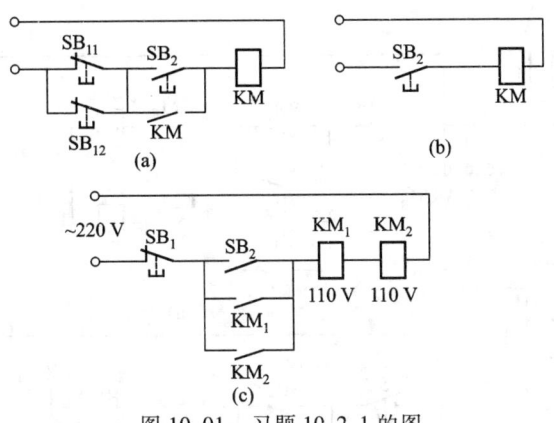

图 10.01 习题 10.2.1 的图

解:图10.01(a)中SB_{11}与SB_{12}并联使得停车无法进行;(c)中线圈KM_1与KM_2串联接法是不允许的(参见练习与思考10.5.1);(b)可实现点动。故应选择(b)。

10.2.2 在电动机的继电接触器控制线路中零压保护是( )。

(1) 防止电源电压降低后电流增大,烧坏电动机
(2) 防止停电后再恢复供电时,电动机自行起动
(3) 防止电源断电后电动机立即停车而影响正常工作

解:应选择(2)。

10.3.1 在图10.3.2和图10.4.2中的联锁动断触点KM_F和KM_R的作用是( )。

(1) 起自锁作用
(2) 保证两个接触器不能同时动作
(3) 使两个接触器依次进行正反转运行

解:图10.3.2和图10.4.2中联锁动断触点KM_F和KM_R保证在同一时间正转回路和反转回路只能有一个是闭合的。自锁作用靠动合触点KM_F和KM_R完成。两个接触器依次进行的正、反转运行是靠正、反转起动按钮SB_F和SB_R交替按下或起点和终点的行程开关SQ_a和SQ_b被触碰实现。故应选择(2)。

B 基 本 题

10.2.3 试画出三相笼型电动机既能连续工作、又能点动工作的继电接触器控制线路。

解:满足题意要求的主电路和控制电路如题解图10.02所示。其中,SB_2是使电动机连续工作的起动按钮,SB_3是双联复合按钮,用于点动工作。按下SB_3时,线圈KM通电,主触点KM闭合,电动机起动,串联于自锁触点KM支路的SB_3动断触点断开,自锁作用失效;松开SB_3时,线圈KM断电,主触点断开,电动机停车,因此实现了点动工作。

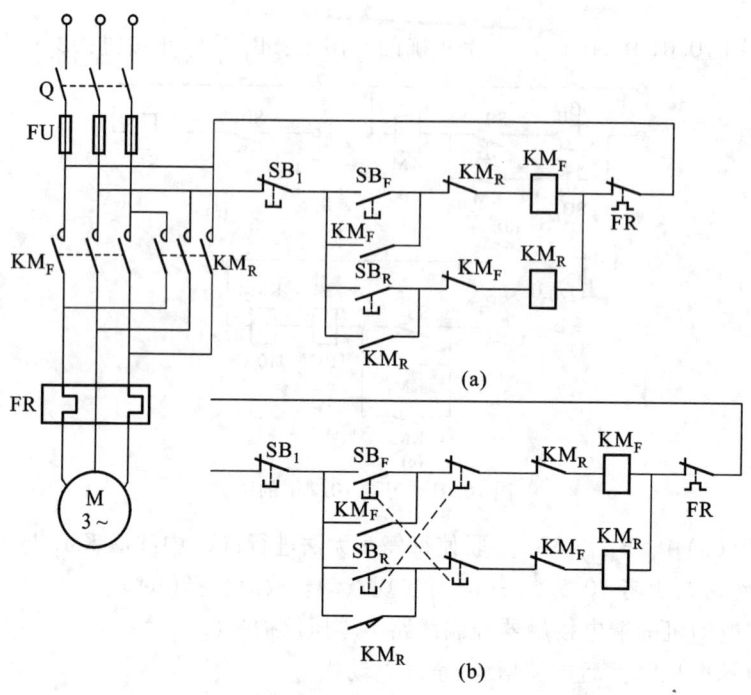

图 10.3.2 笼型电动机正反转的控制线路

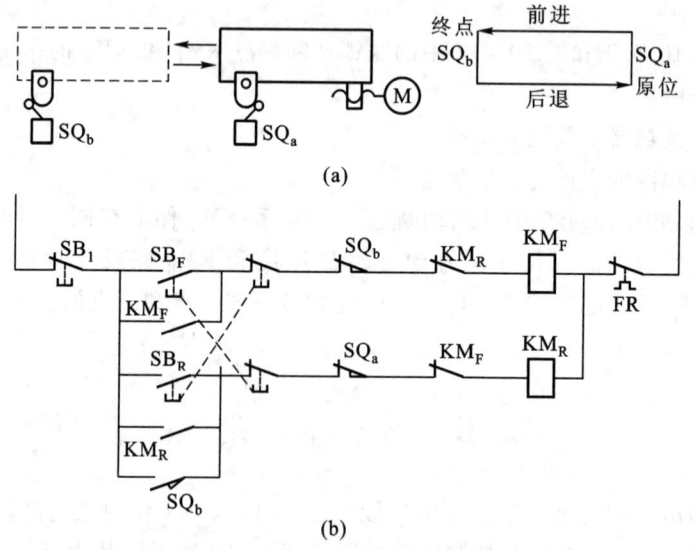

图 10.4.2 用行程开关控制工作台的前进与后退
(a) 示意图；(b) 控制电路

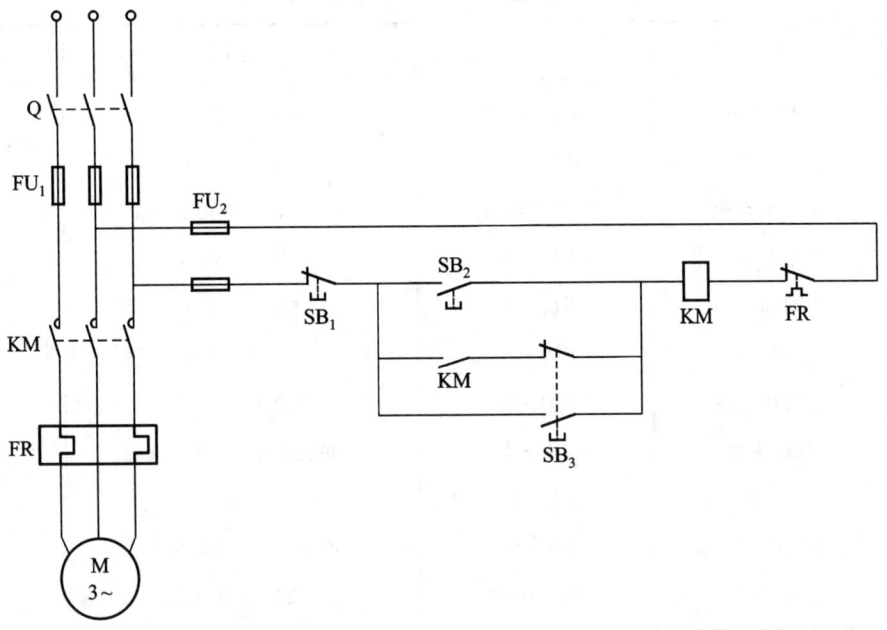

题解图 10.02　习题 10.2.3 的解

10.2.4　某机床的主电动机(三相笼型)为 7.5 kW,380 V,15.4 A,1 440 r/min,不需正反转。工作照明灯是 36 V,40 W。要求有短路、零压及过载保护。试绘出控制线路并选用电气元件。

解：控制线路如题解图 10.03 所示。线路中各电气元件的参考型号与规格见题解表 10.03。

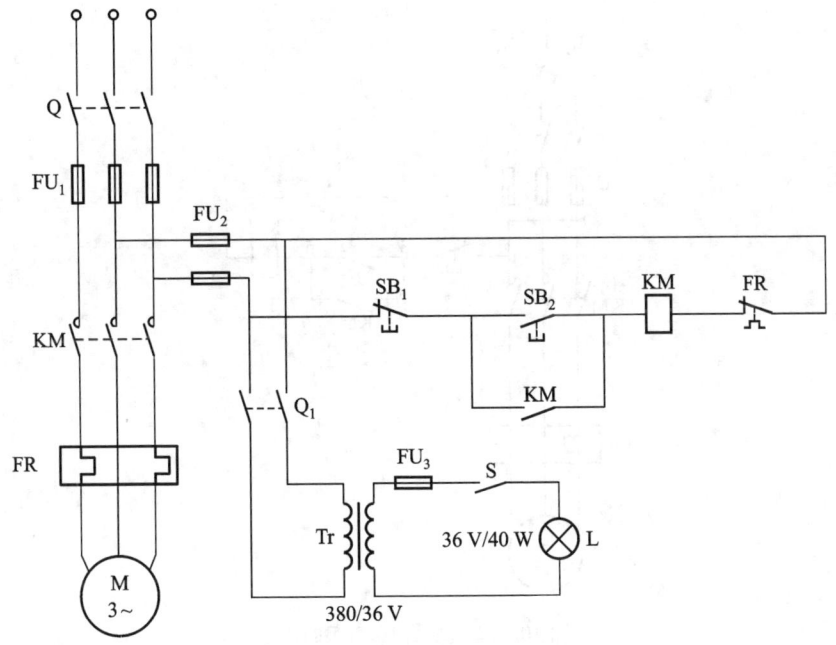

题解图 10.03　习题 10.2.4 的解

题解表 10.03 习题 10.2.4 的表

代号	电气元件名称	型号	规格	数量
Q	三相组合开关	$HZ_2-25/3$	500 V 25 A	1
Q_1	双刀单掷开关	$HZ_2-5/2$	500 V 5 A	1
M	主轴电动机	Y132M-4	7.5 kW 1 440 r/min	1
FU_1	熔断器	RL_1-60	500 V 50 A	3
FU_2	熔断器	RL_1-15	500 V 4 A	2
FU_3	熔断器	RL_1-15	500 V 4 A	1
KM	交流接触器	CJO-20	380 V 20 A	1
FR	热继电器	JR_2-1	热元件电流 15.4 A	1
SB	按钮	LA_4-22	5 A	1
Tr	单相照明变压器	BK-50	50 V·A 380/36 V	1
S	照明开关	MK250-2	250 V/2 A	1

10.2.5 根据图 10.2.2 接线做实验时,将开关 Q 合上后按下起动按钮 SB_2,发现有下列现象,试分析和处理故障:(1)接触器 KM 不动作;(2)接触器 KM 动作,但电动机不转动;(3)电动机转动,但一松手电动机就不转;(4)接触器动作,但吸合不上;(5)接触器触点有明显颤动,噪声较大;(6)接触器线圈冒烟甚至烧坏;(7)电动机不转动或者转得极慢,并有嗡嗡声。

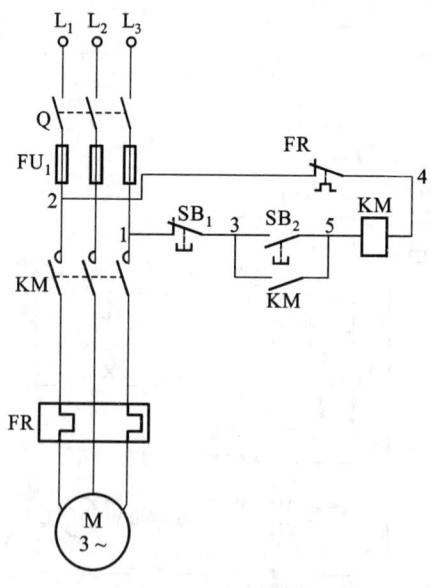

图 10.2.2 习题 10.2.5 的图

解：(1) 接触器 KM 不动作的故障原因可能有以下几种：

① 三相电源无电。

② 三相电路或控制电路中的熔断器已熔断导致控制电路不通电。

③ 停车按钮 SB_1、起动按钮 SB_2 接触不良导致控制电路不通电。

④ 控制电路中电气元件接线松动或接触不良导致控制电路不通电。

⑤ 热继电器 FR 动作后其动断触点未复位导致控制电路不通电。

(2) 接触器 KM 动作，但电动机不转动的故障原因可能有以下几种：

① 接触器主触点损坏，导致电动机定子绕组未通电。

② 接触器主触点至电动机定子绕组的接线松动、有断线或接触不良导致电动机主电路不通电。

③ 电动机本身已损坏。

(3) 电动机转动，但一松手电动机就不转，其原因自锁触点未接上（连接导线有断损或接触不良）。

(4) 接触器动作，但吸合不上，可能接触器有机械障碍或线圈获得的电压过低。

(5) 接触器触点有明显颤动，噪声较大，主要由于电磁铁的铁心端面的短路环断裂或缺失所致，也可能由于线圈获得的电压过低，导致吸力不够。

(6) 接触器线圈冒烟甚至烧坏，其原因可能有：

① 接至线圈的电源电压过高超过线圈的额定电压。

② 接触器长时间吸合不上，导致线圈电流过大、过热而烧坏。

③ 接触器线圈绝缘损坏导致匝间短路。

(7) 电动机不转动或者转得极慢，并有嗡嗡声，其原因是 L_1 相熔断器熔断导致电动机单相运行。

10.2.6 今要求三台笼型电动机 M_1，M_2，M_3 按照一定顺序起动，即 M_1 起动后 M_2 才可起动，M_2 起动后 M_3 才可起动。试绘出控制线路。

解：实现题要求的顺序起动控制电路可有多种，题解图 10.04(a)、(b) 是其中两种。(a) 中

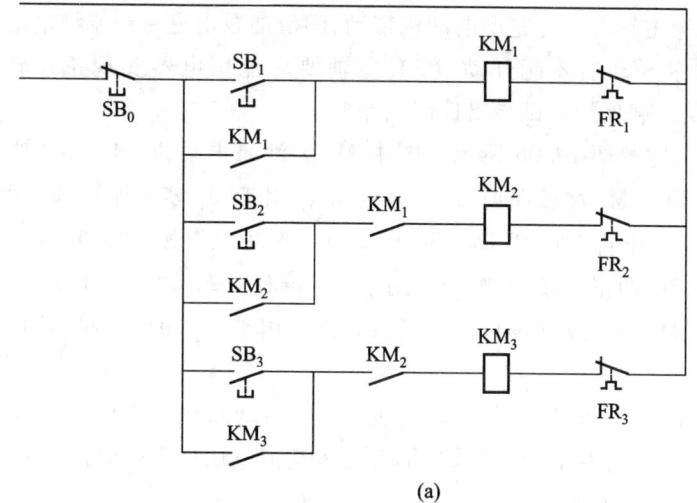

(a)

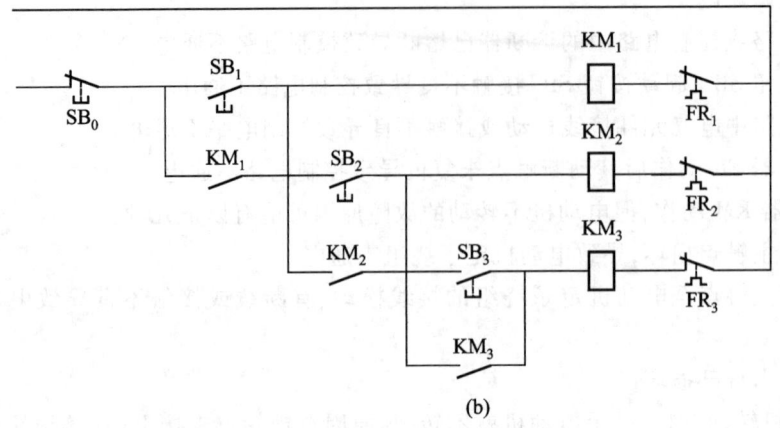

(b)

题解图 10.04 习题 10.2.6 的解

将动合触点 KM_1、KM_2 分别串联连入 KM_2 和 KM_3 线圈支路,以保证 KM_1、KM_2、KM_3 的通电顺序,从而使 M_1、M_2 和 M_3 三台电动机顺序起动。(b)中将 KM_2、KM_3 线圈支路分别连于 KM_1、KM_2 自锁触点之后,也可实现所要求的顺序起动。

10.2.7 在图 10.02 中,有几处错误?请改正。

解:图 10.02 中共有 4 处错误。

(1) 熔断器 FU 与组合开关 Q 位置接反,应互换,否则无法在断电情况下更换熔断器。

(2) 控制电路的一端 1 应接在主触点 KM 的上方(即主触点 KM 与熔断器 FU 之间),否则控制电路无法获得电源。

(3) 控制电路中的自锁触点 KM 应并联在起动按钮 SB_2 的两端,否则停车按钮 SB_1 将失去停车控制作用。

(4) 控制电路中缺少应串联于其中的热继电器的动断触点 FR,否则将无法实现过载保护。

改正后的控制线路如题解图 10.05 所示。

10.3.2 某机床主轴由一台笼型电动机带动,润滑油泵由另一台笼型电动机带动。今要求:(1) 主轴必须在油泵开动后才能开动;(2) 主轴要求能用电器实现正反转,并能单独停车;(3) 有短路、零压及过载保护。试绘出控制线路。

解:实现电路如题解图 10.06 所示。图中 M_1 为油泵电动机,M_2 为主轴电动机。M_1 可由 SB_1 直接起动,FR_1 用于 M_1 过载保护,自锁触点 KM_1 用于 M_1 零压保护,FU 用于 M_1 短路保护。M_2 只有在线圈 KM_1 通电自锁触点 KM_1 闭合(即 M_1 起动)后,按 SB_{2F} 或 SB_{2R} 才能起动。KM_{2F}、KM_{2R} 用于主轴电机 M_2 的正反转控制、SB_2 用于 M_2 单独停车,FR_2 用于 M_2 的过载保护,KM_{2F}、KM_{2R} 自锁触点用于 M_2 正转或反转时的零压保护,FU 用于 M_2 短路保护。FU_1、FU_2 用于控制电路的短路保护。

10.3.3 在图 10.3.2(b)所示的控制电路中,如果动断触点 KM_F 闭合不上,其后果如何?如何用(1) 验电笔,(2) 万用表电阻挡,(3) 万用表交流电压挡来查出这一故障。

解:将图 10.3.2(b)重画如下:

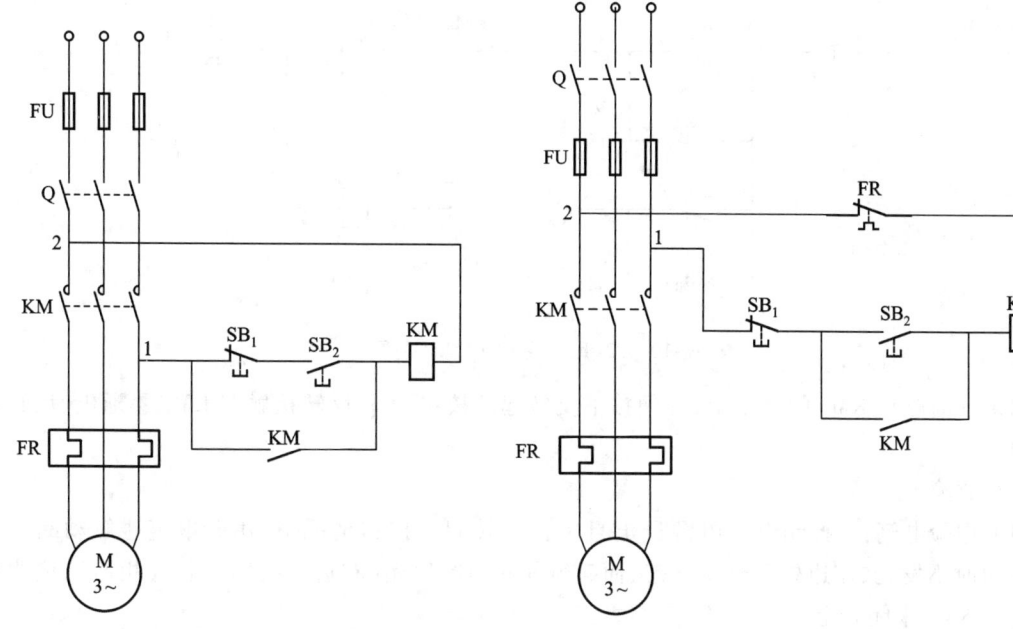

图 10.02　习题 10.2.7 的图　　　　题解图 10.05　习题 10.2.7 的解

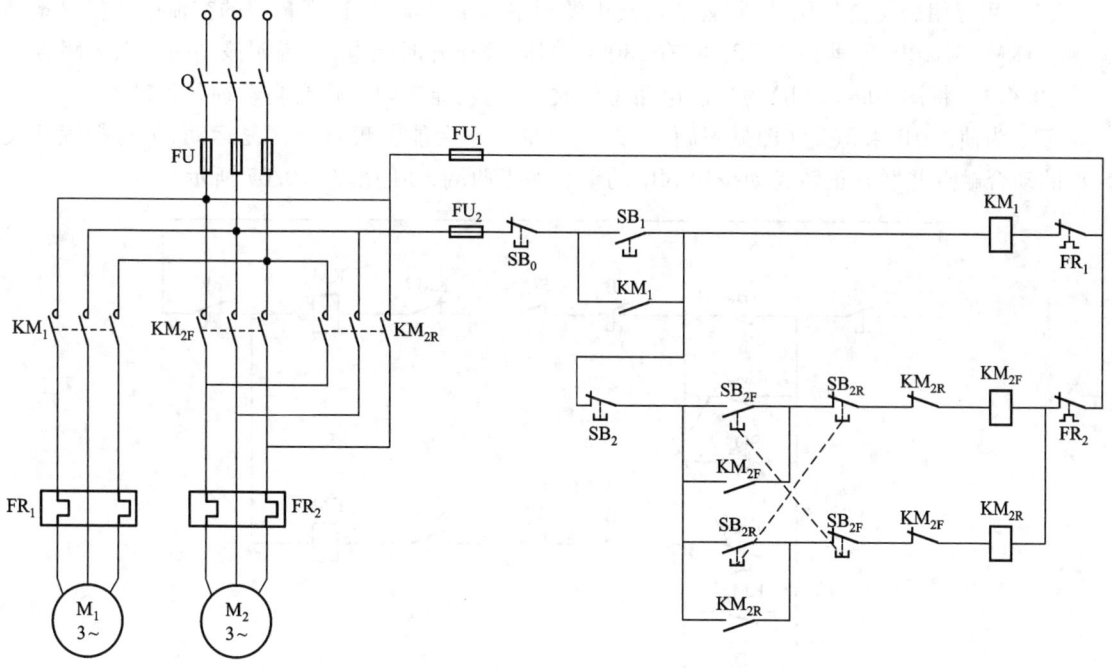

题解图 10.06　习题 10.3.2 的解

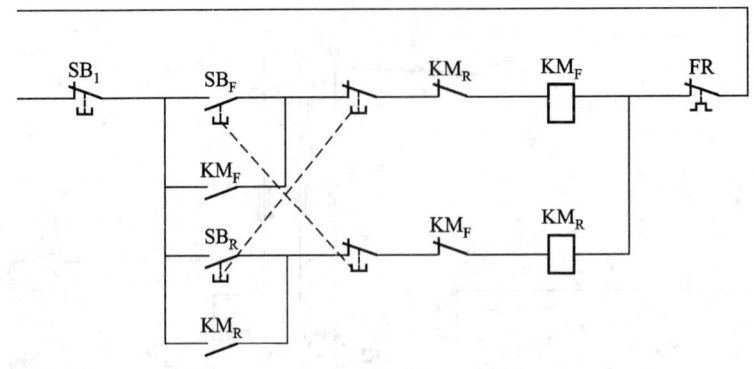

图 10.3.2(b) 习题 10.3.3 的图

如果动断触点 KM_F 闭合不上，即便按下反转起动按钮 SB_R，反转接触器 KM_R 不通电，反转不能起动。

排查故障：

（1）用验电笔：在控制电路电源通电且未按反转起动按钮情况下，用验电笔碰触动断触点 KM_F 左边时不发光，左边处于悬空状态，而碰触其右边时发光（右边经线圈与相线相通），说明该动断触点 KM_F 未闭合上。

（2）用万用表电阻挡：在控制电路电源断电的情况下，如果用万用表电阻挡测量动断触点 KM_F 两端时的电阻为无穷大，说明该动断触点未闭合。

（3）用万用表交流电压挡：在控制电路电源通电的情况下，用适当量程的交流电压挡测量动断触点 KM_F 两端电压，若按下 SB_R 时有 380 V 电压，而松开时无电压，说明该动断触点未闭合。

10.4.1 将图 10.4.2(b) 的控制电路怎样改一下，就能实现工作台自动往复运动？

解： 为使图 10.4.2(b)（图见习题 10.3.1）中的工作台能实现自动往复运动，可将行程开关 SQ_a 的动合触点并联到正转起动按钮 SB_F 的动合触点两端，如题解图 10.07 所示。

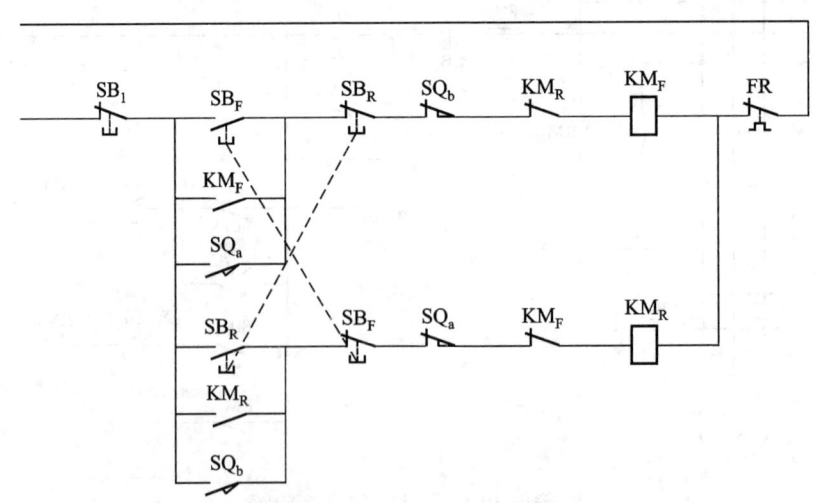

题解图 10.07 习题 10.4.1 的解

当工作台处于任意位置时,按下正转起动按钮 SB_F,电动机正转带动工作台前进;当工作台到达终点 b 时,压下行程开关 SQ_b,其动断触点断开、动合触点闭合,电动机正转停止,同时反转起动,带动工作台后退;当工作台退到起点 a 时,压下行程开关 SQ_a,其动断触点断开、动合触点闭合,电动机反转停止,同时正转起动,带动工作台再次前进……如此不断循环,从而实现了工作台自动往复运动。

只有按下停止按钮 SB_1 时,电动机才会停车,工作台运动停止。

10.4.2 在图 10.03 中,要求按下起动按钮后能顺序完成下列动作:(1)运动部件 A 从 1 到 2;(2)接着 B 从 3 到 4;(3)接着 A 从 2 回到 1;(4)接着 B 从 4 回到 3。试画出控制线路。(**提示**:用四个行程开关,装在原位和终点,每个有一动合触点和一动断触点。)

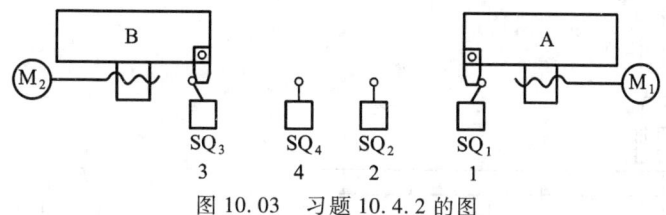

图 10.03 习题 10.4.2 的图

解:由于工作台 A、B 的前行和后退是通过电动机 M_1 和 M_2 的正反转来实现的,因此需要使用四个接触器。而 A、B 各有起点和终点,所以需用四个行程开关。

实现题意要求的控制电路如题解图 10.08 所示。M_1、M_2 的主电路为正反转电路,主触点分别为 KM_{1F}、KM_{1R} 和 KM_{2F}、KM_{2R},图略。

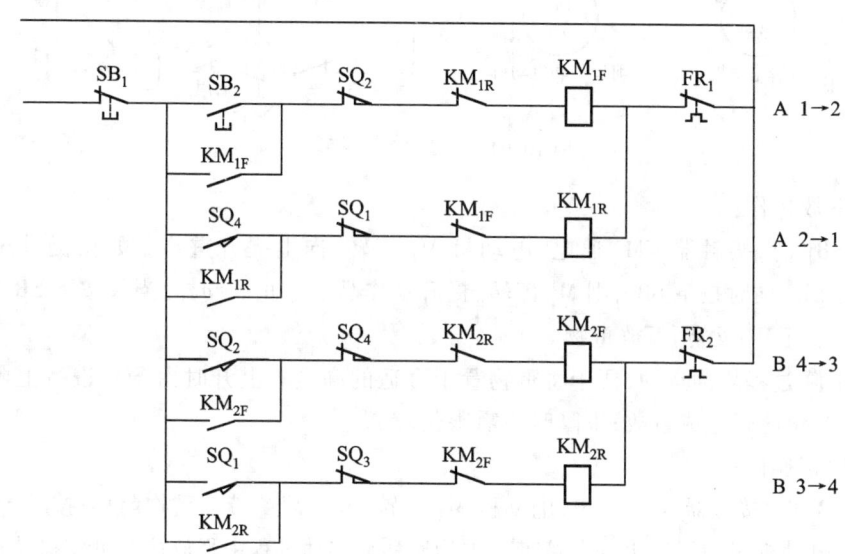

题解图 10.08 习题 10.4.2 的解

按下起动按钮 SB_2,M_1 的正转接触器 KM_{1F} 通电,M_1 正转,运动部件 A 从位置 1 向位置 2 运动;当 A 运动到位置 2 时,压下行程开关 SQ_2,其动断触点断开、动合触点闭合,使 M_1 正转回路断电,正转停止,A 停在位置 2 处,同时 M_2 正转接触器 KM_{2F} 通电,M_2 正转,运动部件 B 从位置 3 向位置 4 运动;当 B 运动到位置 4 时,压下行程开关 SQ_4,其动断触点断开、动合触点闭合,使 M_2 正转回路断电,正转停止,B 停在位置 4 处,同时 M_1 反转接触器 KM_{1R} 通电,M_1 反转,运动部件 A 从位置 2 向位置 1 返回运动;当 A 运动到位置 1 时,压下行程开关 SQ_1,M_1 反转停止,A 停于位置 1 处,同时 M_2 反转,运动部件 B 从位置 4 向位置 3 返回运动;当 B 运动到位置 3 时,压下行程开关 SQ_3,M_2 反转停止,B 停于位置 3 处,整个工作完成一个循环。

如果 B 返回到位置 3 后,需要使下一个工作循环自动开始,可将 SQ_3 的动合触点与起动按钮 SB_2 的两端相并联。

10.4.3 图 10.04 所示是电动葫芦(一种小型起重设备)的控制线路,试分析其工作过程。

解:电动葫芦对重物的升降和前后移动操作分别由两台电动机 M_1 和 M_2 的正反转电路完成。正反转控制通过机械(双联复合按钮)和电气(接触器动断触点)进行互锁。

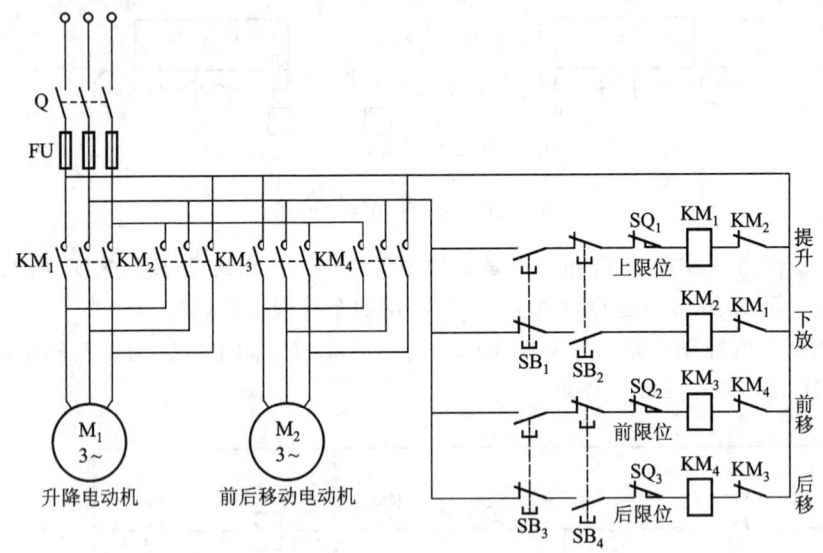

图 10.04 习题 10.4.3 的图

提升和下放操作:

当按下 SB_1 时,接触器 KM_1 通电,电动机 M_1 正转,向上提升重物。如在提升过程中松开 SB_1 或不松开 SB_1 同时按下 SB_2,则 M_1 停转,提升动作马上停止。同样,当仅按下 SB_2 时,接触器 KM_2 通电,电动机 M_2 反转,下放重物。

上升和下降过程均为点动,便于将重物置于合适的高度。上升时由 SQ_1 进行上限位行程控制,以免重物升位超限造成事故;下降时不需限位。

前移和后移操作:

当按下 SB_3 时,接触器 KM_3 通电,电动机 M_2 正转,电动葫芦带动重物前移;按下 SB_4 时,接触器 KM_4 通电,电动机 M_2 反转,电动葫芦带动重物后移。移动过程中释放按钮可使移动随时停止。

前移和后移过程亦为点动,便于将重物移至合适的位置。前后移动时通过前、后限位行程开关 SQ_2、SQ_3 进行限位保护。当移至极限位置时,电动机自动停车。

两台电动机皆为短时运行,可不加过载保护用热继电器。如若操作者发现超载使电动机转不起来,立刻松开按钮即可。

升降和前后移动过程可通过双手按动按钮同时进行,操作便利。

10.5.1 根据下列五个要求,分别绘出控制电路(M_1 和 M_2 都是三相笼型电动机):(1) 电动机 M_1 先起动后,M_2 才能起动,M_2 并能单独停车;(2) 电动机 M_1 先起动后,M_2 才能起动,M_2 并能点动;(3) M_1 先起动,经过一定延时后 M_2 能自行起动;(4) M_1 先起动,经过一定延时后 M_2 能自行起动,M_2 起动后,M_1 立即停车;(5) 起动时,M_1 起动后 M_2 才能起动;停止时,M_2 停止后 M_1 才能停止。

解:根据控制要求,可分别画出相应控制电路如题解图 10.09(a)、(b)、(c)、(d)、(e) 所示。

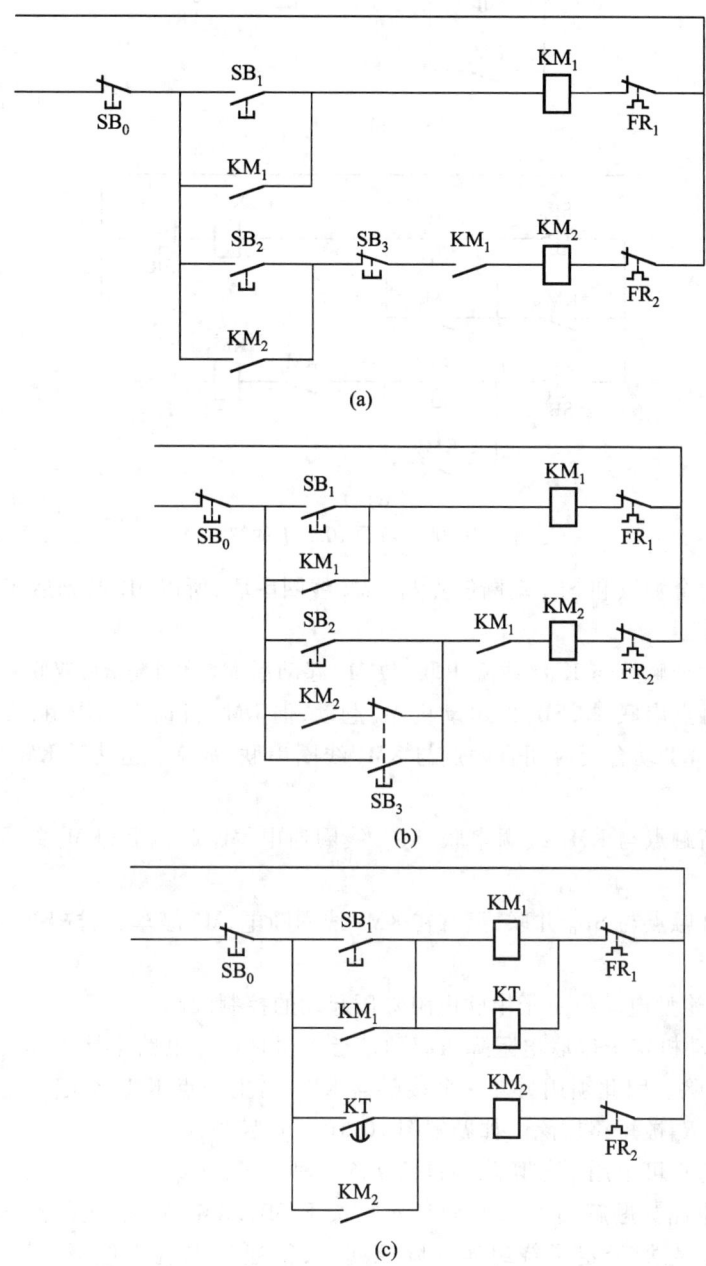

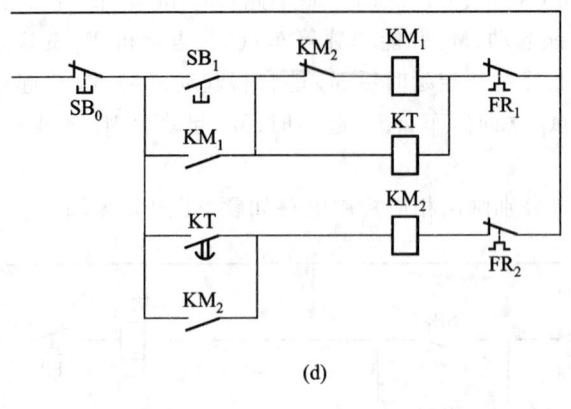

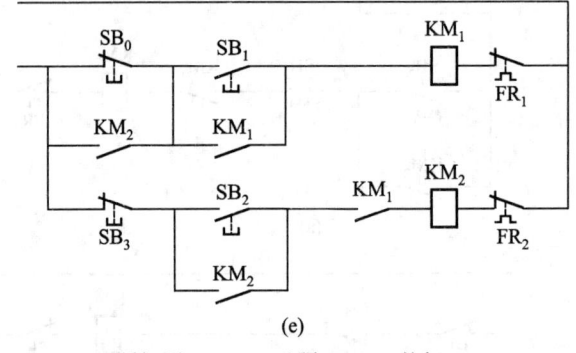

题解图 10.09　习题 10.5.1 的解

(1) 由于 KM_1 动合触点和 SB_3 动断触点与 KM_2 线圈串联，所以 M_1 起动后 M_2 才能起动，按 SB_3 能使 M_2 单独停车。

(2) 由于 KM_1 动合触点与 KM_2 线圈串联，故 M_1 起动后 M_2 才能起动；双联复合按钮 SB_3 动断触点与 KM_2 自锁触点串联，按 SB_3 时电动机 M_2 起动，但 KM_2 自锁不起作用，故 M_2 为点动。

(3) 时间继电器 KT 动合延时闭合触点与 KM_2 线圈串联，故 M_1 起动后 KM_2 线圈延时通电使 M_2 起动。

(4) 将 KM_2 动断触点与 KM_1 线圈串联，KM_2 线圈通电，M_2 起动后，KM_1 线圈断电 M_1 立刻停车。

(5) 将 KM_2 动合触点与 SB_0 并联，只有在 KM_2 线圈断电，M_2 停车后，按 SB_0 才能使 KM_1 线圈断电，M_1 停车。

10.5.2　试画出笼型电动机定子串联电阻降压起动的控制线路。

解：笼型异步电动机定子串联电阻降压起动是指起动时在主电路中接入起动电阻 R_{st}，待起动过程结束后将其切除。因此须用另外一个接触器 KM_2 的主触点 KM_2 与起动电阻 R_{st} 相并联，当其闭合时起动电阻 R_{st} 被短路切除。如题解图 10.10 主电路所示。

起动电阻 R_{st} 的切除可采用手控切除和自控切除两种方式。

手控方式：控制电路如题解图 10.10(a)所示。按下 SB_2，KM_1 通电，主触点 KM_1 闭合，三相交流电经过起动电阻 R_{st} 加于定子绕组实现降压起动，待起动电流降低，经过一定时间后，按 SB_3，KM_2 接通，起动电阻 R_{st} 被短路而切除，起动过程结束。

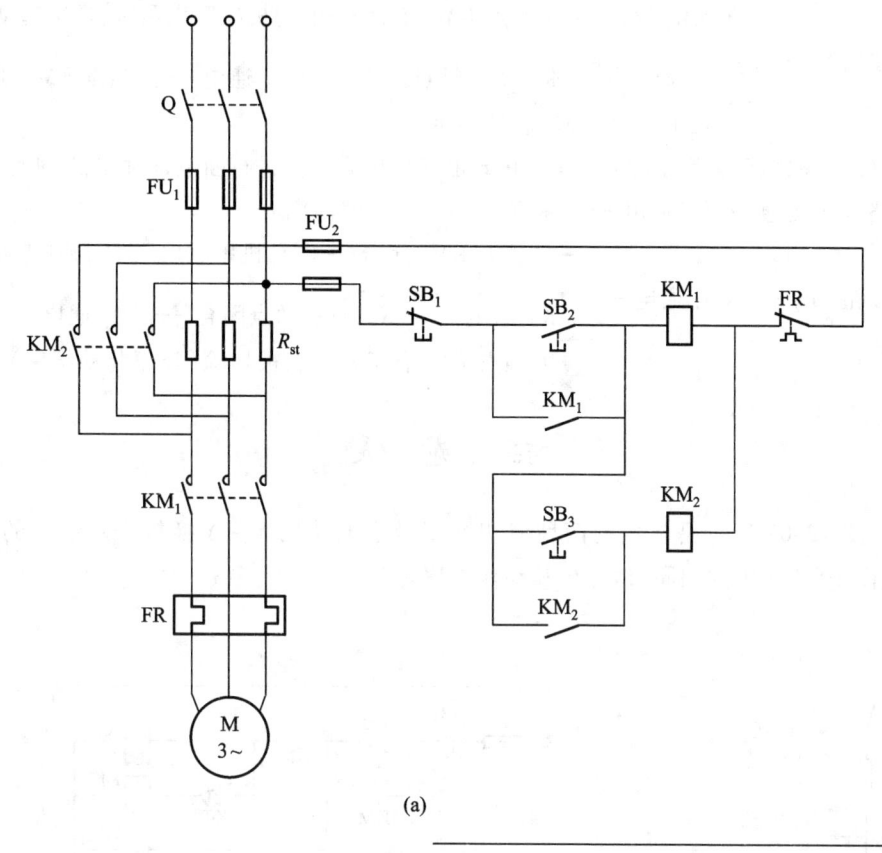

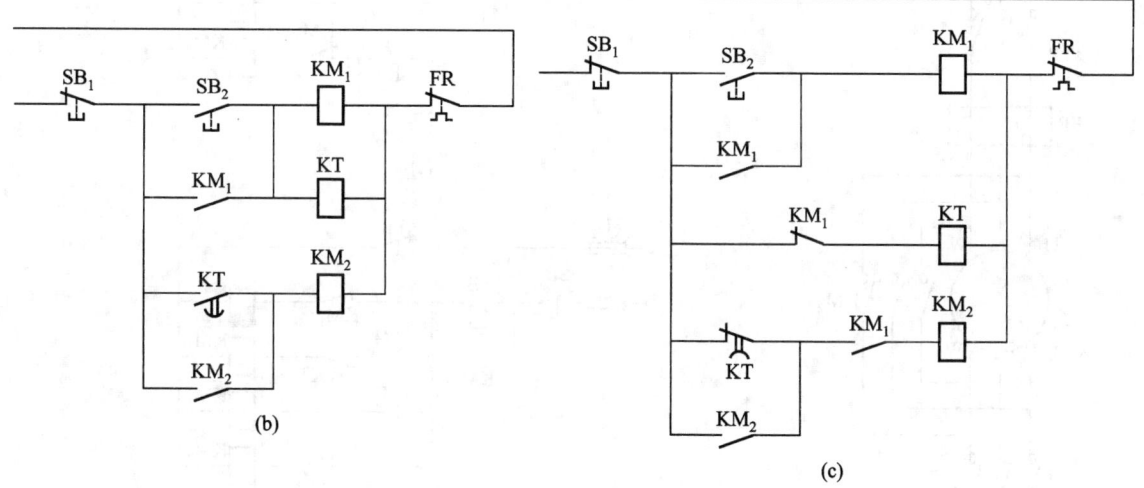

题解图 10.10　习题 10.5.2 的解

手控方式中何时按 SB_3 将 R_{st} 切除,需要相当的经验,否则难以保证使起动时间和起动电流限制在规定范围内,一般情况下不推荐使用。

自控方式:控制电路如题解图 10.10(b) 和 (c) 所示,降压起动时间由时间继电器 KT 控制。

题解图 10.10(b) 电路采用了时间继电器的动合延时闭合触点进行通电延时控制,过程如下:

· 275 ·

$$\text{按起动按钮 SB}_2 \begin{cases} \text{KM}_1 \text{ 通电} \longrightarrow \text{主触点 KM}_1 \text{ 闭合} \longrightarrow \text{电动机串联电阻 } R_{st} \text{ 降压起动} \\ \text{KT 通电} \xrightarrow{\text{延时}} \text{KT 动合触点闭合} \longrightarrow \text{KM}_2 \text{ 通电} \longrightarrow \text{主触点 KM}_2 \text{ 闭合} \longrightarrow \\ R_{st} \text{ 被切除（降压起动结束）} \end{cases}$$

题解图 10.10(c)电路采用了时间继电器的动断延时闭合触点进行断电延时控制,过程如下:

控制电路电源接通 $\longrightarrow$ KT 通电 $\longrightarrow$ 动断延时闭合触点瞬时断开

$$\text{按起动按钮 SB}_2 \longrightarrow \text{KM}_1 \text{ 通电} \begin{cases} \text{主触点 KM}_1 \text{ 闭合} \longrightarrow \text{电动机串联电阻 } R_{st} \text{ 降压起动} \\ \text{KT 断电} \xrightarrow{\text{延时}} \text{KT 动断触点闭合} \longrightarrow \text{KM}_2 \text{ 通电} \longrightarrow \\ \text{主触点 KM}_2 \text{ 闭合} \longrightarrow R_{st} \text{ 被切除（降压起动结束）} \end{cases}$$

C 拓 宽 题

10.5.3 图 10.05 所示是常用的两种三相笼型异步电动机 Y-△ 换接降压起动的控制电路,主电路和图 10.5.3 中的相同,请分析其动作次序。

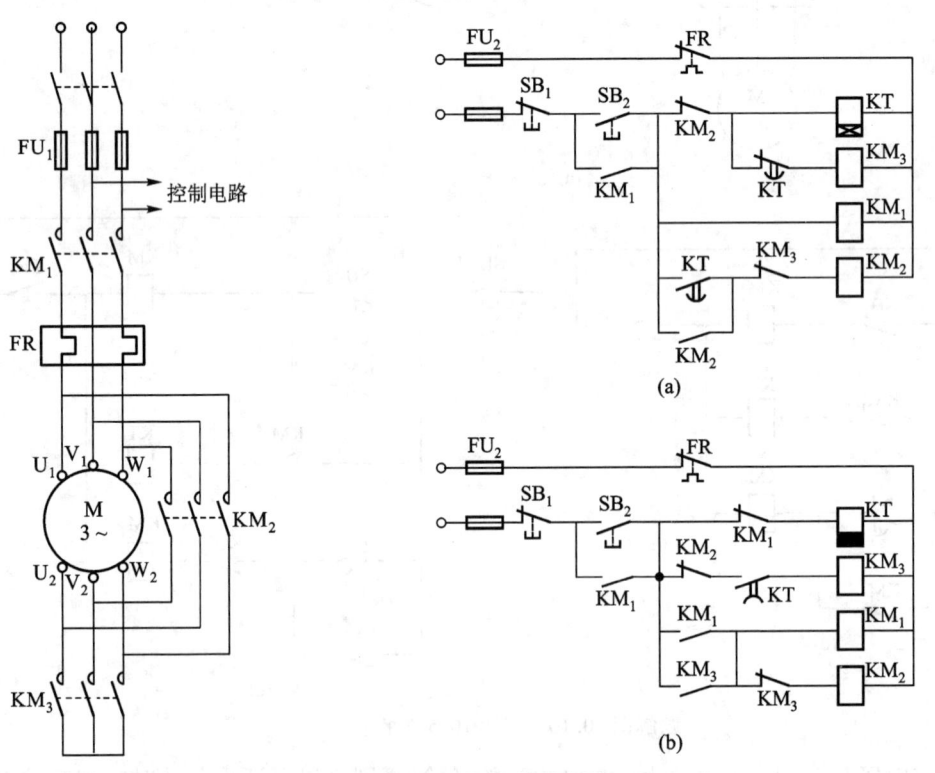

图 10.5.3   图 10.05 两种三相笼型异步电动机 Y-△ 换接起动的控制电路

解：图 10.05(a)、(b)所示两种三相笼型异步电动机 Y-△ 换接起动控制电路的动作次序如下：

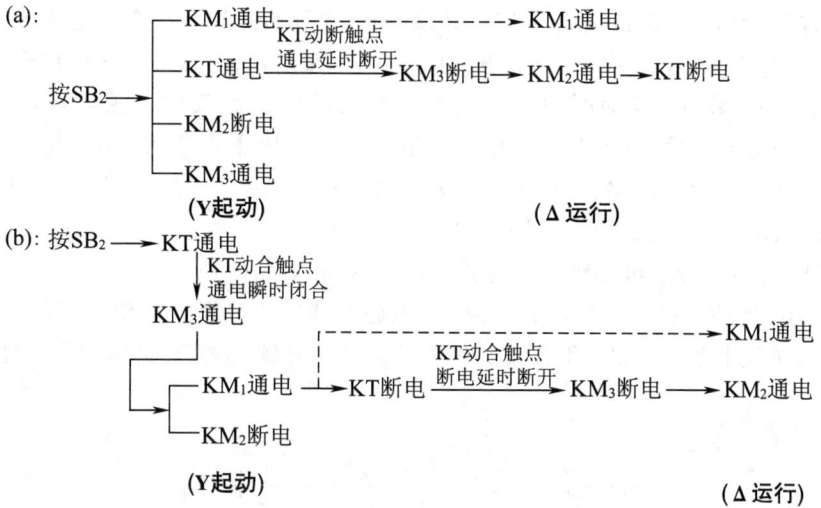

10.5.4 有一运货小车在 A,B 两处装卸货物,它由三相笼型异步电动机带动,请按照下述要求设计电动机的控制电路:

(1) 电动机可在 A,B 间任何处起动,起动后正转,小车行进到 A 处,电动机自动停转,装货,停 5 min 后电动机自动反转;

(2) 小车行进到 B 处,电动机自动停转,卸货,停 5 min 后电动机自动正转,小车到 A 处装货;

(3) 有零压、过载和短路保护;

(4) 小车可停在 A,B 间任意位置。

解: 设 KT_A 和 KT_B 分别为小车在 A 处停 5 min 装货、在 B 处停 5 min 卸货的时间继电器,KM_F 和 KM_R 分别为正转和反转接触器。实现题意要求的控制线路如题解图 10.11 所示。

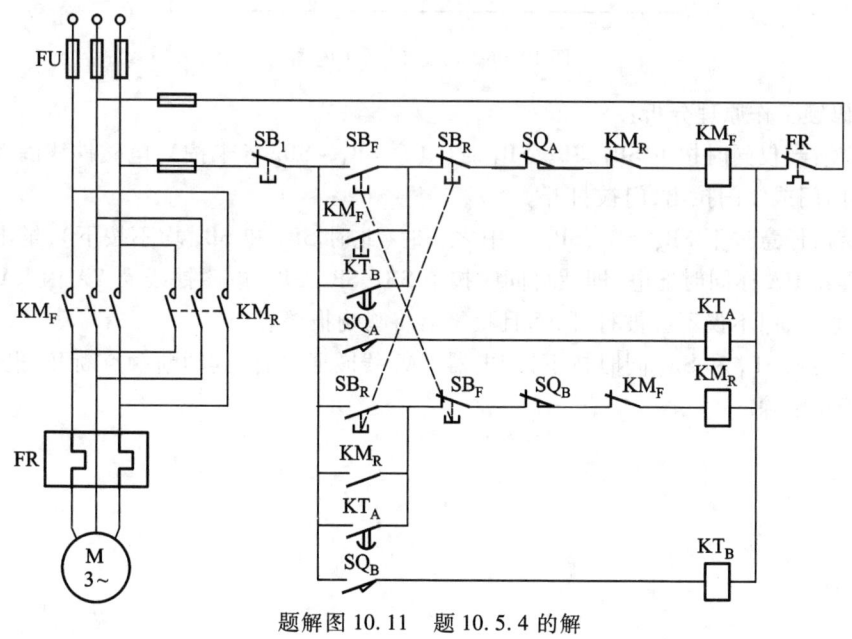

题解图 10.11 题 10.5.4 的解

按正转起动按钮 SB_F 后,正转接触器 KM_F 线圈通电,电动机正转。小车到达 A 处后,行程开关 SQ_A 动断触点 SQ_A 断开,KM_F 线圈断电,电动机停转,小车停止;动合触点 SQ_A 闭合,时间继电器 KT_A 开始定时 5 min 装货。定时时间到,KT_A 动合触点延时闭合,反转接触器 KM_R 线圈通电,电动机反转,小车到达 B 处后,行程开关 SQ_B 动断触点 SQ_B 断开,KM_R 线圈断电,电动机停转,小车停止;动合触点 SQ_B 闭合,时间继电器 KT_B 开始定时 5 min 卸货。然后重复上述过程。

小车运行在 A、B 之间时,按下停车按钮 SB_1,小车停止。

$KM_F(KM_R)$ FR 和 FU 分别可实现零压保护、过载保护和短路保护。

10.6.1 图 10.06 所示是一密码门锁电路,当电磁铁线圈 YA 通电后便将门闩或锁闩拉出把门打开。图中 HA 为报警器;KA_1 和 KA_2 为继电器。试从开锁、报警和解警三个方面来分析其工作原理。

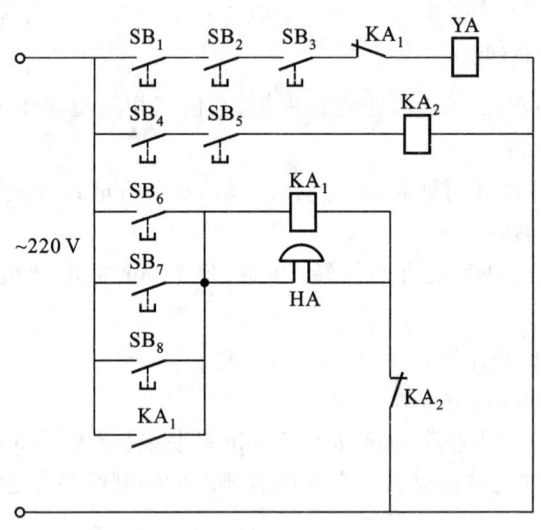

图 10.06 习题 10.6.1 的图

解:密码锁工作原理分析:

(1) 开锁:当仅同时按下 SB_1、SB_2、SB_3 时(其余 $SB_4 \sim SB_8$ 皆未按),电磁铁线圈 YA 通电,电磁吸力会将门闩或锁闩拉出,门被打开。

(2) 报警:任意按下 SB_6、SB_7、SB_8 其中之一时(此时 SB_4 和 SB_5 均不按下),继电器 KA_1 线圈通电,报警器 HA 亦同时通电,即使再同时按下 SB_1、SB_2、SB_3,电磁铁线圈 YA 因 KA_1 动断触点断开而不能通电,门不仅不会被打开,而且报警器将鸣响报警。

(3) 解警:当 SB_4 和 SB_5 同时按下,继电器 KA_2 线圈通电时,其动断触点断开,报警器 HA 通路断电,报警将解除。

第 11 章

可编程控制器及其应用

> 本章介绍可编程控制器的组成、特点、作用以及工作原理,介绍可编程控制器的编程方法和指令系统,概要介绍应用可编程控制器实现控制作用的设计过程。它是实现现代工业控制的重要手段,可取代大部分传统继电接触器控制系统。

11.1 内容要点与阅读指导

1. 可编程控制器的组成及各部分的作用。
2. 可编程控制器的作用。
3. 可编程控制器的特点。
4. 可编程控制器的工作原理:顺序扫描、不断循环。
5. 可编程控制器的扫描工作过程:输入采样、程序执行,输出刷新。
6. 可编程控制器的内存分配与编程元件(见主教材 P313~P314)。
7. 可编程控制器的主要编程语言:梯形图、指令语句表。
8. 可编程控制器的指令系统包括基本指令和高级指令两大类。
9. 可编程控制器的编程原则和方法:
（1）程序应以"左沉右轻、上重下沉"为编写原则,尽量简洁。
（2）每一行指令起始于左母线,终止于右母线。输出指令不能直接连于左母线。
（3）可编程控制器内部编程元件触点可重复使用,但输出元件一般不允许重复使用。
10. 可编程控制器应用控制系统设计流程(见主教材 P338)。

11.2 基本要求

1. 了解 PLC 的硬件结构、工作原理、主要技术性能、主要功能与特点。
2. 熟悉 PLC 的内存分配情况及指令系统的构成。
3. 掌握 PLC 常用的基本指令,了解高级指令的格式以及主要用途。
4. 了解 PLC 控制系统的设计流程。
5. 根据简单的控制要求,能编制梯形图应用程序,并画出相应的外部接线图。

11.3 重点与难点

1. 重点

（1）PLC 的特点及其工作原理和工作过程。
（2）PLC 的内部资源及其分配。
（3）PLC 指令系统的构成，常用基本指令、高级指令的格式与类别。
（4）PLC 程序的编制原则。

2. 难点

（1）对扫描工作方式的正确理解。
（2）根据控制要求绘制较复杂的梯形图。

11.4 知识关联图

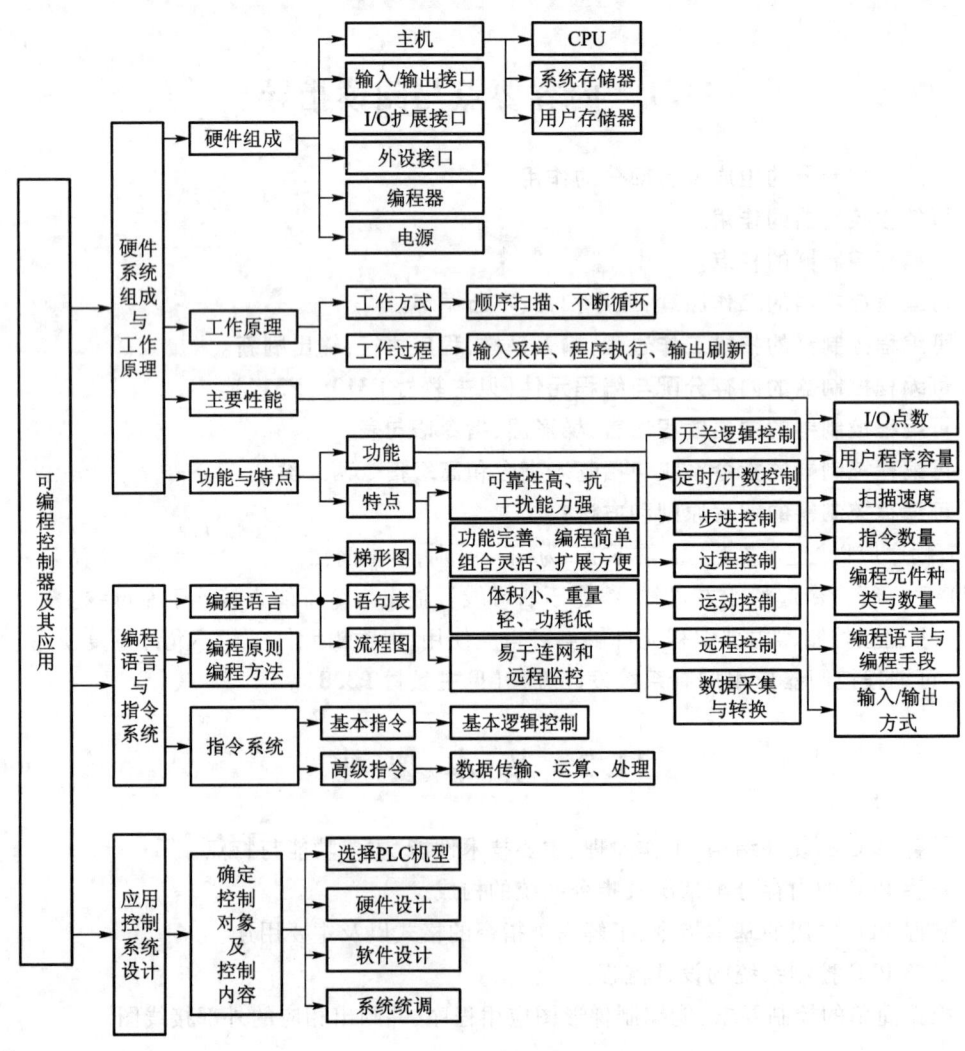

· 280 ·

11.5 【练习与思考】题解

11.1.1 什么是 PLC 的扫描周期？其长短主要受什么影响？

解：PLC 是采用"顺序扫描、不断循环"的方式工作的，其扫描工作过程大致可分为"输入采样、程序执行、输出刷新"三个阶段，经过这三个阶段即完成一个扫描周期。扫描周期的长短主要取决于三个因素，即 CPU 执行指令的速度、每条指令占用的时间以及执行指令的数量（用户程序的长短）。另外，PLC 的输入/输出点数、有否外设需要响应、内部自检等对扫描周期也有影响。

11.1.2 PLC 与继电接触器控制比较有何特点？

解：继电接触器控制系统属于布线逻辑控制，可编程控制器控制系统属于程序逻辑控制。两者的方框图如题解图 11.01 和 11.02 所示。

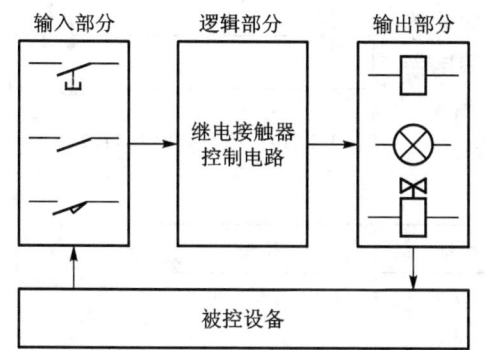

题解图 11.01　继电器逻辑控制系统方框图　　题解图 11.02　可编程序控制器控制系统方框图

两者的特点可从如下几个主要方面进行比较：

① 在可靠性方面，PLC 采用大规模集成电路和计算机技术，以面向工业应用现场的需要而设计，因此可靠性高、功能强、体积小、功耗低，有故障自诊断功能，维护简便；继电接触器控制系统结构虽简单清晰，但机械触点多、连线复杂，故障检查及设备维修比较麻烦，另外体积大、耗能多。

② 在适应性和通用性方面，要实现某种控制时，继电接触器线路是通过许多真正的"硬"继电接触器和它们之间的硬接线达到的，控制功能包含在固定线路之中，功能专一，系统扩充或改装必须变更硬接线，重新设计、重新配置，灵活性差；而 PLC 采用软件编制程序来完成控制任务，编程时所用到的继电器为内部"软"继电器（其触点数量无限，使用次数任意），其外部只需将信号输入设备（按钮、开关等）和接收输出信号执行控制任务的输出设备（如接触器、电磁阀等执行元件）与 PLC 的输入、输出端子相连接即可，安装简单、工作量少。系统在 I/O 点数及内存允许范围内，可自由扩充，并且可用编程器在线或离线修改程序，以适应系统控制要求的改变，因此同一 PLC 不改变硬件，仅改软件，就可适应各种控制，灵活多变，通用性强。另外 PLC 一般都具有强制和仿真作用，故程序的设计、修改和调试都很方便、安全，可大大缩短系统设计和投运周期。当生产工艺流程改变或生产线设备更新时，不必改变 PLC 硬设备，只需改编程序即可，灵活方

便,具有很强的"柔性"。

③ 在工作方式上,继电接触器控制系统是并行的,或者说是同时执行的,即该吸合的继电器同时吸合,因此为达到某种控制目的,而又要安全可靠,需设置许多具有制约关系的联锁电路;PLC 控制系统是串行的,各软继电器处于周期性循环扫描中,受同一条件制约的继电器的动作顺序决定于程序扫描顺序,不存在几个支路并列同时动作的因素,故控制设计可大大简化(由于 PLC 执行程序的时间一般比继电接触器机械触点动作时间要短,而且采用集中输出的方式,有时为保证输出端负载动作可靠,需在编程时将联锁条件编制到程序之中)。

④ 在复杂控制方面,新一代 PLC 除具有远程通信连网功能以及易于与计算机接口实现群控外,还可通过附加高性能模块对模拟量进行处理,丰富的高级指令可实现各种复杂的控制功能,这些对于布线逻辑的继电接触器控制系统是无法办到的。

⑤ 在经济上,一般认为在使用少于 10 个继电器的装置中,继电接触器控制系统比较经济;在需要 10 个以上继电器的场合,使用 PLC 比较经济。

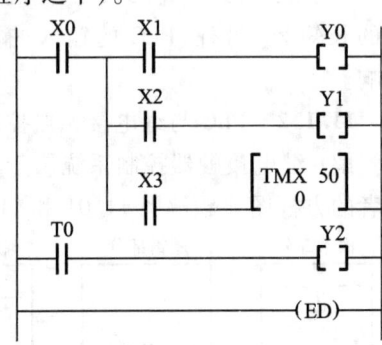

图 11.2.39 练习与思考 11.2.1 的图

11.2.1 写出图 11.2.39 所示梯形图的指令语句表。

解:

地址	指令		地址	指令	
0	ST	X0	7	POPS	
1	PSHS		8	AN	X3
2	AN	X1	9	TMX	0
3	OT	Y0		K	50
4	RDS		12	ST	T0
5	AN	X2	13	OT	Y2
6	OT	Y1	14	ED	

11.2.2 按下列指令语句表绘制梯形图。

地址	指令		地址	指令	
0	ST	X1	7	OR	X6
1	AN/	X2	8	ST	X7
2	ST/	X3	9	OR	X8
3	AN	X4	10	ANS	
4	ORS		11	OT	Y1
5	OT	Y0	12	ED	
6	ST	X5			

解：按所给指令语句表所绘制的梯形图如题解图 11.03 所示。

11.2.3 编制瞬时接通、延时 3 s 断开的电路的梯形图和指令语句表，并画出动作时序图。

解：(1) 分析：本题分(a)、(b)两种情况考虑，如题解图 11.04 的时序图(a)、(b)所示。

(a) 无断开命令：从接通信号给出开始，输出 Y0 瞬时接通后延时 3 s 断开。X0 相当于按钮。

(b) 有断开命令：从接通信号给出开始，输出 Y0 瞬时接通；自断开信号给出开始，延时 3 s 输出 Y0 断开。X0 相当于给出通断命令的开关。

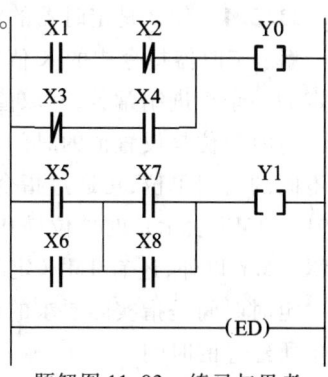

题解图 11.03　练习与思考 11.2.2 的解

(2) 时序图如题解图 11.04 所示。

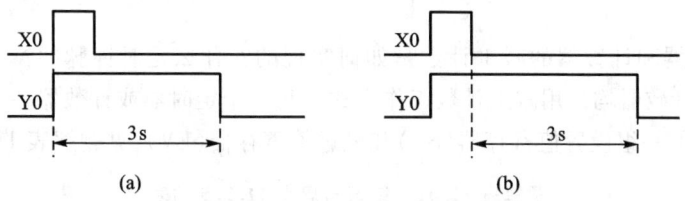

题解图 11.04　练习与思考 11.2.3 的时序图

(3) 梯形图如题解图 11.05 所示。

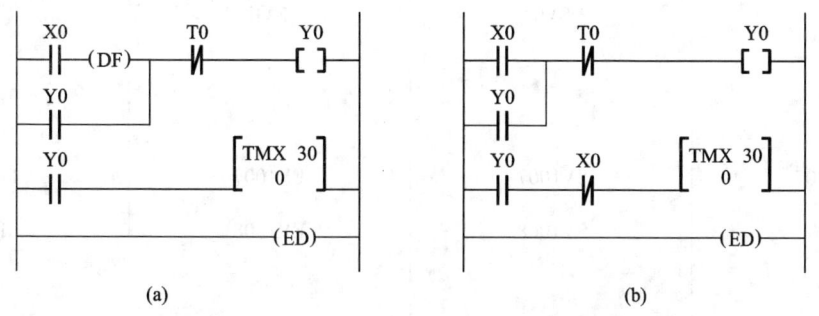

题解图 11.05　练习与思考 11.2.3 的梯形图

(4) 指令语句表。

地址	指令	
0	ST	X0
1	DF	
2	OR	Y0
3	AN/	T0
4	OT	Y0
5	ST	Y0
6	TMX	0
	K	30
9	ED	

(a)

地址	指令	
0	ST	X0
1	OR	Y0
2	AN/	T0
3	OT	Y0
4	ST	Y0
5	AN/	X0
6	TMX	0
	K	30
9	ED	

(b)

11.2.4 什么是定时器的定时设定值、定时单位和定时时间,三者有何关系?

解:定时器指令中的 K 值即为定时设置值,它是根据定时控制要求为定时器的减 1 计数器设定的一个十进制常数,其取值范围为 K0 ~ K32767。

定时单位是设置值的时间单位,为所使用的定时器的最小定时时间间隔,不同类型的定时器有不同的时间单位,可通过指令形式区分和表达。例如 FP1 系列 PLC 中,TMR 表示定时单位是 0.01 s、TMX 表示定时单位是 0.1 s、TMY 表示定时单位是 1 s。FP0、FPX 系列 PLC 中,除 TMR、TMX、TMY 以外,还有 TML(定时单位是 0.001 s)。

定时时间是指实际要求的延时时间,即从定时器触发信号接通定时开始至定时时间到信号产生所经过的时间。

三者之间的关系:定时时间 = 定时单位 × 定时设定值。

例如,定时指令 TMX5 K30 表示 5 号定时器的定时单位是 0.1 s、设置值是 30、定时时间为 0.1 s × 30 = 3 s。

11.2.5 定时器和计数器的减 1 计数是如何实现的?什么是时钟脉冲?

解:定时器和计数器均采用减 1 计数工作方式。每一个定时器或计数器在 PLC 的内部寄存器区都有与其相对应的一组设置值寄存器(SV)和经过值寄存器(EV),见题解表 11.01(FPX 系列)。

题解表 11.01 练习与思考 11.2.5 的表

定时器/计数器指令号	设置值寄存器 SV	经过值寄存器区 V	定时器/计数器触点
TM0	SV0	EV0	T0
.	.	.	.
.	.	.	.
.	.	.	.
TM1007	SV1007	EV1007	T1007
CT1008	SV1008	EV1008	C1008
.	.	.	.
.	.	.	.
.	.	.	.

对于定时器,当 PLC 的工作方式设置为运行(RUN)时,定时指令中十进制常数形式的设置值被传送到设置值寄存器中。当检测到定时触发信号接通的上升沿来到时,对应设置值寄存器中的设置值又被送入到经过值寄存器,在定时触发信号为接通状态时,每次扫描,经过的时间从"EV"中按时钟脉冲(定时单位)以减 1 计数工作方式减去,直到"EV"中的数据减为 0 时,该定时器定时时间到,其动合触点接通、动断触点断开。

对于计数器,当 PLC 的工作方式设置为运行(RUN)时,计数指令中十进制常数形式的设置值被传送到对应的设置值寄存器和经过值寄存器中,每当检测到计数触发信号接通的上升沿来到时,该经过值寄存器"EV"中的值减去 1,直到"EV"中的数据减为 0 时,该计数器的计数次数达到,其动合触点接通、动断触点断开。

时钟脉冲是指 PLC 内部产生的一个连续脉冲,其周期为定时指令的时间单位。

11.6 【习题】题解

A 选 择 题

11.1.1 PLC 的工作方式为( )。
(1) 等待命令工作方式 (2) 循环扫描工作方式 (3) 中断工作方式

解：PLC 采用循环扫描的工作方式，即输入采样、程序执行、输出刷新三个阶段不断周而复始地循环进行，其间可以响应外部中断。不论输入端是否有输入信号都要在输入采样阶段按顺序将所有输入端对应的输入状态寄存器更新一遍；不论是否有输出信号都要在程序执行阶段结束后的输出刷新阶段按顺序将各输出状态寄存器信息送到输出端。

微机采用等待命令的工作方式，即外部设备没有命令时，执行系统程序；当有外部设备命令需要响应时，按优先权高低执行相应的中断服务程序，中断服务完成后，回到原来的中断点继续执行系统程序。

应选择(2)。

11.1.2 PLC 应用控制系统设计时所编制的程序是指( )。
(1) 系统程序 (2) 用户应用程序 (3) 系统程序及用户应用程序

解：系统程序是用于对 PLC 运行过程进行控制、管理、诊断以及对用户应用程序进行编译的程序，由 PLC 生产厂家编制并固化在系统程序存储中，用户不能更改。

用户应用程序是用户根据具体控制要求，利用厂家提供的编程语言编制的应用程序。

故应选择(2)。

11.1.3 PLC 的扫描周期与( )有关。
(1) PLC 的扫描速度 (2) 用户程序的长短 (3) (1)和(2)

解：PLC 的扫描周期与扫描速度和用户程序长短有关，故应选择(3)。

11.1.4 PLC 输出端的状态( )。
(1) 随输入信号的改变而立即发生变化
(2) 随程序的执行不断在发生变化
(3) 根据程序执行的最后结果在输出刷新阶段发生变化。

解：在程序执行过程中 PLC 输出状态的变化将被随时存入输出状态寄存中，并不马上送到输出端，而是在程序执行结束后将最后的结果在输出刷新阶段集中送到输出端。故应选择(3)。

11.1.5 图 11.01 所示梯形图中，输出继电器 Y0 的状态变化情况为( )。
(1) Y0 一直处于断开状态
(2) Y0 一直处于接通状态
(3) Y0 在接通一个扫描周期和断开一个扫描周期之间交替循环。

解：在第一个扫描周期开始时，Y0 动断触点为闭合状态，则线圈 Y0"通电"接通，其相应动断触点断开；在第二个扫描周期开始时，Y0 动断触点断开，线圈 Y0"断电"断开，其相应动断触点恢复闭合。接下去不断重复上述过程，如题解图 11.06 所示。故应选择(3)。

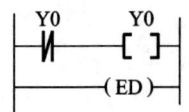 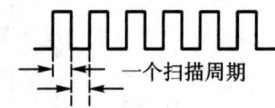

图 11.01　习题 11.1.5 的图　　　　题解图 11.06　习题 11.1.5 的解

B　基　本　题

11.2.1　试比较图 11.02(a),(b),(c)所示三个梯形图的差异,并用时序图加以说明。

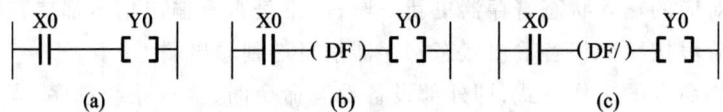

图 11.02　习题 11.2.1 的图

解：图 11.02 中三个梯形图的差异可通过题解图 11.07 说明。

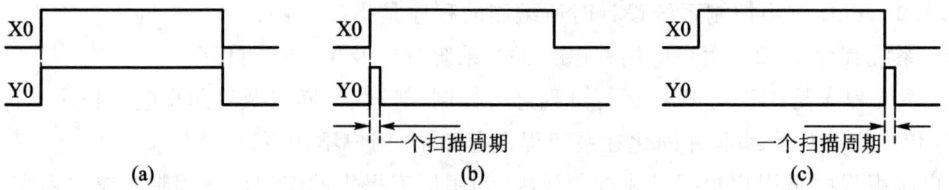

题解图 11.07　习题 11.2.1 的解

11.2.2　试画出图 11.03 所示各梯形图中 Y0 和 Y1 的动作时序图。

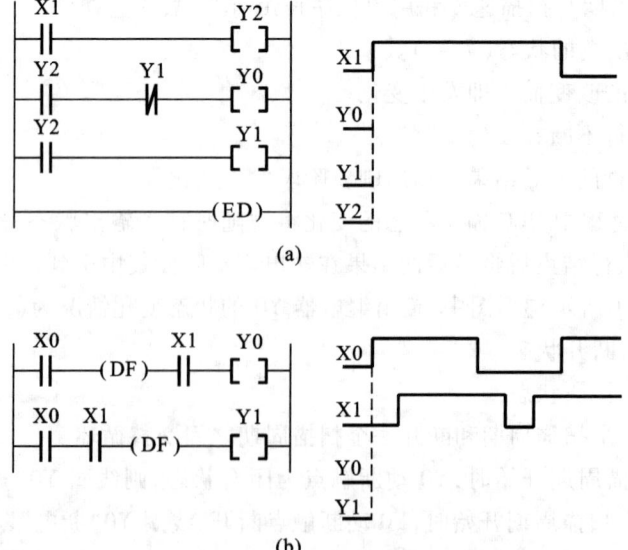

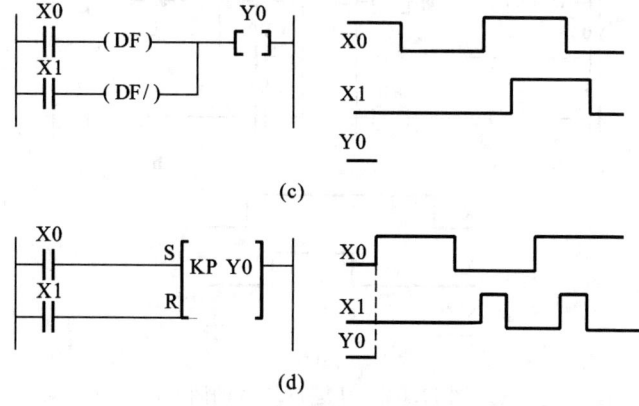

图 11.03　习题 11.2.2 的图

解：图 11.03 中各梯形图中 Y0 的动作时序图如题解图 11.08 所示。

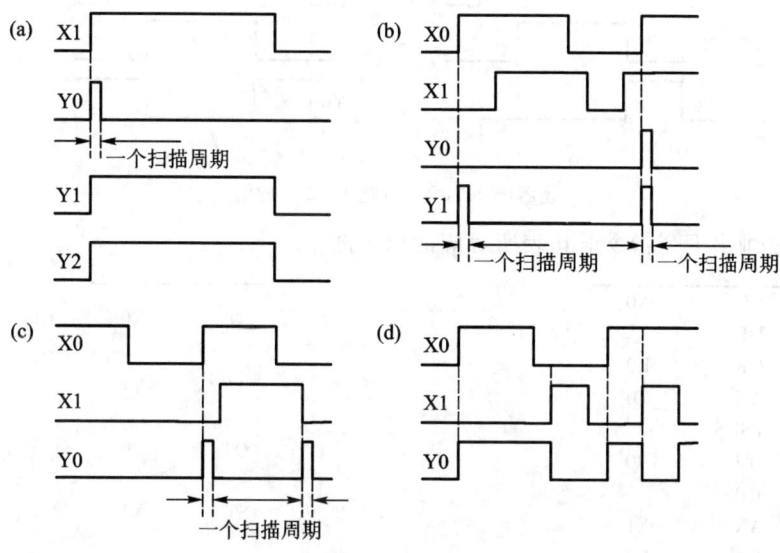

题解图 11.08　习题 11.2.2 的解

说明：图(a)中,因为线圈 Y1 在第一个扫描周期结束时方接通,所以 Y1 的动断触点在第一个扫描周期内是闭合的。从第二个扫描周期开始,Y1 的动断触点才因线圈 Y1 接通而断开。

图(b)中,只有当 X1 闭合时,X0 接通的上升沿来到,线圈 Y0 接通一个扫描周期。

图(c)中,当 X0 接通的上升沿来到或 X1 断开的下降沿来到时,线圈 Y0 接通一个扫描周期。

图(d)中,当 X0(置位信号)、X1(复位信号)都接通时,信号 X1 的复位作用优先。

11.2.3　试比较图 11.04 中两个自保持电路的输出 Y0 的动作时序图。

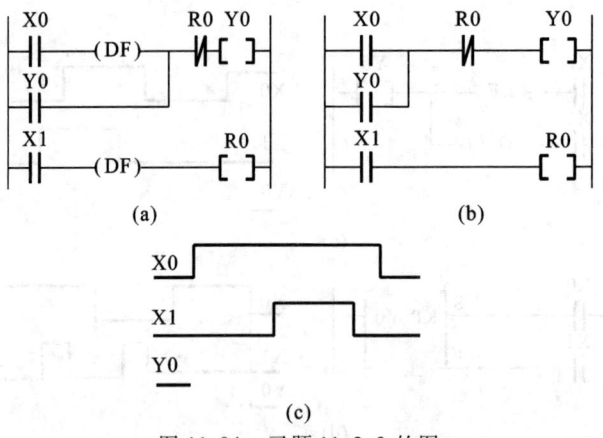

(a)　　　　　　　　　　　(b)

(c)

图 11.04　习题 11.2.3 的图

解：图(a)中上升沿微分指令 DF 使 X0、X1 分别在接通瞬间起作用。图(b)中 X0、X1 在接通瞬间和断开瞬间都起作用。两个自保持电路的输出 Y0 的动作时序图如题解图 11.09 所示。

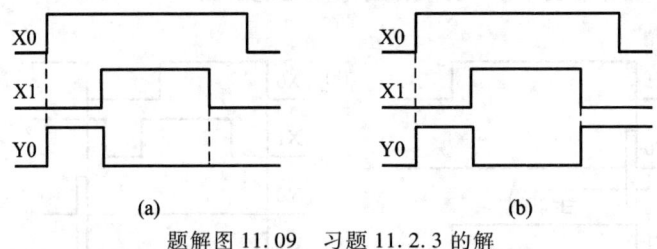

(a)　　　　　　　　　　　(b)

题解图 11.09　习题 11.2.3 的解

11.2.4　试画出下列指令语句表所对应的梯形图。

ST	X0
DF	
OR	R0
AN/	T0
PSHS	
OT	R0
RDS	
AN	X1
OT	Y0
POPS	
TMX	0
K	30
ST	R0
DF	
SET	Y1
ST	T0
DF/	
RST	Y1
ED	

(a)

ST	X0
AN/	Y1
OT	Y0
ST	X1
AN/	Y0
OT	Y1
ST	Y0
ST	Y1
KP	Y2
ED	

(b)

解：(a)、(b)两个指令语句表所对应的梯形图如题解图 11.10 所示。

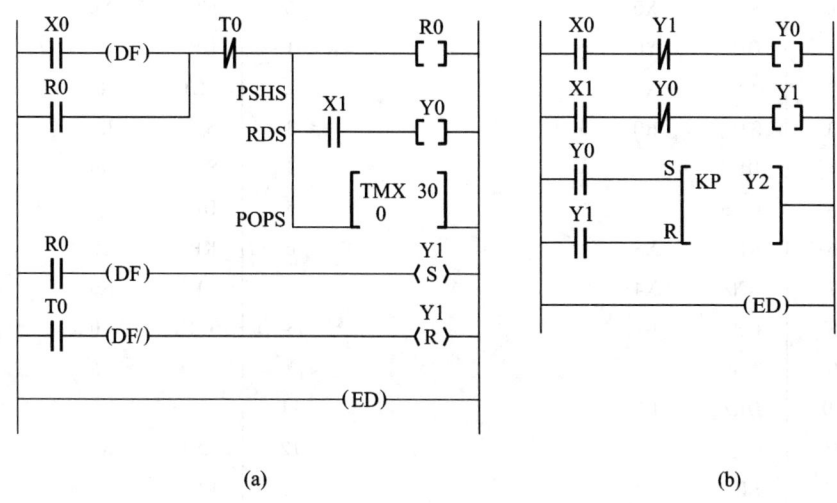

(a)   (b)

题解图 11.10　习题 11.2.4 的解

11.2.5　试写出图 11.05 中两个梯形图的指令语句表。

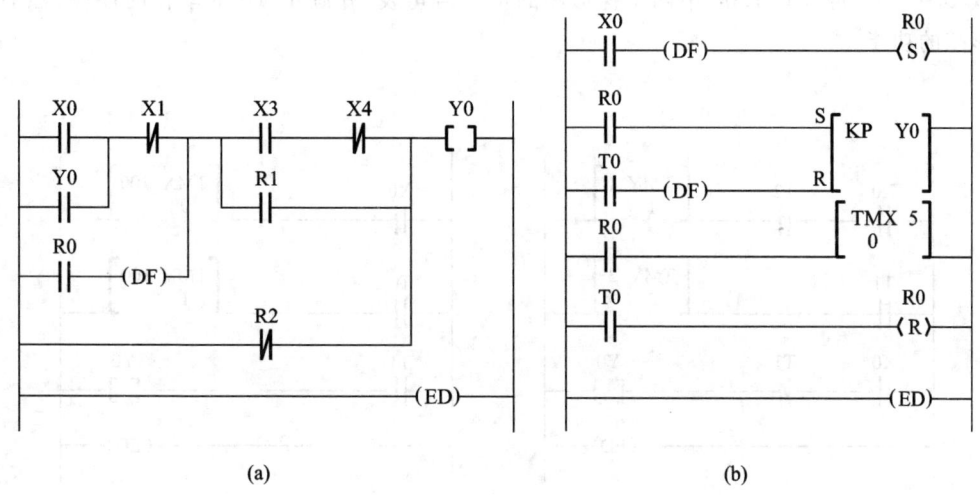

(a)   (b)

图 11.05　习题 11.2.5 的图

解：图 11.05 中梯形图(a)、(b)所对应的指令语句表分别为：

地址	指令	
0	ST	X0
1	OR	Y0
2	AN/	X1
3	ST	R0
4	DF	
5	ORS	
6	ST	X3
7	AN/	X4
8	OR	R1
9	ANS	
10	OR/	R2
11	OT	Y0
12	ED	

(a)

地址	指令	
0	ST	X0
1	DF	
2	SET	R0
3	ST	R0
4	ST	R0
5	DF	
6	KP	Y0
7	ST	R0
8	TMX	0
	K	5
11	ST	T0
12	RST	R0
15	ED	

(b)

11.2.6 试写出图11.06中两个梯形图的指令语句表,并画出Y0的动作时序图,然后说明各梯形图的功能。

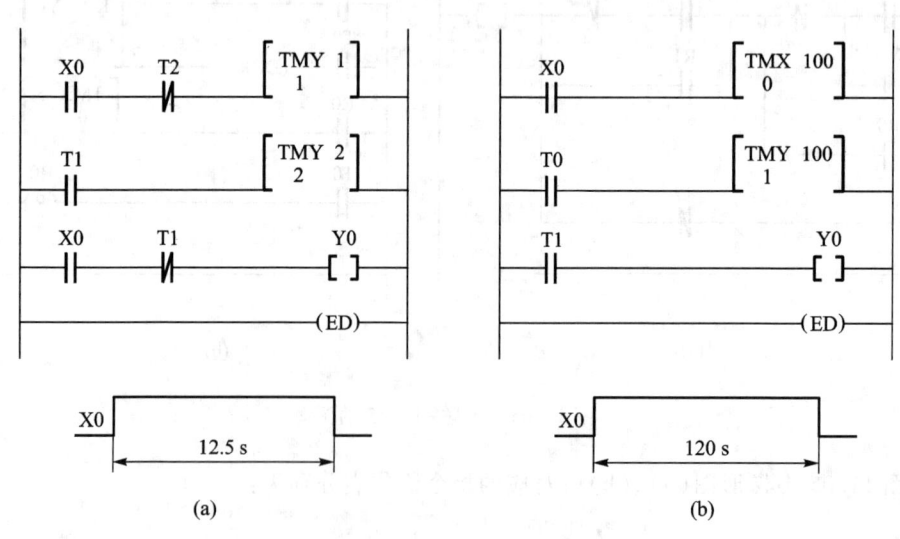

图11.06 习题11.2.6的图

解:(1)指令语句表

地址	指令	
0	ST	X0
1	AN/	T2
2	TMY	1
	K	1
6	ST	T1
7	TMY	2
	K	2
11	ST	X0
12	AN/	T1
13	OT	Y0
14	ED	

(a)

地址	指令	
0	ST	X0
1	TMX	0
	K	100
4	ST	T0
5	TMY	1
	K	100
9	ST	T1
10	OT	Y0
11	ED	

(b)

(2) Y0 的动作时序图(如题解图 11.11 所示)

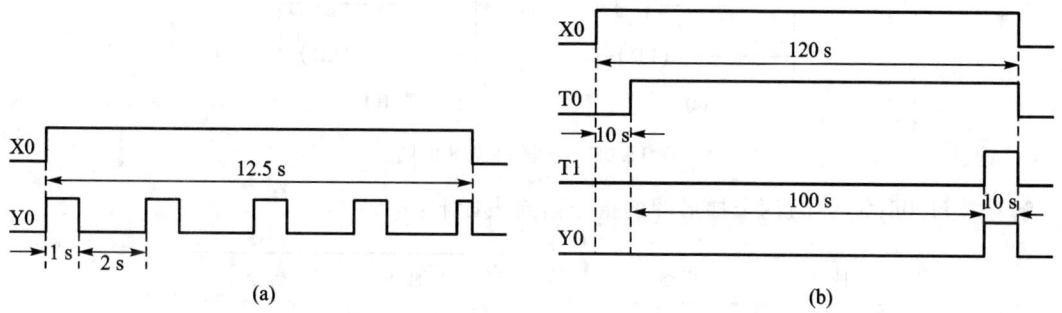

题解图 11.11　习题 11.2.6 的解

(3) 梯形图的功能说明

梯形图(a)中的定时器 T1 和 T2 分别控制 Y0 的接通时间和断开时间。

梯形图(a)中的定时器 T1 和 T2 组合完成长延时定时。

11.2.7 用时序图比较图 11.07 中(a),(b)两个梯形图的控制功能。

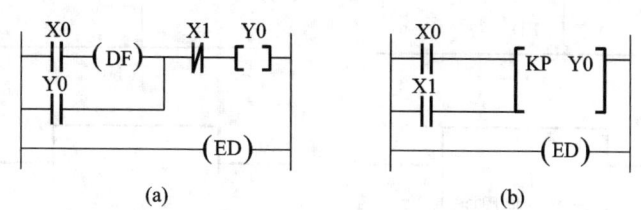

图 11.07　习题 11.2.7 的图

解：图 11.07(a)、(b)两个梯形图的时序图如题解图 11.12 所示。可以看出这两个梯形图的控制功能有所不同。

· 291 ·

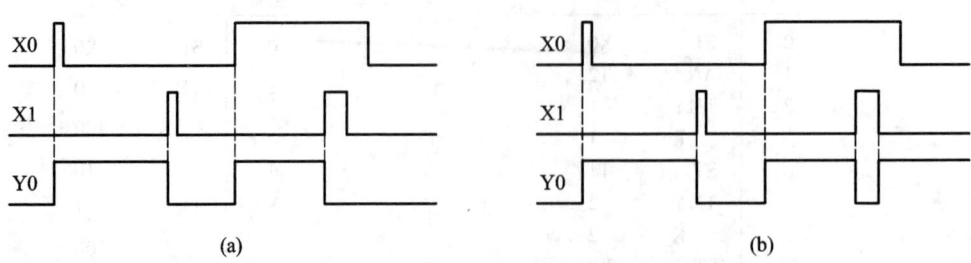

题解图 11.12　习题 11.2.7 的解

11.2.8　试写出图 11.08 所示的两个梯形图的指令语句表。分析在相同的 X0 输入时，Y0、Y1 的输出是否相同，画出 Y0,Y1 的动作时序图加以说明。

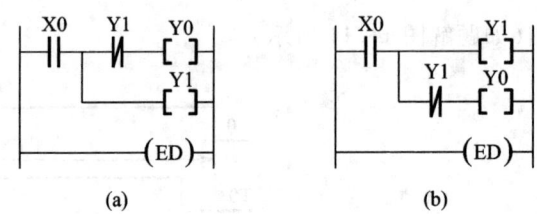

图 11.08　习题 11.2.8 的图

解：图 11.08(a)、(b)两个梯形图的指令语句表如下：

地址	指令	
0	ST	X0
1	PSHS	
2	AN/	Y1
3	OT	Y0
4	POPS	
5	OT	Y1
	ED	

(a)

地址	指令	
0	ST	X0
1	OT	Y1
2	AN/	Y1
3	OT	Y0
4	ED	

(b)

题解图 11.13　习题 11.2.8 的解

图 11.08(a)中,当 X0 闭合后,第 1 个扫描周期内,动断触点 Y1 闭合线圈 Y0 接通,同时线圈 Y1 接通;第 2 个扫描周期开始,动断触点 Y1 因线圈 Y1 接通而断开,使线圈 Y0 断开,只有线圈 Y1 接通直至因 X0 断开而断开。如题解图 11.13(a)所示。

图 11.08(b)中,当 X0 闭合后,自第 1 个扫描周期开始,线圈 Y1 接通,动断触点 Y1 断开,线圈 Y0 断开;X0 断开时,线圈 Y1 断开。如题解图 11.13(b)所示。

11.2.9 试分析图 11.09 所示梯形图的时序图并说明其功能。

解:图 11.09 中 X0 为计数脉冲信号,X1 为计数器复位信号。每来 10 个计数脉冲计数器 C1008 动合触点闭合、动断触点断开,使线圈 Y0 接通、Y1 断开。X1 接通时,计数器 C1008 复位,动合触点断开,动断触点接通,使 Y0 断开、Y1 接通。其时序如题解图 11.14 所示。

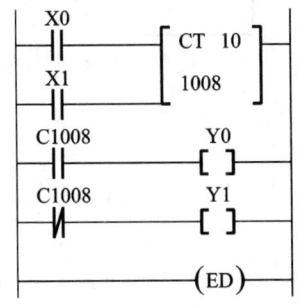

图 11.09 习题 11.2.9 的图

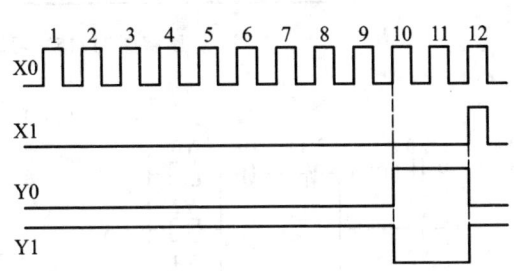

题解图 11.14 习题 11.2.9 的解

11.2.10 试分析说明图 11.10 所示梯形图的功能(图中 R901C 为 1 s 时钟脉冲继电器)。

解:1 s 脉冲继电器 R901C 来第 20 个脉冲时,计数器 C1008 设置的计数值由 20 减为 0,其动合触点闭合,为计数器 C1009 提供一个计数脉冲,使其设置的计数值由 30 减去 1,同时计数器 C1008 复位。当 R901C 第 30 次来 20 个秒脉冲时,计数器 C1009 计数值减为 0,其对应动合触点 C1009 闭合,线圈 Y0 接通。

从第 1 个秒脉冲到来至 Y0 接通历时 30 × 20 × 1 s = 600 s = 10 min。此梯形图利用计数器与时钟脉冲相结合实现了定时。

当 X0 接通时,计数器 C1008、C1009 复位,Y0 断开。动作时序图如题解图 11.15 所示。

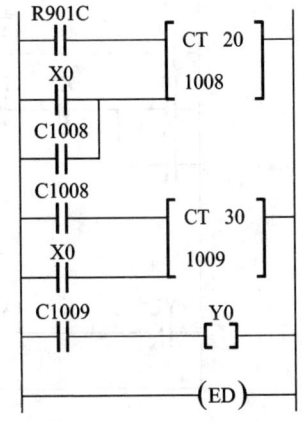

图 11.10 习题 11.2.10 的图

11.2.11 通过画出时序图分析图 11.11 所示梯形图的工作原理和逻辑功能。

解:X0 接通,线圈 Y0、Y2、Y4、Y6 接通,Y0 动合触点进行自锁并使定时器 T0 开始进行 1 s 定时;1 s 时间到,T0 动合触点闭合、动断触点断开,使线圈 Y1、Y3、Y5、Y7 接通,Y1 动合触点自锁并使定时器 T1 开始进行 1 s 定时,同时线圈 Y0、Y2、Y4、Y6 断开,定时器 T0 复位;1 s 时间到,T1 动合触点闭合、动断触点断开,线圈 Y0、Y2、Y4、Y6 接通、定时器 T0 重新开始 1 s 定时,同时线圈 Y1、Y3、Y5、Y7 断开,定时器 T1 复位。周而复始。一旦动合触点 X1 断开,Y0~Y7 皆断开,T0、T1 皆复位。上述过程的时序图如题解图 11.16 所示。

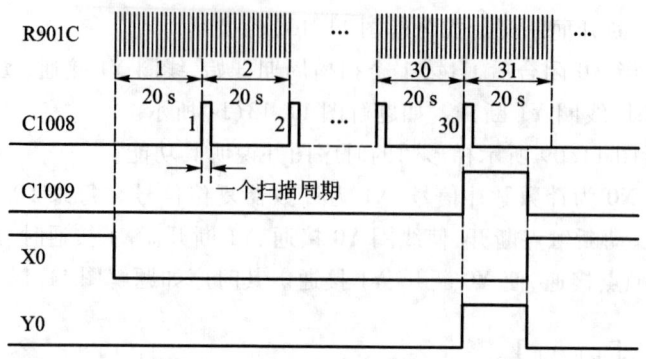

题解图 11.15 习题 11.2.10 的解

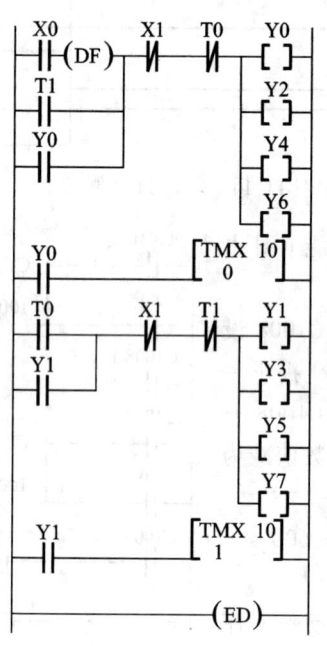

图 11.11 习题 11.2.11 的图

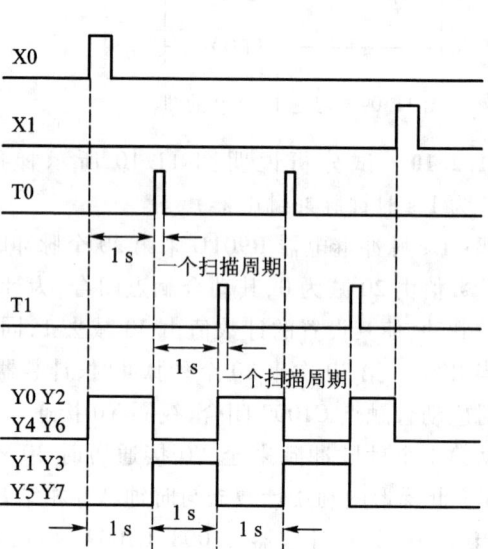

题解图 11.16 习题 11.2.11 的解

11.3.1 试编制能实现瞬时接通、延时 3 s 断开的电动机起停控制梯形图和指令语句表,并画出动作时序图。

解:此题参阅练习与思考题 11.2.3。

11.3.2 有两台三相笼型电动机 M_1 和 M_2。今要求 M_1 先起动,经过 5 s 后 M_2 起动;M_2 起动后,M_1 立即停车。试用 PLC 实现上述控制要求,画出梯形图并写出指令语句表。

解:(1)分析:此题是顺序起停及时间控制问题。

(2)进行 PLC 内部编程元件分配:

· 294 ·

输入继电器		输出继电器		定时器	
X0	起动按钮	Y1	控制接触器 KM_1	T0	定时 5 s
X1	M_1 停车按钮	Y2	控制接触器 KM_2		
X2	M_2 停车按钮				

(3) 画外部接线图(如题解图 11.17 所示)。

(4) 画控制梯形图(如题解图 11.20 所示)。

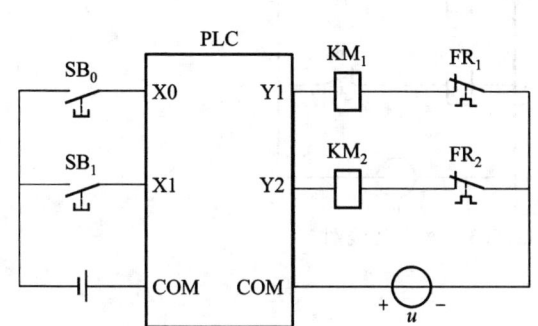
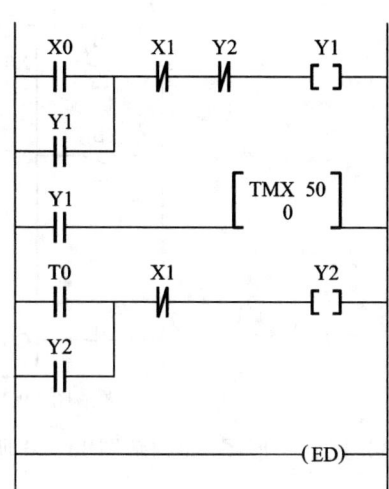

题解图 11.17 习题 11.3.2 的外部接线图　　题解图 11.18 习题 11.3.2 的梯形图

(5) 指令语句表

地址	指令		地址	指令	
0	ST	X0		K	50
1	OR	Y1	9	ST	T0
2	AN/	X1	10	OR	Y2
3	AN/	Y2	11	AN/	X1
4	OT	Y1	12	OT	Y2
5	ST	Y1	13	ED	
6	TMX	0			

11.3.3 有三台笼型电动机 M_1,M_2,M_3,按一定顺序起动和运行。(1) M_1 起动 1 min 后 M_2 起动;(2) M_2 起动 2 min 后 M_3 起动;(3) M_3 起动 3 min 后 M_1 停车;(4) M_1 停车 30 s 后 M_2 和 M_3 立即停车;(5) 备有起动按钮和总停车按钮。试编制用 PLC 实现上述控制要求的梯形图。

解:(1) 进行输入、输出及内部定时器分配

输入继电器	输出继电器	定时器	内部继电器
X0 起动按钮	Y1 控制接触器 KM_1	T1 定时 1 min	R0 用于起动命令自锁
X1 停车按钮	Y2 控制接触器 KM_2	T2 定时 2 min	
	Y3 控制接触器 KM_3	T3 定时 3 min	
		T4 定时 30 s	

（2）外部接线图（如题解图 11.19 所示）

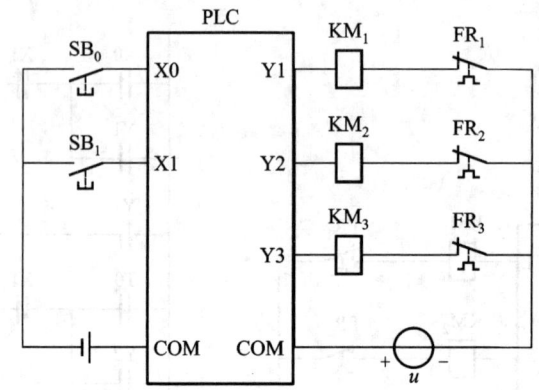

题解图 11.19 习题 11.3.3 的外部接线图

（3）控制梯形图（如题解图 11.20 所示）

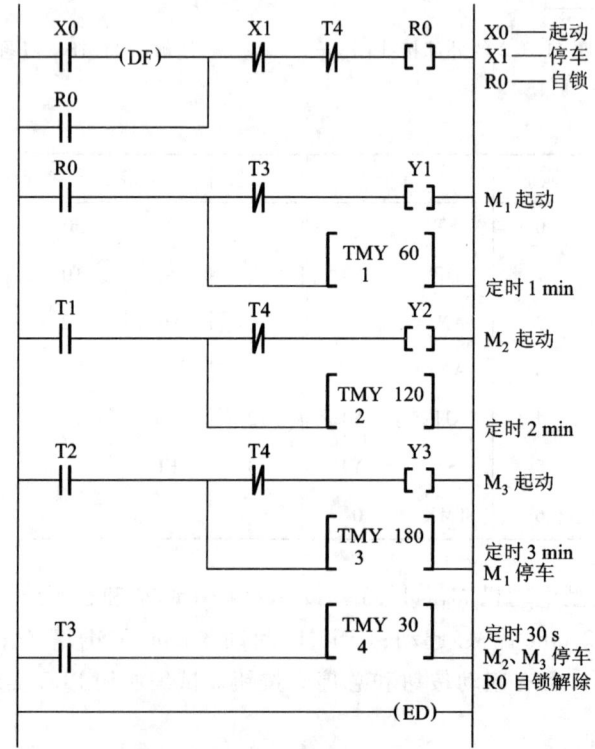

题解图 11.20 习题 11.3.3 的梯形图

11.3.4 某零件加工过程分三道工序,共需20 s,其时序要求如图11.12所示。控制开关用于控制加工过程的起动、运行和停止。每次起动皆从第1道工序开始。试编制完成上述控制要求的梯形图。

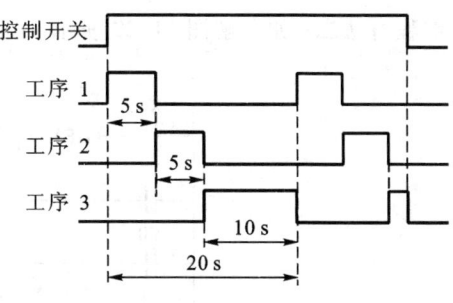

图 11.12 习题 11.3.4 的图

解:(1) 分析控制要求:根据题意这是一个顺序定时控制问题。控制开关为加工过程起动、运行和停止的总控开关。加工过程分三道工序,每道工序可由一个输出指令控制。前一道工序结束,后一道工序开始,循环进行。

(2) 进行 PLC 内部编程元件分配:

输入继电器		输出继电器		定 时 器	
X0	起停总控制开关	Y1	工序 1	T1	工序 1 定时 5 s
		Y2	工序 2	T2	工序 2 定时 5 s
		Y3	工序 3	T3	工序 3 定时 10 s

(3) 编制控制程序:实现此控制可有不同的编程方法。

编程方法一:如题解图 11.21 所示。

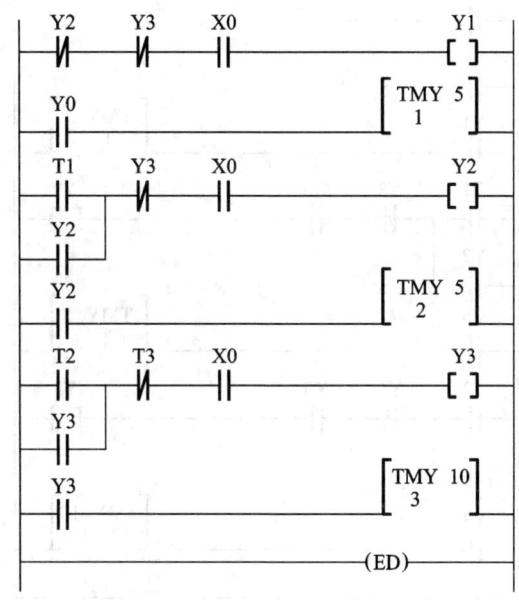

题解图 11.21 习题 11.3.4 的解 1

编程方法二：如题解图 11.22 所示。

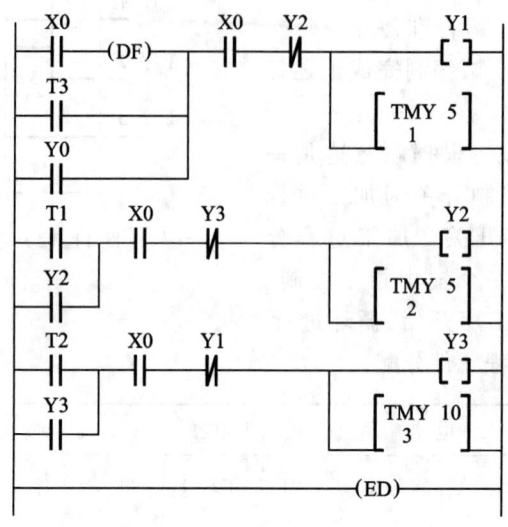

题解图 11.22　习题 11.3.4 的解 2

编程方法三：如题解图 11.23 所示。

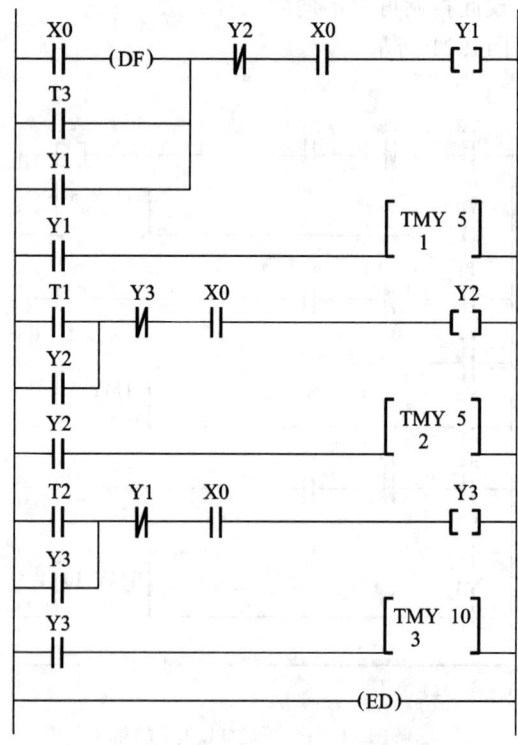

题解图 11.23　习题 11.3.4 的解 3

11.3.5 试编制实现下述控制要求的梯形图。用一个开关 X0 控制三个灯 Y1,Y2,Y3 的亮灭;X0 闭合一次灯 1 点亮;闭合两次灯 2 点亮;闭合三次灯 3 点亮;再闭合一次三个灯全灭。

解: 由题意可画出该顺序控制时序图,如题解图 11.24 所示。要实现这一控制要求可有许多编程方法。

编程方法一: 移位式寄存器式顺序控制,如题解图 11.25 所示。

编程方法二: 移位式寄存器式顺序控制,如题解图 11.26 所示,其中采用 PLC 的动断内部继电器 R9010 作为移位输入信号"1"。

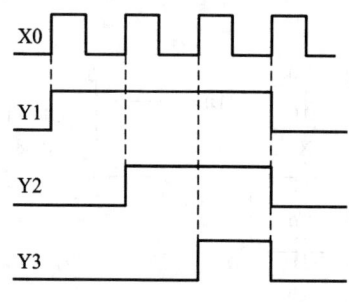

题解图 11.24　习题 11.3.5 的解 1

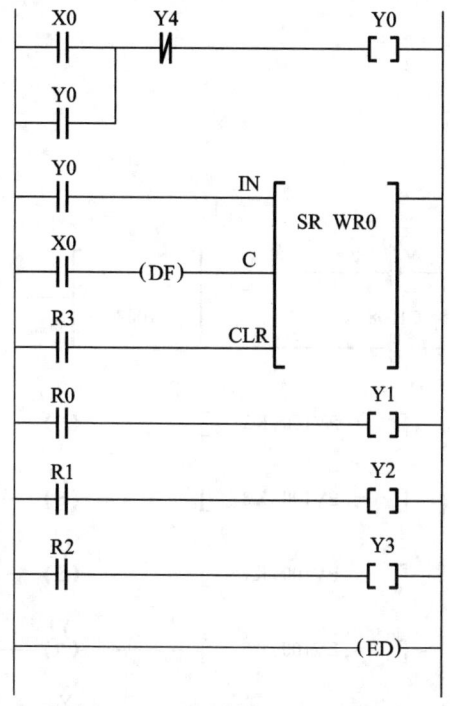

题解图 11.25　习题 11.3.5 的解 2

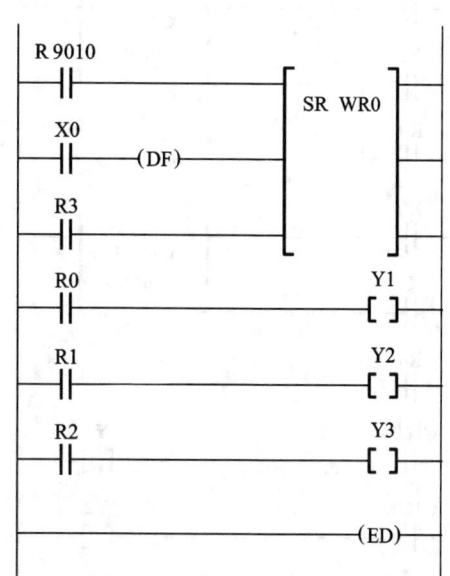

题解图 11.26　习题 11.3.5 的解 3

编程方法三: 计数器式顺序控制,如题解图 11.27 所示,采用计数器计数,其中 X1 具有直接复位功能。

编程方法四: 计数器式顺序控制,如题解图 11.28 所示,其中采用比较指令(主教材中未作介绍)以确定计数的次数从而决定对应的灯亮。例如,程序第二行表示当计数器的经过值等于 3 时(开关闭合了一次),灯 Y1 点亮;程序第五行表示当计数器的经过值等于 0 时(开关闭合了四次),灯 Y1、Y2、Y3 全熄灭。

从上面几种程序可以看出,采用指令不同,实现同一控制要求的程序简繁程度也不同。对于复杂的控制,编程时应尽量用好 PLC 提供的各种功能指令和高级指令,使程序短小精炼以缩短扫描周期,增加控制的快速性。

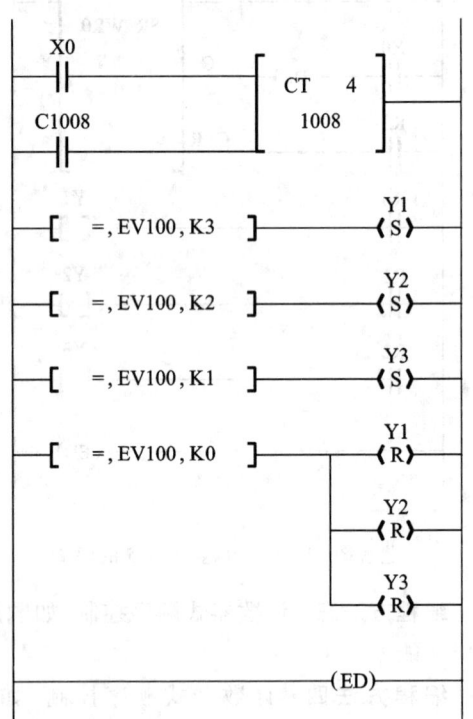

题解图 11.27　题 11.3.5 的解 4　　　　题解图 11.28　题 11.3.5 的解 5

C 拓 宽 题

11.3.6 试画出能实现图 11.13 所示动作时序图的梯形图。

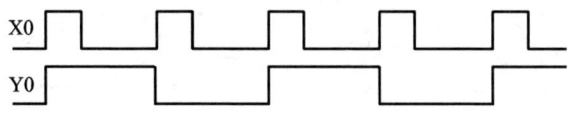

图 11.13 习题 11.3.6 的图

解：能实现题意波形图要求的梯形图如题解图 11.29 所示。

由于 X0 后面有微分指令 DF，因此 X0 接通的上升沿能够使线圈 R0 接通一个扫描周期。

11.3.7 设计用三个开关控制一盏灯的 PLC 控制梯形图，并写出梯形图的指令语句表。（设三个开关分别为 X0,X1 和 X2,灯为 Y0;当三个开关全断开时,灯 Y0 为熄灭状态）。

解：根据题意位于三个不同地方的三个开关,都能独立地对灯进行开或关,即每个开关的闭合或断开,皆有可能使灯点亮或熄灭,因此可列出控制关系的逻辑状态真值表,见题解表 11.02。

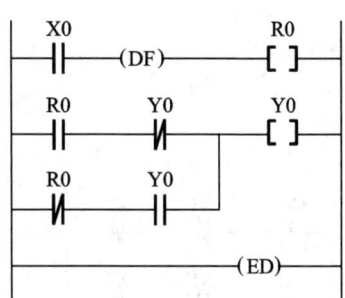

题解图 11.29 习题 11.3.6 的解

题解表 11.02 三个开关控制一盏灯逻辑状态真值表

X0	X1	X2	Y0
0	0	0	0
1	0	0	1
1	1	0	0
0	1	0	1
0	1	1	0
1	1	1	1
1	0	1	0
0	0	1	1

三个开关中任意一个状态的改变,都会使灯的状态发生变化。据此可列出灯被点亮(即 Y0 = 1)的逻辑方程

$$Y0 = X0\overline{X1}\,\overline{X2} + \overline{X0}X1\overline{X2} + X0X1X2 + \overline{X0}\,\overline{X1}X2$$

由逻辑表达式画出三个开关控制一盏灯的梯形图如题解图 11.30 所示,对应的指令语句表见题解表 11.03。

题解表 11.03 习题 11.3.7 的表

地址	指令	
0	ST	X0
1	AN/	X1
2	AN/	X2
3	ST/	X0
4	AN	X1
5	AN/	X2
6	ORS	
7	ST/	X0
8	AN/	X1
9	AN	X2
10	ORS	
11	ST	X0
12	AN	X1
13	AN	X2
14	ORS	
15	OT	Y0
16	ED	

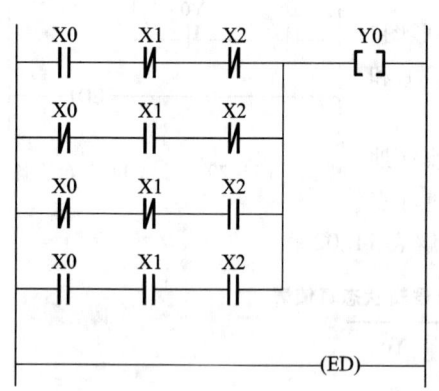

题解图 11.30 习题 11.3.7 的解

11.3.8 有八只彩灯排成一行。试设计分别实现下述要求的 PLC 控制梯形图:

(1) 自左至右依次每秒有一个灯点亮(只有一个灯亮),循环三次后,全部灯同时点亮,过 3 s 后全部灯熄灭,再过 2 s 后上述过程重复进行;(2) 自左至右依次每秒逐个灯点亮,全部点亮 2 s 后自右至左依次每秒逐个熄灭,循环三次后,全部灯同时点亮,过 3 s 后全部灯熄灭,再过 2 s 后上述过程重复进行。

解: 设 8 只彩灯自左至右依次由 PLC 的 8 个输出 Y0～Y7 控制;循环次数由计数器 CT100 控制;8 只灯同时点亮时间由定时器 T1 控制;过程重复进行的间隔时间由定时器 T2 控制;利用 PLC 内部的秒脉冲继电器 R901C 提供的秒脉冲对内部字继电器 WR0(由 RF～R0 共 16 个内部继电器组成)的 16 位由低位 R0 输入数据,并向高位移位,将 R0～R7 的状态送给 Y0～Y7 作为输出,如题解图 11.31 所示。

由题意可画出控制时序图(如题解图 11.32 所示)。

有多种方法可实现该控制要求,请读者分析比较。

编程方法一: 如题解图 11.33 所示。

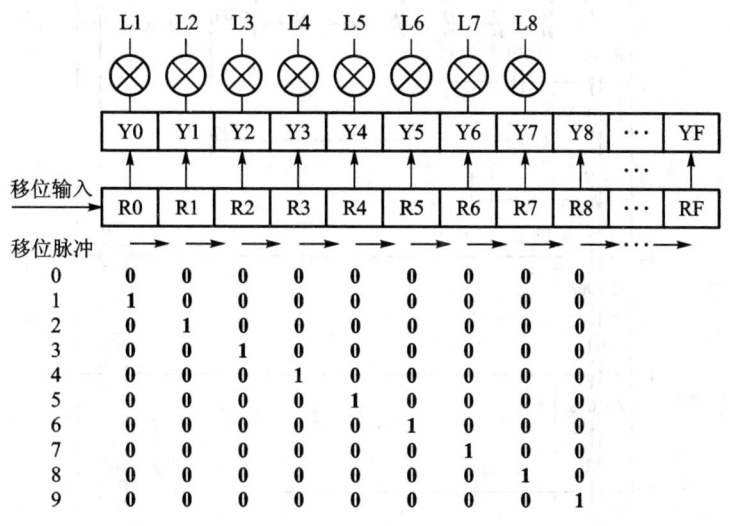

题解图 11.31 习题 11.3.8 的解 1

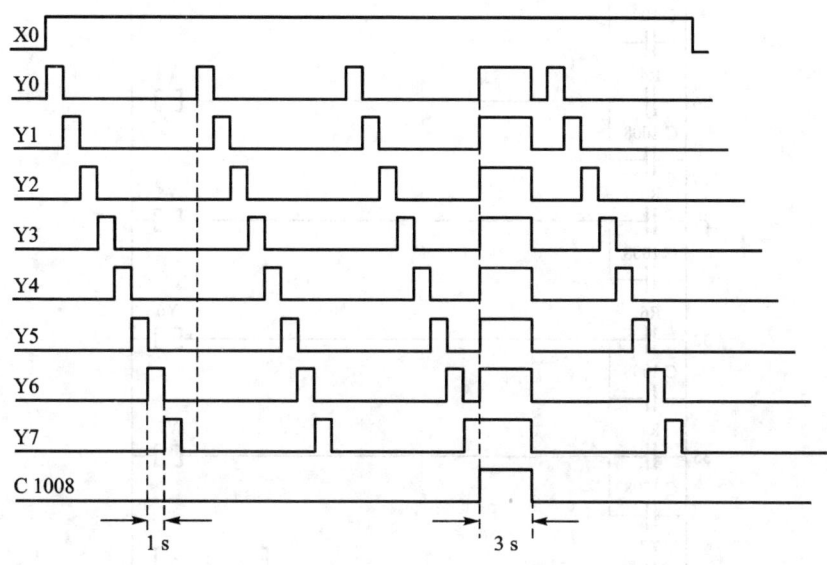

题解图 11.32 习题 11.3.8 的解 2

此方法完全使用基本指令。当 Y0~Y7 全为 **0** 时,移位脉冲将 **1** 移入 R0;当 Y0~Y7 不全为 **0** 时,移位脉冲将 **0** 移入 R0。通过输出指令将 R0~R7 状态送到输出 Y0~Y7,以驱动 8 只彩灯。当 Y7 由亮到灭时,通过下降沿微分指令使计数器减 1,直到第 3 次 Y7 灭时,计数器减为 0,其动合触点 C1008 闭合,WR0 复位、Y0~Y7 全部接通(8 只灯全亮)、定时器 T1 开始定时,3 s 后定时时间到,T1 动合触点闭合,计数器复位,Y0~Y7 全部熄灭,一轮大循环结束,重新开始下一轮大循环。

图中 X0 为工作起停开关,接通时开始工作,断开时停止工作并复位。

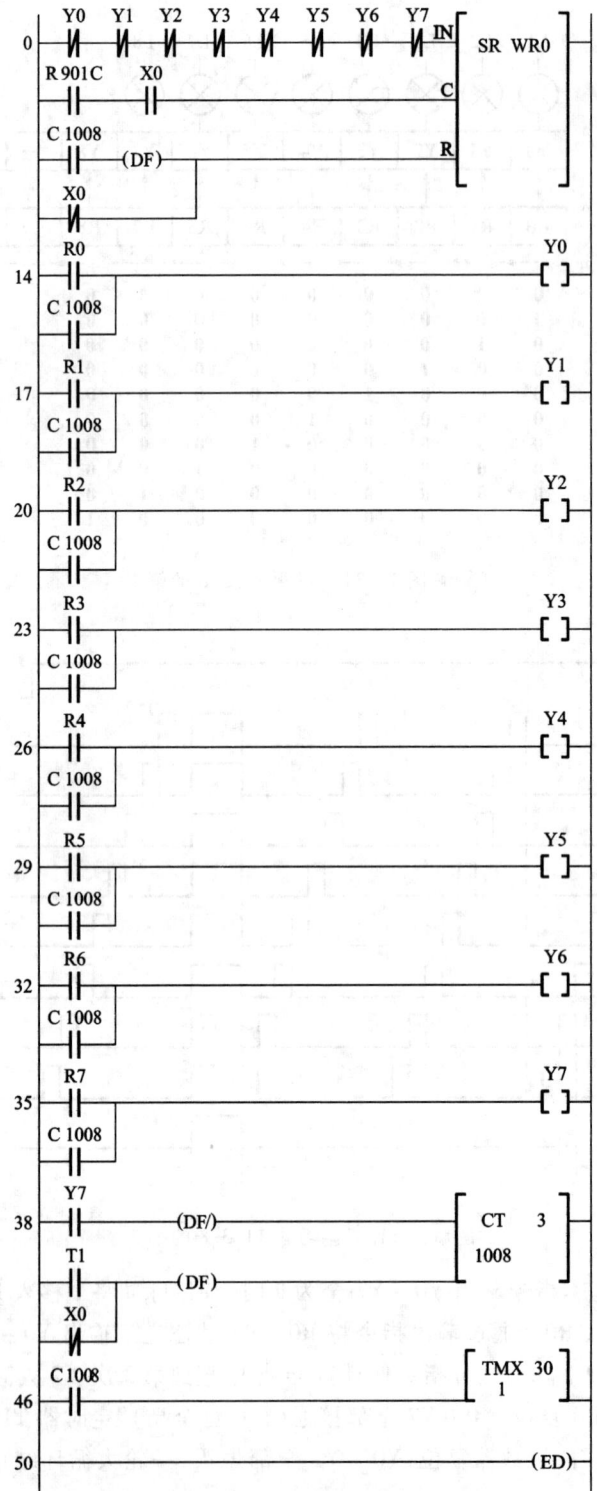

题解图 11.33　习题 11.3.8 的解 3

编程方法二：如题解图 11.34 所示。

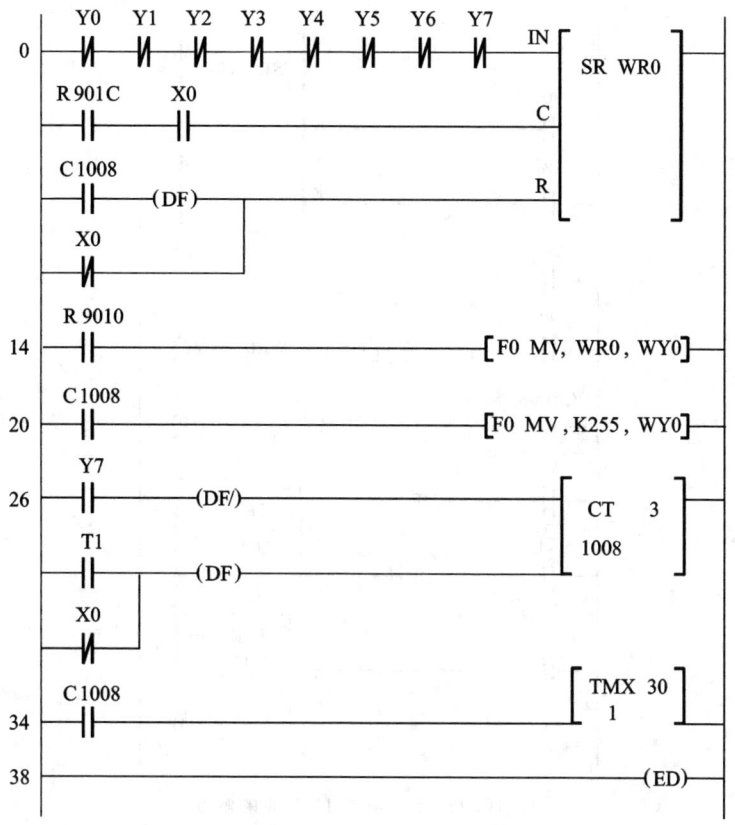

题解图 11.34 习题 11.3.8 的解 4

此方法使用了两条传输高级指令。R9010 为上电闭合触点，它使 WR0 内容在每次扫描时不断送入 WY0。当计数器减为 0 时，动合触点 C1008 闭合，WR0 复位，常数 K255 被送入 WY0，使 8 只灯全部点亮，同时开始定时，定时时间到计数器复位，在 R9010 控制下，将 WR0 的 16 个 0 送给 WY0，使 8 只灯全部熄灭，一轮大循环结束。

可以看出传送指令的使用使程序变得短小而简洁。

编程方法三：如题解图 11.35 所示。

此方法中使用了一条比较指令取代 Y0～Y7 的 8 个动断触点的串联。当 WY0 为零时，移位数据输入 1；当 WY0 不为零时，移位数据输入 0。当 R8 为 1 时，Y8 为 1，使 WR0 复位，WY0 亦变为 0。其他过程与方法二相同。

11.3.9 设计满足图 11.14 所示时序要求的报警电路梯形图。当报警信号为 ON 时要求报警，报警灯开始以 1 s 为周期振荡闪烁，同时报警蜂鸣器鸣叫。按报警响应按钮后，报警蜂鸣器鸣叫停止，报警灯由闪烁变为常亮。设有报警灯的测试功能，按下测试按钮后，报警灯点亮。

解：首先对 PLC 的 I/O 进行分配：

输入点：X0 报警信号开关 　　　输出点：Y0 报警灯
　　　　X1 报警响应按钮 　　　　　　　　Y1 报警蜂鸣器
　　　　X2 报警灯测试按钮

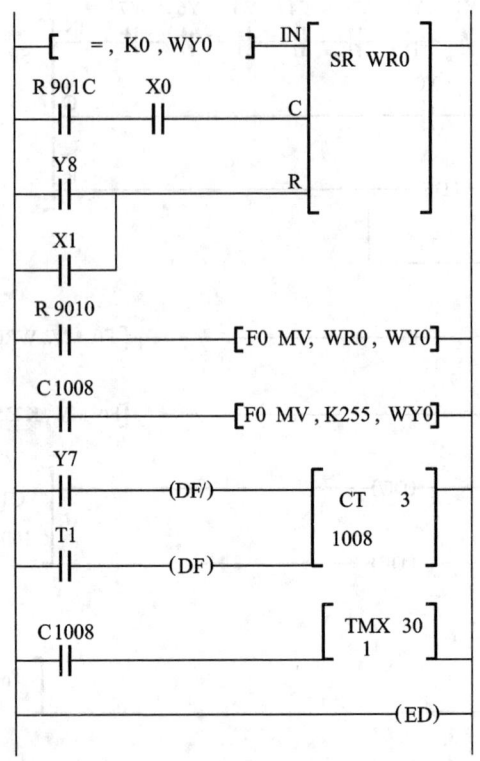

题解图 11.35 习题 11.3.8 的解 5

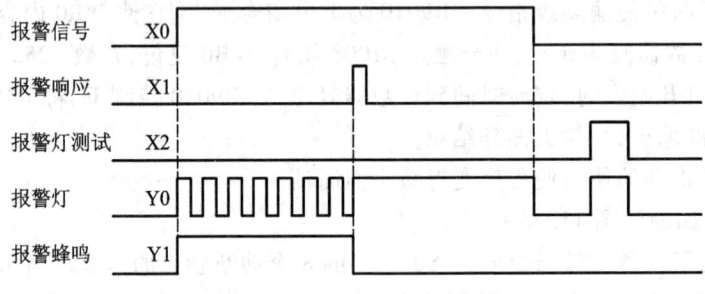

图 11.14 习题 11.3.9 的图

根据图 11.14 所示时序图要求设计的报警控制梯形图如题解图 11.36 所示。图中 R901C 为 PLC 内部的秒脉冲继电器。

当按下报警信号开关（X0 = ON）时，报警蜂鸣器 Y1 接通鸣响，报警灯 Y0 在秒脉冲继电器作用下，以 1 s 为周期振荡闪烁。按报警响应按钮 X1，Y1 被复位，报警蜂鸣器鸣响停止，因内部继电器 R0 置位接通，报警灯 Y0 接通常亮。当关闭报警信号开关（X0 = OFF）时，内部继电器 R0 被复位，报警灯 Y0 由常亮变为熄灭。按下 X2，可随时使 Y0 接通，用于对报警灯进行测试。

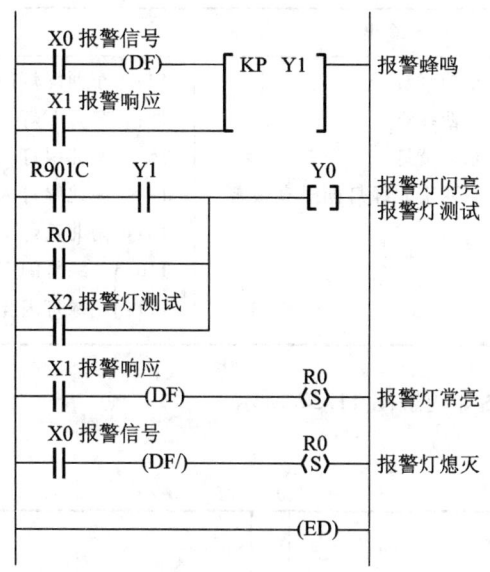

题解图 11.36　习题 11.3.9 的解

*11.3.10　试设计图 11.15 所示十字路口交通指挥信号灯 PLC 控制系统。根据控制要求画出信号灯时序图及控制梯形图。

控制要求:(1) 信号灯受一个起动开关控制。当起动开关接通时,信号灯系统开始工作,且南北红灯亮,东西绿灯亮;当起动开关断开时,所有信号灯都熄灭。(2) 南北红灯亮维持 25 s。在南北红灯亮的同时东西绿灯也亮,并维持 20 s,到 20 s 时,东西绿灯闪亮,闪亮 3 s(三次)后熄灭。在东西绿灯熄灭时,东西黄灯亮,并维持 2 s,到 2 s 时,东西黄灯熄灭,东西红灯亮。同时,南北红灯熄灭,南北绿灯亮。(3) 东西红灯亮维持 30 s。南北绿灯亮

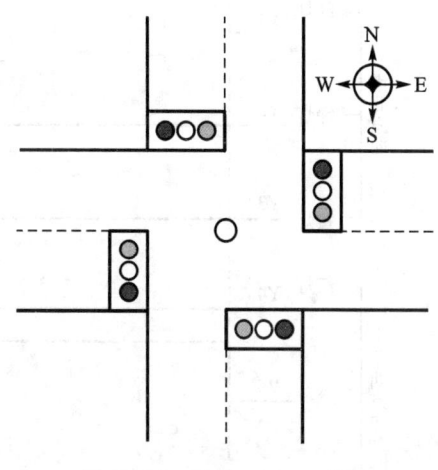

图 11.15　习题 11.3.10 的图

维持 25 s,然后闪亮 3 s(三次)后熄灭。同时南北黄灯亮,维持 2 s 后熄灭,这时南北红灯亮,东西绿灯亮。如此不断循环。

解:(1) 根据题意要求分配输入、输出继电器及定时器,见题解表 11.04。

题解表 11.04　输入/输出分配(I/O 分配)及定时器分配表

输入	输出	定时器
X0：起动开关	Y1：南北红灯 Y2：南北绿灯 Y3：南北黄灯	T1：南北红灯工作 25 s 定时 T2：东西红灯工作 30 s 定时 T3：东西绿灯工作 20 s 定时

续表

输入	输出	定时器
	Y4：东西红灯	T4：东西绿灯闪亮 3 s 定时
	Y5：东西绿灯	T5：东西黄灯工作 2 s 定时
	Y6：东西黄灯	T6：南北绿灯工作 25 s 定时
	Y0：东西南北绿灯同时亮报警	T7：南北绿灯闪亮 3 s 定时
		T8：南北黄灯工作 2 s 定时
		T10：⎫ 绿灯闪亮 3 s(三次)定时
		T11：⎭ 绿灯闪亮 3 s(三次)定时

（2）信号灯控制时序图如题解图 11.37 所示。

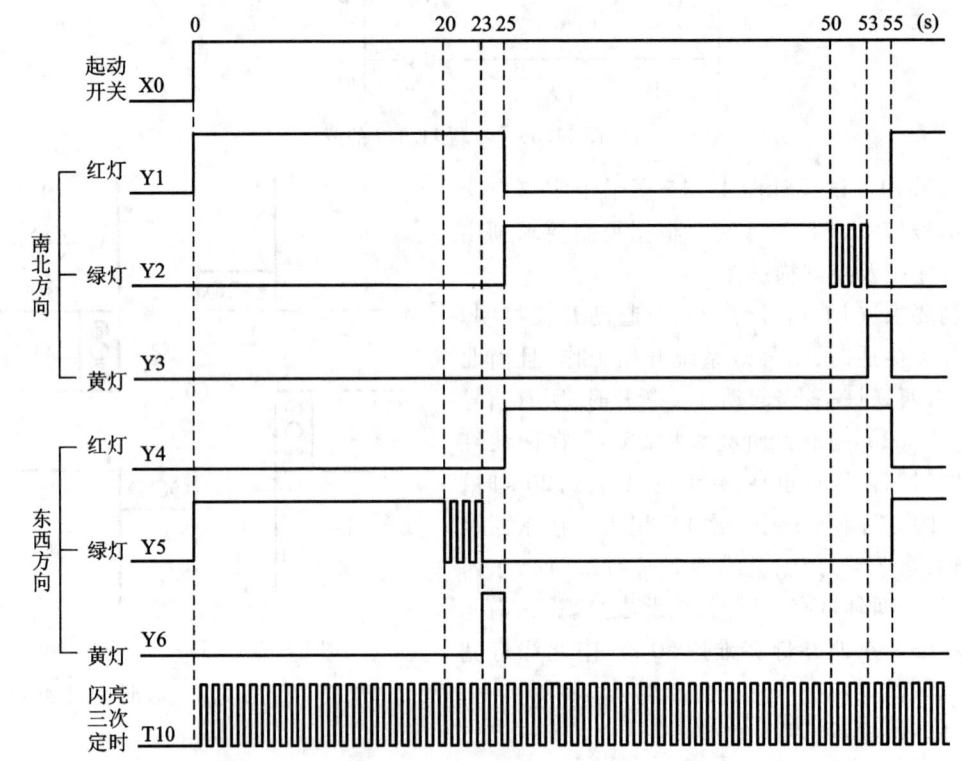

题解图 11.37　习题 11.3.10 的解 1

（3）信号灯控制系统的梯形图如题解图 11.38 所示。

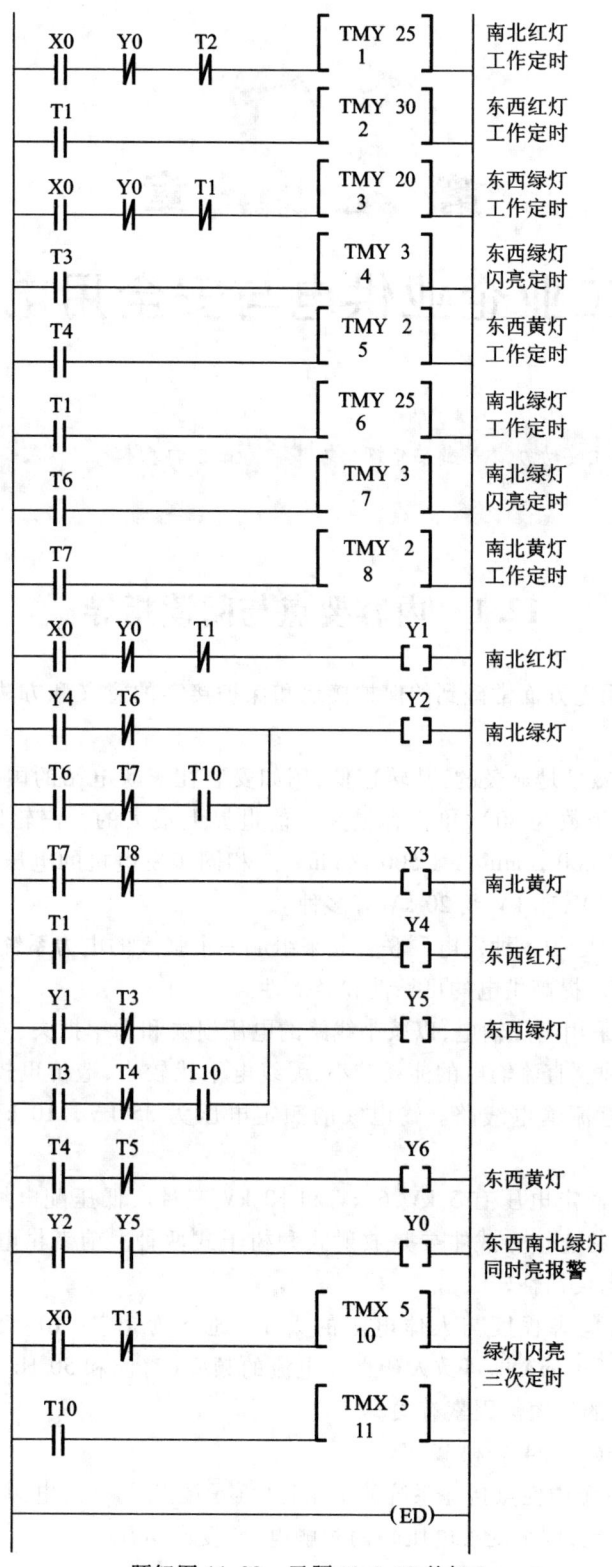

题解图 11.38 习题 11.3.10 的解 2

第12章

工业企业供电与安全用电

> 电力是现代工农业的主要动力,本章简要介绍发电、输电和配电的基本知识以及安全用电和节约用电的必备常识,可以自学。

12.1 内容要点与阅读指导

本章只讲授安全用电方面常碰到的保护接地和保护接零的意义和方法,其他一些基本知识可以自学作一般了解。

1. 水轮发电机的磁极是显极的,其转速低,例如安装在三峡电站的国产 700 MW 水轮发电机的转速为 75 r/min(极数为 80),单机容量是目前世界上最大的。汽轮发电机的磁极是隐极的,其转速高,通常是 3 000 r/min 或 1 500 r/min。三相同步发电机的电压等级有 400/230 V 和 6.3 kV、10.5 kV、13.8 kV、18 kV 及 20 kV 等多种。

现在常常将同一地区的各种发电厂联合起来组成一个强大的电力系统,以提高设备利用率,合理调配各电厂的负载,提高供电的可靠性和经济性。

2. 远距离输电均采用高压输电,以减小线路的电压损失和功率损失,并可节省输电线材料。输电分交流和直流两种。直流输电的能耗较小,无线电干扰较小,造价也较低,从三峡到华东地区建有 50×10^4 V 的直流输电线路。输电线的额定电压为 35 kV、110 kV、220 kV、330 kV 及 500 kV 等。

3. 高压配电线的额定电压有 3 kV、6 kV 和 10 kV 三种。低压配电线的额定电压是 380/220 V。低压配电线路的连接方式主要是放射式和树干式两种。前者供电可靠,但敷设投资较高;后者可靠性较低,但灵活性较大。

4. 电击对人体的危害程度与人体电阻的大小(通常为 $10^4 \sim 10^5$ Ω,最低可降到 800 ~ 1 000 Ω)、电流的大小(50 mA 即可致人死亡)、电流的频率(直流和 50 Hz 工频电流对人体的危害最大)以及通电时间的长短等因素有关。

安全电压规定为 36 V、24 V 和 12 V。

5. 触电方式有:电源中性点接地系统的单相触电(承受相电压);电源中性点不接地系统的单相触电(如另一相接地,则承受线电压);两相触电(承受线电压)。

通常碰到的是接触正常不带电的金属体的这种触电。

6. 保护接地用于中性点不接地的低压系统中,将电气设备的金属外壳接地。

保护接零用于中性点接地的低压系统中,将电气设备的金属外壳接到中性线(零线)。

在中性点接地系统中,除采用保护接零外,还要采用重复接地,就是将中性线相隔一定距离多处进行接地,由于接地电阻并联,以降低外壳对地电压,减小危险程度。

在三相五线制中,除工作零线 N 外,还设一保护零线 PE,将所有接零设备都通过三孔插座接到保护零线上。

7. 注意节约用电,并了解节约用电的具体措施,在日常生活中要注意照明用电的节约。

12.2 基本要求

1. 了解发电、输电及工业企业供配电的基本知识。
2. 了解保护接地和保护接零的意义和方法。
3. 了解节约用电的经济意义及节电措施。

12.3 重点与难点

1. 重点
(1) 发电、输电和配电。
(2) 安全用电和节约用电。
(3) 接地和接零。

2. 难点
接地和接零。

12.4 知识关联图

下面的两图,前者为交流发电、输电、配电系统;后者为交流发电、直流输电、交流配电系统。

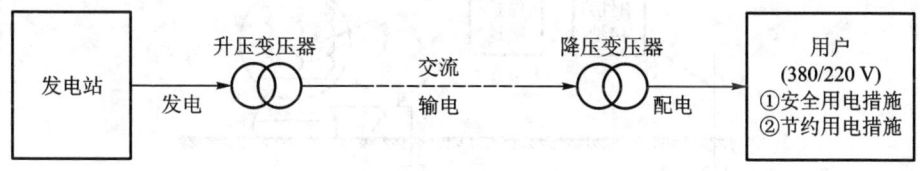

(a) 交流发电、输电、配电系统

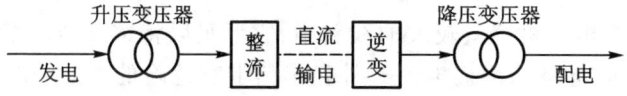

(b) 交流发电、直流输电、交流配电系统

12.5 【习题】题解

12.1.1 为什么远距离输电要采用高电压？

解：(1) 在同样输送功率条件下,电压愈高,电流就愈小。

(2) 电流愈小,输电线上的功率损耗就愈小。

(3) 电流愈小,输电线的截面积就愈小,导线就愈细。

(4) 导线愈细,在同样跨距内导线重量就愈轻,可以减轻对支撑塔架机械强度的要求,节约材料,降低设备投资。

12.1.2 什么是直流输电？

解：直流输电的原理如知识关联图(b)所示。即：将发电站发出的交流电压(高压),整流后变为直流电压,进行远距离输送,再经逆变,变为交流电压(高压),而后降压配送给用户。直流输电的优点是能耗小,无线电干扰也小。

12.3.1 为什么中性点接地的系统中不采用保护接地？

解：在中性点接地的系统中若采用保护接地,则如题解图 12.01 所示,即三相电源中性点接地,电动机金属外壳保护接地。此时,如果电动机因绝缘损坏使外壳带电,在 380/220 V 低压供电系统中,接地电流为

$$I_e = \frac{U_P}{R_0' + R_0} = \frac{220}{4+4} \text{ A} = 27.5 \text{ A}$$

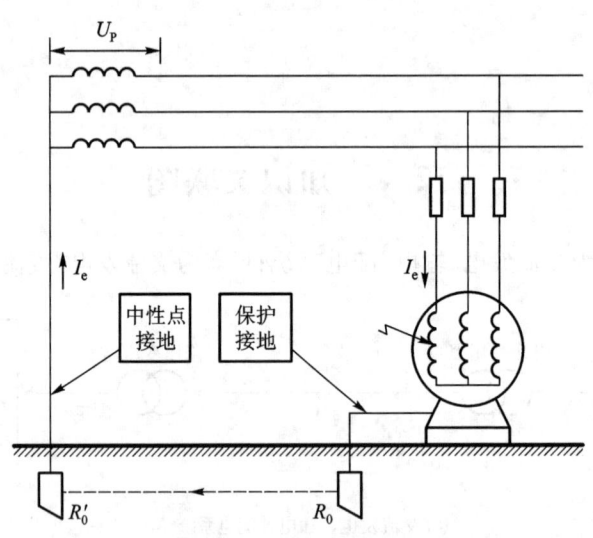

题解图 12.01 习题 12.3.1 的解

27.5 A 数值不是很大,在电动机容量较大的线路中,它不足以将熔断器的熔丝烧断(或使继电保护装置动作、跳闸,切断电路),因而电动机外壳仍然带有危险的电压,得不到保护。外壳电压为

$$U_e = I_e R_0 = 27.5 \times 4 \text{ V} = 110 \text{ V}$$

所以,在中性点接地的系统中不采用保护接地。

12.3.2 为什么中性点不接地的系统中不采用保护接零?

解:在中性点不接地的供电系统中,如果采用保护接零,那么当设备因绝缘损坏而致外壳带电时,虽然可以把一相熔丝烧断,但外壳对地仍带有一定电压。最不利的情况是,若接零导线接得不牢,一旦断开,熔丝不能烧断,外壳带电的隐患反而被掩盖,就更为危险。所以,中性点不接地的系统不采用保护接零,而采用保护接地。

12.3.3 区别工作接地、保护接地和保护接零。为什么在中性点接地系统中,除采用保护接零外,还要采用重复接地?

解:(1)工作接地:电力系统为运行和安全的需要,将低压三相电源的中性点接地。

(2)保护接地:在中性点不接地的三相供电系统中,将用设备的金属外壳接地。

(3)保护接零:在中性点接地的三相供电系统中,将用电设备的金属外壳接到零线上。

(4)在中性点接地的三相供电系统中,除采用保护接零外,为什么还要重复接地?

题解图12.02(a)、(b)可以说明这个问题。重复接地,就是将中性线相隔一定距离多处进行接地。这样,当中性线在×处一旦发生断线而电动机一相碰壳时,对安全是有好处的。

① 题解图12.01(a)所示是没有重复接地的情况。可以看出,在断线×处之后的电动机外壳对地电压 $U_e = U_P$,这是相当危险的。

② 题解图12.01(b)所示是有一处重复接地的情况。可以看出,在断线×处之后,由于有一条重复接地线,电动机外壳对地电压 $U_e = \dfrac{U_P}{R'_0 + R_0} R_0 = \dfrac{U_P}{2}$,$U_e$ 值明显减小,危险程度大大降低。

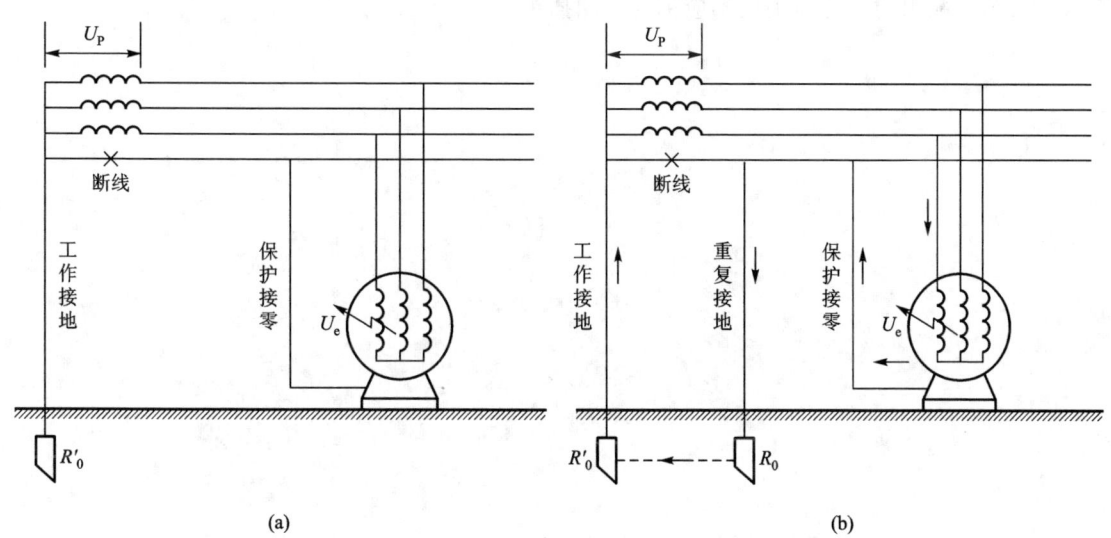

题解图12.02 习题12.3.3的解

(a)无重复接地($U_e = U_P$);(b)有一处重复接地$\left(U_e = \dfrac{U_P}{2}\right)$

12.3.4 有些家用电器(例如电冰箱等)用的是单相交流电,但是为什么电源插座是三眼的?试画出正确使用的电路图。

解:建筑物敷设电源线时,在建筑物的入口处,中性线接地,如题解图12.03所示(图中只画了一相电源)。进户后单设一根保护零线 E(实际上,这就构成了三相五线制供电,有 L_1、L_2、L_3、

N、E 五根线）。

三眼电源插座也称为三孔电源插座，其接线如题解图 12.03 所示，它的 E 孔接保护零线。所有需要安全用电的家用电器，都要配用三芯插头。将三芯插头插到三眼插座（L、N、E）上，L、N 之间是 220 V 电压，E 芯连接家用电器的金属外壳。

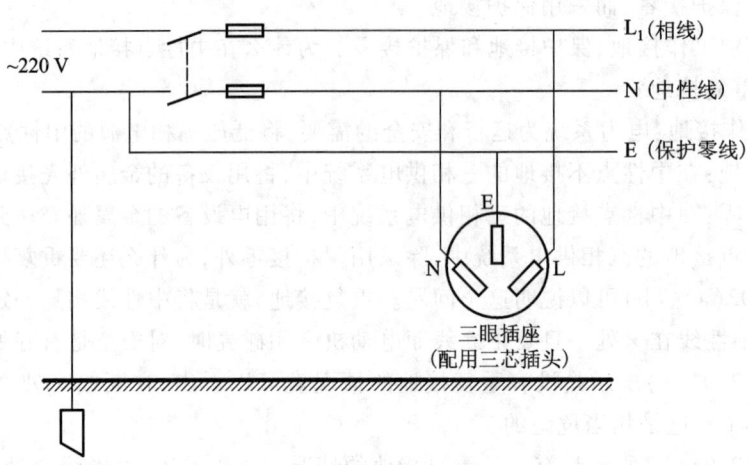

题解图 12.03　习题 12.3.4 的解

有人把题解图 12.03 中的三眼插座称为三相插座，这是不正确的（实际上，它只是三孔的单相插座），与之配用的三芯插头也不应称为三相插头。

第 13 章 电 工 测 量

本章主要介绍常用电工测量仪表的结构、类型、原理和使用方法,并通过传感器采用电工测量手段对非电量进行测量(即非电量的电测法)。本章内容可以自学。

13.1 内容要点与阅读指导

本章可结合实验进行学习,对各种常用电工仪表的构造和原理作一般了解,重在正确使用这些仪表。

1. 看懂仪表面板上所标明的类型、电流种类、准确度等级、绝缘试验电压、放置位置及灵敏度等符号。

2. 根据不同需要,选用不同准确度等级的仪表。在进行精密测量或校正其他仪表时,应选用准确度等级较高(0.1级、0.2级、0.5级)的仪表;进行一般测量或检查线路时,可选用准确度等级较低的仪表,如常用的万用表,其准确度等级一般为2.5级。

3. 电流表应串联在所测电流的电路中,其内阻必须很小;电压表应并联在所测电压的电路上,其内阻必须很大。切勿将电流表误并在电路两端,否则将烧坏。改变与电流表表头并联的分流器的阻值或电压表中串联的倍压器的阻值,可以改变它们的量程。

4. 万用表是常用的便携式仪表,应能正确熟练使用。使用时要注意转换开关的位置和量程,切勿在带电线路上测量电阻,切勿误用电阻挡或电流挡去测量电压,使用完毕应养成将转换开关转到交流电压最高量程挡的习惯。此外,面板上的"+"端是接内装电池的负极,而"-"端接向电池的正极。

5. 为了保证功率表正确连接,两个线圈的始端在面板上标以"±"或"*"号,这两端均应连在电源的同一端。如遇功率表的指针反向偏转,可将电流线圈反接,而不能将电压线圈的两端反接。用两功率表法测量三相功率时,注意功率表在三相电路中的连接方法。

6. 使用各种仪表时,要正确选择量程,应使被测值愈接近满标值愈好(可减小测量误差),一般应使被测值超过满标值一半以上。

13.2 基 本 要 求

1. 了解常用的几种电工测量仪表的基本构造和工作原理,并能正确使用。

2. 了解测量误差和仪表准确度等级的意义，以及量程范围和选用方法。
3. 学会常见的几种电路物理量的测量方法。
4. 了解非电量的电测法。

13.3 重点与难点

1. 重点
（1）电工测量仪表的类型、结构与原理。
（2）电流、电压、功率的测量方法与误差分析。

2. 难点
（1）三相功率的测量。
（2）交流电桥。
（3）热电传感器。

13.4 知识关联图

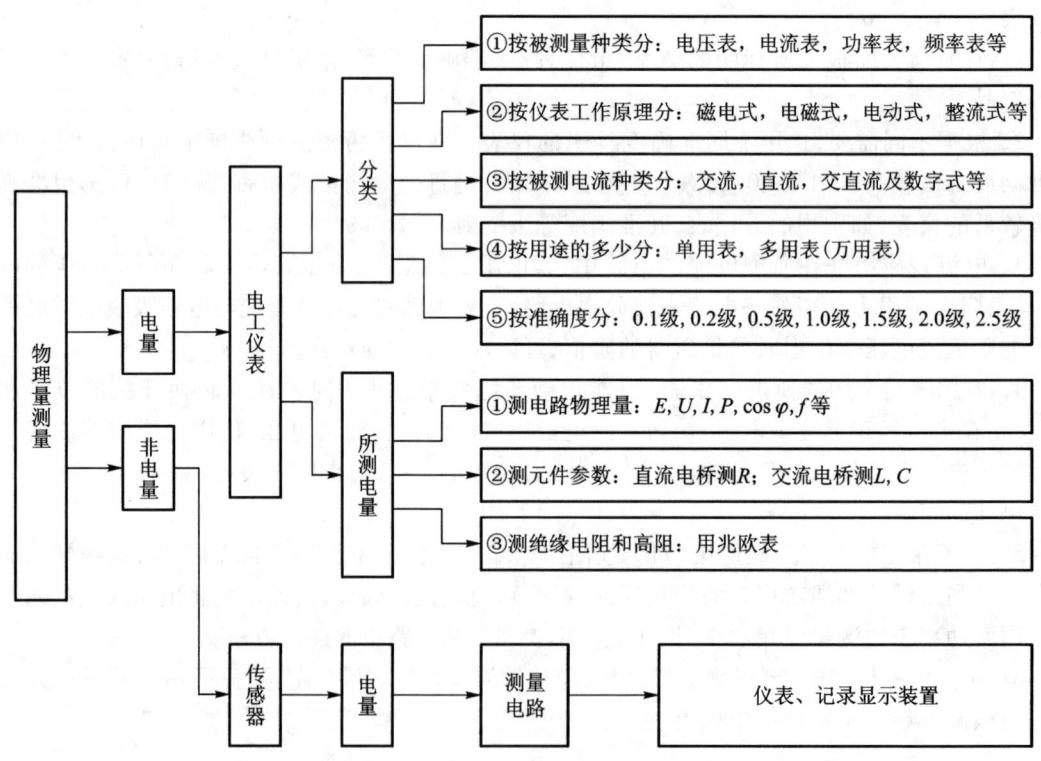

13.5 【习题】题解

A 选 择 题

13.1.1 有一准确度为1.0级的电压表,其最大量程为50 V,如用来测量实际值为25 V的电压时,则相对测量误差为（　　）。

(1) ±0.5　(2) ±2%　(3) ±0.5%

解：(1) 本电压表的最大基本误差为

$$\Delta U_m = \gamma U_m = \pm 1\% \times 50 \text{ V} = \pm 0.5 \text{ V}$$

(2) 用该电压表测量25 V电压时,产生的相对测量误差为

$$\gamma_{25} = \frac{\pm 0.5}{25} \times 100\% = \pm 2\%$$

答案应为(2)。

13.1.2 有一电流表,其最大量程为30 A。今用来测量20 A的电流时,相对测量误差为±1.5%,则该电流表的准确度为（　　）。

(1) 1级　(2) 0.01级　(3) 0.1级

解：(1) 根据公式 $\gamma = \frac{\Delta A_m}{A_m} \times 100\%$ 可知,测量20 A时

$$\frac{\Delta I_m}{20} \times 100\% = \pm 1.5\%$$

电流的最大基本误差

$$\Delta I_m = \pm 1.5\% \times 20 \text{ A} = \pm 0.3 \text{ A}$$

(2) 该电流表的准确度为

$$\gamma = \frac{\Delta I_m}{I_m} \times 100\% = \frac{\pm 0.3}{30} \times 100\% = \pm 1\%$$

答案应为(1)。

13.1.3 有一准确度为2.5级的电压表,其最大量程为100 V,则其最大基本误差为（　　）。

(1) ±2.5 V　(2) ±2.5　(3) ±2.5%

解：根据公式 $\gamma = \frac{\Delta A_m}{A_m} \times 100\%$ 可知,本电压表的最大基本误差为

$$\Delta U_m = \gamma U_m = \pm 2.5\% \times 100 \text{ V} = \pm 2.5 \text{ V}$$

答案应为(1)。

13.1.4 使用电压表或电流表时,要正确选择量程,应使被测值（　　）。

(1) 小于满标值的一半左右
(2) 超过满标值的一半以上
(3) 不超过满标值即可

解：使用电压表和电流表时,应使被测值超过满标值的一半为好。

答案应为(2)。

13.2.1 交流电压表的读数是交流电压的(　　)。
(1) 平均值　(2) 有效值　(3) 最大值
解：交流电压表的读数为交流电压的有效值。
答案应为(2)。

13.2.2 测量交流电压时,应用(　　)。
(1) 磁电式仪表或电磁式仪表
(2) 电磁式仪表或电动式仪表
(3) 电动式仪表或磁电式仪表
解：电磁式仪表或电动式仪表都能测量交流电压。
答案应为(2)。

13.3.1 在多量程的电流表中,量程愈大,则其分流器的阻值(　　)。
(1) 愈大　(2) 愈小　(3) 不变
解：在多量程的电流表中,量程愈大,其分流器的阻值应愈小。
答案应为(2)。

13.4.1 在多量程的电压表中,量程愈大,则其倍压器的阻值(　　)。
(1) 愈大　(2) 愈小　(3) 不变
解：在多量程的电压表中,量程愈大,其倍压器的阻值应愈大。
答案应为(1)。

13.6.1 在三相三线制电路中,通常采用(　　)来测量三相功率。
(1) 两功率表法　(2) 三功率表法　(3) 一功率表法
解：在三相三线制电路中,通常采用两功率表法来测量三相功率。
答案应为(1)。

B 基 本 题

13.1.5 电源电压的实际值为 220 V,今用准确度为 1.5 级、满标值为 250 V 和准确度为 1.0 级、满标值为 500 V 的两个电压表去测量,试问哪个读数比较准确?

解：上述两个电压表的最大基本误差分别为
$$\Delta U_{m1} = \pm 1.5\% \times 250 \text{ V}$$
$$\Delta U_{m2} = \pm 1.0\% \times 500 \text{ V}$$
用这两个电压表测量 220 V 电压的相对误差分别为
$$\gamma_1 = \frac{\pm 1.5\% \times 250}{220} = \pm 1.7\%$$
$$\gamma_2 = \frac{\pm 1.0 \times 500}{220} = \pm 2.27\%$$

所以,用第一个电压表测量 220 V 电压读数比较准确,因为尽管第一个电压表准确度不如第二个高,但被测电压 220 V 比较接近第一个电压表的满标值 250 V(即满刻度),可以减小相对误差。

13.1.6 用准确度为 2.5 级、满标值为 250 V 的电压表去测量 110 V 的电压,试问相对测量误差为多少？如果允许的相对测量误差不应超过 5%，试确定这只电压表适宜于测量的最小电压值。

解：（1）可能产生的最大基本误差为

$$\Delta U_m = \gamma \times U_m = \pm 2.5\% \times 250 \text{ V} = \pm 6.25 \text{ V}$$

（2）相对测量误差为

$$\gamma_{110} = \frac{\pm 6.25}{110} \times 100\% = \pm 5.69\%$$

（3）如允许相对测量误差不超过 5%，适宜于测量的最小电压值为

$$U = \frac{\pm 6.25}{\pm 5\%} \text{ V} = 125 \text{ V}$$

13.4.2 一毫安表的内阻为 20 Ω，满标值为 12.5 mA。如果把它改装成满标值为 250 V 的电压表，问必须串多大的电阻？

解：把毫安表的内阻 R_0 分离出来画，电压表电路可表示成题解图 13.01，电路中的电阻

$$R_0 + R = \frac{250}{12.5 \times 10^{-3}} \text{ Ω} = 20 \text{ kΩ}$$

所串电阻为

$$R = (20 \times 10^3 - 20) \text{ Ω} = 19\,980 \text{ Ω}$$

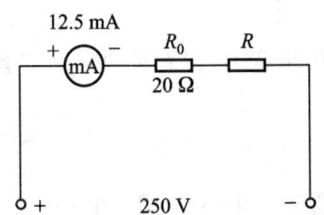 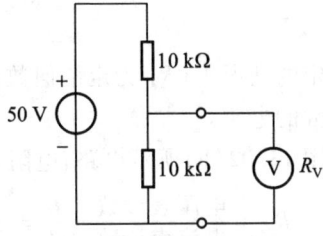

题解图 13.01 习题 13.4.2 的解　　　图 13.01 习题 13.4.3 的图

13.4.3 图 13.01 所示是一电阻分压电路，用一内阻 R_V 为 (1) 25 kΩ，(2) 50 kΩ，(3) 500 kΩ 的电压表测量时，其读数各为多少？由此得出什么结论？

解：图中两个 10 kΩ 电阻和电压表内阻 R_V 是串并联关系，并联部分的等效电阻为 $\frac{10 R_V}{10 + R_V}$ kΩ，当 R_V 分别为 25 kΩ、50 kΩ 和 500 kΩ 时，则等效电阻分别为

$$\frac{10 \times 25}{10 + 25} \text{ kΩ} = 7.143 \text{ kΩ} \qquad \frac{10 \times 50}{10 + 50} \text{ kΩ} = 8.333 \text{ kΩ} \qquad \frac{10 \times 500}{10 + 500} \text{ kΩ} = 9.804 \text{ kΩ}$$

（1）当 $R_V = 25$ kΩ 时，读数为

$$U = \frac{7.143}{10 + 7.143} \times 50 \text{ V} = 20.83 \text{ V}$$

（2）当 $R_V = 50$ kΩ 时，读数为

$$U = \frac{8.333}{10 + 8.333} \times 50 \text{ V} = 22.73 \text{ V}$$

（3）当 $R_V = 500$ kΩ 时，读数为

$$U = \frac{9.804}{10 + 9.804} \times 50 \text{ V} = 24.75 \text{ V}$$

结论：电压表内阻 R_V 愈大，测量结果愈接近于被测值（25 V），测量误差愈小。

13.4.4 图 13.02 所示是用伏安法测量电阻 R 的两种电路。因为电流表有内阻 R_A,电压表有内阻 R_V,所以两种测量方法都将引入误差。试分析它们的误差,并讨论这两种方法的适用条件。(即适用于测量阻值大一点的还是小一点的电阻,可以减小误差?)

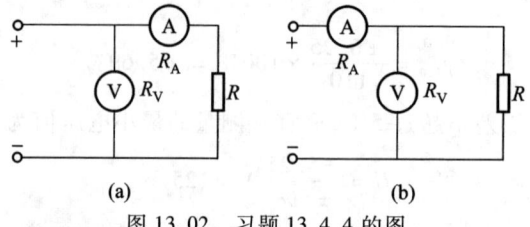

图 13.02 习题 13.4.4 的图

解:(1)对图 13.02(a)所示电路,电阻 R 的测量值

$$R_{测} = \frac{电压表读数}{电流表读数} = \frac{U}{I} = \frac{U}{\frac{U}{R_A + R}} = R_A + R(所测结果大于实际值 R)$$

误差

$$\frac{R_{测} - R}{R} \times 100\% = \frac{R_A}{R}\%$$

在电流表固定的情况下(R_A 为定值但数值很小),所测电阻 R 愈大,误差愈小。所以该电路适合于测量阻值大的电阻。

(2)对图 13.02(b)所示电路,电阻 R 的测量值

$$R_{测} = \frac{电压表读数}{电流表读数} = \frac{U}{I} = \frac{U}{\frac{U}{R_V} + \frac{U}{R}} = \frac{R_V R}{R_V + R}(所测结果小于实际值 R)$$

误差

$$\frac{R - R_{测}}{R} \times 100\% = 1 - \frac{R_{测}}{R} = 1 - \frac{R_V}{R_V + R} = \frac{R}{R_V + R} = \frac{1}{\frac{R_V}{R} + 1}\%$$

在电压表固定的情况下(R_V 为定值但数值很大),所测电阻 R 愈小,误差愈小。所以该电路适合于测量阻值小的电阻。

13.4.5 图 13.03 所示的是测量电压的电位计电路,其中 $R_1 + R_2 = 50\ \Omega, R_3 = 44\ \Omega, E = 3\ \text{V}$。当调节滑动触点使 $R_2 = 30\ \Omega$ 时,电流表中无电流通过。试求被测电压 U_x 之值。

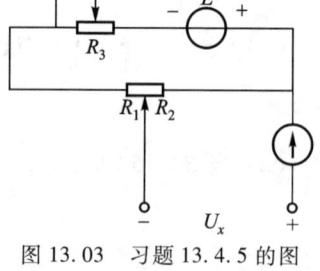

图 13.03 习题 13.4.5 的图

解: 电流表无电流通过,说明电位计的被测电压 U_x 与电阻 R_2 上的电压 U_{R_2} 相等,即

$$U_x = U_{R_2} = \frac{E}{R_1 + R_2 + R_3} R_2$$

$$= \left(\frac{3}{50 + 44} \times 30\right) \text{V}$$

$$= 0.957\ \text{V}$$

13.5.1 图 13.04 所示是万用表中直流毫安挡的电路。表头内阻 $R_0 = 280\ \Omega$,满标值电流

$I_0 = 0.6$ mA。今欲使其量程扩大为 1 mA,10 mA 及 100 mA,试求分流器电阻 R_1,R_2 及 R_3。

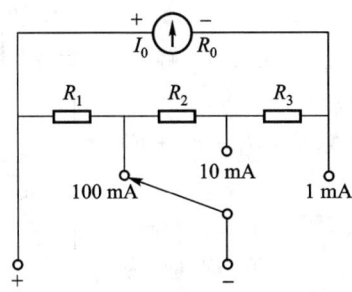

图 13.04 习题 13.5.1 的图

解：根据题意,可画出如题解图 13.02(a)、(b)、(c)所示电路。

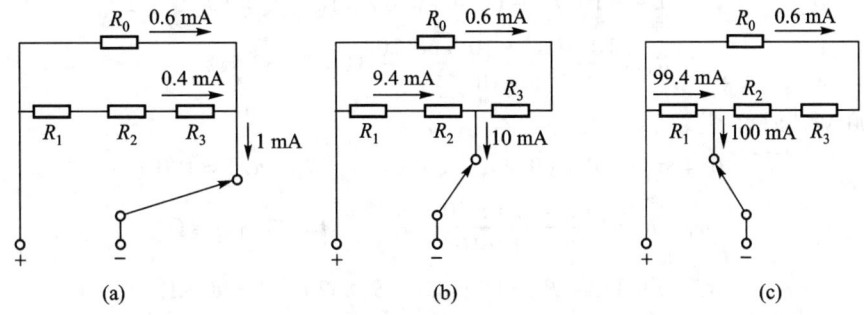

(a)　　　　　　　　(b)　　　　　　　　(c)

题解图 13.02 习题 13.5.1 的解

（1）量程为 1 mA 时,由题解图 13.02(a)可列式

$$0.6 R_0 = (1-0.6)(R_1 + R_2 + R_3)$$

$$R_1 + R_2 + R_3 = \frac{0.6 R_0}{0.4} = \frac{0.6 \times 280}{0.4}\ \Omega = 420\ \Omega$$

（2）量程为 10 mA 时,由题解图 13.02(b)可列式

$$0.6(R_0 + R_3) = (10-0.6)(R_1 + R_2)$$

而

$$R_1 + R_2 = 420 - R_3$$

所以

$$0.6(280 + R_3) = 9.4(420 - R_3)$$

$$10 R_3 = 9.4 \times 420 - 0.6 \times 280$$

$$R_3 = 378\ \Omega$$

（3）量程为 100 mA 时,由题解图 13.02(c)可列式

$$(100-0.6)R_1 = 0.6(R_0 + R_2 + R_3)$$

而

$$R_2 + R_3 = 420 - R_1$$

所以

$$99.4 R_1 = 0.6(280 + 420 - R_1)$$

$$100 R_1 = 0.6 \times 700$$

$$R_1 = 4.2\ \Omega$$

（4）最后求得

$$R_2 = 420 - R_1 - R_3$$
$$= (420 - 4.2 - 378)\ \Omega$$
$$= 37.8\ \Omega$$

13.5.2 如用上述万用表测量直流电压,共有三挡量程,即10 V,100 V 及 250 V,试计算倍压器电阻 R_4,R_5 及 R_6(图13.05)。

解：图 13.05 所示电路是建立在题解图 13.02(a)所示电路(量程为 1 mA)基础上的,由该电路计算已知 $R_0 = 280\ \Omega$, $I_0 = 0.6$ mA, $R = R_1 + R_2 + R_3 = 420\ \Omega$,其中电流为 0.4 mA。

本题中,无论是 10 V,100 V 或 250 V 哪一挡量程,流过 R_4、R_5 和 R_6 各电阻的电流均应为 $(0.6 + 0.4)$ mA $= 1$ mA。

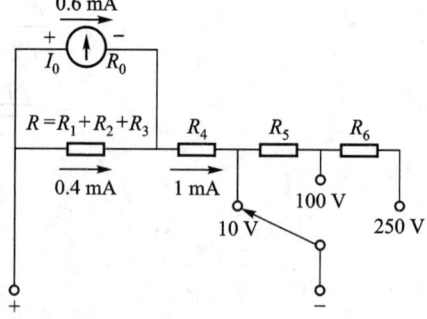

图 13.05 习题 13.5.2 的图

(1) 10 V 挡时可列式

$$0.4 \times 10^{-3} R + (0.4 + 0.6) \times 10^{-3} R_4 = 10$$

$$R_4 = \frac{10 - 0.4 \times 10^{-3} \times 420}{1 \times 10^{-3}}\ \Omega = 9.832\ \text{k}\Omega$$

(2) 100 V 挡时可列式

$$0.4 \times 10^{-3} R + (0.4 + 0.6) \times 10^{-3} (R_4 + R_5) = 100$$

$$R_4 + R_5 = \frac{100 - 0.4 \times 10^{-3} \times 420}{1 \times 10^{-3}}\ \Omega = 99.832\ \text{k}\Omega$$

$$R_5 = 99.832 - R_4 = (99.832 - 9.832)\ \text{k}\Omega = 90\ \text{k}\Omega$$

(3) 250 V 挡时可列式

$$0.4 \times 10^{-3} R + (0.4 + 0.6) \times 10^{-3} (R_4 + R_5 + R_6) = 250$$

$$R_4 + R_5 + R_6 = \frac{250 - 0.4 \times 10^{-3} \times 420}{1 \times 10^{-3}}\ \Omega = 249.832\ \text{k}\Omega$$

$$R_6 = 249.832 - R_4 - R_5 = (249.832 - 9.832 - 90)\ \text{k}\Omega = 150\ \text{k}\Omega$$

13.6.2 在三相四线制电路中负载对称和不对称这两种情况下,如何用功率表来测量三相功率,并分别画出测量电路。能否用两功率表法测量三相四线制电路的三相功率?

解：(1) 当三相负载对称时,因各相负载功率相等,所以可采用一功率表法测三相功率,如题解图 13.03 所示。

(2) 当三相负载不对称时,因各相负载功率不相等,所以应采用三功率表法测三相功率,如题解图 13.04 所示。

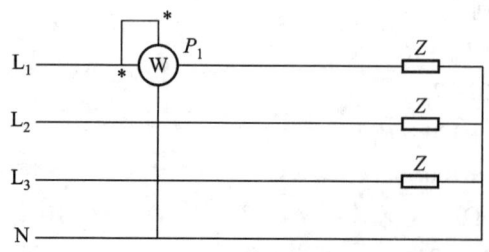

题解图 13.03 习题 13.6.2 的解 1

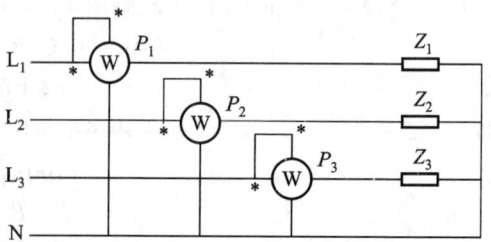

题解图 13.04 习题 13.6.2 的解 2

(3) 三相四线制电路的三相功率不能用两功率表法测量。

C 拓 宽 题

13.6.3 用两功率表法测量对称三相负载(负载阻抗为 Z)的功率,设电源线电压为 380 V,负载连成星形。在下列几种负载情况下,试求每个功率表的读数和三相功率:(1) $Z = 10$ Ω;(2) $Z = (8 + j6)$ Ω;(3) $Z = (5 + j5\sqrt{3})$ Ω;(4) $Z = (5 + j10)$ Ω;(5) $Z = -j10$ Ω。

解:(1) $Z = 10$ Ω 时

$$I_P = \frac{U_P}{|Z|} = \frac{220}{10} \text{ A} = 22 \text{ A}$$

$$\cos \varphi = 1, \varphi = 0°$$

两个功率表的读数为

$$P_1 = U_L I_L \cos(30° - \varphi) = 380 \times 22 \times \frac{\sqrt{3}}{2} \text{ W} = 7\ 240 \text{ W}$$

$$P_2 = U_L I_L \cos(30° + \varphi) = 380 \times 22 \times \frac{\sqrt{3}}{2} \text{ W} = 7\ 240 \text{ W}$$

故三相功率为

$$P = P_1 + P_2 = (7\ 240 + 7\ 240) \text{ W} = 14\ 480 \text{ W} = 14.48 \text{ kW}$$

(2) $Z = (8 + j6)$ Ω 时

$$\cos \varphi = \frac{8}{\sqrt{8^2 + 6^2}} = \frac{8}{10} = 0.8, \varphi = 36.9°$$

$$I_P = \frac{U_P}{|Z|} = \frac{220}{10} \text{ A} = 22 \text{ A}$$

$$P_1 = U_L I_L \cos(30° - \varphi) = 380 \times 22 \times \cos(-6.9°)$$
$$= (380 \times 22 \times 0.99) \text{ W} = 8\ 276 \text{ W}$$

$$P_2 = U_L I_L \cos(30° + \varphi) = 380 \times 22 \times \cos 66.9°$$
$$= (380 \times 22 \times 0.392) \text{ W} = 3\ 277 \text{ W}$$

$$P = P_1 + P_2 = (8\ 276 + 3\ 277) \text{ W} = 11\ 553 \text{ W} = 11.553 \text{ kW}$$

(3) $Z = (5 + j5\sqrt{3})$ Ω 时

$$\cos \varphi = \frac{5}{\sqrt{5^2 + (5\sqrt{3})^2}} = \frac{1}{2} = 0.5, \varphi = 60°$$

$$I_P = \frac{U_P}{|Z|} = \frac{220}{10} \text{ A} = 22 \text{ A}$$

$$P_1 = 380 \times 22 \times \cos(30° - 60°) \text{ W} = 380 \times 22 \times 0.866 \text{ W} = 7\ 240 \text{ W}$$

$$P_2 = 380 \times 22 \times \cos(30° + 60°) \text{ W} = 380 \times 22 \times 0 \text{ W} = 0$$

$$P = P_1 + P_2 = (7\ 240 + 0) \text{ W} = 7\ 240 \text{ W} = 7.24 \text{ kW}$$

(4) $Z = (5 + j10)$ Ω 时

$$\cos\varphi = \frac{5}{\sqrt{5^2+10^2}} = \frac{5}{11.18} = 0.447, \varphi = 63.4°$$

$$I_P = \frac{U_P}{|Z|} = \frac{220}{11.18} \text{ A} = 19.68 \text{ A}$$

$$P_1 = 380 \times 19.68 \times \cos(30° - 63.4°) \text{ W} = 380 \times 19.68 \times 0.835 \text{ W} = 6\,244 \text{ W}$$

$$P_2 = 380 \times 19.68 \times \cos(30° + 63.4°) \text{ W} = 380 \times 19.68 \times (-0.059) \text{ W} = -441 \text{ W}$$

此时 $\varphi > 60°$，P_2 为负值，应将电流线圈反接，则

$$P = P_1 + P_2 = (6\,244 - 441) \text{ W} = 5\,803 \text{ W} \approx 5.8 \text{ kW}$$

（5）$Z = -j10 \text{ }\Omega$ 时

$$\cos\varphi = 0, \varphi = -90°$$

$$I_P = \frac{U_P}{|Z|} = \frac{220}{10} \text{ A} = 22 \text{ A}$$

$$P_1 = 380 \times 22 \times \cos(30° - \varphi) \text{ W} = 380 \times 22 \times (-0.5) \text{ W} = -4\,180 \text{ W}$$

$$P_2 = 380 \times 22 \times \cos(30° + \varphi) \text{ W} = 380 \times 22 \times 0.5 \text{ W} = 4\,180 \text{ W}$$

$$P = P_1 + P_2 = (-4\,180 + 4\,180) \text{ W} = 0（纯电容负载不消耗有功功率）$$

13.6.4 某车间有一三相异步电动机，电压为 380 V，电流为 6.8 A，功率为 3 kW，星形联结。试选择测量电动机的线电压、线电流及三相功率（用两功率表法）用的仪表（包括类型、量程、个数、准确度等），并画出测量接线图。

解：三相异步电动机的测量接线图如题解图 13.05 所示，仪表选择：

（1）电压表：电磁式，500 V，2.0 级，1 个。

（2）电流表：电磁式，10 A，2.0 级，1 个。

（3）功率表：电动式，电压线圈量程 500 V，电流线圈量程 10 A，1.0 级，2 个（同型号）。

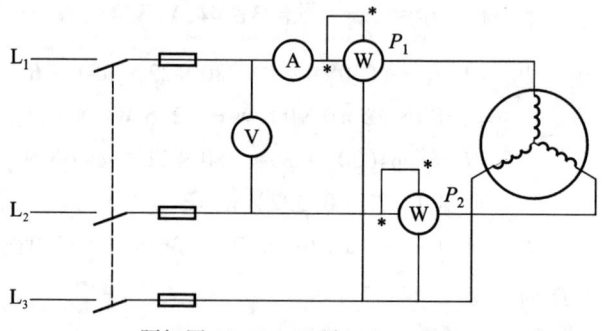

题解图 13.05　习题 13.6.4 的解

附录 1
电工技术综合模拟试卷(少学时)

一、计算附录 1 图.01 所示电路中的电压 U。

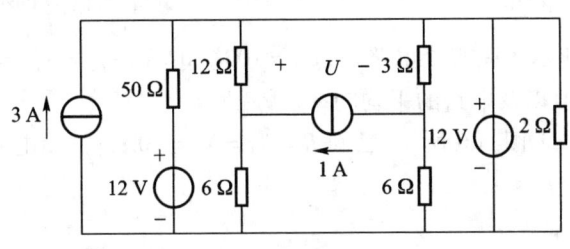

附录 1 图.01

二、线性电阻网络接成附录 1 图.02(a)时测得 $U_1 = 6$ V;$I_1 = 1$ A;当线性电阻网络接成图(b)时测得 $U_2 = 3$ V;$I_2 = -1.5$ A;当线性电阻网络接成图(c)时,求 $U = ?;I = ?$

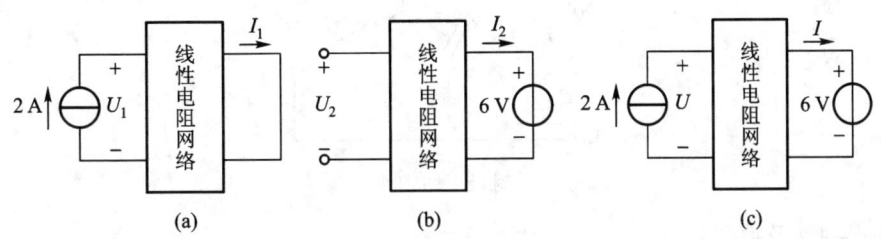

附录 1 图.02

三、电路如附录 1 图.03 所示,换路前已处于稳态,$t = 0$ 时 S 打开,计算换路后的 u_C。

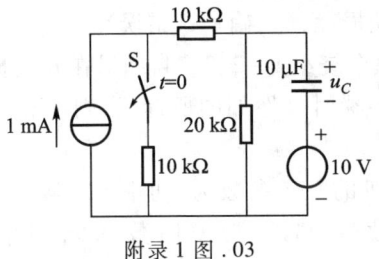

附录 1 图.03

四、电路如附录1图.04所示,已知 $u = 220\sqrt{2}\sin 314t$ V, $i_1 = 22\sin(314t - 45°)$ A, $i_2 = 11\sqrt{2}\sin(314t + 90°)$ A,试求各仪表读数及电路参数 R、L 和 C。

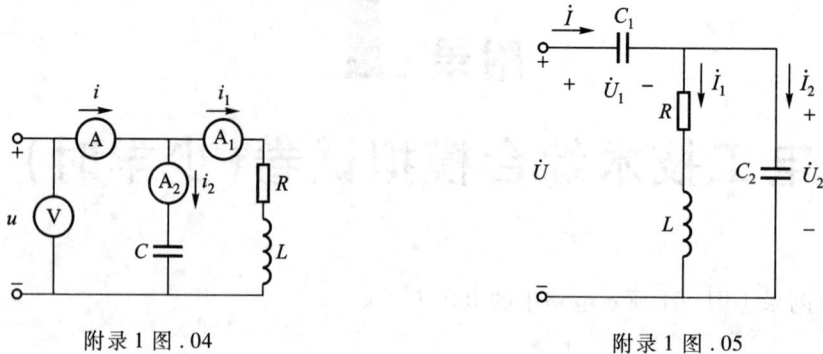

附录1图.04　　　　　　　附录1图.05

五、附录1图.05所示正弦交流电路中, $\dot{U}_2 = 100 \angle 0°$ V, $X_{C_1} = X_{C_2} = 10$ Ω, $R = X_L = 5$ Ω,求总电压和总电流的有效值以及电路的平均功率。

六、三相电路如附录1图.06所示,已知 $R = X_L = X_C = 10$ Ω;三相电源的线电压 $U_L = 380$ V,计算图中电流 $\dot{I}_1$、$\dot{I}_2$ 及 $\dot{I}_3$。

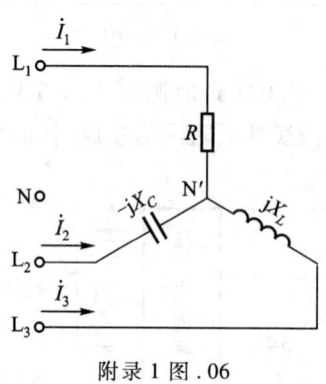

附录1图.06

七、正误判断及填空:

(1)如果线圈的安匝数不变,直流空心线圈在插入铁心之后,磁场强度不变,磁感应强度增加。(正确　错误)

(2)变压器的主磁通在空载时很小,而在额定负载时很大。(正确　错误)

(3)直流铁心线圈不存在铁损耗,(正确　错误)

(4)附录1图.07所示的两个绕组1-2,3-4,如果在开关S断开时,3-4绕组的感应电动势瞬时极性如图所标示,则1和3是同极性端。(正确　错误)

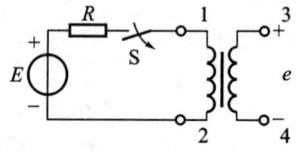

附录1图.07

(5)已知某三相异步电动机的额定参数为:功率12 kW,电压380 V,转速1 480 r/min,效率93%,功率因数0.9,频率50 Hz。则其额定电流为(　　　),额定转矩为(　　　),额定转差率为(　　　)。

八、 设计一电动机的继电接触器控制电路，要求：(1) 起动后运行 15 s 后自动停车；(2) 运行过程中可紧急停车。(只画出控制电路。)

九、 用可编程控制器实现两台三相异步电动机 M_1、M_2 的控制，要求：M_1 起动 10 s 后 M_2 才能起动，M_2 停车后 M_1 才能停车。

附录 2

电工技术综合模拟试卷(少学时)参考答案

一、解:本题只计算 1 A 电流源两端的电压,可以不考虑与 12 V 电压源并联的其他支路的影响,把原电路简化为如附录 2 题解图.01 所示的电路。

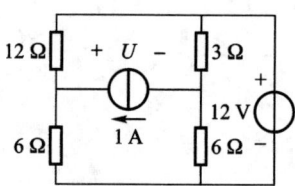

附录 2 题解图.01

[**方法一**]:利用叠加定理,分别计算两个电源单独作用时在电流源两端所产生的电压。等效电路如附录 2 题解图.02(a)、(b)所示。

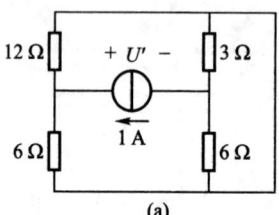 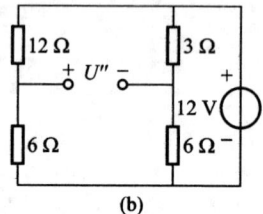

附录 2 题解图.02

1 A 电流源单独作用时:$U' = 1\,\text{A} \times \left(\dfrac{6 \times 12}{6 + 12}\,\Omega + \dfrac{6 \times 3}{6 + 3}\,\Omega\right) = 6\,\text{V}$

12 V 电压源单独作用时:$U'' = 12\,\text{V} \times \left(\dfrac{6}{12 + 6} - \dfrac{6}{6 + 3}\right) = -4\,\text{V}$

两个电源共同作用时在电流源两端所产生的电压 $U = U' + U'' = 6\,\text{V} - 4\,\text{V} = 2\,\text{V}$

[**方法二**]:利用戴维宁定理,将 1 A 电流源从原电路划出,余下的线性含源二端网络如附录 2 题解图.02(b)所示。

利用方法一的结论,该电路的开路电压为

$$U'' = 12\text{V} \times \left(\dfrac{6}{12 + 6} - \dfrac{6}{6 + 3}\right) = -4\,\text{V}$$

等效电阻为

$$R_0 = \frac{6 \times 12}{6+12} \Omega + \frac{6 \times 3}{6+3} \Omega = 6 \ \Omega$$

利用戴维宁定理可将附录1题解图.01电路简化为附录2题解图.03所示。

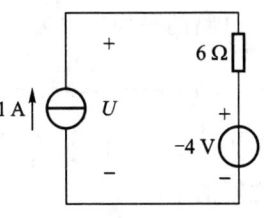

附录2题解图.03

则所求电压 $U = 1 \text{ A} \times 6 \ \Omega - 4 \text{ V} = 2 \text{ V}$

二、解：利用叠加定理，附录1图.02(a)所示电路为电流源单独作用时的等效电路；附录1图.02(b)所示为电压源单独作用时的等效电路；所以，附录1图.02(c)中两个电源共同作用时在电路中产生的响应为

$$U = U_1 + U_2 = (6 + 3) \text{ V} = 9 \text{ V}$$
$$I = I_1 + I_2 = (1 - 1.5) \text{ A} = -0.5 \text{ A}$$

三、解：由换路定则：$u_C(0_+) = u_C(0_-) = \left(\frac{10}{10+10+20}\right) \times 1 \text{ mA} \times 20 \text{ k}\Omega - 10 \text{ V} = -5 \text{ V}$

换路后：$u_C(\infty) = 1 \text{ mA} \times 20 \text{ k}\Omega - 10 \text{ V} = 10 \text{ V}$

时间常数：$\tau = 20 \text{ k}\Omega \times 10 \ \mu\text{F} = 0.2 \text{ s}$

$t \geq 0$ 时，$u_C(t) = u_C(\infty) + [u_C(0_+) - u_C(\infty)] e^{-\frac{t}{\tau}} = (10 - 15 e^{-5t}) \text{ V}$

四、解：交流仪表是以有效值刻度的，所以：伏特表 V 的读数为 220 V，安培表 A_1 的读数为 $22/\sqrt{2}$ A $= 11\sqrt{2}$ A ≈ 15.6 A，安培表 A_1 的读数为 11 A；安培表 A 的读数为并联电路的总电流有效值，以总电压为参考相量，可作出相量图如附录2题解图.04所示，总电流 I 的有效值即安培表 A 的读数为 11 A。

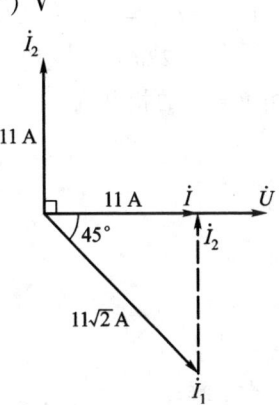

附录2题解图.04

由 i_1 滞后于 u 45° 可知 $R = \omega L$，且 $\sqrt{R^2 + (\omega L)^2} = \sqrt{2} R$

$\sqrt{2} \omega L = \frac{220}{11\sqrt{2}} \Omega = 10\sqrt{2} \Omega$，所以，$R = 10 \ \Omega$。

因为 $\omega = 314$ rad/s，所以 $L = \frac{10}{314}$ H ≈ 32 mH。

由 $I_2 = \frac{U}{1/\omega C} = \omega C U = 11$ A

可得 $C = \frac{I_2}{\omega U} = \frac{11}{314 \times 220}$ F $\approx 159 \ \mu\text{F}$

五、解：$\dot{I}_1 = \frac{\dot{U}_2}{R + jX_L} = \frac{100 \angle 0° \text{ V}}{5\sqrt{2} \angle 45° \ \Omega} = 10\sqrt{2} \angle -45°$ A

$\dot{I}_2 = \frac{\dot{U}_2}{-jX_{C_2}} = \frac{100 \angle 0° \text{ V}}{10 \angle -90° \ \Omega} = 10 \angle 90°$ A

$\dot{I} = \dot{I}_1 + \dot{I}_2 = 10\sqrt{2} \angle -45°$ A $+ 10 \angle 90°$ A $= \left[10\sqrt{2} \times \left(\frac{\sqrt{2}}{2} - j\frac{\sqrt{2}}{2}\right) + j10\right]$ A $= 10 \angle 0°$ A

即总电流有效值为 10 A。

$\dot{U} = \dot{U}_1 + \dot{U}_2 = \dot{I}(-jX_{C_1}) + \dot{U}_2 = (100\angle -90° + 100 \angle 0°)$ V $= 100\sqrt{2} \angle -45°$ V

即总电流有效值为 $100\sqrt{2}$ V。

电路的平均功率为

$$P = UI\cos(-45°) = 100\sqrt{2} \times 10 \times \frac{\sqrt{2}}{2} \text{ W} = 1\,000 \text{ W} \text{ 或 } P = I_1^2 R = (10\sqrt{2})^2 \times 5 \text{ W} = 1\,000 \text{ W}。$$

六、解：以 L_1 相电源相电压为参考相量，即设 $\dot{U}_{1N} = 220\angle 0°$ V，则负载中性点与电源中性点之间的电压为

$$\dot{U}_{N'N} = \frac{\dfrac{\dot{U}_{1N}}{R} + \dfrac{\dot{U}_{2N}}{-jX_C} + \dfrac{\dot{U}_{3N}}{jX_L}}{\dfrac{1}{R} + \dfrac{1}{-jX_C} + \dfrac{1}{jX_L}} = \frac{\dfrac{220\angle 0°}{10} + \dfrac{220\angle -120°}{-j10} + \dfrac{220\angle 120°}{j10}}{\dfrac{1}{10} + \dfrac{1}{-j10} + \dfrac{1}{j10}} \text{ V}$$

$$= (220\angle 0° + 220\angle -30° + 220\angle 30°) \text{ V} = 220(1+\sqrt{3})\angle 0° \text{ V} \approx 601\angle 0° \text{ V}$$

L_1、L_2、L_3 相负载的相电压分别为

$$\dot{U}_{1N'} = \dot{U}_{1N} - \dot{U}_{N'N} = (220\angle 0° - 601\angle 0°) \text{ V} = 381\angle 180° \text{ V}$$

$$\dot{U}_{2N'} = \dot{U}_{2N} - \dot{U}_{N'N} = (220\angle -120° - 601\angle 0°) \text{ V}$$

$$= (220\times\cos\angle -120° - 601 + j220\times\sin\angle -120°) \text{ V} = (-711 - j190.5) \text{ V} = 736\angle -165° \text{ V}$$

$$\dot{U}_{3N'} = \dot{U}_{3N} - \dot{U}_{N'N} = (220\angle 120° - 601\angle 0°) \text{ V}$$

$$= (220\times\cos\angle 120° - 601 + j220\times\sin\angle 120°) \text{ V} = (-711 + j190.5) \text{ V} = 736\angle 165° \text{ V}$$

三相负载中的相电流

$$\dot{I}_1 = \frac{\dot{U}_{1N'}}{R} = \frac{381\angle 0°}{10} \text{ A} = 38.1\angle 0° \text{ A}$$

$$\dot{I}_2 = \frac{\dot{U}_{2N'}}{-jX_C} = \frac{736\angle -165°}{-j10} \text{ A} = 73.6\angle -75° \text{ A}$$

$$\dot{I}_3 = \frac{\dot{U}_{3N'}}{jX_L} = \frac{736\angle 165°}{j10} \text{ A} = 73.6\angle 75° \text{ A}$$

七、解：

（1）由安培环路定律可知，如果磁动势（安匝）不变，则磁场强度不变，但是如果磁场中的磁介质磁阻越小，则产生的磁通量越大（假设磁路不饱和），磁感应强度也越大。所以题 1 的说法是正确的。

（2）变压器在空载和额定负载两种情况下的主磁通是差不多一般大的。题 2 的说法错误。

（3）铁心的损耗有磁滞损耗和涡流损耗两种机制，都是在变化的磁场作用下才能产生的。所以题 3 的说法是正确的。

（4）本题说法是错误的。S 开关由闭合状态变为断开时，绕组 1-2 的电流要减小，绕组中产生的电动势要克服这一变化。根据绕组所接直流电源的极性可知，此时在绕组 1-2 中产生的电动势的正极为 2 号端子，根据同极性端的定义，端子 1 和端子 4 是同极性端。

（5）电动机的额定电流

$$I_N = \frac{P}{\sqrt{3}U_N\cos\varphi\eta} = \frac{12\times 10^3}{\sqrt{3}\times 380\times 0.9\times 0.93} \text{ A} \approx 21.8 \text{ A}$$

额定转矩

$$T_N = 9\,550\times\frac{P(\text{kW})}{n(\text{r/min})} = 9\,550\times\frac{12}{1\,480} \text{ N·m} \approx 77.4 \text{ N·m}$$

三相异步电动机在额定运行状态下,额定转速非常接近于同步转速。由电源频率可知与 1 480 r/min 接近的同步转速应为 1 500 r/min。所以额定转差率

$$s_N = \frac{1\,500 - 1\,480}{1\,500} \approx 1.3\%$$

八、解:SB_1:紧急停车按钮;SB_2:起动按钮;KM:交流接触器;KT:15 s 通电延时时间继电器。控制电路如附录 2 题解图.05 所示。

工作原理:按下 SB_2,KM,KT 线圈通电,KM 自锁触点吸合,电动机连续运行。15 s 后,KT 动断触点断开 KM 自锁电路,KM 和 KT 线圈断电,自动恢复到初始停车状态。SB_1 按钮可用于电动机运行过程中的任意时刻紧急停车控制。

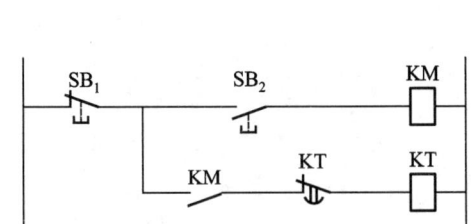

附录 2 题解图.05

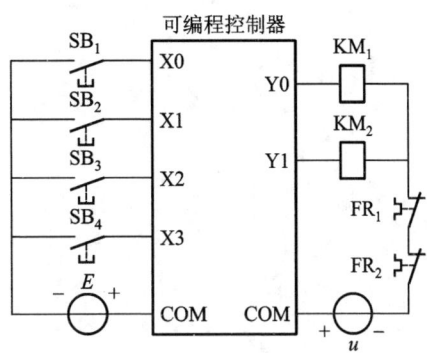

附录 2 题解图.06

九、解:(1)进行 I/O 分配:

  X0: SB_1,M_1 起动按钮 Y0: KM_1,M_1 控制

  X1: SB_2,M_1 停车按钮 Y1: KM_2,M_2 控制

  X2: SB_3,M_2 起动按钮

  X3: SB_4,M_2 停车按钮

(2)画出外部接线图:附录 2 题解图.06 所示为可编程控制器外部接线示意图,FR_1 和 FR_2 分别是 M_1 和 M_2 的过载保护用热继电器触点。

(3)绘制梯形图(如附录 2 题解图.07 所示),写指令语句表如下。

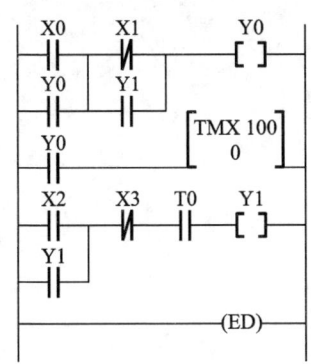

附录 2 题解图.07

地址	指令	
0	ST	X0
1	OR	Y0
2	ST/	X1
3	OR	Y1
4	OT	Y0
5	ST	Y0
6	TMX	0
	K	100
9	ST	X2
10	OR	Y1
11	AN/	X3
12	AN	T0
13	OT	Y1
14	ED	

郑 重 声 明

高等教育出版社依法对本书享有专有出版权。任何未经许可的复制、销售行为均违反《中华人民共和国著作权法》，其行为人将承担相应的民事责任和行政责任，构成犯罪的，将被依法追究刑事责任。为了维护市场秩序，保护读者的合法权益，避免读者误用盗版书造成不良后果，我社将配合行政执法部门和司法机关对违法犯罪的单位和个人给予严厉打击。社会各界人士如发现上述侵权行为，希望及时举报，本社将奖励举报有功人员。

反盗版举报电话：(010) 58581897/58581896/58581879
反盗版举报传真：(010) 82086060
E - mail：dd@hep.com.cn
通信地址　北京市西城区德外大街4号
　　　　　　高等教育出版社打击盗版办公室
邮　　编：100120

购书请拨打电话：(010)58581118